U0396750

药食同源系列

广西药食两用植物资源研究与应用

广西壮族自治区中国科学院广西植物研究所　编

史艳财　韦　霄　罗开文　邓丽丽　主编

广西科学技术出版社

·南宁·

图书在版编目（CIP）数据

广西药食两用植物资源研究与应用/广西壮族自治区
中国科学院广西植物研究所编；史艳财等主编.—南宁：
广西科学技术出版社，2022.12
ISBN 978-7-5551-1482-6

Ⅰ.①广… Ⅱ.①广… ②史… Ⅲ.①药用植物—植物
资源—广西 Ⅳ.①S567

中国版本图书馆CIP数据核字（2022）第181090号

广西药食两用植物资源研究与应用

GUANGXI YAOSHI LIANGYONG ZHIWU ZIYUAN YANJIU YU YINGYONG

广西壮族自治区中国科学院广西植物研究所　编

史艳财　韦　霄　罗开文　邓丽丽　主编

策划编辑：罗煜涛	封面设计：梁　良	
责任编辑：李宝娟	责任印制：韦文印	
责任校对：吴书丽		

出　版　人：卢培钊
出版发行：广西科学技术出版社
社　　　址：广西南宁市东葛路66号　　　　　邮政编码：530023
网　　　址：http://www.gxkjs.com

经　　　销：全国各地新华书店
印　　　刷：广西桂川民族印刷有限公司
地　　　址：南宁市伊岭工业集中区B-109号标准厂房第一期工程项目15#厂房
邮政编码：530104

开　　　本：787 mm×1092 mm　　1/16
字　　　数：573千字　　　　印　　　张：29.25　　　　插　　　页：16页
版　　　次：2022年12月第1版
印　　　次：2022年12月第1次印刷
书　　　号：ISBN 978-7-5551-1482-6
定　　　价：68.00元

版权所有　侵权必究

质量服务承诺：如发现缺页、错页、倒装等印装质量问题，可直接向本社调换。

服务电话：0771-5851474

编 委 会

主　编：史艳财　韦　霄　罗开文　邓丽丽

副主编：邹　蓉　熊忠臣　蒋运生　唐健民

参编人员：（按拼音字母顺序排序）

柴胜丰　陈　彬　范进顺　谷　睿

黄俞松　蒋立全　梁庚云　秦惠珍

孙菲菲　覃　芳　王　博　韦记青

吴林芳　吴林巧　肖文豪　朱成豪

参编单位：广西壮族自治区中国科学院广西植物研究所

广西药食两用植物品种（已收入国家药食同源名录）

八角

百合

白茅

白芷

薄荷

荜茇

扁豆

草果

赤豆

刺儿菜

大豆

淡竹叶

当归

党参

刀豆

杜仲

多花黄精

橄榄

高良姜

香橼

广藿香

菰腺忍冬

胡椒

花椒

掌叶覆盆子

槐

蕺菜

姜

姜黄

芥菜

桔梗

菊花

柑橘

莲

龙眼

芦苇

罗汉果　　　　　　　　　　　萝卜

绿壳砂仁　　　　　　　　　　马齿苋

马尾松　　　　　　　　　　　破布叶

蒲公英

忍冬

肉桂

桑

山柰

石香薷

薯蓣

桃

贴梗海棠

铁皮石斛

夏枯草

薤白

小决明

野葛

益智

薏苡

银杏

余甘子

玉竹　　　　　　　　　　　　芫荽

枣　　　　　　　　　　　　栀子

芝麻　　　　　　　　　　　　紫苏

广西药食两用植物品种（未收入国家药食同源名录）

矮小天仙果

巴戟天

白及

白簕

白木通

薜荔

侧柏

赤苍藤

刺苋

大车前

大蓟

大叶冬青

豆腐柴

狗肝菜

构树

瓜馥木

何首乌

褐毛杜英

黑老虎

观音草

红芽木

厚朴

虎杖

花叶开唇兰

黄花倒水莲　　　　　　　　　　　黄牛木

黄杞　　　　　　　　　　　　　鸡足葡萄

积雪草　　　　　　　　　　　　戟叶蓼

剑叶耳草

绞股蓝

金樱子

茎花山柚

苣荬菜

鲎豆

鳢肠

落葵

马槟榔

毛花猕猴桃

毛葡萄

玫瑰茄

木姜子

木竹子

南烛

牛尾菜

披针叶杜英

荠菜

三白草

三枝九叶草

石油菜

守宫木

鼠麴草

水蕨

水苦荬

水芹

酸藤子

台湾海棠

桃金娘

天门冬

田七

头序楤木

食用土当归

土茯苓

弯曲碎米荠

尾叶那藤

吴茱萸

五月艾

细叶黄皮

显齿蛇葡萄

香椿

香港四照花

小果薔薇

萱草

沿阶草

羊乳

野蕉

野菊

野茼蒿

一点红

异叶茴芹

益母草

枳椇

皱果苋

序

    药食同源是我国传统医药发展取得的重要成就之一，是中华民族在长期的生产活动中形成的应用食疗强健体魄、抵抗衰老、延年益寿的丰富经验总结，是我国劳动人民智慧的结晶。如今在人们追求健康生活的潮流下，中医养生理论被越来越多的国家所接受。作为中医养生理论的发源地，我国更应充分发挥传统药食同源思想的优势，加大开发力度，生产出绿色健康、质量上乘的产品，为人们养生保健提供更多的物质保障，推动我国药食同源产业走向国际市场。

    广西拥有得天独厚的地理环境和气候条件，天然药物资源非常丰富。广西壮族、瑶族人民对天然药物资源进行了大量的发掘和系统总结，并将其融入日常生活和饮食习惯中，形成了具有鲜明民族特色的壮族、瑶族药膳。药食两用植物资源将成为今后国内外关注的热点，广西更应该抓住这一历史机遇，充分发挥药食两用植物兼具绿色健康食品和药品的优势，努力开拓药膳养生市场，打造独特的药膳品牌，形成良好的"生态—民族—食疗—养生"的养生保健理念，充分带动广西餐饮、种植、旅游、医疗卫生和养老养生等产业的发展。

    广西壮族自治区中国科学院广西植物研究所保育生物学团队多年来从事广西特色药用植物的种质创新与应用研究，在理论创新和产业化应用上取得诸多的原创性成果，特别是在推动广西药食同源产业创新方面的成果尤为突出。基于文献研究和实地调研成果，该团队首次对广西药食同源产业的发展现状进行了全面、系统的研究，分析了广西药食同源产业创新发展的机遇、基础及优势，提出了具有创新性、战略性的发展思路和切实可行的创新发展路径；基于长期的野外调查，首次查明了广西药食两用植物资源及其分布情况，建立了国内最大的药食两用植物种质资源圃，为实现广西药食两用植物资源的有效保护和可持续发展奠定了基础；挖掘出一批优质的育种核心种质资源；建立了配套的高效繁育和栽培技术体系；解决了种质不清楚、种质保存困难、优质种质发掘不足及配套技术滞后等制约广西药食同源产业发展的瓶颈问题，技术创新总体达到了国内领先水平。

    《广西药食两用植物资源研究与应用》是首部对广西药食两用植物资源进行

系统介绍的专著，不仅是广大中药材生产企业及科研人员不可多得的工具书，而且对决策部门推进广西大健康产业的发展也具有极为重要的参考价值。相信本书的出版必能为广西药食同源产业的发展壮大作出重要的贡献。

中国科学院院士　　陈新滋

前　言

2016年8月19—20日，全国卫生与健康大会在北京召开，习近平总书记出席会议并发表重要讲话。他强调，没有全民健康，就没有全面小康。要把人民健康放在优先发展的战略地位，以普及健康生活、优化健康服务、完善健康保障、建设健康环境、发展健康产业为重点，加快推进健康中国建设，努力全方位、全周期保障人民健康，为实现"两个一百年"奋斗目标、实现中华民族伟大复兴的中国梦打下坚实健康基础。

药食同源是我国劳动人民在漫长历史进程中的智慧结晶，体现了食物在保健和治疗方面的功能。随着生活水平的提高及大健康产业的发展，人们对饮食卫生与营养知识的重视及健康意识不断提高，养生和保健理念受到空前重视，人们对药食同源功能型健康食品的需求也越来越旺盛。

目前，药食同源尚未有统一的概念。从字面上理解，药食同源是指药物与食物的起源相同。药食同源理论在20世纪20—30年代被提出，而其形成则经历了漫长的过程，其核心内容为药食两用中药材的食养、食疗和药膳。"食养"是基于个人体质，通过食材的科学搭配，以达到养生保健的效果。"食养"虽为上策，但效果不明显，存在易错过使用时机等问题而不被看好。"食疗"则是将食物作为药物，运用方剂学原理进行施治。"食疗"具有"治"的趋势，更适合患者使用。"药膳"则是"食养""食疗"的拓展，将药物与食物相结合，是药食同源理论最重要的成果，是养生学发展史中重要的一跃。药食虽同源但也有界限，在古人认识药食界限的同时，也区分了既可作药品又可作食品的药食两用植物品种，并在医书和本草论著中对这些品种进行了大量详细的论述。随着中医药走向世界，药食两用文化和产品被越来越多的人认同。2016年国务院印发《中医药发展战略规划纲要（2016—2030年）》，《中华人民共和国中医药法》于2017年7月1日正式施行，标志着中医药产业发展已上升至国家战略，中医药产业迎来新的发展机遇。作为中医药发展密不可分的组成部分，药食两用植物产业发展受到政府部门的高度重视。

广西大部分地区位于气候温暖的亚热带，雨水丰沛，植物生长旺盛，中草药资源丰富。据报道，广西中草药资源有 4623 种，居全国第二位。广西人民已将中草药资源融入日常生活和饮食习惯中，形成了特色鲜明的壮族、瑶族药膳。然而，从总体来看，广西药食两用植物开发利用率和产业化程度还较低，整个产业还处于初级发展阶段。为了充分发挥广西药食两用植物的优势，补齐人工栽培产量低、效益差的短板，让天然、绿色、无公害的产品摆上百姓的餐桌，本书对广西药食两用植物进行了系统的梳理，以应用方面的重要成果为主要论述内容，对 154 种广西特色药食两用植物的形态、生长习性、繁殖技术、栽培技术、成分、性味归经、功能与主治、药理作用、常见食用方式等进行详细介绍。

本书编写力求文字简练，通俗易懂，可操作性强。我们衷心希望本书的出版能对广西药食两用植物产业的发展起到积极的推动作用，同时为中药材产业的发展提供参考。本书是首部对广西药食两用植物进行全面论述的专著，编者虽精益求精，但因水平有限，书中难免存在疏漏和不足之处，敬请广大读者和同行不吝赐教，多提宝贵意见。此外，在本书的编写过程中，借鉴和参考了诸多同行的有关著作和论文，在此特向原作者表示衷心的感谢！

本书研究成果得到以下项目资助：广西科技基地和人才专项项目"广西特色优势林药两用植物金槐富硒栽培及加工关键技术研究"（桂科 AD21220011），国家林业和草原局重点研发项目"广西药食同源植物资源调查及创新应用"（GLM〔2021〕037 号），广西社科界智库重点课题"大健康背景下广西药食同源产业创新发展战略研究（Zkzdkt66）"，云浮市 2021 年中医药（南药）产业人才项目，河池市重点研发计划项目"喀斯特药食两用植物种质资源保护研究与开发（河科 AB210306），广西植物功能物质研究与利用重点实验室自主研究课题"五指毛桃优良类型选育和栽培技术研究"（ZRJJ2020-1），广西植物研究所基本业务费项目"木本油料植物山苍子优良类型选育和繁育技术"（桂植业 22005），广西植物研究所基本业务费项目"药食两用植物牛尾菜优良类型选育和繁育技术研究"（桂植业 21012）。在此，一并表示衷心的感谢！

编者

目　录

下编

第一章　广西药食两用植物品种（已收入国家药食同源名录）

第二章　广西药食两用植物品种（未收入国家药食同源名录）

上编

第一章 广西自然概况

一、广西自然地理概况

（一）地理位置

广西地处祖国南疆，位于东经 104° 28′ ～ 112° 04′、北纬 20° 54′ ～ 26° 23′ 之间，北回归线横贯中部。广西地理区位优越，东连广东省，东北接湖南省，南临北部湾并与海南省隔海相望，西北靠贵州省，西与云南省毗邻，西南与越南接壤。行政区域土地面积 23.76 万 km²，管辖北部湾海域面积约 4 万 km²，是西南地区最便捷的出海通道，也是中国西部资源型经济与东南开放型经济的结合部。

（二）地形地貌

广西地处中国地势第二级阶梯中的云贵高原的东南边缘、两广丘陵的西部。四周多山地与高原，而中部与南部多丘陵平地，因此地势自西北向东南倾斜，呈盆地状，素有"广西盆地"之称。

广西地貌总体是山地丘陵性盆地地貌，其典型特征有：（1）盆地大小相杂。盆地中部被广西弧形山脉分割，形成以柳州为中心的广西中部盆地，沿广西弧形山脉前凹陷为右江、武鸣、南宁、玉林、荔浦等众多中小盆地。（2）山系多呈弧形且层层相套。自北向南山系走向明显呈现东部受太平洋板块挤压、西部受印度洋板块挤压的迹象。（3）丘陵错综。在广西东南部、南部及西南部连片集中。（4）平地占广西总面积的 26.9%。广西平原主要有河流冲积平原和溶蚀平原两类。（5）喀斯特地貌广布。占广西总面积的 37.8%，其发育类型之多为世界少见。

广西大陆海岸线西始于广西与越南交界的东兴市竹山街竹山港，东止于广西与广东交界的英罗港，全长 1628.6 km。南流江口、钦江口为三角洲型海岸，铁山港、大风江口、茅岭江口、防城河口为溺谷型海岸，钦州及防城港两市沿海为山地型海岸，北海、合浦为台地型海岸。广西近海滩深、广、大，面积达 1005 km²。0 ～ 20 m 浅海广阔，面积达 6488 km²。整个北部湾面积约 12.93 万 km²，湾内海底平坦，由东北向西南逐渐倾斜，倾斜度不到 2°，水深一般 20 ～ 50 m，最深不超过 90 m。广西沿海有 646 个岛屿，总面积约 84 km²；其中最大的是涠洲岛，面积约 24.7 km²。

（三）气候

广西属亚热带季风气候区，各地年平均气温为 17.6 ～ 23.8℃，等温线基本呈纬向分布，气温由北向南递增，由河谷平原向丘陵山区递减。各地累年极端最高气温为 33.7 ～ 42.5℃，累年最低气温为 −8.4 ～ 2.9℃。广西各地 ≥ 10℃积温 5000 ～ 8000℃，是全国最高积温的省区之一。广西是我国降水量最丰富的地区之一，各地年降水量均在 1070 mm 以上，大部分地区为 1500 ～ 2000 mm。受冬、夏季风的交替影响，广西降水量的季节变化不均，干湿季分明。4—9 月为雨季，降水量占全年降水量的 70% ～ 85%；10 月至翌年 3 月为干季，干旱少雨，降水量仅占年降水量的 15% ～ 30%。

（四）土壤

广西的水平地带性土壤分布，从南至北依次是砖红壤、赤红壤、红壤 3 个纬度带，分别构成各地带土壤垂直带谱的基带土壤类型，其中，地处北纬 22° 以南的沿海地区，土壤以砖红壤化为主，黏土矿物以高岭石、三水铝石和赤铁矿为主，形成地带性的砖红壤；地处北纬 22° ～ 22° 30′ 之间的南亚热带地区，发育形成地带性的赤红壤，黏土矿物以高岭石为主；地处北纬 23° 30′ 附近以北的地区，土壤以红壤化为主，黏土矿物以高岭石为主，蒙脱石、赤铁矿、水云母次之，发育成地带性红壤。

与此同时，广西境内山地在各自基带土壤上随着山体海拔的升高，分别形成了不同的垂直地带谱。在广西南部北纬 22° 以南，属北热带的十万大山主峰，薯莨岭（海拔 1462.2 m）的南坡，形成了砖红壤（砖红壤—山地砖红壤）—山地赤红壤—山地红壤—山地黄壤—山地草甸土土壤垂直带谱。在广西中部北纬 22° ～ 23° 30′ 的南亚热带山地，形成了赤红壤（赤红壤—山地赤红壤）—山地红壤—山地黄红壤（过渡类型）—山地黄壤—山地漂白黄壤—山地漂白黄壤和表潜黄壤土壤垂直带谱。在广西北部北纬 23° 30′ 以北的中亚热带山地，形成了红壤（红壤—山地红壤）—山地黄红壤—山地黄壤—山地漂白黄壤—山地准黄壤土壤垂直带谱。

（五）水文

广西境内河流总长约 34000 km。集水面积 1000 km² 以上的地表河有 69 条，水域面积约 8026 km²，占广西陆地总面积的 3.4%；喀斯特地下河有 433 条，长度超过 10 km 的有 248 条。境内地表河分别属于珠江的西江水系、长江洞庭湖水系（湘江、资江）、沿海诸河流、百都河红河水系、地下河水系。西江是区内最大的河流。西江支流桂江的上游称漓江，与湘江之间有秦朝时开凿的灵渠相通。历史上，灵渠是沟通长江流域与珠江流域的重要通道。南部诸河流注入北部湾，西南有属于红河水系的河流流入越南。

广西的岩溶地貌发育程度较高，地表水与地下水能相互转化，数量比较稳定。但由于河流主要以雨水补给为主，各地降水分布不均匀；另外，出入境、入海水量比例不协调，加上受西南暖湿气流和北方变性冷气团的交替影响，干旱、暴雨、洪涝等气象灾害较为常见，因此广西境内的水资源总量并不稳定。境内河川有规律的汛期，并集中了河川径流量的 70%～80%，其中资江、湘江、贺江等广西东北部河川汛期在3—8月，浔江、右江等广西西南部河川汛期在5—10月，红水河、柳江、左江、郁江、黔江、西江等广西中部诸河汛期多在4—9月。

二、广西自然资源概况

（一）植被资源

据统计，广西植被类型（群系）约有1020种，其中天然植被类型722种、人工植被类型298种。在天然植被中，森林植被类型占植被类型总数的63%，竹林植被类型占4%，灌丛植被类型占10%，草丛植被类型占6%，水生植被类型占17%。在人工植被中，用材及浆纸林植被类型占植被类型总数的28%，经济果木林植被类型占20%，城市园林植被类型占29%，农作物植被类型占17%，人工沼泽及水生植被类型占6%。广西的天然植被类型约占全国天然植被类型总数的69.76%，是我国植被类型最丰富的省区。其中，融水苗族自治县的植被类型最为丰富（250种以上），南宁市武鸣区、龙州县、宁明县、凭祥市、金秀瑶族自治县、桂林市临桂区、马山县、天峨县、桂平市和田林县的植被类型数量（201～250种）次之，还有89个县（市、区）的植被类型在51～200种之间，防城港市港口区、柳州市鱼峰区等9个县（市、区）的植被类型最少（均少于50种）。

广西主要植被分布格局：（1）亚热带针叶林主要分布在东部和北部地区；（2）亚热带落叶阔叶林主要分布在西部地区；（3）亚热带常绿落叶阔叶混交林主要分布在北部、西北部的中山山地；（4）亚热带常绿阔叶林主要分布在东部、北部的低山和中山山地；（5）亚热带季风常绿阔叶林零星分布在南部的低山、丘陵区；（6）热带季雨林主要分布在西部和西南部的台地和河谷地带；（7）热带雨林主要分布在十万大山林区和西南部的岩溶地区；（8）亚热带、热带竹林和竹丛主要分布在北部的低山和中山山地以及南部的丘陵、台地；（9）红树林主要分布于沿海地区；（10）灌丛和草丛广泛分布，以西部和西南部岩溶石山区最为普遍；（11）桉树人工林主要分布于南部、中部、东部等低海拔地区；（12）农作物栽培植被广泛种植于盆地中的平原、台地和丘陵区；（13）城市植被集中分布在南宁、柳州、桂林等城市。

（二）植物资源

广西境内已知植物有309科2011属9168种。其中，本土植物297科1820属8562种，常见栽培植物539种、归化种67种，蕨类植物56科155属833种，裸子植物10科（2科为栽培）30属（11属为栽培）88种（26种为栽培），被子植物243科（10科为栽培）1826属（180属为栽培或归化）8247种（512种为栽培，67种为归化）。在国家公布的第一批389种珍稀濒危保护植物中，广西有113种。其中，一级保护植物全国有8种，广西有3种；二级保护植物全国有143种，广西有47种；三级保护植物全国有222种，广西有63种。广西植物的代表种有银杉、龙州梫木、资源冷杉、那坡擎天树、猫儿山华南铁杉、十万大山华南坡垒、广西桫椤、金花茶等。广西主要的珍稀植物大多在西南部高温多湿的热带和南亚热带常绿阔叶季雨林中，分布于南部、西南部的北热带、南亚热带的十万大山、大容山、六韶山、六万大山、大明山以及中亚热带的大瑶山、九万大山、元宝山等山地，还有在北部龙胜花坪林区，兴安、资源县的猫儿山自然保护区等。

（三）动物资源

广西已知陆生脊椎动物共有4纲39目150科1149种，另67亚种。其中，两栖类动物共有105种，另3亚种，分别隶属于3目11科；爬行类动物共有177种，分别隶属于2目21科，种类占我国爬行动物总数399种的44.36%；鸟类共有687种，另55亚种，分别隶属于23目82科；兽类目前已知共有180种，另9亚种，分别隶属于11目36科，兽类物种总数占我国兽类总数575种的31.30%。

广西已知典型水栖的两栖动物共有2目3科10种；水生爬行动物共有2目7科36种；水生哺乳动物主要为海栖，共有3目5科17种；此外，淡水湿地栖息有软体类和节肢类5目18科58种，北部湾海域栖息着多毛类38科151种、软体类63科244种、甲壳类23科207种、棘皮类27科68种、头足类4科18种、其他类4科9种。鱼类是广西水生动物最重要的组成部分，已知共有29目130科755种。

第二章 广西药食两用植物资源及发展战略

一、广西药食两用植物资源

（一）广西药食两用植物基本组成

广西药食两用植物基本组成如表1、表2所示。经考查统计，广西药食两用植物共计148科439属741种，占广西植物（297科1820属8562种）总科数的49.83%、总属数的24.12%和总种数的8.65%。其中双子叶植物最多（596种），占药食两用植物物种总数的80.43%；单子叶植物102种，占总数的13.77%；蕨类植物28种，占总数的3.78%；裸子植物最少，只有15种，占总数的2.02%。

蝶形花科和菊科所含属、种数最为丰富，属、种数分别占总数的6.61%、5.26%和6.15%、5.26%，其次超过10属的优势科属有：葫芦科13属（2.96%）20种（2.70%）、蔷薇科19属（4.33%）45种（6.07%）、伞形科15属（3.42%）16种（2.16%）、唇形科15属（3.42%）19种（2.56%）、百合科11属（2.51%）31种（4.18%）、禾本科12属（2.73%）15种（2.02%），以上优势属、种的总数量分别占总数的31.97%和30.11%。此外，阴地蕨科、海金沙科、银杏科等50个科仅含有1属1种，累计占属、种总数的11.39%和6.75%。

表1 广西药食两用植物基本组成1

类型	科		属		种	
	数量	占总科数的百分比/%	数量	占总属数的百分比/%	数量	占药食两用植物物种总数百分比/%
双子叶植物	108	72.97	358	81.55	596	80.43
单子叶植物	15	10.14	54	12.30	102	13.77
蕨类植物	17	11.49	18	4.10	28	3.78
裸子植物	8	5.41	9	2.05	15	2.02
合计	148	100.00	439	100.00	741	100.00

表 2　广西药食两用植物基本组成 2

序号	科	属		种	
		数量	占属总数的百分比 /%	数量	占物种总数的百分比 /%
1	木贼科	1	0.23	2	0.27
2	阴地蕨科	1	0.23	1	0.13
3	瓶尔小草科	1	0.23	3	0.40
4	观音座莲科	1	0.23	2	0.27
5	紫萁科	1	0.23	2	0.27
6	海金沙科	1	0.23	1	0.13
7	蚌壳蕨科	1	0.23	1	0.13
8	桫椤科	1	0.23	3	0.40
9	蕨科	1	0.23	3	0.40
10	凤尾蕨科	1	0.23	1	0.13
11	水蕨科	1	0.23	1	0.13
12	裸子蕨科	1	0.23	1	0.13
13	蹄盖蕨科	1	0.23	2	0.27
14	乌毛蕨科	2	0.46	2	0.27
15	铁角蕨科	1	0.23	1	0.13
16	鳞毛蕨科	1	0.23	1	0.13
17	槲蕨科	1	0.23	1	0.13
18	苏铁科	1	0.23	2	0.27
19	银杏科	1	0.23	1	0.13
20	松科	2	0.46	6	0.81
21	杉科	1	0.23	1	0.13
22	罗汉松科	1	0.23	1	0.13
23	三尖杉科	1	0.23	1	0.13
24	红豆杉科	1	0.23	1	0.13
25	买麻藤科	1	0.23	2	0.27
26	木兰科	2	0.46	3	0.40
27	八角科	1	0.23	1	0.13
28	五味子科	2	0.46	6	0.81
29	番荔枝科	3	0.68	3	0.40
30	樟科	4	0.91	8	1.08
31	毛茛科	1	0.23	2	0.27
32	睡莲科	3	0.68	3	0.40
33	小檗科	2	0.46	2	0.27
34	木通科	3	0.68	5	0.67
35	防己科	1	0.23	1	0.13
36	胡椒科	1	0.23	5	0.67
37	三白草科	2	0.46	2	0.27
38	金粟兰科	2	0.46	2	0.27

续表

序号	科	属		种	
		数量	占属总数的百分比/%	数量	占物种总数的百分比/%
39	白花菜科	2	0.46	3	0.40
40	十字花科	9	2.05	23	3.10
41	堇菜科	1	0.23	1	0.13
42	远志科	1	0.23	1	0.13
43	景天科	2	0.46	3	0.40
44	虎耳草科	2	0.46	2	0.27
45	石竹科	2	0.46	4	0.54
46	马齿苋科	2	0.46	2	0.27
47	蓼科	5	1.14	11	1.48
48	藜科	3	0.68	3	0.40
49	苋科	5	1.14	10	1.35
50	落葵科	2	0.46	2	0.27
51	亚麻科	1	0.23	1	0.13
52	酢浆草科	2	0.46	3	0.40
53	千屈菜科	2	0.46	2	0.27
54	安石榴科	1	0.23	1	0.13
55	柳叶菜科	1	0.23	1	0.13
56	菱科	1	0.23	1	0.13
57	山龙眼科	1	0.23	1	0.13
58	五桠果科	1	0.23	1	0.13
59	大风子科	1	0.23	2	0.27
60	西番莲科	1	0.23	3	0.40
61	葫芦科	13	2.96	20	2.70
62	秋海棠科	1	0.23	1	0.13
63	番木瓜科	1	0.23	1	0.13
64	仙人掌科	1	0.23	1	0.13
65	山茶科	2	0.46	20	2.70
66	猕猴桃科	1	0.23	12	1.62
67	水东哥科	1	0.23	3	0.40
68	桃金娘科	3	0.68	7	0.94
69	野牡丹科	2	0.46	4	0.54
70	金丝桃科	2	0.46	3	0.40
71	藤黄科	2	0.46	5	0.67
72	椴树科	1	0.23	1	0.13
73	杜英科	1	0.23	2	0.27
74	梧桐科	2	0.46	3	0.40
75	木棉科	1	0.23	1	0.13
76	锦葵科	4	0.91	10	1.35
77	大戟科	8	1.82	10	1.35

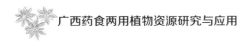

续表

序号	科	属		种	
		数量	占属总数的百分比/%	数量	占物种总数的百分比/%
78	蔷薇科	19	4.33	45	6.07
79	蜡梅科	1	0.23	1	0.13
80	含羞草科	2	0.46	2	0.27
81	苏木科（云实科）	3	0.68	7	0.94
82	蝶形花科	29	6.61	39	5.26
83	金缕梅科	1	0.23	1	0.13
84	杜仲科	1	0.23	1	0.13
85	杨梅科	1	0.23	2	0.27
86	壳斗科	4	0.91	9	1.21
87	桑科	5	1.14	18	2.43
88	荨麻科	4	0.91	4	0.54
89	大麻科	2	0.46	2	0.27
90	冬青科	1	0.23	3	0.40
91	铁青树科	1	0.23	1	0.13
92	山柚子科（山柑科）	1	0.23	1	0.13
93	桑寄生科	1	0.23	1	0.13
94	檀香科	1	0.23	1	0.13
95	鼠李科	3	0.68	3	0.40
96	胡颓子科	1	0.23	4	0.54
97	葡萄科	2	0.46	6	0.81
98	芸香科	9	2.05	20	2.70
99	苦木科	1	0.23	1	0.13
100	橄榄科	1	0.23	2	0.27
101	楝科	3	0.68	3	0.40
102	无患子科	3	0.68	3	0.40
103	漆树科	7	1.59	10	1.35
104	胡桃科	4	0.91	5	0.67
105	山茱萸科	1	0.23	2	0.27
106	五加科	7	1.59	10	1.35
107	伞形科	15	3.42	16	2.16
108	乌饭树科	1	0.23	2	0.27
109	柿科	1	0.23	5	0.67
110	山榄科	3	0.68	3	0.40
111	紫金牛科	2	0.46	4	0.54
112	马钱科	1	0.23	1	0.13
113	杜鹃科	1	0.23	1	0.13
114	木犀科	4	0.91	6	0.81
115	夹竹桃科	1	0.23	1	0.13

续表

序号	科	属		种	
		数量	占属总数的百分比/%	数量	占物种总数的百分比/%
116	萝藦科	3	0.68	3	0.40
117	茜草科	8	1.82	10	1.35
118	忍冬科	1	0.23	4	0.54
119	败酱科	1	0.23	3	0.40
120	菊科	27	6.15	39	5.26
121	报春花科	1	0.23	1	0.13
122	车前草科	1	0.23	2	0.27
123	桔梗科	6	1.37	8	1.08
124	半边莲科	1	0.23	1	0.13
125	紫草科	1	0.23	1	0.13
126	茄科	5	1.14	9	1.21
127	旋花科	3	0.68	6	0.81
128	玄参科	6	1.37	6	0.81
129	紫葳科	1	0.23	1	0.13
130	芝麻科（胡麻科）	1	0.23	1	0.13
131	爵床科	5	1.14	5	0.67
132	马鞭草科	3	0.68	3	0.40
133	唇形科	15	3.42	19	2.56
134	水鳖科	1	0.23	1	0.13
135	鸭跖草科	1	0.23	3	0.40
136	泽泻科	1	0.23	1	0.13
137	凤梨科	1	0.23	1	0.13
138	芭蕉科	1	0.23	3	0.40
139	姜科	8	1.82	16	2.16
140	百合科	11	2.51	31	4.18
141	雨久花科	1	0.23	1	0.13
142	菝葜科	2	0.46	5	0.67
143	天南星科	3	0.68	4	0.54
144	薯蓣科	1	0.23	8	1.08
145	棕榈科	5	1.14	6	0.81
146	兰科	4	0.91	5	0.67
147	莎草科	2	0.46	2	0.27
148	禾本科	12	2.73	15	2.02
	合计	439	100.00	741	100.00

（二）广西药食两用植物性状组成

通过对广西药食两用植物资源性状进行统计，结果见表3，可知草本种数最多（364种），占药食两用植物物种总数的49.12%；藤本种数最少（79种），占药食两用植物物种总数的10.66%；不同性状类型植物占物种总数的比例的高低顺序为草本＞乔木＞灌木＞藤本。

表3　广西药食两用植物资源性状组成

性状	种数	占物种总数的百分比/%
乔木	170	22.94
灌木	128	17.27
藤本	79	10.66
草本	364	49.12
合计	741	100.00

（三）广西药食两用植物资源濒危状况

根据《广西本土植物及其濒危状况》对广西药食两用植物濒危状况进行统计，结果见表4。广西药食两用植物中有375种处于无危状态，占药食两用植物物种总数的50.61%，其余物种依次以近危、易危、濒危状态的数量居多，共计占总物种数的11.60%。

表4　广西药食两用植物资源濒危状况

濒危程度	物种数	占物种总数的百分比/%
无危	375	50.61
易危	31	4.18
极危	1	0.13
濒危	18	2.43
近危	37	4.99
渐危	0	0.00
数据缺乏	264	35.63
待考证是否为广西本土植物	11	1.48
广西标本存疑	1	0.13
广西标本未见	3	0.40
合计	741	100.00

（四）广西药食两用植物入药部位分析

广西药食两用植物入药部位的统计结果见表 5。不同入药部位植物的数量差异比较明显，其中，以果实、种子类入药的植物最多，占物种总数的 23.08%；以全草类、根类、叶类部位入药的植物数量也较多，占物种总数的比例均高于 10%；以茎（藤）类、花类、皮类、地上部分入药的植物数量居中，各占物种总数的 3.93% ～ 9.48%；以变态茎类入药的植物最少，占物种总数的 1.81%。

表 5　广西药食两用植物入药部位

序号	类型	入药部位	占物种总数的百分比 /%	代表物种
1	全草类	全草、全株	18.45	凉粉草 *Mesona chinensis* Benth.
2	根类	根、块根、须根	17.44	木防己 *Cocculus orbiculatus*（L.）DC.
3	茎、藤类	茎、藤茎、心材、经髓、根茎、根状茎	9.48	异形南五味子 *Kadsura heteroclita*（Roxb.）Craib
4	叶类	叶、嫩叶、芽、嫩苗	15.63	三枝九叶草 *Epimedium sagittatum*（Sieb. et Zucc.）Maxim.
5	果实、种子类	果实、果皮、种子、种仁	23.08	南方红豆杉 *Taxus wallichiana* var. *mairei*（Lemee & H. Léveillé）L. K. Fu & Nan Li
6	花类	花、花序、花蕾	5.14	玉兰 *Yulania denudata*（Desr.）D. L. Fu
7	皮类	根皮、树皮、茎皮	5.04	肉桂 *Cinnamomum cassia* Presl
8	变态茎类	鳞茎、假鳞茎、球茎、块茎	1.81	百合 *Lilium brownii* var. *viridulum* Baker
9	地上部分	地上部分	3.93	草珊瑚 *Sarcandra glabra*（Thunb.）Nakai
	合计		100.00	—

（五）广西药食两用植物主要功效介绍

广西药食两用植物的主要功效见表 6。其中，清热解毒类植物数量最多，占物种总数的 19.03%，理气安神类、活血化瘀类、利水渗湿类、滋补类、祛风除湿类五类植物的数量也较多，而收涩止泻类和杀虫止痒类的植物数量较少。

表 6　广西药食两用植物主要功效

序号	主要功效	物种数	占物种总数的百分比 /%	代表物种
1	清热解毒类	141	19.03	蒲公英 *Taraxacum mongolicum* Hand.-Mazz.
2	理气安神类	85	11.47	破布叶 *Microcos paniculata* L.
3	活血化瘀类	78	10.53	八角莲 *Dysosma versipellis*（Hance）M. Cheng ex Ying
4	利水渗湿类	67	9.04	马齿苋 *Portulaca oleracea* L.
5	滋补类	67	9.04	食用土当归 *Aralia cordata* Thunb.
6	祛风除湿类	54	7.29	买麻藤 *Gnetum montanum* Markgr.
7	解表类	40	5.40	广藿香 *Pogostemon cablin*（Blanco）Benth.
8	化痰止咳类	40	5.40	枇杷 *Eriobotrya japonica*（Thunb.）Lindl.
9	消食类	45	6.07	番茄 *Lycopersicon esculentum* Mill.
10	其他类	33	4.45	木槿 *Hibiscus syriacus* L.
11	止血类	36	4.86	贯众 *Cyrtomium fortunei* J. Sm.
12	收涩止泻类	20	2.70	蒲桃 *Syzygium jambos*（L.）Alston
13	杀虫止痒类	35	4.72	萹蓄 *Polygonum aviculare* L.
	合计	741	100.00	—

（六）广西药食两用植物名录及地理分布

广西药食两用植物总计 741 种，物种地理分布具有较大的多样性，金花茶等物种仅分布于狭窄区域，而山鸡椒等物种则全区各地均有分布。广西药食两用植物名录及分布详见附录。

二、广西药食两用植物产业发展战略

（一）广西发展药食两用植物产业的优势

1. 得天独厚的中药材资源优势

广西地处亚热带季风区，气候温暖，光温水土资源丰富，被誉为"大温室"。优越的自然条件孕育了极为丰富的中药材资源，是我国的"天然药库""生物资源基因库""中药材之乡"。广西已查明的药用植物有4623种（包括亚种、变种和变型），约占全国药用植物资源总数（12807种）的1/3，在全国排名第二。广西地方特产药材有112种，全国470余种常用中药材中有70多种主产于广西，其中10多种占全国中药材总产量的50%以上。此外，广西的少数民族药用资源也相当丰富，现已查明有壮药2300余种、瑶药1300余种、苗药200余种、侗族药324种、仫佬族药262种、毛南族药115种、京族药30种、彝族药22种，而在已知的药用植物中，很多物种兼具药用价值和食用价值，如罗汉果、鱼腥草、八角等。经过长期的实践和挖掘，这些药食两用植物已融入广大人民群众的日常生活和饮食习惯中。广西得天独厚的中药材资源优势为药食两用植物产业发展奠定了扎实的基础，也是广西大力发展药食两用植物产业的优势所在。

2. 民族医药的特色优势

广西少数民族众多，民族医药对广西医药产业产生极为重要的影响。多年来，广西已对民族医药进行了系统、全面的普查，登记了5000多位民间医生，采用先进技术对大量民族医药验方、秘方进行了研究，整理出版了《广西民族医药验方汇编》《发掘整理中的壮医》《广西壮药新资源》《壮族医学史》《壮族民间用药选编》《中国壮医学》等几十部民族医药专著。经过系统的梳理和研究，壮医学已初步形成了较为完整的医学体系，在区内外产生了较大的影响，瑶医药研究也正在崛起。因此具有中医药、民族医药资源是广西医药事业的特色及优势，这也将成为广西药食两用植物产业的切入点和突破口。

3. 历史久远的民族传承优势

依托丰富的药物资源和长期的生产实践，广西各族人民对药物资源进行了大量的总结和发掘，并将对药物的应用深深融入自身的生活习惯和历史文化中。据报道，60%以上的原住壮瑶族人民均有较强的中草药辨识和应用能力，能根据病情、季节、体质等选择药材和食物进行合理搭配，使食物能配合中药材的药性，充分发挥中药材的功效，达到防病治病、强身健体的目的。与此同时，广西各个少数民族还将中药材的使用与本民族的文化相结合，让食物具有极为鲜明的民族性和传承性，如著名的壮族五色糯米饭，即选取优质糯米，将紫蕃藤、黄花、枫叶、红蓝（红丝线）浸泡出液，然后合而蒸之，使之色、香、味俱佳，有滋补、强健体魄、美容等作用，同时象征美好生活。许多少数民族的饮食文化从古至今都颇具传奇色彩，随着社会发展和少数民族地区生活水平的提高，其食用方法和范围都发生了日新月异的变化，也成为广西药食两用植物产业的一道靓丽风景线。

4. 体系完整的中药产业优势

经过几十年的发展，广西中药产业已形成了一定的规模。全区中药材种植面积680余万亩（1亩≈666.67 m²，下同），其中林木药材478万亩，其他药材约200万亩；中药材产量78.4万吨，种植产值110.5亿元。其间，创立了桂林三金药业股份有限公司、金嗓子控股集团有限公司、广西玉林制药集团有限公司等多家大中型企业（集团），全区有中药制药企业137家，生产中成药2254个品种，医药工业完成产值313亿元；玉林中药材专业市场是西南地区最大的中药材集散中心，获"中国南方药都"称号；拥有三金片、正骨水、血栓通、金嗓子、花红片、青蒿琥酯等一批全国驰名药品；拥有广西中医药研究院、广西壮族自治区药用植物园、广西民族医药研究院、广西药物研究所等近十个中药科研机构，具备从中药材栽培技术到中药研发各个过程的承载能力。健全、完整的中药产业体系为广西药食两用植物产业的发展奠定了坚实的基础。

5. 面向东盟的地理优势

广西沿海、沿江、沿边，东连粤港澳大湾区，南临北部湾，背靠大西南，面向东南亚，是我国唯一与东盟国家陆海相邻的省区，是西南地区最便捷的出海通道，是"一带一路"有机衔接的重要门户，既有通往中南半岛的陆上通道，又有通往东南亚各国的港口，水、陆、空交通运输都极其便利，可利用的资源和市场巨大。南宁是中国－东盟博览会的永久举办地，已连续成功举办了多届，取得了商品贸易与投资合作的双丰收，为广西各产业的发展提供了契机，尤其给有资源优势和文化优势的药食两用植物产业带来了机遇。

6. 大力推进创新发展的中医药政策优势

为促进广西中药资源优势向经济优势转变，广西壮族自治区人民政府办公厅于2018年印发了《广西生物医药产业跨越发展实施方案》，提出要重点发展特色中药民族药产业，大力发展化学药产业，培育壮大医疗器械产业，积极发展生物技术药物产业，积极培育发展海洋生物医药产业，打造南宁、桂林、梧州、玉林四大产业基地，推动广西生物医药产业跨越发展。2019年6月，广西壮族自治区卫生健康委员会、广西壮族自治区中医药管理局印发了《广西健康医疗产业发展专项行动计划（2019—2021年）》，规划提出要推动中医药健康服务与旅游产业有机融合，促进中医药文化传播，建设一批中医药健康旅游示范基地，推进中医药健康旅游服务标准化和专业化。此外，广西还出台了《广西壮族自治区人民政府关于加快中医药民族医药发展的决定》《广西壮族自治区壮瑶医药振兴计划（2011—2020年）》《广西壮族自治区药用野生植物资源保护办法》等一系列政策措施，为中医药相关产业的可持续发展提供了重要保障。

（二）广西药食两用植物产业发展面临的主要问题

1. 野生药食两用植物资源保护不力

随着中医药经济的蓬勃发展和植物药需求量的高速增长，广西野生药食两用植物资源遭到掠夺式开发，过度开发现象严重，严重危及野生药食两用植物的存量，后备资源濒临枯竭，不少野生药食两用植物的分布地域面积及资源储量都在明显缩小。20世纪80年代之前，广西一直是三七的主产地，三七产量占全国总产量的80%以上，20世纪80年代以后广西三七产业急剧萎缩，主产地地位逐渐被云南取代；广西的特产野生鸡骨草、野生金钱草、青天葵等药用植物也因资源枯竭而供不应求。此外，黄精、天冬、龙胆草、七叶一枝花、山豆根等药用植物的产量也连年锐减。药食两用植物种质资源迅速减少甚至消失，已经成为严重制约广西药食两用植物产业可持续发展的瓶颈。

2. 优质品种缺乏，产量和质量不稳定

优良的品种是发展药食两用植物产业的基础。目前，广西药食两用植物的新品种选育进展缓慢，且品种间差距较大。仅罗汉果、白及、肉桂、八角等少数几个常用的药食两用植物选育出了优良品种，大多数尚未进行系统的种质资源调查、收集、保存和评价工作，缺乏遗传育种学所必需的各项遗传参数、种子特征、生长发育规律、药材质量与环境因素的相关性等基础数据的积累，具有高产、优质或高抗的新品种还不多，在药材生产上大规模推广应用的品种则更少。

3. 栽培技术参差不齐

目前，广西的药食两用植物除罗汉果等少数种类配套的栽培技术较为健全外，绝大部分种类的栽培尚未实现规模化。一方面，由于农民对传统农业的生产观念和生产模式根深蒂固，他们习惯于小而全、多而杂的粗放型生产方式，种植的中药材多处于自然生长状态，该剪枝的未剪枝、该抹梢的未抹梢、该嫁接的未嫁接，管理不到位，长势不好，故经济效益较差。另一方面，对于中药材的种植，尤其是药食两用植物的种植，更需严格控制农药的使用；但在实际生产中，禁用的高毒化学农药仍在缺乏科学性和针对性地使用，引起害虫抗药性、农药残留等问题，严重威胁着植物药用和食用的安全。此外，由于环境污染及粗放的栽培方式，很多中药材的重金属含量超标。

鉴于以上情况，在掌握药食两用植物生物学特性的基础上，构建集高效精准的水肥管理、安全有效的病虫害防控措施等一系列技术于一体的技术集成，实现药食两用植物高产、高质、安全，是摆在科技工作者面前的迫切任务。

4. 广西药膳的理论体系不够完整

药膳是食养、食疗的拓展物，将药物与食物相结合，是"药食两用"理论最璀璨的成果。广西的药膳以壮族药膳影响最大，但壮族药膳主要以口耳相传的家庭式传承为主要传承方式、以民间个体应用为主要手段在壮族地区流传，且近30多年才开始对壮医药进行系统发掘，专门针对壮族药膳理论体系的发掘还不够完整，配膳方法、用膳原则等都未规范化和标准化。而已有的壮医药专著中对壮族药膳的发掘也非常局限，相当一部分壮族药膳的专著是参考中医药膳编写的，未体现出专业的壮医药理论。瑶族药膳基本上也存在着与壮族药膳一样的问题。以上因素极大地制约了广西药膳理论体系的纵深发展。

5. 广西药食两用植物资源和药膳规范化管理缺失

药食两用植物产业是大健康产业的重要组成部分，标准化体系建设滞后是导致其产业规模发展受限的直接原因。目前，对于药食两用植物的规范化管理还极为匮乏，种植、采收、炮制、流通、销售和资质认证等各个环节都亟待完善。如药食两用植物的相关术语、定义、分类等标准，制品等产品标准，产品的流通及溯源等标准和农药、重金属安全限量及检测方法标准均缺失或不足，个体散户未严格按照相关标准进行生产，产品质量良莠不齐；在小型餐馆、旅游景点中经营药膳的小摊铺是推进药膳发展的重要力量，然而这些经营者缺乏严格培训和资质认证，对药食两用中药材的熟悉程度参差不齐，在药食两用植物的辨别、用法、用量上主要根据经验进行，未形成规范。规范化管理的缺乏严重制约了药膳的产业化生产。

6. 产品附加值低，精深加工力弱

广西中药材加工产业链条相对较短，过度依赖初级原料和初级加工产品，提取、纯化、精制、结构改造等先进加工技术的缺失严重制约了产品生命力及附加值的提高，而企业研发投入过低则是造成这一问题的主要原因，这也是我国其他省市中药材产业发展中普遍存在的问题。以某中药材龙头企业为例，该公司年收入为108.1亿元，研发投入仅1.9亿元，占比1.7%。因此，加大企业精深加工产品研发投入，紧跟药食两用植物的研究及产品开发的步伐，掌握高端产品的核心技术，是药食两用植物产业发展的必由之路。

7. 缺乏龙头企业的辐射带动

随着社会消费水平的升级，中药材产业出现了跨品种转型、向大健康转型的趋势，以药食两用为主打的品牌成为中药材产业发展的又一利器。许多省市已将培育该方面的产业龙头企业作为工作重点，如早在 2011 年吉林省便开设人参药食两用试点，吉林紫鑫药业股份有限公司、吉林省集安益盛药业股份有限公司等企业成为重点扶持对象。吉林紫鑫药业股份有限公司陆续推出了数十种人参食品，包括人参茶系列、人参酒系列、人参糖系列等，极大地带动了吉林人参产业的发展。中国北京同仁堂（集团）股份有限公司、太极集团、华润双鹤药业股份有限公司、华润江中药业制药集团有限责任公司等大型药企也开发了灵芝、西洋参、人参等保健食品，带动了相关产业的快速发展。广西虽有上百家中草药生产企业，但在药食两用龙头企业培育方面还较为滞后，与吉林、四川等药业大省相比差距较大。缺乏龙头企业的辐射带动已成为限制广西药食两用植物产业发展壮大的一大障碍。

（三）广西药食同源产业创新发展战略

1. 总体思路

广西药食同源产业创新发展必须全面贯彻落实《广西战略性新兴产业发展"十四五"规划》（桂政发〔2021〕28 号）精神，大力发展现代生物医药，重点发展特色中医药民族医药、生物医用材料、化学药、海洋医药等，布局建设中医药民族医药生产示范基地，推进"壮瑶医药＋旅游"，加强中医药民族医药的推广，全面提升广西药食同源产业链的质量层次、科技附加值和核心竞争力，努力把药食同源产业打造成广西经济转型发展的新增长点和战略性新兴产业。

广西药食同源植物资源开发利用的指导思想是：保护资源，永续利用；优质创新，变野为家；标准引领，规范发展；突出优势，差异发展；优化布局，集约发展；多元融合，联动发展。以提高药食同源中药材质量为主要目标，以药食同源产业与现代农业、康养旅游等多产业融合为重点，发挥广西药食同源资源优势，优化区域布局，建设一批管理规范、特色鲜明的药食同源药材生产基地，发展壮大县域经济，助力乡村振兴。以市场需求为导向，以科技创新为动力，以重大技术突破为主攻方向，全面提高药食同源相关企业的产品研发能力和市场营销能力，培育一批创新力强、规模大的骨干企业，打造一批有影响力的重点知名品牌，提高广西药食同源产业质量、效益和核心竞争力，实现从资源优势向产业经济优势的根本转变。以传统产业的转型升级等重大需求为牵引，以东盟科技创新合作区创建为契机，聚焦"一带一路"倡议，遵循药食同源产业发展规律，创新体制、机制，激发活力、潜力，开展先行先试，探索产业发展的新路径，布局未来发展产业，促进产业高端化、规模化发展。

2. 战略目标

广西药食同源产业创新发展战略可设立三个阶段性目标。第一阶段目标：将药食同源产业打造为广西战略性新兴产业、脱贫攻坚的主导产业及绿色发展的重要动力。第二阶段目标：广西药食同源产业融合发展，产业的标准化、市场化体系更加完整，龙头企业的研发能力和市场竞争力显著增强，药食同源产品市场占有率显著提升。第三阶段目标：药食同源健康服务能力显著增强，药食同源产品科技水平显著提高，公民中医药健康文化修养大幅提升；药食同源产业现代化水平迈上新台阶，对区域经济社会发展的贡献率进一步提高，为健康广西建设做出重要贡献。

3. 战略方向

在深入分析广西药食同源产业现状和学习借鉴国内其他省区发展中医药产业先进经验的基础上，结合广西药食同源产业发展规划和政策措施，我们提出了广西药食同源创新发展的"六化战略"，即可持续化、优质化、标准化、差异化、集约化、多元化六大发展战略。

（1）广西药食同源产业可持续化发展战略

大量珍稀药食同源野生中药材资源处于濒危或极危状态，相关产业难以可持续发展。广西药食同源产业只有在保护资源的基础上才能实现可持续利用。实现濒危药食同源中药材资源保护及可持续利用的途径有以下几个方面：建立完善的资源保护政策法规体系，加强濒危药食同源中药材资源保护；将濒危药食同源中药材资源纳入战略资源范畴，加强进出口管理；加大财政扶持力度，大力发展濒危药食同源中药材栽培产业；促进濒危药食同源中药材中药制剂原料精细化利用和生产过程资源回收利用，提升资源利用率。

（2）广西药食同源产业优质化发展战略

广西药食同源产业优质化发展是指以保证功效为基础，以有效活性为导向，以临床药效表现定位药材品质，构建优质中药材生产体系，采用有效的调控技术为药材质量提供技术保障，科学地指导不同环境下中药材的合理种植及技术推广。与此同时，在中药材生产中，还须以农业为基础、工业为主题、商业为纽带，使中药材全产业链可追溯，将质量控制贯穿产业全过程。

（3）广西药食同源产业标准化发展战略

广西药食同源产业标准化发展战略是指建立以药食同源中药材生产、加工、宣传和管理标准为主体框架的标准体系，对药食同源产业的各个环节进行规范管理，如药食同源中药材标准化生产包括从种质资源选择、种植地选择到中药材的播种、田间管理、采购、产地初加工、包装运输及入库整个过程中。科学的标准化管理对中药材生产技术水平的提高和各种信息智能系统的开发均具有十分重要而深远的意义。

（4）广西药食同源产业差异化发展战略

广西药食同源产业差异化发展战略是指依托广西的中医药特色资源，通过系列有价值的创新和创造，在药食同源产业相关的产品、文化和服务等方面形成显著的特色，获得相对的产业竞争优势。差异化战略的核心及关键是与竞争者形成显著的差异性，从而培育核心竞争力。

（5）广西药食同源产业集约化发展战略

广西药食同源产业集约化发展是指依托该区域内密集的中药材加工企业和丰富的道地中药材资源，按照"公司＋农户＋基地"等多种运行模式，以标准化生产培训、良种引进、示范推广为重点，不断提高基地标准化、集约化生产水平，形成该药材在部分区域内规模化种植的良好格局。

（6）广西药食同源产业多元化发展战略

广西药食同源产业多元化发展是指依托广西独特的自然优势和丰富的医疗资源，探索建立"康养＋医疗""康养＋旅游""健康旅游"等产业融合模式，打造集医疗、养生、养心、休闲为一体的健康旅游综合体，以全国医养结合试点为抓手，大力推进医疗与养老、养病、休闲旅游等产业深度融合。

4. 广西药食同源产业发展战略布局

（1）桂北药食同源综合开发区

该范围包括柳州北部、贺州、桂林。

该区域自然条件特点：位于南岭山地西段，越城岭纵贯西部，主峰为猫儿山，中部分布有都庞岭、海洋山，东部和萌渚岭余脉相连，南部有架桥岭等山地分布；气候由中亚热带向南亚热带过渡，气候变化显著，降水分布不均，旱、湿季分明；海拔800 m以下土壤主要是红壤合黄红壤，海拔800～1400 m多是黄壤，海拔1400 m以上则主要是山地棕黄壤，石灰岩地区多为石灰土。

该区域适宜开发的药食同源植物种类：罗汉果、桂花、槐、银杏、千斤拔、野葛、杜仲、厚朴、南方红豆杉、百合、白及、山鸡椒、八角莲等。

（2）桂中药食同源综合开发区

该范围包括柳州南部、来宾、南宁。

该区域的自然条件特点：地形平坦，微有起伏，海拔在 85 ～ 105 m 之间，东、西、北三面环山，石山多，具有典型的喀斯特地貌特征；属中亚热带季风气候，大气环流主要是季风环流，夏半年盛行偏南风，高温、高湿、多雨，冬半年盛行偏北风，寒冷、干燥、少雨。

该区域适宜开发的药食同源植物种类有：绞股蓝、石崖茶、钩藤、一点红、木槿、黑老虎、展毛野牡丹、香椿、虎杖、野百合、白簕、金樱子等。

（3）桂东药食同源综合开发区

该范围包括梧州、玉林、贵港。

该区域自然条件特点：地貌类型复杂多样，以丘陵、山地分布较广，山地丘陵面积广大，且以土山为主；属于南亚热带季风气候，温和湿润，冬短无严寒，夏长而多雨，水热配合好；有大小河流 300 多条，集雨面积广大，水量极为丰富；地带性土壤为赤红壤。

该区域适宜开发的药食同源植物种类有：巴戟天、广藿香、天门冬、何首乌、石斛、铁皮石斛、粉葛、佛手、吴茱萸、显齿蛇葡萄、豆腐柴、香港四照花等。

（4）桂西药食同源综合开发区

该区域范围包括百色、河池、崇左等。

该区域自然条件特点：地形复杂，河流、盆地、阶地相间、岩溶石山和砂页岩山地相互交汇；属南亚热带季风气候，境内湿润多雨，雨水集中，日照充足。

该区域适宜开发的药食同源植物种类有：草果、田七、黄精（多花黄精等）、苦丁茶、赤苍藤、台湾海棠、茎花山柚、玉竹、木姜叶柯、魔芋、鱼腥草、薄荷等。

（5）桂南药食同源综合开发区

该区域范围包括防城港、钦州、北海。

该区域自然条件特点：属沿海低山丘陵、台地；东部和南部沿海地区雨水较多，年平均降水量在 2600 ～ 3300 mm 之间，整个区域的降水呈现由东向西逐步递减的变化区域；东部和中部地区全年基本无霜；光能资源丰富，是全国光能资源较丰富地区之一。

该区域适宜开发的药食同源植物种类有：八角、肉桂、姜黄、金花茶（东兴金花茶、凹脉金花茶等）、桃金娘、五指毛桃、土茯苓等。

5.广西药食同源产业发展战略措施

（1）明确壮瑶族的民族药膳理论，规范管理

壮瑶族的民族医药理论体系还相对不完善，为了更好地指导药膳研发，使药食两用植物产业发展有章可循、有理可依，壮瑶医药膳相关的理论还需要进行深入的研究。与此同时，还需要按照医药基础理论及药膳的主要运用情况，对壮瑶族的药膳进行分类，明确和规范药膳的制作方法和用膳原则，规范入膳药用植物的名称、来源、用法、用量和功效主治，以及适用证和禁忌证，以纠正药膳的错用和滥用，避免盲目食用，确保对入膳的药食两用植物资源以及药膳本身进行规范化管理。

（2）建立药食两用植物资源数据库，提高信息化程度和资源共享效率

药食两用植物种质资源共享数据库的建设具有基础性、公益性和战略性地位，是实现药食两用植物产业快速发展的战略性决策，将极大地促进药食两用植物种质资源保护与开发利用的良性互动与循环。通过建立广西药食两用植物种质资源数据库，能够快速、准确地对广西药食两用植物种质资源数据进行筛选、分类，方便生产者与科研人员的查询，有利于促进种质资源保护、利用、整合和共享，也有利于服务社会各界科技活动和科学普及活动。药食两用植物资源数据库也将极大地提高种植者、收购者等药食两用植物产业链参与人员的鉴别能力，加快优质种质的选育和推广速度，实现种质的优胜劣汰。广西药食两用植物种质资源数据库的建立，必将极大地提高广西药食两用植物产业的信息化程度和资源共享效率。

（3）提高产业化和组织化程度，强化产学研联合，加速打造名优品牌

①坚持突出优势、特色发展。以科研单位为技术支撑，生产企业为主体，市场为导向，优先发展产业链条长、附加值高、成长性好、市场前景广阔的药食两用植物品种；以全产业链发展思维，联合攻关，解决产业链各环节的突出问题，提升产业化能力，以点带面，辐射带动相关领域的发展。

②制定和完善科技投入机制。首先，加大科技保险财政扶持力度，通过制定企业科技投入激励机制、科技知识产权保护机制、风险投资回报机制、非营利科技捐助机制等多种途径，努力激发科技创新的积极性。其次，积极争取国家和自治区的各类高新技术产业扶持资金和专项资金支持，鼓励和吸引外资、企业、个人投资参与科技攻关，力争创造技术优势，组建集科、工、贸、产、供、销于一体的科技企业。

③推行标准化生产。应支撑标准体系建设，使全产业链各个环节有标可依，规范生产前、生产中、生产后的技术，引导和组织基地及种植户实行标准化生产，如科学施肥和合理使用农药，从种植、田间管理到采收、加工、包装、储运等，将标准化技

术应用于商品生产的全过程。将分散经营的农户组织起来实行"公司 + 基地 + 农户"的产供销模式，建成标准化、集约化的生产基地。积极主导或参与药食两用产品标准的制定，及时调整标准、布局策略，制定符合自身发展的标准体系。

④加强高新技术在药食两用植物产业开发中的应用。科技创新是药食两用植物产业发展的强大支撑，在药食两用植物资源的开发过程中，要在传统的中医食疗学与现代生命科学理论的基础上，综合运用超微粉碎技术、超高压灭菌技术、微胶囊技术等国际性食品加工的高新技术，大力提高产品的附加值，形成种类丰富、各有特色的系列产品，从而开拓更为广阔的销售市场。

⑤树立品牌意识，大力打造名优品牌。首先，积极申报发展无公害产品和绿色食品，加快认定和认证步伐，提升产品的市场竞争力。其次，通过电视广告、网络、社会公众人物代言等多种渠道提高知名度。尤其要重点发挥"互联网 +"的营销优势，通过主流电商平台，实现贸易网络化、数字化、智能化。最后，政府要牵头引导培育一批在国内外市场上具有竞争实力的大型企业集团，打造一批名牌产品和驰名商标，充分发挥大型企业集团在打造品牌上的资本运营、资源配置、市场开拓等优势，将品牌做大做强。

（4）促进休闲旅游和养生相融合，促进广西药食两用植物产业快速发展

广西发展药食两用植物产业的重点在于综合开发利用特色中药材、民族医药和健康食品的优势，大力发展绿色、有机、健康、养生产品和药膳保健产品，着力发展生态文化养生体验和健康养老。近年来广西旅游业不断发展，旅游人次已从百万级、千万级上升至亿级。广西应依托区内休闲旅游项目，积极推动与海南、四川、重庆、广东、福建等地的跨省域合作，将避暑度假、休闲体验、养生保健等多种元素相融合，将广西打造成全国知名的休闲旅游和养生基地。

（5）加大从业人员的培养力度

广西在发展药食两用植物产业方面应坚持以人为本，把提高从业者意识和素养作为产业发展的重要前提。第一，重点培训种植大户，提高他们的科技文化素质和市场意识，尽快造就一批有技术、懂管理、会经营的现代农民。第二，加强基层农业技术干部的培训。定期选送中青年农业技术人员到高等院校或国外进修深造，加快农业技术人员知识更新，优化农业技术人员知识结构。第三，培养专业药膳制作人员。药膳制作涉及中医、中药、营养、加工等学科理论，制作人员须经系统的学习才能胜任，可通过高职类院校试点开设药膳专业、院校与相关企业联合培养等途径为行业提供稳定的人才储备。

（6）培育龙头企业，创新融资机制，增强产业化的辐射带动效应

龙头企业是广西药食两用植物产业化的火车头，其带动能力决定了广西药食两用植物产业化发展的快慢。必须依托广西丰富的药食两用植物资源优势，加大招商引资力度，加强与珠三角地区联系，注重区位、资源、政策及环境的宣传，积极开展对外合作和交流，吸引区内外客商来广西发展，多引进、培育从事药食两用植物产业的龙头企业。不断激发政府投融资部门的服务意识，建立健全产业发展服务企业协调机制，为药食两用大健康产业发展提供足额的资金保障，利用债券、产业基金等不同金融工具实现融资需求，拓展多元化投融资渠道，最终为广西药食两用植物产业发展壮大提供充足的资金支持，增强企业的辐射带动力。

（7）完善法律法规，加强市场监管，指导药食两用产品科学宣传

目前，我国的药食两用植物产业还处于初级阶段，相关的法律法规还极为有限。有关部门应尽快制定相应的质量标准，建立健全法律法规，加强对原料生产、流通、经营、使用等各个领域的监管。尤其需要注意的是，药膳是兼具保健养生功能的食疗产品，不可代替药物，企业要把好产品宣传尺度，监管部门要防止企业过度或夸大宣传，确保药食两用植物产业的可持续性发展。

（8）积极将药食两用植物申报为新食品原料，加大保健食品的研发力度

随着人们生活水平和对身体健康重视程度的大幅提高，人们对食品的需求不仅仅满足于吃饱，还要求食品能均衡营养和预防疾病，对保健食品的需求十分旺盛。因此，一些药食两用植物或中药材在得到消费者的认可后，在新食品市场掀起了消费热潮。如原产于南美洲的玛咖含有氨基酸、生物碱、芥子油苷、玛卡多糖、玛卡烯和玛卡酰胺等多种成分，且有滋补强身的功效；在我国的云南、新疆等地引种栽培成功后，玛咖粉于 2011 年被卫生部批准为新资源食品（卫生部 2011 年第 13 号公告），其食品加工和种植产业都得到了迅猛发展，玛咖一跃成为药食两用植物产业的佼佼者。而原产于印度的辣木的嫩叶和豆荚，营养和药用价值极高，是原产地夏季的主要蔬菜，在当地有着悠久的食用历史。2012 年我国卫生部批准辣木叶为新资源食品（卫生部 2012 年第 19 号公告）后，辣木产业在云南、广东、海南等地呈"爆发式"发展，种植和产业规模迅速扩增。广西在推进药食两用植物资源规模化、产业化发展时应积极借鉴玛咖、辣木叶等植物资源的成功案例，重视并积极申报新食品原料。

下编

第一章 广西药食两用植物品种
（已收入国家药食同源名录）

八角

拉丁学名：*Illicium verum* Hook. F.。

科　　属：木兰科（Magnoliaceae）八角属（*Illicium*）。

食用部位：果皮、种子、叶。

1. 植物形态

乔木，高 10～15 m；树冠塔形、椭圆形或圆锥形；树皮深灰色；枝密集。叶不整齐互生，在顶端 3～6 片近轮生或松散簇生，革质、厚革质，倒卵状椭圆形、倒披针形或椭圆形，长 5～15 cm，宽 2～5 cm，先端骤尖或短渐尖，基部渐狭或楔形；在阳光下可见密布透明油点；中脉在叶上面稍凹下，在下面隆起；叶柄长 8～20 mm。花粉红色至深红色，单生叶腋或近顶生，花梗长 15～40 mm；花被片 7～12 片，常 10～11 片，常具不明显的半透明腺点，最大的花被片宽椭圆形到宽卵圆形，长 9～12 mm，宽 8～12 mm；雄蕊 11～20 枚，多为 13～14 枚，长 1.8～3.5 mm，花丝长 0.5～1.6 mm，药隔截形，药室稍为突起，长 1.0～1.5 mm；心皮通常 8 枚，有时 7 枚或 9 枚，很少 11 枚，在花期长 2.5～4.5 mm，子房长 1.2～2.0 mm，花柱钻形，长度比子房长。果梗长 20～56 mm，聚合果，直径 3.5～4.0 cm，饱满平直；蓇葖多为 8 枚，呈八角形，长 14～20 mm，宽 7～12 mm，厚 3～6 mm，先端钝或钝尖。种子长 7～10 mm，宽 4～6 mm，厚 2.5～3.0 mm。正糙果 3—5 月开花，9—10 月果熟；春糙果 8—10 月开花，翌年 3—4 月果熟。

2. 生长习性

八角天然分布于海拔 200～700 m 的地方，最高海拔可达 1600 m。喜冬暖夏凉的山地气候。喜土层深厚、排水性良好、肥沃湿润、偏酸性的沙质壤土或壤土，在干燥瘠薄或低洼积水地生长不良。

3. 繁殖技术

（1）种子繁殖

八角种子经催芽后于 12 月至翌年 2 月播种，11—12 月开始发芽，播种宜早不宜迟。

（2）扦插繁殖

八角扦插一年四季均可进行。春插和冬插选用休眠枝，夏插选用半木质化嫩枝，秋插选用木质化硬枝，其中秋插效果最好。

（3）嫁接

小苗嫁接宜选 1 ～ 2 年生健壮的实生苗，接位（离地 20 ～ 25 cm）直径 0.5 ～ 1.0 cm。大苗嫁接所用砧木宜为已种植成活的八角幼树。

4. 栽培技术

（1）选地

尽量选择土质疏松、湿润、通气性良好、腐殖质含量高、排水性良好的较平缓的地块，富含磷、铝、锌、硫、锰、钾等元素的土壤，且保证附近有水源。

（2）整地

清理地上杂物，深翻，除去土壤中杂物。整理苗床：高 20 ～ 25 cm，宽 1.0 ～ 1.2 m，间步道 30 ～ 40 cm，长度视地形而定，按 22.5 t/hm^2 的标准施加堆肥。同时要挖好排水沟。

（3）移栽

移栽时选择茎径 0.8 cm、苗高 40 cm 以上的 2 年生的健壮幼苗。种植穴挖成 35 cm × 35 cm 的圆坑，株行距为 4 m × 5 m。

（4）田间管理

①遮阳

造林前适量保留一些阔叶树及少量灌木树种作为八角的荫蔽树，待八角成林后逐渐伐除，能取得较好的遮阳效果。

②间（套）种

可将大豆、甘薯和花生等作物与八角间（套）种，既能增加收入，又能提高园地保水保肥的能力。

③水肥管理

采取穴施或淋施。每年施肥 2 次，第 1 次在 6—8 月进行，第 2 次在 12 月至翌年 2 月进行。前 2 年施肥量为农家肥 2 kg/ 株或者尿素 100 g/ 株，第 3 年施肥量为尿素 200 g/ 株及复合肥料 100 g/ 株，后期施肥量应根据八角生长情况而定。八角耐旱性较差，当天气比较干旱时应适当淋水。

④中耕除草

在新开垦的土地种植，1 年需除草 2 次，第 1 次在 1—2 月进行，第 2 次在 5—6 月进行。八角进入开花结果期后，每年需清除杂草 2 次（在春、秋季进行）。每 3 年全垦 1 次，深度为 12 ～ 15 cm，在树冠周围浅挖、树冠外围深挖，以疏松土层、延长八角树的结果时间。

⑤修剪定干

在八角进入开花结果盛期（树高 1 m）时进行疏伐修剪，每亩留 25 ～ 32 株，剪除株与株间交错重叠的多余枝条。

⑥病虫害防治

常见病害主要有日灼病、炭疽病、白粉病，常见虫害主要有叶甲虫、蚜虫。病虫害防治要以预防为主，如需使用农药时，尽量选用低残留的农药。

（5）采收

八角每年采收两季，春果成熟期为 3—4 月，清明节前后为最佳采收期；秋果成熟期为 9—10 月，霜降前后为最佳采收期。

5. 成分

八角的主要成分是茴香油，包括茴香脑、茴香醛和茴香酮等。此外，八角还含有黄酮类、微量元素等成分。

6. 性味归经

味甘、辛，性温；归肝经、肾经、脾经、胃经。

7. 功能与主治

具有祛风理气、和胃调中的功效，主治中寒呕逆、腹部冷痛、胃部胀闷等症。

8. 药理作用

具有抗肿瘤、抗菌、抗氧化、镇痛等作用。

9. 常见食用方式

可直接用于日常调味，如炖、煮、腌、卤、泡等，也可加工成五香调味粉。

红烧肉

【用料】五花肉 800 g、料酒 200 g、生抽 70 g、老抽 1 勺、冰糖 50 g、八角 3 颗、桂皮 1 小段、生姜 2 小块、蒜 5 瓣、香叶 3 片、大葱 1 段。

【制法】五花肉切块，焯水 2 min 后捞出，洗净沥干水分。在砂锅底均匀地铺上大葱、生姜、蒜防止煳锅，码放好五花肉，加入八角、桂皮、香叶，倒入料酒、生抽、老抽和冰糖，加水至刚好浸没肉，武火烧开后转文火慢炖 3 h 即可。

百合

拉丁学名：*Lilium brownii* var. *viridulum* Baker。

科　　属：百合科（Liliaceae）百合属（*Lilium*）。

食用部位：根部、花、种子。

1. 植物形态

多年生草本植物，株高 70 ～ 150 cm。鳞茎球形，先端常如莲座状开放，由多片肉质肥厚和卵匙形的鳞片聚合而成，直径 2.0 ～ 4.5 cm；鳞片披针形，长 1.8 ～ 4.0 cm，宽 0.8 ～ 1.4 cm，无节，白色。茎高 0.7 ～ 2.0 m，有的有紫色条纹，有的下部有小乳头状突起。叶散生，通常自下向上渐小，披针形、窄披针形至条形，长 7 ～ 15 cm，宽（0.6 ～）1.0 ～ 2.0 cm，先端渐尖，基部渐狭，具 5 ～ 7 脉，全缘，两面无毛。花单生或几朵排成近伞形；花梗长 3 ～ 10 cm，稍弯；苞片披针形，长 3 ～ 9 cm，宽 0.6 ～ 1.8 cm；花喇叭形，有香气，乳白色，外面稍带紫色，无斑点，向外张开或先端外弯而不卷，长 13 ～ 18 cm；外轮花被片宽 2.0 ～ 4.3 cm，先端尖；内轮花被片宽 3.4 ～ 5.0 cm，蜜腺两边具小乳头状突起；雄蕊向上弯，花丝长 10 ～ 13 cm，中部以下密被柔毛，少有具稀疏的毛或无毛；花药长椭圆形，长 1.1 ～ 1.6 cm；子房圆柱形，长 3.2 ～ 3.6 cm，宽 4 mm，花柱长 8.5 ～ 11.0 cm，柱头 3 裂。蒴果矩圆形，长 4.5 ～ 6.0 cm，宽约 3.5 cm，有棱，具多数种子。花期 5—6 月，果期 9—10 月。

2. 生长习性

百合多数品种喜阳光充足的环境，少数品种喜阴，可在半湿地生长；较耐寒，不耐高温；最适合开花期的温度为 15 ～ 22 ℃。

3. 繁殖技术

（1）种子繁殖

秋季种子成熟后可随采随播。若翌年春播，则需在 8 ～ 15 ℃条件下湿沙层积贮藏，清明后播种。播种前圃地施足腐熟厩肥或堆肥，按行距 10 cm、深 3 cm 的标准开沟，将种子均匀播于沟内，覆土，以看不见种子为度。铺盖草帘、浇水保湿。

（2）无性繁殖

①鳞片繁殖

秋季采挖鳞茎，剥取肥大的里层鳞片，使用 1∶500 的苯菌灵或克菌丹水溶液浸种 30 分钟，取出阴干，插入苗床，株行距 6 cm×15 cm，翌年 9 月可移栽。

②小鳞茎繁殖

采收时，直接使用小鳞茎播种，株行距 6 cm×15 cm。

③珠芽繁殖

夏季采收珠芽，用湿沙混合贮藏于阴凉通风处，8—9 月播于苗床，翌年秋季地上部枯萎后，挖取鳞茎进行播种，株行距 10 cm×20 cm，第 3 年秋季可采收，较小者可再培育 1 年。

4. 栽培技术

（1）选地

选择未种过百合科、石蒜科植物的地块，且以土层深厚、土质肥沃湿润、排水性良好的微酸性土壤为宜。

（2）整地

将地耙细整平，按 1 m 宽的标准做好苗床（床面中间高、两边低），并开好步道。

（3）田间管理

①水肥管理

苗出齐后和 5 月间各中耕除草 1 次，同时可用人畜粪水、油饼、草木灰、过磷酸钙等混合进行追肥和培土，也可用 0.2% 磷酸二氢钾溶液进行叶面追肥。夏季高温多雨季节，需注意排水。

②中耕除草

定植早期及时除草，雨后适时浅度中耕，封行后不再进行中耕除草。

③打顶摘蕾

5 月下旬至 6 月上旬需进行打顶，旺盛者多打，反之则少打。6—7 月抽薹现蕾时要及时摘除，以减少养分消耗。在打顶摘蕾期使用 0.1% 钼酸铵溶液进行叶面施肥可促进增产。

④病虫害防治

常见病害主要有病毒病和立枯病。选择无病鳞茎繁殖并及时消灭病害媒介，如蚜虫等，可有效防治病毒病。防治立枯病则应避免连作、注意排水，发现病株后立即拔除，并撒石灰消毒。虫害主要有蚜虫，可用 50% 马拉硫磷等药剂喷施防治。

（4）采收

7 月底至 8 月初，百合地上茎叶枯萎表明鳞茎已充分成熟，选择晴天采收，切除地上部分、须根和种子根，存放于室内通风处。

5. 成分

百合主要含有秋水仙碱等多种生物碱，以及蛋白质、脂肪、淀粉、钙、磷、铁、维生素 B_1、维生素 B_2、维生素 C 和 β– 胡萝卜素等诸多营养物质。100 g 百合中，含有蛋白质 4 g、脂肪 0.1 g、糖 28.7 g、灰分 1.1 g、粗纤维 1 g、钙 9 mg、磷 91 mg、铁 0.9 mg。

6. 性味归经

味甘、微苦，性平；归心经、肺经。

7. 功能与主治

具有养阴润肺、清心安神的功效，主治肺热、肺燥咳嗽、劳嗽咳血、低热虚烦、惊悸失眠等症。

8. 药理作用

具有抗癌、止咳祛痰平喘、镇静催眠、降血糖、抗疲劳及提高免疫力等作用。

9. 常见食用方式

鳞茎及花可食用，鳞茎常炒食或用于制作汤羹，花则常用于制作饮品。

（1）百合雪梨饮

【用料】百合 10 g、雪梨 1 个、冰糖适量。

【制法】将百合洗净，雪梨去皮、核，切成小块，加适量水、冰糖，水开后用文火煨 60 min 即可。

（2）百合鲫鱼汤

【**用料**】百合 250 g，鲫鱼 800 g，香油、胡椒粉、食盐各适量。

【**制法**】将鲫鱼去鳞、内脏、鳃，洗净，用香油炸至金黄色，加水、食盐煮烂，加百合煨 30 min，撒上胡椒粉即可。

白茅

拉丁学名：*Imperata cylindrica*（L.）Beauv.。

科　　属：禾本科（Poaceae）白茅属（*Imperata*）。

食用部位：根茎。

1. 植物形态

多年生草本植物，具横走多节被鳞片的长根状茎。秆直立，高 25～90 cm，具 2～4 节，节具长 2～10 mm 的白柔毛。叶鞘无毛或上部及边缘具柔毛，鞘口具疣基柔毛，鞘常麇集于秆基，老时破碎呈纤维状；叶舌干膜质，长约 1 mm，顶端具细纤毛；叶片线形或线状披针形，长 10～40 cm，宽 2～8 mm，顶端渐尖，中脉在下面明显隆起并渐向基部增粗或成柄，边缘粗糙，上面被细柔毛；顶生叶短小，长 1～3 cm。圆锥花序穗状，长 6～15 cm，宽 1～2 cm，分枝短缩而密集，有时基部较稀疏；小穗柄顶端膨大成棒状，无毛或疏生丝状柔毛，长柄长 3～4 mm，短柄长 1～2 mm；小穗披针形，长 2.5～3.5（～4.0）mm，基部密生长 12～15 mm 的丝状柔毛；两颖几相等，膜质或下部质地较厚，顶端渐尖，具 5 脉，中脉延伸至上部，背部脉间疏生长于小穗本身 3～4 倍的丝状柔毛，边缘稍具纤毛；第 1 外稃卵状长圆形，长为颖之半或更短，顶端尖，具齿裂及少数纤毛；第 2 外稃长约 1.5 mm；内稃宽约 1.5 mm，大于其长度，顶端截平，无芒，具微小的齿裂；雄蕊 2 枚，花药黄色，长 2～3 mm，先于雌蕊成熟；柱头 2 枚，紫黑色，自小穗顶端伸出。颖果椭圆形，长约 1 mm。染色体 2n=20（Mehra K. L. et al.，1962；Singh D. N.，1964）。花果期 5—8 月。

2. 生长习性

白茅适应性强，耐荫、耐瘠薄，生境幅度广，自谷地河床至干旱草地均有分布，是森林砍伐或火烧迹地的优势植物，也是空旷地、果园地、撂荒地以及田坎、堤岸和路边极常见的植物。

3. 繁殖技术

白茅种子萌发率高，种子繁殖是其主要繁殖方式，每亩需种子 3 ～ 4 kg。

4. 栽培技术

（1）选地

宜选择土壤肥沃、排水便利、地势平整、阳光充足的土地进行种植。

（2）整地

播种前将地整平，并开排水沟便于排水。

（3）田间管理

①水肥管理

根据土壤和生长状况及时补充水肥，保持土壤湿润，在生长发育高峰期需要多浇水和施肥。旱季注意及时灌水，雨季注意及时排水。

②除草

全年需除草 4 ～ 5 次，以提高土壤通透性和养分供给。白茅对除草剂抗性较低，种植中不宜喷洒除草剂。

③病虫害防治

生长过程中较少发生病虫害，注意管理和防护即可。

（4）采收

一次种植可多次收割茎叶，收割茎叶时从茎部低端收割，不要连根拔出。根茎于春、秋季采挖，洗净，晒干，除去须根和膜质叶鞘，捆成小把。

5. 成分

白茅主要含有三萜类、苯丙素类、有机酸类、糖类、甾醇类、色酮类、黄酮类、内酯类等化学成分。

6. 性味归经

味甘，性寒；归肺经、胃经、膀胱经。

7. 功能与主治

具有凉血止血、清热利尿的功效，主治血热吐血、衄血、尿血、热病烦渴、湿热黄疸、水肿尿少、热淋涩痛等症。

8. 药理作用

具有止血、调节免疫力、利尿、降血压、抑菌、抗炎镇痛、抗肿瘤、降血糖、降血脂、减少羟自由基、抗氧化、改善肾功能等作用。

9. 常见食用方式

白茅根常用于制作汤羹。

白茅瘦肉汤

【用料】瘦肉 250 g、白茅 60 g、食盐 3 g。

【制法】将白茅洗净切段、瘦肉洗净切块，全部用料入锅，加入适量清水，武火煮沸后改文火煮 1 h 即可。

白芷

拉丁学名：*Angelica dahurica*（Fisch. ex Hoffm.）Benth. et Hook. f. ex Franch. et Sav.。

科　　属：伞形科（Apiaceae）当归属（*Angelica*）。

食用部位：根。

1. 植物形态

多年生高大草本植物，高 1.0～2.5 m。根圆柱形，有分枝，径 3～5 cm，外表皮黄褐色至褐色，有浓烈气味。茎基部径 2～5 cm，有时可达 7～8 cm，通常带紫色，中空，有纵长沟纹。基生叶一回羽状分裂，有长柄，叶柄下部有管状抱茎边缘膜质的叶鞘；茎上部叶二至三回羽状分裂，叶片轮廓为卵形至三角形，长 15～30 cm，宽 10～25 cm，叶柄长至 15 cm，下部为囊状膨大的膜质叶鞘，无毛或稀有毛，常带紫色；末回裂片长圆形、卵形或线状披针形，多无柄，长 2.5～7.0 cm，宽 1.0～2.5 cm，急尖，边缘有不规则的白色软骨质粗锯齿，具短尖头，基部两侧常不等大，沿叶轴下延成翅状；花序下方的叶简化成无叶的、显著膨大的囊状叶鞘，外面无毛。复伞形花序顶生或侧生，直径 10～30 cm，花序梗长 5～20 cm，花序梗、伞辐和花柄均有短糙毛；伞辐 18～40 个，中央主伞有时伞辐多至 70 个；总苞片通常缺或有 1～2 枚，成长卵形膨大的鞘；小总苞片 5～10 余枚，线状披针形，膜质，花白色；无萼齿；花瓣倒卵形，顶端内曲成凹头状；子房无毛或有短毛；花柱比短圆锥状的花柱基长 2 倍。果实长圆形至卵圆形，黄棕色，有时带紫色，长 4～7 mm，宽 4～6 mm，无毛，背棱扁，厚而钝圆，近海绵质，远较棱槽为宽，侧棱翅状，较果体狭；棱槽中有油管1个，合生面有油管2个。花期7—8月，果期8—9月。

2. 生长习性

白芷适应性较强，喜向阳、光照充足的环境，是根深喜肥植物。宜种在土层深厚、疏松肥沃、湿润而排水性良好的沙质壤土地，若种在黏土、土壤过沙或浅薄土中则主根小而分叉多。

3. 繁殖技术

主要是种子繁殖。白芷隔年种子发芽率低，不宜采用，生产中最好选用当年采收的种子。侧基上所结种子的发芽率可达70%～80%，在13～20℃的温度和足够的湿度下，播种10～15 d即可出苗。而正中主茎所结种子再播种时，容易提早抽空，影响白芷质量，故生产中较少使用。

4. 栽培技术

（1）选地

白芷对前作要求不严，种过棉花、玉米的地均可种植。种植地以耕作层深、土质疏松肥沃、湿润、排水性良好、温暖向阳的夹沙土最为适宜。

（2）整地

前茬作物收获后及时翻耕，耙细整平，做宽100～200 cm、高16～20 cm的高畦，畦沟宽26～33 cm（排水差的地方用高畦）。

（3）播种

白芷移栽容易导致植株根部分叉，生根、生长不良，影响其产量和质量，故不宜育苗移栽。生产中多采用穴播和条播。播前用机械去掉种子的种翅膜，在热水（45℃）中浸泡6 h后捞出，晾干，播种。穴播按行距33 cm左右、株距16～20 cm、穴深6～10 cm开穴，播后洒水或盖草以保湿。条播按行距33 cm左右开沟，将种子均匀撒下，盖细土，用种量为4 kg/亩，其他操作同穴播。

（4）田间管理

①水肥管理

白芷种植当年追肥宜少、淡。翌年植株封垄前追肥1～2次，结合间苗和中耕进行，每公顷追肥2250～3000 kg饼肥，也可用化肥和人畜粪尿代替。雨季于根外喷施磷肥，也有显著效果。在雨水充足的地方种植可不用浇水，若在干旱、半干旱地区种植，播前必须浇深水，播后遇干旱、久旱也须浇水。小雪前应浇透，以防白芷冬季干死。翌年春季浇水在清明前后为宜，后每隔 10 d 浇 1 次，进入夏季后每隔 5 d 浇 1 次，在伏天更应保持水分充足。

②间苗

春季幼苗返青高约 6 cm 时进行间苗，适当地除去弱苗，加强通风透光。当苗高 13 ～ 16 cm 时定植，穴播为每穴留壮苗 1 ～ 2 株，条播则 16 cm 左右留壮苗 1 株。

③中耕除草

每次间苗同时进行中耕除草，第 1 次待苗高约 3 cm 时用手拔草，第 2 次待苗高 6 ～ 10 cm 时除草，第 3 次在定苗时松土除草，且要彻底除尽杂草，之后植株长大封垄，不再进行中耕除草。

④病虫害防治

病害主要有斑枯病，虫害主要有黄凤蝶和红蜘蛛等，可通过清除病残组织并集中烧毁、喷洒波尔多液等进行综合防治。

（5）采收

春播白芷于 9 月中下旬采收，秋播白芷于翌年 8 月下旬采收。当叶片枯黄时开始采收，割去叶片，将根挖起，抖去泥土，运至晒场进行加工。摘去侧根，另行干燥，并将主根上残留的叶柄剪去，晒 1 ～ 2 d，再将主根依大、中、小 3 个等级分别进行曝晒。

5. 成分

白芷含有蛋白质、脂肪、碳水化合物、膳食纤维、维生素 A、维生素 C、维生素 E 以及钾、铁、钙和镁等多种营养成分。

6. 性味归经

味辛，性温；归胃经、大肠经、肺经。

7. 功能与主治

具有散风除湿、通窍止痛、消肿排脓等功效，主治感冒头痛、眉棱骨痛、鼻塞、鼻渊、牙痛、白带异常、疮疡肿痛等症。

8. 药理作用

具有镇痛、抗炎、缩短凝血时间、扩张冠状血管、降血压、抗微生物等作用。

9. 常见食用方式

根可制作成茶，也可作香料调味品，但多用于食疗菜肴。

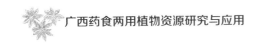
川芎白芷鱼头汤

【用料】鲢鱼头 250 g、大枣（干）80 g、川芎 12 g、白芷 12 g、生姜 3 g、食盐 3 g。

【制法】川芎、白芷、大枣（干）和姜洗净，大枣去核，生姜去皮切片，鲢鱼头冲水洗净，切成块状。将川芎、白芷、大枣、生姜、鲢鱼头放入炖盅，加入适量水，盖上盖，放入锅内。隔水炖约 4 h，加入食盐调味即可。

薄荷

拉丁学名：*Mentha canadensis* Linnaeus。

科　　属：唇形科（Lamiaceae）薄荷属（*Mentha*）。

食用部位：全草。

1. 植物形态

多年生草本植物，高 30 ～ 60 cm。茎方形，被逆生的长柔毛及腺点。单叶对生；叶柄长 2 ～ 15 mm，密被白色短柔毛；叶片长卵形至椭圆状披针形，长 3 ～ 7 cm，先端锐尖，基部阔楔形，边缘具细尖锯齿，密生缘毛，上面被白色短柔毛，下面被柔毛及腺点。轮伞花序腋生；苞片 1 枚，线状披针形，边缘具细锯齿及微柔毛；花萼钟状，5 裂，裂片近三角形，具明显的 5 条纵脉，外面密生白色柔毛及腺点；花冠二唇形，紫色或淡红色，有时为白色，长 3 ～ 5 mm，上唇 1 片，长圆形，先端微凹，下唇 3 裂片，较小，全缘，花冠外面光滑或上面裂片被毛，内侧喉部被一圈细柔毛；雄蕊 4 枚，花药黄色，花丝丝状，着生于花冠筒中部，伸出花冠筒外；子房 4 深裂，花柱伸出花冠筒外，柱头 2 歧。小坚果长 1 mm，藏于宿萼内。花期 8—10 月，果期 9—11 月。

2. 生长习性

薄荷喜温暖潮湿、阳光充足的环境。常生于水旁潮湿地，可生长于海拔 3500 m 的地区。

3. 繁殖技术

（1）种子繁殖

清明节前后做畦，浇透水，将种子均匀撒入畦中，用细沙覆盖种子，保湿。20 d 左右即可出苗。苗高 6 cm 时移栽至大田。

（2）扦插繁殖

①根茎繁殖

秋末收割后、春末萌芽前将根茎挖出，选肥大的根茎截成长 6 cm 左右的小段，按株距 15 ～ 18 cm 种植于沟内（沟行距 30 cm、深 9 cm），覆土，浇水。

②秧苗繁殖

秋季收割后，取长势良好的秧苗作种苗，追肥 1 次，翌年苗高 12 ～ 15 cm 时移栽。可栽植于前茬作物中间，株距 15 cm 左右，也可按株行距 18 cm×24 cm 栽植于空地内。成活后割去地上部分，以促进地下茎生长。

③地上茎繁殖

取首次收割的地上茎，切成 18 cm 的插条，每个插条留 3 个芽，定植时地上部留 1 ～ 2 节，栽培株行距同秧苗繁殖。

4. 栽培技术

（1）选地

选择向阳、平整的土地，施足基肥，整平，耙细，然后做畦待用。

（2）整地

每公顷施 37500 ～ 45000 kg 腐熟的堆肥、土杂肥和过磷酸钙、骨粉等作基肥，深翻，耙细，做宽 200 cm 的畦。

（3）移栽

翌年早春选取粗壮、节间短、无病害的根茎作种根，截成长 7 ～ 10 cm 的小段，按 10 cm 株距斜栽于行距 25 cm、深 10 cm 的畦上，覆土，踩实，浇水。

（4）田间管理

①水管理肥

施肥 4 次左右，施肥时间分别为 4 月齐苗后、5—6 月生长盛期、7 月头刀薄荷收割后和 8 月下旬二刀薄荷苗高 15 cm 左右时。施肥以施氮肥为主，辅施磷钾肥。注意干旱时及时灌溉，雨后及时排积水。有浇水条件的地方可在施肥后进行浇水，加速肥料转化。

②中耕除草

在苗高 9 cm 左右除草 1 次，收割后再进行中耕松土 1 次，同时切断部分根茎，防止植株间过密。

③摘心打顶

5 月植株生长旺盛时，摘去顶芽，以促进侧枝茎叶生长。

④病虫害防治

病害主要有锈病，虫害主要有地老虎、蚜虫和红蜘蛛等。发病初期可用粉锈宁、波尔多液等交替喷治，收获前 20 d 停止喷药。

（5）采收

薄荷一年采收 2 次，于夏季和秋季叶片肥厚、散发出浓郁薄荷香气时进行采收。用镰刀收割茎叶，把收割的茎叶摊开，阴干，捆成小把。

5. 成分

薄荷主要含有的化学成分包括挥发油、黄酮类、氨基酸和有机酸等物质，还含有蛋白质、脂肪、碳水化合物、钠、维生素、膳食纤维等诸多营养成分。

6. 性味归经

味辛，性凉；归肺经、肝经。

7. 功能与主治

具有疏风散热、清利头目、利咽、透疹、疏肝行气等功效，主治风热感冒、风温初起、头痛、目赤、喉痹、口疮、风疹、麻疹、胸胁胀闷等症。

8. 药理作用

具有抗肿瘤、抗病毒、抗菌、抗炎、抗氧化、镇痛、解痉等作用。

9. 常见食用方式

嫩茎叶可作为蔬菜食用，也可制茶，常作为菜肴烹调配料。

薄荷粥

【用料】粳米 100 g、薄荷 15 g、金银花 10 g。

【制法】将上述食材洗净放入锅中，加入适量清水熬成粥即可。

荜茇

拉丁学名：*Piper longum* L.。

科　　属：胡椒科（Piperaceae）胡椒属（*Piper*）。

食用部位：果穗。

1. 植物形态

攀缘藤本植物，长达数米；枝有粗纵棱和沟槽，幼时被极细的粉状短柔毛，毛很快脱落。叶纸质，有密细腺点，下部的卵圆形或几为肾形，向上渐次为卵形至卵状长圆形，长 6～12 cm，宽 3～12 cm，顶端骤然紧缩具短尖头或上部的短渐尖至渐尖，基部阔心形，有钝圆、相等的两耳，或上部的为浅心形而两耳重叠，且稍不等，两面沿脉上被极细的粉状短柔毛，背面密而显著；叶脉 7 条，均自基出，最内 1 对粗壮，向上几达叶片之顶，向下常沿叶柄平行下延；叶柄长短不一，下部的长达 9 cm，中部的长 1～2 cm，顶端的有时近无柄而抱茎，均被极细的粉状短柔毛；叶鞘长为叶柄的 1/3。花单性，雌雄异株，聚集成与叶对生的穗状花序。雄花序长 4～5 cm，直径约 3 mm；总花梗长 2～3 cm，被极细的粉状短柔毛；花序轴无毛；苞片近圆形，有时基部略狭，直径约 1.5 mm，无毛，具短柄，盾状；雄蕊 2 枚，花药椭圆形，花丝极短。雌花序长 1.5～2.5 cm，直径约 4 mm，于果期延长；总花梗和花序轴与雄花序的无异，唯苞片略小，直径 0.9～1.0 mm；子房卵形，下部与花序轴合生，柱头 3 枚，卵形，顶端尖。浆果下部嵌生于花序轴中并与其合生，上部圆，顶端有脐状凸起，无毛，直径约 2 mm。花期 7—10 月。

2. 生长习性

荜茇生于疏荫杂木林中，海拔约 580 m。

3. 繁殖技术

（1）种子繁殖

种子阴干可保存半年，晒干则丧失发芽能力。宜在气温 22～25 ℃时播种，播前用 30～40 ℃草木灰液浸泡 2 h，以除去种子表层蜡质。苗高 20 cm 左右时移栽。

（2）扦插繁殖

直立茎或匍匐茎均可作插穗，以直立茎开花结果较快。插穗以长 10～15 cm、有 2～3 个节为佳。将插穗按株距 5～10 cm 45°斜插于苗床内，入土深度为 3～5 cm。除冬季外，其余季节均可进行扦插，但以春季为佳。

（3）组织培养

取荜茇幼嫩叶片，消毒后接入 MS+0.5 mg/L 6–BA+1 mg/L 2,4–D+10% 苹果汁培养基中进行愈伤组织诱导，诱导出的愈伤组织放入 1/2 MS+0.5 mg/L 6–BA +0.2 mg/L ABA 培养基进行愈伤组织分化培养，将分化出的 3～4 cm 的芽接入 1/2 MS+ 1.2 mg/L KT+1.2 mg/L NAA 培养基中进行生根诱导，10 d 后去掉盖子，于实验室炼苗 4 d 后移

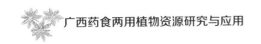

栽到花盆中，成活率在91%左右。

4. 栽培技术

（1）选地

选择土壤肥沃、疏松、有一定荫蔽度的山坡或平地。

（2）整地

在20°以上坡度的山坡种植时，可修成1 m左右的梯田；在平坦地区种植，需做1.2～1.5 m宽的高畦。每穴施1.0～1.5 kg厩肥、堆肥等农家肥作基肥。

（3）移栽

在新枝长出5节时进行定植，定植株行距为（45～60）cm×（45～60）cm。

（4）田间管理

①水肥管理

定植后追肥2～3次，可追施人畜粪尿或硫酸铵等氮肥。6—7月则需增施磷钾肥，以促进开花结果。栽植后应保持土壤湿润，干旱时及时浇水，雨季注意排水防涝。

②中耕除草

定植后每年结合追肥进行中耕除草。

③遮阴、搭支柱和修枝

幼苗需在具有一定的遮阴环境中生长，因此应搭棚遮阴。当匍匐茎长出直立营养茎时，应搭支柱或搭架，以利于茎蔓攀缘。冬末春初修剪密枝、病枝和弱枝。

④病虫害

病害主要有叶斑病和根部病等，虫害主要有介壳虫类和盲蝽等。

（5）采收

9月果穗由绿色转黑色时采收，除去杂质，晒干。包装后放阴凉干燥处，注意防止霉变或虫蛀。

5. 成分

荜茇果实含胡椒碱、棕榈酸、四氢胡椒酸、1–十一碳烯基–3,4–甲撑二氧苯、哌啶、挥发油（不含N、也不含酚性、醛性及酮性物质）、N–异丁基癸二烯（反–2，反–4）酰胺、芝麻素等成分。

6. 性味归经

味辛，性热；归胃经、大肠经。

7. 功能与主治

具有温中散寒、下气止痛的功效，主治脘腹冷痛、呕吐、泄泻、偏头痛、牙痛等症。

8. 药理作用

具有抑制中枢神经系统、增加冠状动脉血流量、改善心肌代谢、抗菌、降血脂等作用。

9. 常见食用方式

果实常被用作调味品，用于烧、烤、烩等菜肴，也是卤味香料之一。

荜茇砂仁炖鲫鱼

【用料】鲫鱼 1500 g、荜茇 10 g、砂仁 10 g、陈皮 10 g、白皮大蒜 15 g、胡椒 2 g、大葱 15 g、酱油 25 g、食盐 8 g、食油适量。

【制法】将鲫鱼去鳞、鳃和内脏，洗净，在鲫鱼腹内装入洗净的陈皮、砂仁、荜茇、大蒜、胡椒和大葱，并涂抹食盐和酱油。在锅内将花生油烧沸，将鲫鱼放入锅内煎至两面焦黄，再加入适量水，文火炖煮 20 min 即可。

扁豆

拉丁学名：*Lablab purpureus*（L.）Sweet。

科　　属：豆科（Fabaceae）扁豆属（*Lablab*）。

食用部位：果实。

1. 植物形态

多年生缠绕藤本植物。全株几无毛，茎长可达 6 m，常呈淡紫色。羽状复叶具 3 片小叶；托叶基着，披针形；小托叶线形，长 3～4 mm；小叶宽三角状卵形，长 6～10 cm，宽约与长相等，侧生小叶两边不等大，偏斜，先端急尖或渐尖，基部近截平。总状花序直立，长 15～25 cm，花序轴粗壮，总花梗长 8～14 cm；小苞片 2 枚，近圆形，长 3 mm，脱落；花 2 至多朵簇生于每一节上；花萼钟状，长约 6 mm，上方 2 裂齿几完全合生，下方的 3 枚近相等；花冠白色或紫色，旗瓣圆形，基部两侧具 2 枚长而直立的小附属体，附属体下有 2 耳，翼瓣宽倒卵形，具截平的耳，龙骨瓣呈直角弯曲，基部渐狭成瓣柄；子房线形，无毛，花柱比子房长，弯曲不逾 90°，一侧扁平，近顶部内缘被毛。荚果长圆状镰形，长 5～7 cm，近顶端最阔，宽 1.4～1.8 cm，扁平，直或稍向背弯曲，顶端有弯曲的尖喙，基部渐狭；种子 3～5 粒，扁平，长椭

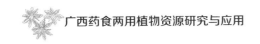

圆形，在白花品种中为白色，在紫花品种中为紫黑色，种脐线形，长约占种子周长的 2/5。花期 4—12 月。

2. 生长习性

扁豆喜温暖、湿润气候，对土壤要求不严格，但以壤土或沙壤土最为适宜。

3. 繁殖技术

主要是种子繁殖。春季穴播，根据土壤墒情决定是否对种子进行催芽处理。

4. 栽培技术

（1）选地

以沙壤土和富含腐殖土的耕地、园地为佳，翻耕 15 ～ 20 cm，除净石块等杂物，做成高 15 ～ 20 cm、底宽 40 cm 的垄。

（2）播种

4 月中旬，将垄面耙平，刨坑，穴深 10 cm，施足底肥，每穴放种子 2 ～ 3 粒，覆土厚 0.6 ～ 1.0 cm，压实。株行距 45 cm ×（30 ～ 60）cm。

（3）移栽

春分前后进行分栽，栽植时将苗在穴中扶正，覆土压实。土地条件较差的地方可适当密植。

（4）田间管理

①水肥管理

需肥量较高，可每亩施尿素 15 kg 作花荚肥，同时叶面喷施 0.2% 磷酸二氢钾溶液 2 ～ 3 次。天气干旱时需及时浇水，连续降雨时需及时排水。结荚期如遇干旱应勤浇水。

②中耕除草

苗高 10 ～ 15 cm 时进行中耕除草并间苗，每穴留壮苗 2 株。后期根据杂草生长状况再进行中耕除草 2 ～ 3 次，封行后停止中耕除草。

③剪枝

开花前剪去部分分枝，使养分集中。

④引蔓上架

出苗后应及时引蔓，使茎蔓分布均匀，向空中发展。

⑤病虫害

病害较为常见的有根腐病，虫害较为常见的有黑色蚜虫。

（5）留种技术

种子田稀植，每穴留1株，适当增加底肥、修剪小侧枝和疏花，以促进果实饱满、种粒大。果实成熟时可分次采收，晾干，置于阴凉、通风、干燥处保存。

（6）采收

当果实由绿色变成白色或黄白色，且种子与果皮分离时即可采收，人工或机械脱粒均可，晒至完全干燥。

5. 成分

扁豆是营养价值很高的药食两用植物，碳水化合物的含量为55.6%，此外还含有蛋白质、脂肪，微量的钙、磷、铁及多种维生素。

6. 性味归经

味甘，性微温；归脾经、胃经。

7. 功能与主治

具有健脾和中、消暑化湿、止泻、止带的功效，主治体倦乏力、食少便溏或泄泻、白带过多、脚气水肿、呕吐呃逆等症。

8. 药理作用

具有抗菌、抗病毒、抗肿瘤、抗氧化的活性，具有抗神经细胞缺氧性凋亡坏死、改善造血功能、提高白细胞数量、降血糖和降低胆固醇等作用。

9. 常见食用方式

幼苗用沸水焯熟后可凉拌，也可炒食。成熟豆粒可煮食或制成豆沙馅。

（1）扁豆山药粥

【用料】扁豆30 g，新鲜铁棍山药30 g，大米100 g，大枣、冰糖各适量。

【制法】将扁豆洗净，加入适量水浸泡4 h以上，铁棍山药切丁。将扁豆（含之前浸泡的水）倒入锅中，武火烧开，转文火煮30 min，加入新鲜的铁棍山药丁、大米、大枣。武火煮沸后转文火煮至粥熟。出锅前加入冰糖调味即可。

（2）白扁豆粳米粥

【用料】白扁豆30 g、粳米60 g。

【制法】将上述材料洗净后一同下锅加水熬煮，煮至豆烂粥熟即可，每日可食用2次。

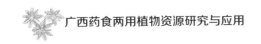

拉丁学名：*Amomum tsaoko* Crevost et Lemaire。

科　　属：姜科（Zingiberaceae）豆蔻属（*Amomum*）。

食用部位：果实。

1. 植物形态

茎丛生，高达 3 m，全株有辛香气，地下部分略似生姜。叶片长椭圆形或长圆形，长 40 ～ 70 cm，宽 10 ～ 20 cm，顶端渐尖，基部渐狭，边缘干膜质，两面光滑无毛，无柄或具短柄，叶舌全缘，顶端钝圆，长 0.8 ～ 1.2 cm。穗状花序不分枝，长13 ～ 18 cm，宽约 5 cm，每轮花序有花 5 ～ 30 朵；总花梗长 10 cm 或更长，被密集的鳞片，鳞片长圆形或长椭圆形，长 5.5 ～ 7.0 cm，宽 2.3 ～ 3.5 cm，顶端圆形，革质，干后褐色；苞片披针形，长约 4 cm，宽 0.6 cm，顶端渐尖；小苞片管状，长3 cm，宽 0.7 cm，一侧裂至中部，顶端 2 ～ 3 齿裂，萼管约与小苞片等长，顶端具钝三齿；花冠红色，管长 2.5 cm，裂片长圆形，长约 2 cm，宽约 0.4 cm；唇瓣椭圆形，长约 2.7 cm，宽 1.4 cm，顶端微齿裂；花药长 1.3 cm，药隔附属体 3 裂，长 4 mm，宽 11 mm，中间裂片四方形，两侧裂片稍狭。蒴果密生，熟时红色，干后褐色，不开裂，长圆形或长椭圆形，长 2.5 ～ 4.5 cm，宽约 2 cm，无毛，顶端具宿存花柱残迹，干后具皱缩的纵线条，果梗长 2 ～ 5 mm，基部常具宿存苞片，种子多角形，直径 4 ～ 6 mm，有浓郁香味。花期 4—6 月，果期 9—12 月。

2. 生长习性

草果喜温暖、湿润环境，怕热，怕旱，怕霜冻。常生于海拔 1000 ～ 2000 m、年平均温度 18 ～ 20 ℃、荫蔽度 50% ～ 60% 的林下或溪边湿润的山谷坡地。喜疏松肥沃、富含腐殖质的沙质壤土。

3. 繁殖技术

（1）种子繁殖

采收母株生长健壮的成熟果实，去果皮后浸种 10 h，去除角质层后即可播种，播种时间一般为 9—10 月或翌年 2—3 月。

（2）扦插繁殖

取母株上1年生的带芽根状茎，截成7～10 cm长后栽植。按株行距1.3 m×1.7 m开穴，植穴规格为50 cm×50 cm×40 cm。幼苗长至60～120 cm时进行移栽。

（3）组织培养

以草果茎尖为外植体，MS为基本培养基，以1/2 MS+0.2 mg/L IBA、1/2 MS+0.2 mg/L NAA为培养基可使出根率较高、不定芽生根好、须根数和平均根数最多，移栽成活率可达100%。

4. 栽培技术

（1）选地

选择排灌条件好、土层深厚、土壤通透性好、有机质含量丰富的地块种植。如在土壤肥沃的山谷或溪旁种植，需砍除过多树木，荫蔽度控制在50%左右。

（2）整地

深翻，翻地深度20～27 cm，风化一段时间，按株距1.3～1.7 m挖穴，穴宽约13 cm，穴深7～10 cm。

（3）移栽

春分前后进行分栽，栽植时将苗在穴中扶正，覆土压实。土地条件较好的地方用苗量为110～130株/亩，土地条件较差的地方用苗量为200～300株/亩。

（4）田间管理

①水肥管理

定植后结合中耕除草进行施肥，每年追肥2～3次，第1次追肥在春分前后，可追施绿肥、厩肥及适量氮肥，以促进植株生长；第2次追肥在8月底至处暑前后，用草木灰或火烧土混合适量磷肥拌匀撒施，以提高苗群抗寒力。在天气连续干旱时及时浇水，在连续降雨时及时疏通水沟排水，防止洪涝。

②中耕除草与培土

种植1～2年内，草果还未形成群体，尽量做到有草必除；收果后冬季中耕除草，割除枯死的老株和病株等。定植后至开花前需进行培土，以使幼芽生长健壮；开花后不再培土，以免误伤花蕾。

③传粉与授粉

草果自花传粉和异花传粉困难，应采用人工授粉或引诱传粉昆虫来解决传粉问题。

④病虫害

病害主要有立枯病、叶斑病、果腐病和花腐病等，虫害主要有星蝗虫、钻心虫，同时，鼠害对草果生产影响也较大。

（5）采收

草果种植 2 年便可开花结果，5 ～ 7 年进入盛产期，加强管理可持续结果 20 年左右。每年 11 月下旬至 12 月上旬采收，采收时割下整个果穗，将果实从果穗上撕下后及时烘干。

5. 成分

草果挥发油含量为 2% ～ 3%，不同产地、不同形状及不同提取方法提取的草果挥发油化学成分存在一定的差异，但其主要成分总体差异不大，均以 1,8- 桉油素和香叶醇为主。

6. 性味归经

味辛，性温；归脾经、胃经。

7. 功能与主治

具有燥湿温中、除痰截疟的功效，主治寒湿内阻、脘腹胀痛、痞满呕吐、疟疾寒热等症。

8. 药理作用

具有镇咳祛痰、抗炎、抗真菌的作用。

9. 常见食用方式

果实是烹调作料中的佳品，用于调制精卤水和烹制肉类。

草果清炖牛肉

【用料】牛肉 600 g，草果、生姜、食盐各适量。

【制法】将牛肉切成拳头大小块，用清水浸泡 12 h。生姜切片，草果拍碎备用。牛肉凉水下锅，武火煮沸，热水洗净，重新入锅，添加没过牛肉的开水，放入生姜、草果，武火煮开，撇净浮沫后转文火炖煮，加入食盐，继续文火炖 30 min 即可。

赤豆

拉丁学名：*Vigna angularis*（Willd.）Ohwi et Ohashi。

科　　属：豆科（Fabaceae）豇豆属（*Vigna*）。

食用部位：果实。

1. 植物形态

1 年生直立或缠绕草本植物。高 30 ～ 90 cm，植株被疏长毛。羽状复叶具 3 片小叶；托叶盾状着生，箭头形，长 0.9 ～ 1.7 cm；小叶卵形至菱状卵形，长 5 ～ 10 cm，宽 5 ～ 8 cm，先端宽三角形或近圆形，侧生的偏斜，全缘或浅三裂，两面均稍被疏长毛。花黄色，5 ～ 6 朵生于短的总花梗顶端；花梗极短；小苞片披针形，长 6 ～ 8 mm；花萼钟状，长 3 ～ 4 mm；花冠长约 9 mm，旗瓣扁圆形或近肾形，常稍歪斜，顶端凹，翼瓣比龙骨瓣宽，具短瓣柄及耳，龙骨瓣顶端弯曲近半圈，其中一片的中下部有一角状凸起，基部有瓣柄；子房线形，花柱弯曲，近先端有毛。荚果圆柱状，长 5 ～ 8 cm，宽 5 ～ 6 mm，平展或下弯，无毛；种子通常暗红色或其他颜色，长圆形，长 5 ～ 6 mm，宽 4 ～ 5 mm，两头截平或近浑圆，种脐不凹陷。花期夏季，果期 9—10 月。

2. 生长习性

赤豆喜气候凉爽、阳光充足的环境，忌炎热，略耐阴，需肥沃、排水性良好的沙质壤土。主根发达，须根少，不耐移植。

3. 繁殖技术

（1）种子繁殖

选取健壮母株采收成熟果实，去果皮后浸种 10 h 即可播种，播种时间一般为 9—10 月或翌年 2—3 月。

（2）扦插繁殖

春季剪取根茎处萌发枝条，剪成长 8 ～ 10 cm（最好略带一些根茎），扦插于苗床。

（3）分株繁殖

春、秋季均可进行。分株时注意勿使根系损伤过大，否则很难缓苗。

4. 栽培技术

（1）选地

种植范围较为广泛，大气、水、土壤质量要与无公害农产品的环境质量标准相符。

（2）整地

播种前细致整地，做到深耕细耙、上虚下实，整地时重施底肥。

（3）播种方式

条播每亩播种 1.5 ～ 2.0 kg，垄距 60 ～ 65 cm，株距 15 ～ 20 cm，并应用机械进行播种。穴播每穴播种 3 ～ 4 粒，深 3 ～ 5 cm。

（4）田间管理

①水肥管理

全生育期要重点掌握好"三肥"（种肥、花肥、鼓粒肥）、"两水"（开花水、鼓粒水）的合理运用。开花结荚期，水肥有明显的增花保荚作用，结合浇水于初花期每亩施尿素 15 kg 和硫酸钾 5 kg。鼓粒水肥应根据具体情况及时浇水及根外喷肥。

②中耕除草

未出苗时，可适当喷洒除草剂，以达到除草目的。出苗一周内，应进行浅耕处理 1 次，以达到松土目的，加快豆苗根系生长。

③病虫害

病害主要有白粉病、褐斑病等，虫害主要有蚜虫等。

（5）采收

当中下部茎秆变黄、下部叶片脱落、中部叶片变黄，80% 左右豆荚变黄成熟时，即为适宜收获期，此时采收产量及品质均为最佳。采收后及时脱粒、晾干。

5. 成分

赤豆所含氨基酸种类丰富，脂肪含量低，膳食纤维丰富，维生素和矿物质元素齐全。此外，还含有很多生物活性物质，如皂苷、植醇、多酚、单宁、色素等。

6. 性味归经

味甘、酸，性平；归心经、小肠经。

7. 功能与主治

具有利水除湿、和血排脓、消肿解毒等功效，主治乳痈、丹毒、瘀血肿胀。

8. 药理作用

具有降血糖、利尿、消肿等作用。

9. 常见食用方式

种子常用于煮汤、煮粥或作包子馅料。

（1）赤豆粥

【用料】赤豆 30 ～ 50 g、粳米 100 g。

【制法】将赤豆水煮至半熟后放入粳米，以淡食为宜，加白砂糖调味食用亦可。

（2）赤豆鲤鱼

【用料】鲤鱼 1 尾（1000 g 以上），赤豆 100 g，陈皮、花椒、草果各 7.5 g，葱、生姜、胡椒、食盐、鸡汤各适量。

【制法】将鲤鱼去鳞、鳃、内脏，洗净。将葱、生姜洗净，分别切末切片。将赤豆、陈皮、花椒、草果洗净，塞入鱼腹，再将鱼放入砂锅，另加生姜、胡椒、食盐，灌入鸡汤，上笼蒸 1.5 h 左右，鱼熟后即可出笼，撒上葱末即可。

刺儿菜

拉丁学名：*Cirsium arvense* var. *integrifolium* C. Wimm. et Grabowski。

科　　属：菊科（Asteraceae）蓟属（*Cirsium*）。

食用部位：全草或根。

1. 植物形态

多年生草本植物。茎直立，高 30 ～ 80（100 ～ 120）cm，基部直径 3 ～ 5 mm，有时可达 1 cm，上部有分枝，花序分枝无毛或有薄茸毛。基生叶和中部茎叶椭圆形、长椭圆形或椭圆状倒披针形，顶端钝或圆形，基部楔形，有时有极短的叶柄，通常无叶柄，长 7 ～ 15 cm，宽 1.5 ～ 10.0 cm；上部茎叶渐小，椭圆形或披针形或线状披针形，或全部茎叶不分裂，叶缘有细密的针刺，针刺紧贴叶缘，或叶缘有刺齿，齿顶针刺大小不等，针刺长达 3.5 mm；大部茎叶羽状浅裂或半裂或边缘粗大圆锯齿，裂片或锯齿斜三角形，顶端钝，齿顶及裂片顶端有较长的针刺，齿缘及裂片边缘的针刺较短且贴伏；全部茎叶两面同色，绿色或下面色淡，两面无毛，极少两面异色，上面绿色，无毛，下面被稀疏或稠密的茸毛而呈现灰色的，亦极少两面同色，灰绿色，两面被薄茸毛。头状花序单生茎端，或植株含少数或多数头状花序在茎枝顶端排成伞房花序。总苞卵形、长卵形或卵圆形，直径 1.5～2.0 cm；总苞片约 6 层，覆瓦状排列，向内层渐长，外层与中层宽 1.5～2.0 mm，包括顶端针刺长 5～8 mm，内层及最内层长椭圆形至线形，长 1.1～2.0 cm，宽 1.0～1.8 mm，中外层苞片顶端有长不足 0.5 mm 的短针刺，内层及最内层渐尖，膜质，短针刺。小花紫红色或白色，雌花花冠长 2.4 cm，檐部长 6 mm，细管部细丝状，长 18 mm；两性花花冠长 1.8 cm，檐部长 6 mm，细管部细丝状，长 1.2 mm。瘦果淡黄色，椭圆形或偏斜椭圆形，压扁状，长 3 mm，宽 1.5 mm，顶端斜截形。冠毛污白色，多层，整体脱落；冠毛刚毛长羽毛状，长 3.5 cm，顶端渐细。花果期 5—9 月。

2. 生长习性

刺儿菜为中生植物，喜温暖、湿润气候，耐寒、耐旱。对土壤要求不严，适应性很强，普遍群生于撂荒地、耕地、路边、村庄附近，为常见的杂草。

3. 繁殖技术

6—7 月待花苞枯萎时采种，晒干，备用。早春 2—3 月播种，穴播按株行距 20 cm×20 cm 开穴，将种子与草木灰拌匀后播入穴内，覆土，以盖没种子为度。

4. 栽培技术

（1）选地

宜选择土质肥沃、土层深厚的沙质土壤地种植。

（2）整地

深翻，将土块打散，整平做畦，做宽 1.2 m、高 15～20 cm 的长垄。

（3）田间管理

①水肥管理

施肥可与中耕除草同时进行，苗期追肥宜少量多次，以人畜粪肥和氮肥为主，土壤贫瘠地需增加施肥次数。保持土壤湿润至出苗，高温干旱季节注意及时浇水。

②中耕除草

苗高 6～10 cm 时间苗、补苗，每穴留苗 3～4 株，并结合中耕除草。5 月结合施人畜粪肥中耕除草 1 次。

③病害防治

病害主要有锈病和灰斑病等，种植时一定要定期对刺儿菜园进行消毒。

（4）采收

5—6 月盛开期，割取全草晒干或鲜用。可连续收获 3 ～ 4 年。

5. 成分

全草含生物碱、胆碱、皂苷等成分，还含有多种人体必需的营养元素，其中钙、钾的含量较高。

6. 性味归经

味甘、苦，性凉；归心经、肝经。

7. 功能与主治

具有凉血止血、祛瘀消肿的功能，用于治疗衄血、吐血、尿血、便血、崩漏下血、外伤出血、痈肿疮毒等症。

8. 药理作用

水煎剂有直接的拟交感神经药的作用，对麻醉后破坏脊髓的大鼠有去甲肾上腺素样的升压作用，对离体家兔心脏和蟾蜍心脏均有兴奋作用，对甲醛性关节炎有一定程度的消炎作用，还有镇静、抑菌、利胆以及止血作用。

9. 常见食用方式

嫩芽、嫩叶可作为蔬菜，凉拌、炒食或煮粥，也可作馅料用于包饺子或包子。

刺儿菜粥

【用料】粳米 100 g、刺儿菜 100 g、大葱 3 g、食盐 2 g、味精 1 g、香油 3 g。

【制法】将刺儿菜洗净，焯水，冷水过凉，捞出切细。粳米淘洗干净，用冷水浸泡 30 min，捞出，沥干水分。大葱洗净，切末。取砂锅加入冷水、粳米，先用武火煮沸再改用文火，煮至粥将成时加入刺儿菜，待沸腾后用食盐、味精调味，撒上葱末，淋上香油即可。

大豆

拉丁学名：*Glycine max*（L.）Merr.。

科　　属：豆科（Fabaceae）大豆属（*Glycine*）。

食用部位：果实。

1. 植物形态

1 年生草本植物，高 30 ～ 90 cm。茎粗壮、直立，或上部近缠绕状，上部多少具棱，密被褐色长硬毛。叶通常具 3 片小叶；托叶宽卵形，渐尖，长 3 ～ 7 mm，具脉纹，被黄色柔毛；叶柄长 2 ～ 20 cm，幼嫩时散生疏柔毛或具棱并被长硬毛；小叶纸质，宽卵形、近圆形或椭圆状披针形，顶生的 1 枚较大，长 5 ～ 12 cm，宽 2.5 ～ 8.0 cm，先端渐尖或近圆形，稀有钝形，具小尖凸，基部宽楔形或圆形，侧生小叶较小，斜卵形，通常两面散生糙毛或下面无毛；侧脉每边 5 条；小托叶披针形，长 1 ～ 2 mm；小叶柄长 1.5 ～ 4.0 mm，被黄褐色长硬毛。总状花序短的少花，长的多花；总花梗长 10 ～ 35 mm 或更长，通常有 5 ～ 8 朵无柄、紧挤的花，植株下部的花单生或成对生于叶腋间；苞片披针形，长 2 ～ 3 mm，被糙伏毛；小苞片披针形，长 2 ～ 3 mm，被伏贴的刚毛；花萼长 4 ～ 6 mm，密被长硬毛或糙伏毛，常深裂成二唇形，裂片 5 枚，披针形，上部 2 枚裂片常合生至中部以上，下部 3 枚裂片分离，均密被白色长柔毛，花紫色、淡紫色或白色，长 4.5 ～ 10.0 mm，旗瓣倒卵状近圆形，先端微凹并通常外反，基部具瓣柄，翼瓣蓖状，基部狭，具瓣柄和耳，龙骨瓣斜倒卵形，具短瓣柄；雄蕊二体；子房基部有不发达的腺体，被毛。荚果肥大，长圆形，稍弯，下垂，黄绿色，长 4.0 ～ 7.5 cm，宽 8 ～ 15 mm，密被褐黄色长毛；种子 2 ～ 5 粒，椭圆形、近球形、卵圆形至长圆形，长约 1 cm，宽 5 ～ 8 mm，种皮光滑，淡绿色、黄绿色、褐绿色和黑色等多样，因品种而异，种脐明显，椭圆形。花期 6—7 月，果期 7—9 月。

2. 生长习性

除热量不足的高海拔、高纬度地区和年降水量 250 mm 以下的地区外，一般均有大豆种植。喜排水性良好、富含有机质、pH 值为 6.2 ～ 6.8 的土壤。

3. 繁殖技术

将种子在温水中浸泡 4 ～ 8 h，用药剂拌种，阴干后条播或穴播，沟深约 3 cm。

4. 栽培技术

（1）翻耕整地

种植春大豆，在冬前翻耕，翻耕后按宽 2 ～ 3 m 分厢，开好厢沟、腰沟、围沟，春季精细整地。

（2）播种

在日平均温度达到 10 ～ 12 ℃时即可播种，中低海拔地区以 3 月底至 4 月初为宜。

穴播，行距 27 ～ 33 cm，穴距 17 ～ 20 cm，每穴播 3 ～ 4 粒种子。栽植密度根据品种特性及水肥条件而定，早熟品种 3 万～ 4 万株 / 亩、中熟品种 2.5 万～ 3.5 万株 / 亩、迟熟品种 2 万株 / 亩。

（3）移苗补缺

移栽时埋土要严，如土壤湿度小，还需浇水。为使移栽的幼苗迅速生长，移栽成活后应适当追施苗肥。在 2 片单叶平展时进行间苗。

（4）田间管理

①水肥管理

底肥每亩施农家有机肥料 400 kg、钙镁磷肥 36 kg，瘠薄土壤还需施尿素 100 kg。根外追肥也是提高大豆产量的有效方法，尤其是在开花期和结荚期，一般根外追施钼酸钠、硫酸钾、磷酸二氢钾等。在鼓粒期如遇高温干旱天气，有灌溉条件的应适时灌水。

②中耕除草与培土

第 1 次中耕除草在第 1 片复叶出现、子叶未落时进行，第 2 次中耕除草在苗高 20 cm、搭叶未封行时进行。第 1 次中耕除草宜浅，第 2 次稍深，结合追肥培土。

③病虫害防治

病害主要有大豆根腐病、线虫病、灰斑病、褐纹病、霜霉病等，虫害主要有潜根蝇、大豆蚜虫、食心虫等。病虫害对大豆正常生长危害很大，严重时减产可达 30% 以上，应提前做好防治工作。

（5）采收

叶片全部落净、豆粒归圆时收割，割茬高度以不留底荚为准。

5. 成分

大豆含脂肪约 20%、蛋白质约 40%，还含有维生素、大豆多肽、大豆低聚糖、大豆辅酶 Q、大豆膳食纤维、大豆植酸、大豆核酸、大豆胰蛋白酶抑制剂及多种营养成分。

6. 性味归经

味甘，性平；归脾经、大肠经。

7. 功能与主治

具有健脾宽中、润燥消水的功效，主治疳积泻痢、腹胀、鼠疫、妊娠中毒、疮痈肿毒、外伤出血等症。

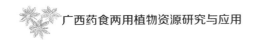

8. 药理作用

具有提高人体免疫、预防心血管疾病、保护心脏、降血糖、降血脂等作用。

9. 常见食用方式

常用于炖肉、煲汤、炒食、研磨做成豆浆或制作成各类豆制品。

大豆海带炖猪蹄

【**用料**】猪前蹄2只，干海带1张，大豆1把，枸杞子、生姜、大葱、料酒、花椒、食用油、食盐各适量。

【**制法**】提前泡发大豆、海带，备用。海带切段打结。猪蹄切段洗净后同生姜一起入锅中冷水，武火烧至水开后捞出。炒锅中倒入适量食用油，油热加入生姜、花椒、大葱，稍后倒入焯水的猪蹄，武火翻炒2～3 min，加入适量料酒和清水，加盖，武火焖煮，待出现乳白色汤汁后起锅，转入炖锅中文火慢炖2 h。猪蹄肉质酥软后加入大豆入汤，继续慢炖30 min，加入海带结焖煮，待海带的香味溶于汤汁中口感变得柔软可破时，撒入枸杞子和食盐即可。

大麻

拉丁学名：*Cannabis sativa* L.。

科　　属：大麻科（Cannabinaceae）大麻属（*Cannabis*）。

食用部位：果实、花。

1. 植物形态

1年生直立草本植物，高1～3 m，枝具纵沟槽，密生灰白色贴伏毛。叶掌状全裂，裂片披针形或线状披针形，长7～15 cm，中裂片最长，宽0.5～2.0 cm，先端渐尖，基部狭楔形，表面深绿，微被糙毛，背面幼时密被灰白色贴伏毛后变无毛，边缘具向内弯的粗锯齿，中脉及侧脉在表面微下陷，背面隆起；叶柄长3～15 cm，密被灰白色贴伏毛；托叶线形。雄花序长达25 cm；花黄绿色；花被5枚，膜质，外面被细伏贴毛；雄蕊5枚，花丝极短，花药长圆形；小花柄长2～4 mm；雌花绿色；花被1枚，紧包子房，略被小毛；子房近球形，外面包于苞片。瘦果为宿存黄褐色苞片所包，果皮坚脆，表面具细网纹。花期5—6月，果期7月。

2. 生长习性

全国各地均有大麻栽培。以土层深厚、保水保肥能力强、土质松软肥沃、富含有机质、地下水位低、排灌方便的土地最为适宜。土壤 pH 值以 5.8 ～ 7.8 的弱酸性到弱碱性为宜。

3. 繁殖技术

（1）种子繁殖

播种前对种子进行包衣，种衣剂为 35% 多福克种衣剂，使用量为种子数量的 0.3%。该法可提高出苗率，减少苗期病虫害。

（2）无性繁殖

挖出母株后，根据母株上芽和根的数量切分，每株子株必须具有根和芽（2 ～ 3 个）。将子株以行距 5 ～ 6 cm、株距 5 ～ 6 cm、深 3 ～ 4 cm 的规格栽入苗床，保持育苗床湿润。待长出 3 或 5 片复叶、株高 18 ～ 22 cm 时按株距 15 ～ 20 cm 留苗。

4. 栽培技术

（1）选地

选相对平整的地块，土壤以土层深厚、土质疏松肥沃、保水保肥能力较强的沙壤土最为适宜。土层浅薄、土质过沙或过黏，都不利于大麻生长。

（2）整地

整地结合实际情况进行，地势平坦、易干旱、难保水的山地、台地、坡地及平地采用平畦式整地，低洼易涝、排水不便的地块采用高畦低沟式整地。

（3）移栽

苗高 50 ～ 60 cm 时移栽至大田，行距 40 ～ 60 cm、株距 40 ～ 60 cm。

（4）田间管理

①施肥

每公顷施尿素 75 kg、磷酸二铵 60 kg 和硫酸钾 30 kg，其中全部尿素和 30 kg 的磷酸二铵作基肥深施，剩余的作种肥与种子混施。

②虫害防治

大麻叶及根系排泄物具有特殊气味，一般不易被病虫侵害，前期做好预防即可。

（5）采收

大麻籽呈黄褐色时可割下并扎捆，每捆直径不宜超过 25 cm，码成圆堆风干，待茎秆水分降到 18% 以下时即可出售。

5. 成分

大麻含有蛋白质、碳水化合物、可溶性纤维和丰富的矿物质，特别是磷、钾、镁、钙、铁和锌等，还含有 18 种氨基酸（其中 7 种为人体必需氨基酸）和 12 种人体必需脂肪酸。

6. 性味归经

味甘，性平；归脾经、胃经、大肠经。

7. 功能与主治

具有润肠的功能，主治大便燥结等症。花称"麻勃"，主治恶风、闭经、健忘。果壳和苞片称"麻蕡"，有毒，主治劳伤、破积、散脓等症，多服令人发狂。叶含麻醉性树脂，可以用来配制麻醉剂。

8. 药理作用

具有抗肿瘤、抗氧化、改善心血管收缩、抗衰老、抗阿尔茨海默病、抗溃疡、助消化等作用。

9. 常见食用方式

大麻种子炒熟可食用，也可用来泡茶或者榨油，还可以用于煮汤和煮粥。

（1）火麻猪脑汤

【用料】猪脑 1500 g、核桃仁 40 g、大麻油 1 勺、大枣 4 颗、生姜 2 片、食盐适量。

【制法】猪脑切小块，骨髓切小段，核桃仁、生姜、大枣洗净。将以上材料置于炖锅内，加入大麻油，熬 1 h 后加入食盐调味即可。

（2）大麻红薯粉

【用料】大麻仁 15 g，红薯 100 g，红薯粉丝 150 g，菜叶 25 g，西红柿 50 g，味精、食盐各 3 g，香油 3 mL，葱花 10 g。

【制法】红薯洗净去皮，切成小块，煮熟捞出；菜叶、西红柿洗净，西红柿切片；大麻仁研粉。将红薯粉丝洗净发软，加入红薯、大麻仁、菜叶、西红柿、食盐、味精、葱花、香油，煮熟即可。

（3）大麻仁陈皮绿豆粥

【用料】大麻仁、陈皮、绿豆、粳米、食盐各适量。

【制法】砂锅里加适量清水，放入大麻仁和陈皮，煮 30 min 去渣留汁备用。绿豆洗净泡发，粳米淘洗净备用。在药汁中放入绿豆、粳米煮至成粥，加入食盐调味即可。

淡竹叶

拉丁学名：*Lophatherum gracile* Brongn.。

科　　属：禾本科（Poaceae）淡竹叶属（*Lophatherum*）。

食用部位：茎、叶。

1. 植物形态

多年生草本植物，具木质根头。须根中部膨大呈纺锤形小块根。秆直立，疏丛生，高 40～80 cm，具 5～6 节。叶鞘平滑或外侧边缘具纤毛；叶舌质硬，长 0.5～1.0 mm，褐色，背有糙毛；叶片披针形，长 6～20 cm，宽 1.5～2.5 cm，具横脉，有时被柔毛或疣基小刺毛，基部收窄成柄状。圆锥花序长 12～25 cm，分枝斜升或开展，长 5～10 cm；小穗线状披针形，长 7～12 mm，宽 1.5～2.0 mm，具极短柄；颖顶端钝，具 5 脉，边缘膜质，第 1 颖长 3.0～4.5 mm，第 2 颖长 4.5～5.0 mm；第 1 外秤长 5.0～6.5 mm，宽约 3 mm，具 7 脉，顶端具尖头，内秤较短，其后具长约 3 mm 的小穗轴；不育外秤向上渐狭小，互相密集包卷，顶端具长约 1.5 mm 的短芒；雄蕊 2 枚。颖果长椭圆形。花果期 6—10 月。

2. 生长习性

淡竹叶生于山坡、林地或林缘、道旁荫蔽处。耐贫瘠，喜温暖湿润，耐阴亦稍耐阳，在阳光过强的环境中则生长不良。栽培用土以肥沃、透水性好的黄壤土、菜园土为宜。

3. 繁殖技术

（1）种子繁殖

秋季果成熟采收后直接播于土质肥沃疏松的苗床即可。

（2）分株繁殖

3—5 月野外挖取后进行分株，保证每株苗均有较多的根系，剪去根部 3～5 cm 以上的全部枝叶，栽种于田园土中即可。

4. 栽培技术

（1）选地

选择通风条件好、无阳光直射的林中或树下的遮阴地块。

（2）整地

结合施加基肥（以腐熟的农家肥为主）将地深翻 25 cm 左右，整平后做畦。

（3）田间管理

①水肥管理

栽植过程中保持土壤湿润即可。在新叶萌发以及开花前后应适量追施 1～2 次较淡的腐熟饼肥水，也可用淡尿素水灌根 1～2 次。

②病虫害防治

常见病害主要有白粉病，可用 20% 粉锈宁溶液进行喷洒防治。地栽植株易遭蝗虫侵害茎叶，可用 40% 菊杀乳油液进行喷洒。

（4）采收

栽后 3～4 年开始采收，可连续收获多年。6—7 月未抽花穗前，除留种以外，其余植株从离地 2～5 cm 处收割地上部分，晒干，扎成小把。

5. 成分

淡竹叶含有大量的黄酮类化合物、生物活性多糖及其他有效成分，如酚酸类化合物、蒽醌类化合物、萜类内酯、特殊氨基酸和活性铁、锰、锌、硒等微量元素。

6. 性味归经

味甘、淡，性寒；归心经、胃经、小肠经。

7. 功能与主治

具有清热除烦、利尿通淋的功效，主治热病烦渴、口舌生疮、牙龈肿痛、小儿惊啼、肺热咳嗽、胃热呕哕、小便赤涩淋浊等症。

8. 药理作用

具有利尿、抑菌、提高血糖等作用。

9. 常见食用方式

干燥茎叶可煎汤或泡茶、泡酒，也可作配料煮汤或煮粥。

南豆花淡竹叶猪展汤

【用料】南豆花、淡竹叶各 20 g，鲜荷叶 1 片，丝瓜 2 条，猪展肉 300 g，生姜 3 片，食盐、食用油适量。

【制法】南豆花、淡竹叶、荷叶、丝瓜（切块状）、猪展肉（整块）洗净。将生姜放进瓦煲内，加入清水 3000 mL，武火煲沸后加入上述除荷叶外全部材料，沸腾后改文火煲 2 h，加入荷叶稍滚，调入适量食盐、食用油即可。

当归

拉丁学名：*Angelica sinensis*（Oliv.）Diels。

科　　属：伞形科（Apiaceae）当归属（*Angelica*）。

食用部位：根。

1. 植物形态

多年生草本植物，高 0.4 ～ 1.0 m。根圆柱状，分枝，有多数肉质须根，黄棕色，有浓郁香气。茎直立，绿白色或带紫色，有纵深沟纹，光滑无毛。叶三出式二至三回羽状分裂，叶柄长 3 ～ 11 cm，基部膨大成管状的薄膜质鞘，紫色或绿色，基生叶及茎下部叶轮廓为卵形，长 8 ～ 18 cm，宽 15 ～ 20 cm，小叶片 3 对，下部的 1 对小叶柄长 0.5 ～ 1.5 cm，近顶端的 1 对无柄，末回裂片卵形或卵状披针形，长 1 ～ 2 cm，宽 5 ～ 15 mm，2 ～ 3 浅裂，边缘有缺刻状锯齿，齿端有尖头；叶下面及边缘被稀疏的乳头状白色细毛；茎上部叶简化成囊状的鞘和羽状分裂的叶片。复伞形花序，花序梗长 4 ～ 7 cm，密被细柔毛；伞辐 9 ～ 30 个；总苞片 2 枚，线形，或无；小伞形花序有花 13 ～ 36 朵；小总苞片 2 ～ 4 枚，线形；花白色，花柄密被细柔毛；萼齿 5 枚，卵形；花瓣长卵形，顶端狭尖，内折；花柱短，花柱基圆锥形。果实椭圆至卵形，长 4 ～ 6 mm，宽 3 ～ 4 mm，背棱线形，隆起，侧棱成宽而薄的翅，与果体等宽或略宽，翅边缘淡紫色，棱槽内有油管 1 个，合生面油管 2 个。花期 6—7 月，果期 7—9 月。

2. 生长习性

当归为低温长日照作物，宜高寒凉爽气候，在海拔 1500 ～ 3000 m 区域均可栽培。幼苗期喜阴，忌烈日直晒，成株能耐强光。宜在土层深厚、疏松、排水性良好、肥沃富含腐殖质的沙质壤土上栽培，忌连作。

3. 繁殖技术

主要是种子繁殖。播种前按行距 20 cm、深 3 cm 做横沟，沟底要平整。种子用 30 ℃温水浸泡 24 h 后晾干，再与 10 倍种子数量的草木灰拌匀后均匀撒在沟内，盖 1 cm 厚细土，再盖 3 ～ 4 cm 厚麦草，播种量为 900 ～ 1050 kg/hm²。

4. 栽培技术

（1）选地

选择海拔 1700 ～ 2500 m、最高气温不超过 30 ℃、年降水量 400 mm 以上的地区种植。

（2）整地

栽培地提前深耕使土壤熟化，栽培前结合施肥再次深耕，肥料为农家肥混合施用磷酸二铵、尿素或过磷酸钙。

（3）移栽

最佳移栽期为 4 月上中旬，移栽前按株行距错位挖穴，穴深 20 cm。移栽的苗根茎不可小于 0.3 cm，栽后及时覆土压紧。

（4）田间管理

①水肥管理

为避免幼苗早熟，幼苗期要控制好氮肥的施用量，人畜粪水及堆肥等肥料施加于生长中后期。施肥后覆土，以满足当归苗根部的生长需求。生长前期需控制浇水量，干旱时才浇水。若降水过多，应及时排水，以免烂根。

②中耕除草

每年除草 3 ～ 4 次，苗高 3 cm 时进行第 1 次，苗高 6 cm 时进行第 2 次，定苗后进行第 3 次，苗高 20 ～ 25 cm 时进行第 4 次。前 2 次除草需结合间苗进行，第 3 次除草需结合中耕进行，最后 1 次应深锄并封行。

③病虫害防治

病害主要有麻口病和根腐病，虫害主要有蛴螬。麻口病以综合防治为主，根腐病需及时发现病株并拔除，用草木灰或生石灰进行土壤消毒；蛴螬防治则可通过翻土与清草的方式来消灭蛴螬虫卵，并结合土壤情况适量播撒药剂。

（5）采收

10 月下旬至 11 月中旬，当归叶茎变黄时即可采挖。在离地表 3 cm 处割去茎叶，采挖后及时去除残留的泥土和茎叶，晾晒 2 ～ 3 d，理顺扎成小把，将其搭在架上熏烤或自然晒干。

5. 成分

当归含有苯酞类及其二聚体、酚酸类、多糖、黄酮等化合物，还含维生素 B_2 和铁、锌等多种微量元素。

6. 性味归经

味甘、辛，性温；归肝经、心经、脾经。

7. 功能与主治

具有补血活血、调经止痛、润肠通便的功效，主治血虚萎黄、眩晕心悸、月经不调、经闭痛经、虚寒腹痛、肠燥便秘、风湿痹痛、跌仆损伤、痈疽疮疡等症。

8. 药理作用

具有降低血小板聚集、抗血栓、促进造血系统功能、降血脂及抗动脉硬化、抗氧化、清除自由基、增强免疫系统功能等作用。

9. 常见食用方式

根可煎水代茶，还可作为配料煮鸡蛋或炖汤。

当归鸡汤

【用料】鸡块500 g、白萝卜300 g、生姜3 g、当归6 g、枸杞子20粒、食盐5 g。

【制法】鸡块洗净，生姜去皮切片，白萝卜去皮切块。将所有食材放入炖盅，加水文火蒸30～40 min即可。

党参

拉丁学名：*Codonopsis pilosula*（Franch.）Nannf.。

科　　属：桔梗科（Campanulaceae）党参属（*Codonopsis*）。

食用部位：根。

1. 植物形态

茎基具多数瘤状茎痕，根常肥大呈纺锤状或纺锤状圆柱形，较少分枝或中部以下略有分枝，长15～30 cm，直径1～3 cm，表面灰黄色，上端5～10 cm部分有细密环纹，而下部则疏生横长皮孔，肉质。茎缠绕，长1～2 m，直径2～3 mm，有多数分枝，侧枝15～50 cm，小枝1～5 cm，具叶，不育或先端着花，黄绿色或黄白色，无毛。叶在主茎及侧枝上的互生，在小枝上的近于对生，叶柄长0.5～2.5 cm，有疏短刺毛，叶片卵形或狭卵形，长1.0～6.5 cm，宽0.8～5.0 cm，端钝或微尖，基部近于心形，边缘具波状钝锯齿，分枝上叶片渐趋狭窄，叶基圆形或楔形，上面绿色，下面灰绿色，两面疏或密地被贴伏的长硬毛或柔毛，少为无毛。花单生于枝端，与叶柄互生或近于对生，有梗。花萼贴生至子房中部，筒部半球状，裂片宽披针形或狭矩圆形，长1～2 cm，宽6～8 mm，顶端钝或微尖，微波状或近于全缘，其间湾缺尖狭；花冠上位，阔钟状，长1.8～2.3 cm，直径1.8～2.5 cm，黄绿色，内面有明显紫斑，浅裂，裂片正三角形，端尖，全缘；花丝基部微扩大，长约5 mm，花药长形，长5～6 mm；柱头有白色刺毛。蒴果下部半球状，上部短圆锥状。种子多数，卵形，无翼，细小，棕黄色，光滑无毛。花果期7—10月。

2. 生长习性

党参生于海拔 1560～3100 m 的山地林边及灌丛中。喜温和、凉爽气候，耐寒。幼苗喜潮湿、荫蔽，怕强光，大苗至成株喜阳光充足环境。宜在土层深厚、排水性良好、土质疏松而富含腐殖质的沙质壤土栽培。

3. 繁殖技术

选取当年或上一年采收的种子，发芽率为80%左右。播种从早春解冻后至冬初封冻前均可进行，撒播或条播，播种深度 0.5～1.0 cm，条播行距 10～15 cm。

4. 栽培技术

（1）选地

种植地应选海拔 1200 m 以上、土层深厚、土质疏松肥沃的沙质土山坡旱地，气候应凉爽湿润。育苗地应选水源方便、土质疏松肥沃的沙质壤土、半阴半阳的坡地。

（2）整地

播种或移栽前必须进行深耕，要求活土层在 30～40 cm 以上，结合深耕施足基肥。做 1.0～1.2 m 宽平畦，畦间距 30 cm。

（3）移栽

党参苗培育 1 年后于秋季或春季幼苗萌芽前进行开沟移栽，株行距（20～30）cm×（20～30）cm。

（4）田间管理

①水肥管理

若基肥足可不必追肥，否则需及时施加适量的硫酸铵、硫酸钙等肥料。土壤干到 10 cm 深时小水浇灌；夏秋多雨时及时排水，防止烂根。

②中耕除草

党参移栽后在出苗期、苗藤蔓长 5～10 cm 时以及苗藤蔓长 25 cm 时需进行中耕除草 3 次。

③整枝打尖

在生长中期，可适当整枝，即割去地上生长过旺的枝蔓茎尖 15 ～ 20 cm。

④除花蕾

7 月中下旬现蕾开花时应及时去除花蕾，或使用乙烯利溶液除花。

⑤虫害

虫害主要有蚜虫、地老虎、红蜘蛛等。

⑥搭架

平地种植的参苗高 30 cm 时设立支架，3 枝或 4 枝一组插在田间，顶端捆扎，使苗顺架缠绕生长。

（5）采收

种植 2 ～ 3 年后才可采挖。秋季地上茎叶开始枯黄时，至翌年早春土壤解冻后萌芽前均可采挖。党参根脆嫩，采挖时应避免伤根。

5. 成分

党参含有甾醇类、糖苷类、生物碱类、挥发油、三萜类等成分，党参炔苷为其标志性成分。此外，还含有多种人体必需的微量元素和氨基酸。

6. 性味归经

味甘，性平；归肺经、脾经。

7. 功能与主治

具有补中益气、健脾益肺的功效，主治脾肺虚弱、气短心悸、食少便溏、虚喘咳嗽、内热消渴等症。

8. 药理作用

具有改善造血功能、改善心力衰竭、调节免疫功能、增强肠胃功能、抗氧化、抗衰老、抗肿瘤、抗溃疡、抗疲劳、改善学习记忆功能、调节性激素分泌等作用。

9. 常见食用方式

根作为配料用于炖汤或煮粥。

（1）圆肉猪心汤

【用料】龙眼肉干 30 ～ 40 g，党参 20 g，猪心 1 个，大枣 3 粒，生姜 2 片，食盐、生抽各适量。

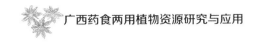

【制法】大枣去核与龙眼肉干、党参一起浸泡 10～15 min，再与猪心一起放进瓦煲，加清水 2000 mL，武火煲沸，文火煲 2 h，放食盐和生油调味即可。

（2）党参粥

【用料】党参 10～15 g、粳米 100～150 g、红糖适量。

【制法】将党参用温水浸泡 2 h，再与粳米同入砂锅，加适量水煮成稀粥，加入红糖再煮沸即可。

刀豆

拉丁学名：*Canavalia gladiata*（Jacq.）DC.。

科　　属：豆科（Fabaceae）刀豆属（*Canavalia*）。

食用部位：嫩荚和种子。

1. 植物形态

缠绕草本植物，长达数米，无毛或稍被毛。羽状复叶具 3 片小叶，小叶卵形，长 8～15 cm，宽 4～12 cm，先端渐尖或具急尖的尖头，基部宽楔形，两面薄被微柔毛或近无毛，侧生小叶偏斜；叶柄常较小叶片为短；小叶柄长约 7 mm，被毛。总状花序具长总花梗，有花数朵生于总轴中部以上；花梗极短，生于花序轴隆起的节上；小苞片卵形，长约 1 mm，早落；花萼长 15～16 mm，稍被毛，上唇约为萼管长的 1/3，具 2 枚阔而圆的裂齿，下唇 3 裂，齿小，长 2～3 mm，急尖；花冠白色或粉红，长 3.0～3.5 cm，旗瓣宽椭圆形，顶端凹入，基部具不明显的耳及阔瓣柄，翼瓣和龙骨瓣均弯曲，具向下的耳；子房线形，被毛。荚果带状，略弯曲，长 20～35 cm，宽 4～6 cm，离缝线约 5 mm 处有棱；种子椭圆形或长椭圆形，长约 3.5 cm，宽约 2 cm，厚约 1.5 cm，种皮红色或褐色，种脐约为种子周长的 3/4。花期 7—9 月，果期 10 月。

2. 生长习性

刀豆喜温暖，不耐寒霜。热带、亚热带地区及非洲广布，我国长江以南各省区均有分布。

3. 繁殖技术

主要是种子繁殖。清明前后播种，播前需用水浸泡 1 d。按行距 60 cm、穴距 45 cm、深 10 cm 挖穴，每穴播种子 3～4 粒，盖细土厚约 4 cm。

4. 栽培技术

（1）选地

刀豆对土壤要求不严，但以土层深厚、疏松肥沃、排水性良好的沙壤土为好，避免选用豆类作物连作的地块。

（2）整地

每亩施农家肥 1500 ～ 3000 kg、过磷酸钙 20 ～ 25 kg、硫酸铵 10 ～ 15 kg、氯化钾 15 ～ 20 kg，深翻，整地。

（3）田间管理

①插杆搭架引蔓

苗高 30 ～ 40 cm 时插杆搭架，插杆及架高 200 cm 以上。

②水肥管理

展叶期结合中耕除草每亩追施复合肥料 25 ～ 30 kg 1 次，作荚后每亩追施过磷酸钙 15 kg、氯化钾 10 kg 等促进结荚，结荚盛期追施 2 ～ 3 次叶面肥，结荚中后期追施复合肥料 1 ～ 2 次。喜肥水，特别是生育期对肥水量要求较多，有浇灌条件的尽可能多浇水。

③培土与除草

定植 7 ～ 10 d 时培少量土。幼苗秧蔓长 20 cm 时，除草松土 1 次，在不压苗的前提下将土培至幼苗近前。

④病害防治

病害主要有炭疽病、细菌性疫病和锈病等，可通过选用无病种子、播种时种子进行消毒等方式进行防治。

（4）采收

果荚及种子膨大时需及时采收，采收初期可 2 d 采收 1 次，旺季时需每天采摘。

5. 成分

刀豆含有脂肪、蛋白质、碳水化合物、膳食纤维、维生素 A、维生素 C、维生素 E 和钾、钠、钙、镁等，还含有尿毒酶、血细胞凝集素、刀豆氨酸等成分。

6. 性味归经

味甘，性温；归胃经、肾经。

7. 功能与主治

具有温中、下气、止呃的功效，主治虚寒呃逆、呕吐等症。

8. 药理作用

具有提高免疫系统功能、抗肿瘤等作用。

9. 常见食用方式

嫩荚和种子可食用，煮熟后可凉拌，也可单炒或与肉同炒。嫩荚也可切丝做汤。

刀豆炒腰片

【用料】猪腰 180 g，刀豆 250 g，料酒、食盐、淀粉、生姜适量。

【制法】将猪腰撕去衣膜，居中对剖，去臊腺，沸水冲淋后切成薄片，加入料酒、食盐腌 15 min，拌湿淀粉。温油中爆香生姜片，入腰片滑熟盛起。刀豆切片，放温油中煸炒透后加少量水煮沸，调味，焖煮 3 min。下腰片炒匀，勾芡即可。

杜仲

拉丁学名：*Eucommia ulmoides* Oliver。

科　　属：杜仲科（Eucommiaceae）杜仲属（*Eucommia*）。

食用部位：树皮、叶。

1. 植物形态

落叶乔木植物，高达 20 m，胸径约 50 cm。树皮灰褐色，粗糙，内含橡胶，折断拉开有多数细丝。嫩枝有黄褐色毛，不久变秃净，老枝有明显的皮孔。芽体卵圆形，外面发亮，红褐色，有鳞片 6～8 片，边缘有微毛。叶椭圆形、卵形或矩圆形，薄革质，长 6～15 cm，宽 3.5～6.5 cm。基部圆形或阔楔形，先端渐尖，上面暗绿色，初时有褐色柔毛，不久变秃净，老叶略有皱纹，下面淡绿色，初时有褐色毛，以后仅在脉上有毛。侧脉 6～9 对，与网脉在上面下陷，在下面稍突起，边缘有锯齿，叶柄长 1～2 cm，上面有槽，被散生长毛。花生于当年枝基部，雄花无花被，花梗长约 3 mm，无毛；苞片倒卵状匙形，长 6～8 mm，顶端圆形，边缘有睫毛，早落，雄蕊长约 1 cm，无毛，花丝长约 1 mm，药隔突出，花粉囊细长，无退化雌蕊。雌花单生，苞片倒卵形，花梗长 8 mm，子房无毛，1 室，扁而长，先端 2 裂，子房柄极短。翅果扁平，长椭圆形，长 3.0～3.5 cm，宽 1.0～1.3 cm，先端 2 裂，基部楔形，周围具薄翅；坚果位于中央，稍突起，子房柄长 2～3 mm，与果梗相接处有关节。种子扁平，线形，长 1.4 ～ 1.5 cm，宽 3 mm，两端圆形。早春开花，秋后果实成熟。

2. 生长习性

杜仲生于山地杂木林中，喜温暖湿润气候，对土壤要求不严，以深厚、疏松而肥沃的沙壤土为宜。

3. 繁殖技术

（1）种子繁殖

冬季 11—12 月或春季 2—3 月选取新鲜、饱满、有光泽的黄褐色种子进行播种，暖地宜冬播，寒地可秋播或春播。

（2）扦插繁殖

春夏之交，选取 1 年生嫩枝，剪成长 5 ～ 6 cm 的插穗，用 0.05 mL/L 萘乙酸溶液浸泡 24 h，扦插深度 2 ～ 3 cm，扦插成活率可在 80% 以上。

4. 栽培技术

（1）选地

选择土层深厚、土质疏松肥沃、土壤酸性至弱碱性、排水性良好的向阳缓坡地种植。

（2）整地

播种前施农家肥 37.5 ～ 45.0 t/hm²，撒施硫酸亚铁 150 ～ 300 kg/hm² 进行消毒，然后进行翻耕，深度 20 ～ 25 cm，细耙整平，做宽为 1.0 ～ 1.2 m 的畦。

（3）播种

条播，行距 20 ～ 25 cm，每亩用种量为 8 ～ 10 kg，播后盖草以保湿，幼苗出土后揭除盖草。

（4）田间管理

①水肥管理

杜仲进入秋季后生长迅速，要及时追肥，一般每亩追施氮肥 12 kg、磷肥 12 kg、钾肥 6 kg。每年 3—5 月应根据土壤墒情浇水 2 ～ 3 次，雨季应及时排水防涝。

②苗枝修剪

每年冬季剪除部分侧枝、根部萌芽、弱枝以及过密枝，控制苗木高度。

③病虫害

病害主要有立枯病、叶枯病、褐斑病，其中褐斑病最常见，且全生长季发生；虫害主要有地老虎、蝼蛄。

（5）采收

杜仲 5 年以上树木才可剥皮采收。4—6 月为采收季，用锯子齐地面锯一环状口，深达木质部，向上间隔 75 cm 处锯第 2 个环状口，在两环状口之间纵割一切口，用竹片刀从纵切口处轻轻剥动使树皮与木质部脱离。

5. 成分

杜仲含有丰富的蛋白质、膳食纤维、α-亚麻酸以及钾、钙、镁、铁等多种元素，还含有粗多糖、总多酚、总黄酮等化合物，其中，桃叶珊瑚苷、京尼平苷酸、绿原酸、松脂醇二葡萄糖苷、京尼平苷和芦丁 6 种活性成分最具代表性。

6. 性味归经

味甘、辛，性温；归肾经、脾经、肝经。

7. 功能与主治

具有祛风湿、强筋骨、活血解毒、利水的功效，主治风湿痹痛、腰膝酸软、跌仆骨折、疮疡肿毒、慢性肝炎、慢性肾炎、水肿等症。

8. 药理作用

具有抗氧化、降血压、降血脂、降血糖、抗骨质疏松、抗疲劳、抑菌等作用。

9. 常见食用方式

春芽可加工成杜仲茶。树皮可作为配料用于煲汤或煮粥。

（1）杜仲灵芝银耳羹

【用料】银耳、炙杜仲各 20 g，灵芝 10 g，冰糖 150 g。

【制法】加适量清水煎炙杜仲和灵芝，先后煎 3 次，将所得药汁混合，熬至 1000 mL 左右。银耳冷水泡发，除杂，加水文火熬至微黄色。将药汁和银耳混合，以文火熬至银耳酥烂成胶状，再加入冰糖水，调匀即可。

（2）杜仲羊骨粥

【用料】羊骨 1 节、杜仲 10 g、粳米 50 g、陈皮 6 g、草果 2 枚、生姜 30 g、食盐少许。

【制法】羊骨洗净锤破，粳米淘洗干净，杜仲打成粉。将羊骨、杜仲粉、生姜、食盐、草果、陈皮放入锅内，加适量清水，武火烧沸，转文火煮至浓汤，捞出羊骨、草果、陈皮，留汤汁。另起锅，放粳米、羊骨汤，武火烧沸，再用文火煮至米烂粥成即可。

多花黄精

拉丁学名：*Polygonatum cyrtonema* Hua。

科　　属：天冬门科（Asparagaceae）黄精属（*Polygonatum*）。

食用部位：根状茎。

1. 植物形态

根状茎肥厚，通常连珠状或结节成块，少有近圆柱形，直径 1～2 cm。茎高 50～100 cm，通常具 10～15 枚叶。叶互生，椭圆形、卵状披针形至矩圆状披针形，少有稍作镰状弯曲，长 10～18 cm，宽 2～7 cm，先端尖至渐尖。花序具（1～）2～7（～14）朵花，伞形，总花梗长 1～4（～6）cm，花梗长 0.5～1.5（～3.0）cm。苞片微小，位于花梗中部以下，或不存在。花被黄绿色，全长 18～25 mm，裂片长约 3 mm，花丝长 3～4 mm，两侧扁或稍扁，具乳头状突起至具短绵毛，顶端稍膨大乃至具囊状突起，花药长 3.5～4.0 mm；子房长 3～6 mm；花柱长 12～15 mm。浆果黑色，直径约 1 cm，具 3～9 粒种子。花期 5—6 月，果期 8—10 月。

2. 生长习性

多花黄精分布于灌丛或山坡阴处，海拔 500～2100 m 地区较为常见。

3. 繁殖技术

（1）种子繁殖

选取 3～4 年生健壮植株留种，8—9 月采摘成熟果实，密封发酵 8～10 d 后清洗取种，消毒后低温沙藏。翌年 3 月初播种，沟深 3～5 cm，行距约 15 cm，撒播，覆土厚 2～3 cm，浇水，覆碎秸秆保持湿度。苗高 6～10 cm 时适度间苗，1 年后移栽。

（2）根茎繁殖

10 月中下旬或翌年 3 月中下旬选取 1～2 年生健壮植株根状茎的先端幼嫩部，按长 3～4 节切段，每段带顶芽 1～2 个。伤口处涂抹草木灰或多菌灵等消毒液，晾干后栽种。

（3）组织培养

首先将外植体消毒后置于 MS+1.5 mg/L 6–BA+0.5 mg/L NAA 培养基中增殖培养 60 d，在 1/2 MS+1.0 mg/L IBA+0.5 mg/L NAA+0.5 mg/L CA 培养基中生根培养 30 d。然后将苗瓶放到温棚中培养 5 d，开瓶再放 3 d。最后取出经过炼苗处理的组培苗，洗净琼脂，移栽到基质中。

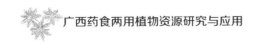

4. 栽培技术

（1）选地

种植地宜选择荫蔽、湿润的山地和林下开阔地。土壤以富含腐质、土层深厚、土质疏松为最佳。

（2）整地

整地时结合施肥进行深翻，深翻 30 cm 以上，耙平做畦，畦宽 1.2 ～ 1.4 m、高 10 ～ 15 cm，沟宽 0.5 m，畦长不超过 50 m。

（3）田间管理

①水肥管理

结合除草进行追肥，立冬前追肥 3 次，每次施腐熟人畜粪尿（25000 ～ 30000 kg/ hm²）和专用三元复合肥料（750 kg/ hm²），立冬后将有机肥料（15000 ～ 18000 kg/ hm²）与过磷酸钙（500 ～ 750 kg/ hm²）混合发酵后沟施。旱季及时灌溉，夏季多雨时及时排水。向阳地块应根据实际情况搭设遮阴棚。

②中耕除草

4—10 月除草采取浅锄方式，防止损伤根茎；生长后期应手工拔草。

③病虫害防治

病害主要有叶斑病、黑斑病和炭疽病，虫害主要有二斑叶螨、蛴螬（金龟子的幼虫）、地老虎、斑腿蝗和蛞蝓。病虫害防治主要采取抗病育种和清洁田园的方式，必要时用药喷施。

（4）采收

根茎繁殖的 1 ～ 2 年可采收，其他方式繁殖的 3 ～ 4 年可采收。11 月至翌年 2 月，用双齿锄按多花黄精栽植方向将根茎带土挖出，除去地上部分后风干，刮去泥土。

5. 成分

多花黄精含有多糖、皂苷类、黄酮类、蒽醌类、挥发油类等化学成分，其中多糖及皂苷类为其主要化学成分。此外，多花黄精还含有天冬氨酸等 6 种氨基酸及 18 种微量元素。

6. 性味归经

味甘，性平；归脾经、肺经、肾经。

7. 功能与主治

具有补气养阴、健脾、润肺、益肾等功效，主治脾胃虚弱、体倦乏力、口干食少、肺虚燥咳、精血不足、内热消渴等症。

8. 药理作用

具有抗疲劳、抗衰老、提高免疫力、抗肿瘤、降血糖、抗菌、抗炎和抗病毒等作用。

9. 常见食用方式

肉质根状茎可生食或炖服，还可加工成粉末状调料，供烧菜时使用。果实可加工制成干果、罐头、饮料或酿造果酒。

山药黄精鸡汤

【用料】多花黄精 30 g，山药 150 g，鸡肉 500 g，生姜、葱、食盐各适量。

【制法】将鸡肉洗净，剁块，放入沸水中氽烫，捞出洗净。生姜切片，葱切末。将多花黄精、山药、鸡块、生姜一同放入锅中，加适量清水。武火烧开后转文火慢炖 2 h，撒上葱花，加食盐调味即可。

佛手

拉丁学名：*Citrus medica* L. var. *sarcodactylis* Swingle。

科　　属：芸香科（Rutaceae）柑橘属（*Citrus*）。

食用部位：果实。

1. 植物形态

常绿灌木或小乔木植物，高达丈余，茎叶基有长约 6 cm 的硬锐刺，新枝三棱形。单叶互生，长椭圆形，有透明油点。花多在叶腋间生出，常数朵成束，其中雄花较多，部分为两性花，花冠五瓣，白色微带紫晕。春分至清明第 1 次开花，常多雄花，结的果较小；立夏前后第 2 次开花。9—10 月成熟，果大供药用，皮鲜黄色，皱而有光泽，顶端分歧，常张开如手指状，肉白，无种子。

2. 生长习性

佛手喜光、喜温暖，耐阴、耐瘠、耐涝、不耐寒，以雨量充足、冬季无冰冻的地区栽培为宜。最适生长温度为 22 ～ 24 ℃，越冬温度 5 ℃以上。适宜在土层疏松肥沃、

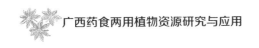

腐殖质含量高、排灌水方便的沙壤土或黏壤土中生长。

3. 繁殖技术

（1）空中压条

夏至前后，选择生长健壮的 2 ～ 3 年生枝条，在近基部做 1 cm 宽环割，用泥包住切口后用薄膜包裹泥土，每天喷水 1 ～ 2 次。1 个月后长出新根，切离母株进行移栽。

（2）扦插繁殖

选择 6 ～ 8 年生健壮母株，取上年长出的健壮春、秋梢作插条，去掉叶片及顶端嫩梢，剪成长 18 ～ 25 cm 的插穗，每根插穗带 3 ～ 5 个节。将插穗的 2/3 插入土中，株行距 18 cm × 18 cm，浇透水。

（3）嫁接繁殖

砧木选择基部直径 1.0 ～ 1.5 cm、生长健壮且根系发达的佛手植株；接穗选择上年春、秋季抽出的佛手枝梢，枝梢直径与砧木相近，使用靠接法嫁接，1 个月后切面即能愈合。

4. 栽培技术

（1）选地

选择土层深厚、富含有机质、土质疏松、排水通气性良好的中性沙壤地。

（2）整地

翻耕犁土后挖穴，株行距 4 m × 4 m，将腐熟有机肥料 5 ～ 10 kg/ 穴和复合肥料 0.1 ～ 0.2 kg/ 穴与穴土混合后施入定植穴，上层覆表土厚 10 ～ 15 cm。

（3）移栽

3—4 月进行，定植前挖深度、宽度均为 1 m 的定植穴，株距 6 m 左右，将挖出的约 1/3 的土与 200 kg 左右的有机肥料和适量磷肥、钾肥充分混匀后施入定植穴，填入深 20 cm 左右的土，表土盖平，踩实。

（4）田间管理

①中耕除草

定植后一般每月除草 1 次。由于佛手根系较浅，因此松土要浅松。

②浇水管理

定植后第 1 次水要浇透。小苗、弱苗以及低温时、促花时、幼果时应少浇水。高温曝晒时应早晚浇水。

③施肥管理

每年应施肥 4 次。第 1 次为花前肥，每株施腐熟人粪尿 2 kg。第 2 次在开花盛期，每株施腐熟羊牛粪 1 kg、尿素 50 g。第 3 次为壮果肥，重施磷钾肥。第 4 次为采果肥，9—10 月采果后进行，每株用腐熟鸡牛粪 2 kg、复合肥料 0.2 kg。

④修剪整形

佛手生长快、分枝多，每年需剪去衰弱枝、病枝、枯枝。整形修枝宜在 3 月萌芽前和冬季采果后进行。

⑤保花保果

佛手雌雄同株，4—11 月均可开花结果，以芒种到夏至前后开花最多。惊蛰前后开始开花，每序花留 2～3 朵健壮的雌花，其余均摘掉。在保果技术上，一般要求每枝留 1～2 个果为佳。

（5）采收

佛手 9—10 月采收。成熟时期果心与果皮分离，形成细长弯曲的果瓣。

5. 成分

佛手含有挥发油、黄酮类、多糖、氨基酸、香豆素类、多酚等，其中挥发油的主要成分有柠檬烯、松油醇、蒎烯、松油烯、月桂烯、罗勒烯、柠檬醛等。此外，佛手还含有锌、铁、锰、铜、铬、镁、镍、硒、钴等多种生命必需的元素。

6. 性味归经

味辛、苦、酸，性温；归肝经、脾经、胃经、肺经。

7. 功能与主治

具有理气化痰、止咳消胀、疏肝健脾和胃等功能，主治肝郁气滞、胸胁胀痛、胃脘痞满、食少呕吐等症。

8. 药理作用

具有止咳平喘、祛痰、抗肿瘤、抗抑郁、调节免疫功能、抗菌、抗氧化、抗炎等作用。

9. 常见食用方式

果实可作为水果直接食用或制成凉果，也可当作蔬菜凉拌、炒食或煮粥。

佛手柑粥

【用料】佛手柑 1 个、粳米适量。

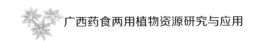

【制法】先将佛手柑洗净，放入砂锅，加水煎取药汁。另取淘洗干净的粳米加水煮粥，先用武火烧开，再转用文火熬煮成稀粥，待粥快熟时加入药汁，煮沸即可。

橄榄

拉丁学名：*Canarium album*（Lour.）Raueschel。

科　　属：橄榄科（Burseraceae）橄榄属（*Canarium*）。

食用部位：果实。

1. 植物形态

乔木，高 10 ～ 25（～ 35）m，胸径可达 150 cm。小枝粗 5 ～ 6 mm，幼部被黄棕色茸毛，很快变无毛；髓部周围有柱状维管束，稀在中央亦有若干维管束。有托叶，仅芽时存在，着生于近叶柄基部的枝干上。小叶 3 ～ 6 对，纸质至革质，披针形或椭圆形（至卵形），长 6 ～ 14 cm，宽 2.0 ～ 5.5 cm，无毛或在背面叶脉上散生了的刚毛，背面有极细小疣状突起；先端渐尖至骤狭渐尖，尖头长约 2 cm，钝；基部楔形至圆形，偏斜，全缘；侧脉 12 ～ 16 对，中脉发达。花序腋生，微被茸毛至无毛；雄花序为聚伞圆锥花序，长 15 ～ 30 cm，多花；雌花序为总状，长 3 ～ 6 cm，具花 12 朵以下。花疏被茸毛至无毛，雄花长 5.5 ～ 8.0 mm，雌花长约 7 mm；花萼长 2.5 ～ 3.0 mm，在雄花上具 3 浅齿，在雌花上近截平；雄蕊 6 枚，无毛，花丝合生 1/2 以上（在雌花中几全长合生）；花盘在雄花中球形至圆柱形，高 1.0 ～ 1.5 mm，微 6 裂，中央有穴或无，上部有少许刚毛；在雌花中环状，略具 3 波状齿，高 1 mm，厚肉质，内面有疏柔毛。雌蕊密被短柔毛，在雄花中细小或缺。果序长 1.5 ～ 15.0 cm，具 1 ～ 6 枚果。果萼扁平，直径 0.5 cm，萼齿外弯。果卵圆形至纺锤形，横切面近圆形，长 2.5 ～ 3.5 cm，无毛，成熟时黄绿色；外果皮厚，干时有皱纹；果核渐尖，横切面圆形至六角形，在钝的肋角和核盖之间有浅沟槽，核盖有稍凸起的中肋，外面浅波状；核盖厚 1.5 ～ 2.0（～ 3.0）mm。种子 1 ～ 2 粒，不育室稍退化。花期 4—5 月，果期 10—12 月。

2. 生长习性

橄榄分布于海拔 1300 m 以下的沟谷和山坡杂木林中，或栽培于庭园、村旁。喜温暖，生长期需适当高温，冬季则要求无严霜冻害。分布地年降水量在 1200 ～ 1400 mm。对土壤适应性广。

3. 繁殖技术

（1）种子繁殖

10 月下旬至 11 月种核外壳部分转淡为赤炭色时采收果实，将鲜果与食盐按质量比 10：1 混合，踩至肉核分离，再于清水中浸泡 7 ～ 8 h，用木槌轻敲取粒，进一步使果肉和果核分离。翌年 2—3 月播种，播前用温水浸种 5 ～ 6 h，然后播于苗床或种植地。

（2）嫁接繁殖

小苗嫁接以 2 月至 3 月底为宜，成年大树以 4—5 月嫁接为宜。接穗在春梢萌动时剪取，或选择节间短、芽眼充实、粗细与砧木相当、生在树冠外部的秋穗条。每个接穗留 2 ～ 5 个芽眼，舌接或切接。

4. 栽培技术

（1）选地

选择年均温度在 18 ～ 20 ℃、年降水量 1200 ～ 1600 mm 的地方种植。以土层深厚疏松、富含有机质的土壤或沙壤土最佳。不宜在有强烈西照或冷空气和易成霜的闭合山坳种植。

（2）整地

按株行距 4 m×4 m 至 6 m×6 m 规格开穴，亩植 20 ～ 40 株。植穴在种植前 2 ～ 3 个月施足基肥。

（3）移栽

移栽时选择品种纯正、接口愈合良好、根系发达、径粗 1 cm 以上、嫁接口离地 20 ～ 25 cm 的营养袋嫁接苗，主根末端紧插穴底，植后填入碎土，分层压实，穴内填土比穴外土高 8 ～ 10 cm，淋定根水，用稻草或山草覆盖树盘保湿。

（4）田间管理

①水肥管理

定植后 1 个月开始施薄肥，坚持"一梢两肥"，在新梢萌芽和转绿时各施 1 次，每次淋施尿素、过磷酸钙各 50 g/ 株或复合肥料 100 g/ 株。新梢抽吐期如遇旱需淋水，多雨季节需注意排水防渍。

②摘心整枝，培育矮化树冠

新芽萌发生长至 30 cm 时摘心短截，以后各次新梢均于长至 30 cm 时摘心短截，促使抽吐 2 ～ 3 条新梢，保证植株年吐新梢 4 次，植后第三年春分枝级数达到五级以

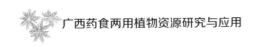

上，树冠冠幅达 0.8 m × 0.8 m 以上。10 年生树高控制在 3 m 以内。

③病虫害防治

病害主要有炭疽病、流胶病、树瘿病等，虫害主要有星室木虱、小黄卷叶蛾、黑刺粉虱、圆蚧类、天牛类等。应采取"预防为主、综合防治"措施。

（5）采收

早熟品种 10 月上中旬成熟，中熟品种 10 月下旬至 11 月上旬成熟，晚熟品种 11 月中下旬成熟。采果可使用竹竿敲打或手工摘果，也可用 40% 乙烯利 300 倍液喷洒催落。

5. 成分

橄榄含有丰富的蛋白质、脂肪酸、挥发性芳香物质、有机酸、氨基酸、酚类物质等。

6. 性味归经

味甘、酸，性平；归肺经、胃经。

7. 功能与主治

具有清热、利咽、生津、解毒功效，主治咽喉肿痛、咳嗽、烦渴、鱼蟹中毒等症。

8. 药理作用

具有抗乙肝表面抗原、兴奋唾液腺、增加唾液分泌等作用。

9. 常见食用方式

果实可生食或制作干果、罐头，还可用于煲汤和煮粥。

橄榄瘦肉炖螺头汤

【用料】干海螺头（2 ～ 3 人份）、青橄榄 80 g、瘦肉 150 g、生姜 3 片、食盐适量。

【制法】干海螺头用清水泡软，去除杂物；瘦肉洗净切块，和螺头一起焯水捞起；青橄榄洗净，用刀拍破。煮沸清水倒入炖盅，放入所有材料，隔水炖 2.5 h，加入食盐调味即可。

高良姜

拉丁学名：*Alpinia officinarum* Hance。

科　　属：姜科（Zingiberaceae）山姜属（*Alpinia*）。

食用部位：根、茎。

1. 植物形态

多年生草本植物，株高 40 ～ 110 cm，根茎延长，圆柱形。叶片线形，长 20 ～ 30 cm，宽 1.2 ～ 2.5 cm，顶端尾尖，基部渐狭，两面均无毛，无柄；叶舌薄膜质，披针形，长 2 ～ 3 cm，有时可达 5 cm，不 2 裂。总状花序顶生，直立，长 6 ～ 10 cm，花序轴被茸毛；小苞片极小，长不逾 1 mm，小花梗长 1 ～ 2 mm；花萼管长 8 ～ 10 mm，顶端 3 齿裂，被小柔毛；花冠管较萼管稍短，裂片长圆形，长约 1.5 cm，后方的 1 枚兜状；唇瓣卵形，长约 2 cm，白色而有红色条纹，花丝长约 1 cm，花药长 6 mm；子房密被茸毛。果球形，直径约 1 cm，熟时红色。花期 4—9 月，果期 5—11 月。

2. 生长习性

高良姜喜温暖湿润环境，耐干旱，怕涝浸，要求有一定的荫蔽条件。年平均气温 23.3 ℃、年降水量为 1100 ～ 1803 mm 时生长良好。对土壤要求不严，以土层深厚、疏松肥沃、富含腐殖质的红壤或沙壤土为佳。

3. 繁殖技术

（1）种子繁殖

一般为秋播，整理好苗床，开行距 10 cm 的浅沟，将种子均匀撒于沟内，覆土，淋水，保湿。20 d 左右即可发芽。

（2）根茎繁殖

4—6 月将地下部挖出，将上部茎叶砍去，选择无病虫害且芽头密集的幼嫩根茎作种。挖坑 45 cm×75 cm 的种植穴，每穴栽 1 段高良姜根茎，保持芽头方向朝上，填土压实，再覆细土厚 5 ～ 7 cm。

4. 栽培技术

（1）选地

选择土层深厚、土质肥沃疏松、排水透气良好的红壤或砖红壤缓坡地。

（2）整地

清除杂木、杂草，结合施肥深翻，同时将 3% 辛硫磷颗粒剂翻入土中，耙碎整平，不需做畦。

（3）移栽

4—5 月进行移栽，在已耙平地块上施腐熟的土杂肥作基肥，然后开沟或挖穴，穴沟深 15 ～ 20 cm、宽 25 ～ 30 cm，株行距 50 cm×75 cm，每穴栽入 1 段根茎（芽头向上），回土。

（4）田间管理

①水肥管理

种植前施足基肥，基肥以有机肥料为主。第 1 次追肥在高良姜种植生长 50 d 后进行，可施稀释后的人畜粪水，植株封行后再次追肥，可施复合肥料。高良姜耐旱怕涝，常采用地面灌溉的方式，将水引入园地地表，在行间作梗形成小区，使灌溉水随地表走势流动。

②病虫害

病害主要有烂根病，多发生在高温或多雨季节，虫害主要有钻心虫和卷叶虫。

（5）采收

一般栽培 4 年后采收，可全年采收。春耕后或夏收夏种完毕后选晴天割除茎叶，翻地并收集根茎，除净泥土和须根，剥去残留的鳞片，洗净并截成 5 ～ 7 cm 长的短段，晒干。

5. 成分

高良姜含有黄酮类、挥发油类、二芳基庚烷类、糖苷类、苯丙素类等化合物。此外，高良姜还含有脂肪、蛋白质、维生素 A 等营养成分。

6. 性味归经

味辛，性热；归脾经、胃经。

7. 功能与主治

具有温胃止呕、散寒止痛的功效，主治畏寒冷痛、畏寒呕吐等症。

8. 药理作用

具有抗菌、镇痛、抗胃溃疡、止泻、利胆、抗血栓形成和抑制血小板聚集等作用。

9. 常见食用方式

根茎可制作成姜茶，也可作为调料炖汤或煮粥，还可用于泡酒。

鹌鹑乌贼煲高良姜

【**用料**】鹌鹑 1 只、乌贼 1 条（约 150 g）、高良姜 30 g、生姜片 5 g、花椒 10 粒、食盐 3 g、葱花 5 g。

【**制法**】将鹌鹑去除毛和内脏，洗净。乌贼去除污物和内脏，洗净。高良姜洗去浮尘。将上述材料放入砂锅内，注足清水，加入生姜片、花椒、食盐煲汤或炖食，最后撒上葱花即可。

香橼

拉丁学名：*Citrus medica* L.。

科　　属：芸香科（Rutaceae）柑橘属（*Citrus*）。

食用部位：果实。

1. 植物形态

常绿小乔木，高 2 m 左右。枝具短而硬的刺，嫩枝幼时紫红色，叶大，互生，革质；叶片长圆形或长椭圆形，长 8 ～ 15 cm，宽 3.5 ～ 6.5 cm，先端钝或钝短尖，基部阔楔形，边缘有锯齿；叶柄短而无翼，无节或节不明显。短总状花序，顶生及腋生，花 3 ～ 10 朵丛生，有两性花及雄花之分，萼片 5 枚，合生如浅杯状，上端 5 浅裂；花瓣 5 枚，肉质，白色，外面淡紫色；雄蕊约 30 枚；雌蕊 1 枚，子房上部渐狭，花柱有时宿存。果实长椭圆形或卵圆形，果顶有乳状突起，长径 10 ～ 25 cm，横径 5 ～ 10 cm，成熟时柠檬黄色，果皮粗厚而芳香，瓤囊细小，12 ～ 16 瓣，果汁黄色，味极酸而苦；种子 10 粒左右，卵圆形，子叶白色。花期 4 月，果期 8—9 月。

2. 生长习性

香橼喜温暖、湿润、避风向阳、通风良好的环境，常生于海拔 500 ～ 2000 m 的沟边或密林中。

3. 繁殖技术

（1）种子繁殖

秋、冬季选择成熟果实，切开取出种子，洗净，晾干，春季开沟播种，行距 30 cm，将种子均匀播种。

（2）扦插繁殖

春季或夏季取 2 年生枝条，除去棘刺，剪成 18 cm 长的插穗，斜插，将插穗露出

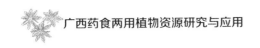

地面 1/3，覆土压紧，浇透水。培育 1 ～ 2 年定植。

4. 栽培技术

（1）选地

选择海拔 1700 m 以下、土层深厚、肥力较高的田地种植。

（2）整地

按长、宽、深各 60 cm 开挖定植穴，施腐熟农家肥 10 kg、普钙肥或钙镁磷肥 1 kg、三元复合肥料 1 kg，将肥与穴土充分拌匀。

（3）移栽

夏季多雨时将需移栽苗木剪去 2/3 叶片，按株行距 3 m×3 m 进行移栽，每公顷定植 1110 株。定植后覆土，踩实，浇足定根水。

（4）田间管理

①水肥管理

幼树每年施肥 3 次，3 月、6 月分别穴施或沟施三元复合肥料 0.2 kg 和尿素 0.05 kg；10—11 月施腐熟的农家肥 5 kg、三元复合肥料 0.2 kg。成年树每年施肥 3 次，2—3 月施腐熟的农家肥 5 kg、三元复合肥料 0.2 kg；6 月上旬增施磷钾肥和三元复合肥料 0.2 kg，同时喷施 0.2% 磷酸二氢钾液 1 次；11 月施腐熟的农家肥 5 kg、三元复合肥料 0.2 kg。香橼喜湿润，旱季需及时浇灌保持土壤湿润，雨季需及时排除积水。

②中耕除草

香橼根须较多，且多分布在表层，因此中耕除草宜浅耕，注意要及时除草。

③整形和修剪

一般一年进行 2 次修剪，夏季小修，去除病枝、弱枝和枯枝等；采收果实后进行大修剪，只留下翌年的结果枝。

④病虫害防治

病害主要有黄龙病、树脂病和根腐病等，虫害主要有红蜘蛛、潜叶蛾、柑橘凤蝶等。栽植中要严格执行检疫制度，建立无病苗圃，培育无病苗木。黄龙病是毁灭性病害，发病植株必须挖除并集中销毁。

（5）采收

在秋季果实已长定形、但皮为深绿色时采摘。采后直切 2 cm 厚果片，铺晒或烘干即可。

5. 成分

香橼成熟果实主要含有三萜类、黄酮类和酚酸类化合物，还含有鞣质及维生素 C 等诸多成分。果实油成分主要是乙酸牻牛儿酯、乙酸芳樟酯、右旋柠檬烯、柠檬醛、水芹烯、柠檬油素等。

6. 性味归经

味苦，性寒；归肺经、肝经。

7. 功能与主治

具有清热解毒、利咽消肿、活血止痛的功效，主治乳蛾喉痹、咽喉肿痛、疮疡肿毒、跌仆伤痛等症。

8. 药理作用

具有抗菌、抗炎、镇痛和增强机体免疫力等作用。

9. 常见食用方式

果实可切片泡水喝，果皮可加工成蜜饯，还可作为调料用于煲汤或煮粥。

香橼米醋浸海带

【用料】鲜海带 120 g、香橼 9 g、醋 1000 g。
【制法】将上述原材料放入缸中或玻璃瓶中，密封浸泡 7 d 即可。

广藿香

拉丁学名：*Pogostemon cablin*（Blanco）Benth.。
科　　属：唇形科（Lamiaceae）刺蕊草属（*Pogostemon*）。
食用部位：地上部分。

1. 植物形态

多年生芳香草本或半灌木。茎直立，高 0.3 ～ 3.0 m，四棱形，分枝，被茸毛。叶圆形或宽卵圆形，长 2.0 ～ 10.5 cm，宽 1.0 ～ 8.5 cm，先端钝或急尖，基部楔状渐狭，边缘具不规则的齿裂，草质，上面深绿色，被茸毛，老时渐稀疏，下面淡绿色，被茸毛，侧脉约 5 对，与中肋在上面稍凹陷或近平坦，下面突起；叶柄长 1 ～ 6 cm，被茸毛。轮伞花序 10 朵至多朵花，下部的稍疏离，向上密集，排列成长 4.0 ～ 6.5 cm、宽 1.5 ～ 1.8 cm 的穗状花序，穗状花序顶生及腋生，密被长茸毛，具总梗，梗长

0.5 ～ 2.0 cm，密被茸毛；苞片及小苞片线状披针形，比花萼稍短或与其近等长，密被茸毛。花萼筒状，长 7 ～ 9 mm，外被长茸毛，内被较短的茸毛，齿钻状披针形，长约为萼筒的 1/3。花冠紫色，长约 1 cm，裂片外面均被长毛。雄蕊外伸，具髯毛。花柱先端近相等 2 浅裂。花盘环状。花期 4 月。

2. 生长习性

广藿香喜高温湿润气候，年平均气温 24 ～ 25 ℃最适宜生长。要求年降水量 1600 ～ 2400 mm。以土质疏松、肥沃、排水性良好且微酸性的沙壤土栽培为宜。

3. 繁殖技术

（1）扦插繁殖

通常 2—4 月进行，选取当年生 5 个月以上、健壮、节密、叶小而厚、无病虫害的中部以上主茎侧枝，截成 5 ～ 10 cm 长的小段，每段留 1 ～ 2 个节。插后 10 d 左右开始生根，25 ～ 30 d 便可移栽。

（2）组织培养

选取无病虫害的单株芽条作外植体，消毒，切成 2 ～ 3 cm 长的带节小段，接种于诱导培养基上。丛生芽诱导分化培养基为 MS+ 1.0 mg/L 6–BA+0.2 mg/L NAA，增殖培养基为 MS+0.5 mg/L 6–BA+0.2 mg/L NAA，生根培养基为 MS + 0.5 mg/L IAA+0.5 mg/L IBA。

4. 栽培技术

（1）选地

种植地应选择林间缓坡地、山脚梯田、河边冲积地、旱田、宅旁田边的零星平地或排水良好的水田，地势以 15° 以内为宜。

（2）整地

将杂草铲除、灌木挖掉，深耕深翻，之后对土壤进行消毒，根据种植地肥力情况施足基肥，做成宽 60 ～ 120 cm、高 30 ～ 40 cm 的田畦，畦间步道为 30 ～ 40 cm，畦长视地形而定。

（3）移栽

移栽前一晚务必浇水保持苗床湿润，起苗时多带宿土，按定植密度 40 cm×40 cm 或 40 cm×50 cm 的株行距，呈"品"字形挖穴下苗。穴直径 30 cm、深 20 cm，每穴栽 1 株，采用 2 ～ 3 行种植。

（4）田间管理

①水肥管理

从种植到收获需施肥 3～5 次。首次追肥多在种苗移栽生根成活后进行，施肥浓度宜淡；后期每隔 40～60 d 施肥 1 次，每亩施人畜粪水 1500～2000 kg 或尿素 10 kg。定植时期通常早晚各灌溉 1 次，以润湿畦面为宜，后期可适当减少灌溉次数，但浇水要淋透。在高温多雨季节要及时排水，以免形成水涝。

②中耕除草

定植后半个月进行第 1 次除草，以后每月除草 1 次，中耕除草结合施肥进行。

③病虫害

病害主要有根腐病和斑枯病，虫害主要有蚜虫、红蜘蛛、地老虎和卷叶螺等。

（5）采收

由于自然环境、气候因素、栽培习惯和轮作方法的不同，不同区域采收期也略有差异，以枝叶茂盛、花序刚抽出时采收最为适宜。

5. 成分

广藿香的组成成分有 2 大类：挥发油和其他非挥发性成分。其中挥发油正是道地南药广藿香的有效药用成分。

6. 性味归经

味辛，性微温；归脾经、胃经、肺经。

7. 功能与主治

具有芳香化浊、开胃止呕、发表解暑的功效，主治湿浊中阻、脘痞呕吐、暑湿倦怠、胸闷不舒、寒湿闭暑、腹痛吐泻、鼻渊头痛等症。

8. 药理作用

具有抗真菌、抗炎、增强机体免疫力、促进胃酸分泌、增强肠胃活动、缓解刺激性物质引起的肠胃痉挛性收缩、止咳化痰、平喘镇痛等作用。

9. 常见食用方式

茎叶可煎汤代茶饮，也可作为香料用于煲汤和煮粥。

藿香粥

【用料】藿香末 10 g、粳米 100 g。

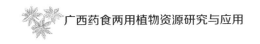

【**制法**】将粳米淘洗干净，放入锅中，加水煮粥，待米花将开时，加入藿香末，再炖至粥熟即成。

菰腺忍冬

拉丁学名：*Lonicera hypoglauca* Miq.。

科　　属：忍冬科（Caprifoliaceae）忍冬属（*Lonicera*）。

食用部位：花。

1. 植物形态

落叶藤本植物；幼枝、叶柄、叶下面和上面中脉及总花梗均密被上端弯曲的淡黄褐色短柔毛，有时还有糙毛。叶纸质，卵形至卵状矩圆形，长 6.0 ～ 9.0（～ 11.5）cm，顶端渐尖或尖，基部近圆形或带心形，下面有时粉绿色，有无柄或具极短柄的黄色至橘红色蘑菇形腺；叶柄长 5 ～ 12 mm。双花单生至多朵集生于侧生短枝上，或于小枝顶集合成总状，总花梗比叶柄短或有时较长；苞片条状披针形，与萼筒几等长，外面有短糙毛和缘毛；小苞片卵圆形或卵形，顶端钝，很少卵状披针形而顶细尖，长约为萼筒的 1/3，有缘毛；萼筒无毛或有时略有毛，萼齿三角状披针形，长为筒的 1/2 ～ 2/3，有缘毛；花冠白色，有时有淡红晕，后变为黄色，长 3.5 ～ 4.0 cm，唇形，筒比唇瓣稍长，外面疏生倒微伏毛，并常具无柄或有短柄的腺；雄蕊与花柱均稍伸出，无毛。果实成熟时黑色，近圆形，有时具白粉，直径 7 ～ 8 mm；种子淡黑褐色，椭圆形，中部有凹槽及脊状凸起，两侧有横沟纹，长约 4 mm。花期 4—5（—6）月，果熟期 10—11 月。

2. 生长习性

菰腺忍冬生于丘陵地的山坡、杂木林和灌木丛中及平原旷野路边或河边，常见于海拔 200 ～ 700 m（西南部可达 1500 m）的区域。喜温和湿润气候，喜阳光充足，耐寒、耐旱、耐涝。对土壤要求不严，耐盐碱。

3. 繁殖技术

（1）种子繁殖

8—10 月采收果实，取出种子，阴干或风干，可直接播种也可低温干燥储存。春播须在 35 ～ 40 ℃条件下进行催芽，待种子有 30% 左右破皮后可条播或撒播。

（2）扦插繁殖

3月选取生长健壮的当年生半木质化嫩枝或2～3年生硬枝，剪成20～30 cm长的插穗（带3个节以上），只留最上方节位的2片1/3叶片，嫩枝插穗用40 mg/L NAA 浸泡4 h，硬枝插穗用300 mg/L IAA 浸泡2 h。扦插基质为红泥土∶细河沙=2∶1。将插穗插入插床，深约2/3，填土，压实，浇透水。插后设遮阴棚，荫蔽度70%～80%，6～8个月可出圃。

（3）压条繁殖

在植株旁挖深15 cm、宽10 cm的浅穴，用泥土压盖藤条2～3个节眼，盖干草保湿，2～3个月即可生根，在生根的节眼后8～10 cm处剪断，移栽。

（4）组织培养

春季或秋季取直径约0.8 cm的未木质化嫩茎或腋芽作外植体，消毒，以MS + 2.0 mg/L 6-BA 为芽的初代诱导培养基，以MS + 2.0 mg/L 6-BA + 0.1 mg/L NAA 为继代培养基，以MS + 0.1 mg/L NAA + 3.0 mg/L MET 为生根培养基。

4. 栽培技术

（1）选地

选择海拔400～1600 m、温度3～30 ℃、光照条件好、土层厚度30 cm以上的平地或山体中下部地块。

（2）整地

穴状种植，每穴施腐熟有机肥料10 kg，覆土回穴时与肥料拌匀。

（3）移栽

10—11月移栽较好。每穴定植1株，将根部自然分散于穴内，覆盖疏松细土，压实后淋水。可在植株基部盖干草保湿。

（4）田间管理

①水肥管理

高产施肥组合为：氮肥（78.3～86.5 g/株）+磷肥（63.6～67.7 g/株）+钾肥（73.1～76.7 g/株）+硼肥（7.8～8.1 g/株）+钼肥（2.7～2.9 g/株）。萌芽期、花芽分化期和初蕾期叶面喷施水溶性肥可促进新生枝条生长，开花前在叶面喷施壳低聚糖有利于提高花的产量与品质。干旱多风时可在地面加盖稻草保湿，每隔2～3 d喷水1次。

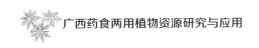

②展枝管理及摘心

栽后 1 ～ 2 年内主要是展枝整形，让枝条向不同方向展枝，枝条长达 100 cm 时摘心。

③病虫害防治

病害主要有白粉病，虫害主要有花蓟马、胡萝卜微管蚜和棉露尾甲等。尽量采用物理防治、生物防治和化学防治相结合的综合防治方法。

（5）采收

花开放前采收，采收后需及时干燥。

5. 成分

菰腺忍冬主要含有以绿原酸为代表的有机酸类、黄酮类、环烯醚萜苷类、三萜及三萜皂苷类、挥发油类等化合物，还含有单萜环苷类、倍半萜类及其他化合物。

6. 性味归经

味甘，性寒；归肺经、心经、胃经。

7. 功能与主治

具有清热解毒、疏散风热的功效，主治痈肿疔疮、喉痹、丹毒、热毒血痢、风热感冒、温热发病等症。

8. 药理作用

具有抗菌、抗病原微生物、抗毒、抗炎、解热、促进炎性细胞吞噬功能、增强机体免疫力等作用。

9. 常见食用方式

花、叶可泡茶或制作饮料。

菰腺忍冬菊花茶

【**用料**】枸杞子 7 粒、黄菊花 8 朵、菰腺忍冬 5 g。

【**制法**】准备开水一壶，将以上所有材料置于杯中，加开水浸泡几分钟即可。

胡椒

拉丁学名：*Piper nigrum* L.。

科　　属：胡椒科（Piperaceae）胡椒属（*Piper*）。

食用部位：果实。

1. 植物形态

木质攀缘藤本植物；茎、枝无毛，节显著膨大，常生小根。叶厚，近革质，阔卵形至卵状长圆形，稀近圆形，长 10 ～ 15 cm，宽 5 ～ 9 cm，顶端短尖，基部圆，常稍偏斜，两面均无毛；叶脉 5 ～ 7 条，稀 9 条，最上 1 对互生，离基 1.5 ～ 3.5 cm 从中脉发出，余者均自基脉发出，最外 1 对极柔弱，网状脉明显；叶柄长 1 ～ 2 cm，无毛；叶鞘延长，长常为叶柄的一半。花杂性，通常雌雄同株；花序与叶对生，短于叶或与叶等长；总花梗与叶柄近等长，无毛；苞片匙状长圆形，长 3.0 ～ 3.5 cm，中部宽约 0.8 mm，顶端阔而圆，与花序轴分离，呈浅杯状，狭长处与花序轴合生，仅边缘分离；雄蕊 2 枚，花药肾形，花丝粗短；子房球形，柱头 3 ～ 4 枚，稀有 5 枚。浆果球形，无柄，直径 3 ～ 4 mm，成熟时红色，未成熟时干后变为黑色。花期 6—10 月。

2. 生长习性

胡椒生于荫蔽的树林中。生长慢，耐热，耐寒，耐旱，耐风，耐剪，易移植，不耐涝。栽培土质以肥沃的沙质壤土为佳。

3. 繁殖技术

（1）种子繁殖

选取完全成熟的果实，浸水和除去果肉后播种，株行距为 4 cm×4 cm 或 5 cm×5 cm。点播速度较慢，可采用撒播，但需注意撒种密度。播后盖 0.5 cm 厚过筛的细沙。

（2）扦插繁殖

5—6 月从母株（1.0 ～ 2.5 年生）上剪下蔓龄 4 ～ 6 个月，蔓粗 0.6 cm 以上，各节上有发达的活气根，无病虫害及机械损伤，顶部 2 节各带 1 条分枝及 12 ～ 15 片叶的主蔓，剪成 30 ～ 40 cm 长、具 5 ～ 7 个节的插穗，每根插穗留 2 ～ 3 条分枝。育苗地畦面按行距 25 ～ 30 cm 开沟，将插穗按间距 8 ～ 10 cm 排在畦面上，使气根紧贴斜畦面土壤，顶下第 1 节露出地面，由下至上覆土，压实，及时淋水。

（3）组织培养

对成熟的种子进行无菌培养，取茎尖进行增殖培养，获得丛生芽，再经壮苗和生根培养，即可得到健壮的生根植株；适合茎尖增殖、壮苗和生根培养的培养基为 1/2 MS+ 1.5 ～ 2.0 mg/L BA+0.1 ～ 0.2 mg/L IAA 和 1/2 MS 和 1/2 MS+0.5 ～ 1.0 mg/L IAA。

4. 栽培技术

（1）选地

选择靠近水源、排水良好的缓坡地或平地，最好是土壤疏松、土层深厚肥沃、pH 值为 5.5 ～ 7.0、富含有机质的沙壤土或红壤土。

（2）整地

如种植地坡度在 5° 以下，修大梯田；如坡度大于 5°，则修小梯田。需在梯田内侧挖排水沟，以便排除积水。

（3）移栽

定植方向应为东西走向，一般株行距为 2.0 m×2.5 m。定植前，在植位旁插入石柱。定植时在距石柱 20 cm 处挖穴，穴深 30 cm，单苗种植时对着石柱放置，双苗种植时对着石柱呈"八"字形放置。种苗上端 1 ～ 2 个节露出土面。种苗两侧施腐熟有机肥料 5 kg，然后回土做成中间呈锅底形的土堆，盖草，遮阴，淋足定根水。

（4）田间管理

①水肥管理

春季施有机肥料和磷肥。每株施腐熟的牛粪堆肥 30 kg、过磷酸钙 0.5 kg，并结合施肥时进行扩穴改土。8 月左右施花肥，在植株两侧及后面挖"马蹄形"环沟施水肥，施肥量约为全年用量的 1/3。胡椒对水要求严格，缺水和过度潮湿均对生长极为不利。因此，旱季应适时淋水灌溉，大雨后应及时排除积水。

②支柱与绑蔓

定植前或定植后及时插上永久石柱，石柱粗 10 ～ 12 cm，长 2.5 ～ 3.0 m，在离椒头 20 cm 处入土中 50 ～ 60 cm。新蔓长出 3 ～ 4 个节时及时绑蔓，以后每隔 10 ～ 15 d 绑 1 次。

③摘花和留花

胡椒一年四季均可开花结果。幼龄胡椒花应及时摘除，限制结果。二龄植株，冠幅 120 cm 以上时可保留植株下部花穗，但需加强施肥管理。

④整形修剪

一般采用留蔓 6 ～ 8 条，剪蔓 4 ～ 5 次的整形方法，植后 2 ～ 3 年封顶投产。

⑤病虫害防治

病害主要有胡椒瘟病、细菌性叶斑病、花叶病、根结线虫病等，虫害主要有介壳虫、蚜虫、盲蝽等。综合防治方法为选择无病种苗，完善排水系统，保持椒园清洁，合理施肥，加强树体管理。

（5）采收

种植后 3 ～ 4 年即可采收，全年均可开花结果。采果标准是：初期每穗果实均转黄色、有 3 ～ 5 粒红果便可整穗采下；中后期每穗果实均转黄色即可采收。7 月底前采收完毕。

5. 成分

胡椒主要含有以胡椒碱为主的酰胺类生物碱和以单萜、倍半萜类化合物为主的挥发油成分，还含有有机酸、皂角苷、香豆素等多种物质。

6. 性味归经

味辛，性大温；归胃经、大肠经。

7. 功能与应用

具有温中散寒、下气、消痰的功效，主治胃寒呕吐、腹痛泄泻、食欲缺乏、癫痫痰多等症。

8. 药理作用

具有抗疟、杀绦虫、镇静、抗惊厥、促进子宫收缩、减少冠状动脉流量等作用。

9. 常见食用方式

种子常磨成粉作腌料调味，烹饪、蒸煮或烤肉出锅前也可加入少量调味。

黑胡椒烤肉

【用料】猪后腿肉 450 g、黑胡椒 35 g。

【制法】猪肉洗净切成小块，放入黑胡椒和少量水，搅拌均匀，腌制过夜。烤箱预热 210 ℃，铺锡纸，倒入腌好的肉块，烤约 25 min 即可。

花椒

拉丁学名：*Zanthoxylum bungeanum* Maxim.。

科　　属：芸香科（Rutaceae）花椒属（*Zanthoxylum*）。

食用部位：叶、果实、种皮。

1. 植物形态

落叶小乔木，高 3 ～ 7 m；茎干上的刺常早落，枝有短刺，小枝上的刺为基部宽而扁且劲直的长三角形，当年生枝被短柔毛。小叶 5 ～ 13 片，叶轴常有甚狭窄的叶翼；小叶对生，无柄，卵形、椭圆形、稀披针形，位于叶轴顶部的较大，近基部的有时圆形，长 2 ～ 7 cm，宽 1.0 ～ 3.5 cm，叶缘有细裂齿，齿缝有油点，其余无或散生肉眼可见的油点；下面基部中脉两侧均有丛毛或小叶两面均被柔毛，中脉在上面微凹陷，下面干后常有红褐色斑纹。花序顶生或生于侧枝之顶，花序轴及花梗密被短柔毛或无毛；花被片 6 ～ 8 片，黄绿色，形状及大小大致相同；雄花的雄蕊 5 枚或多至 8 枚；退化雌蕊顶端叉状浅裂；雌花很少有发育雄蕊，有心皮 2 ～ 3 个，间有 4 个，花柱斜向背弯。果实紫红色，单个分果瓣径 4 ～ 5 mm，散生微凸起的油点，顶端有甚短的芒尖或无；种子长 3.5 ～ 4.5 mm。花期 4—5 月，果期 8—9 月或 10 月。

2. 生长习性

花椒喜光，喜温，耐干旱，耐贫瘠，适应性强，对土壤要求不严，一般 pH 值在 6.5 ～ 8.0 范围内均可种植，pH 值在 7.0 ～ 7.5 之间生长最好。耐水性差，低洼易涝地不宜种植。

3. 繁殖技术

（1）种子繁殖

9 月上旬选取从优质母株上采收的果实，阴干开裂后取种，置于阴凉处贮藏备用。南方播种时间可选择秋季，随采随播。北方播种时间一般为 3—4 月。花椒种子发芽困难，播种前采用碱水浸种等方法进行脱脂处理。

（2）嫁接繁殖

3 月下旬至 4 月下旬发芽前 20 ～ 30 d 嫁接，接穗选择品种纯正、生长较好的发育枝，劈接。

4. 栽培技术

（1）选地

选择土质疏松和排水性良好的平地、台地或坡地，坡地宜选择山坡中下部的阳坡或半阳坡。

（2）整地

种前按长、宽、深为 60 cm×60 cm×60 cm 的规格挖定植穴，穴底填一层熟土，施入适当腐熟底肥后再填一层细土。

（3）移栽

幼苗有 5 ～ 7 片真叶、地温超过 15 ℃时进行定植，早熟品种定植行距为 50 ～ 54 cm，株距为 23 ～ 26 cm；晚熟品种定植行距为 60 ～ 67 cm，株距为 50 ～ 60 cm。

（4）田间管理

①间植植物

1 ～ 4 年内可间种药材、豆类或绿肥等，需中耕除草 2 ～ 3 次。

②枝叶处理

株高 60 cm 时明确其主干，对部分分枝进行修剪。每年落叶后及时剪除枯死枝并集中处理。

③水肥管理

苗期施氮肥，开花结果期施钙肥，果实期施磷肥，摘果后期持续施肥提高树体养分。花椒成熟期需大量水分，应及时浇水，以保证花椒品质。

④病虫害

病害主要有花椒锈病、炭疽病等，虫害主要有蚜虫和凤蝶等。

（5）采收

7—9 月花椒果实变成红色或紫红色，果皮上疣状体凸起明显且有光泽，香味与麻味充足时即可采摘。

5. 成分

花椒籽油富含蛋白质、氨基酸、不饱和脂肪酸、胡萝卜素、维生素 B_1 和维生素 B_2、维生素 D、维生素 C、维生素 E，还含有多种人体必需的矿物质元素，如钙、铁、锰和锌。

6. 性味归经

味辛，性温；入脾经、肺经、肾经。

7. 功能与主治

具有温中止痛、杀虫止痒、解鱼腥毒等功效，主治积食停饮、心腹冷痛、呕吐、噫呃、咳嗽气逆、风寒湿痹、泄泻、痢疾、疝痛、齿痛、蛔虫病、蛲虫病、阴痒、疮疥等症。

8. 药理作用

具有抗氧化、消炎、抗肿瘤、杀虫和抑菌防腐等作用。

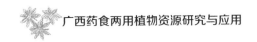

9. 常见食用方式

叶可食用、作调料或制作椒茶。果实常用作调料。

花椒猪肚

【用料】猪肚 350 g、醋 5 g、食盐 3 g、花椒 5 g、大葱 5 g、生姜 3 g、料酒 10 g、味精 2 g、香油 10 g。

【制法】将大葱切段，生姜切片，备用。将猪肚洗净，水开后烫一下，呈白色时捞出洗净，除去油筋。锅内再加水烧开，放入猪肚、葱段、姜片、料酒，武火烧开后撇去浮沫，改用文火煮约 1 h 至熟。取出猪肚晾凉，切成 0.3 cm 粗的丝，码入盘内。将花椒研成细末装入碗内，加入食盐、味精、香油调匀，淋在肚丝上即可。

掌叶覆盆子

拉丁学名：*Rubus chingii* Hu。

科　　属：蔷薇科（Rosaceae）悬钩子属（*Rubus*）。

食用部位：果实。

1. 植物形态

藤状灌木，高 1.5 ～ 3.0 m；枝细，具皮刺，无毛。单叶，近圆形，直径 4 ～ 9 cm，两面仅沿叶脉有柔毛或几无毛，基部心形，边缘掌状，深裂，稀 3 裂或 7 裂，裂片椭圆形或菱状卵形，顶端渐尖，基部狭缩，顶生裂片与侧生裂片近等长或稍长，具重锯齿，有掌状 5 脉；叶柄长 2 ～ 4 cm，微具柔毛或无毛，疏生小皮刺；托叶线状披针形。单花腋生，直径 2.5 ～ 4.0 cm；花梗长 2.0 ～ 3.5（4.0）cm，无毛；萼筒毛较稀或近无毛；萼片卵形或卵状长圆形，顶端具凸尖头，外面密被短柔毛；花瓣椭圆形或卵状长圆形，白色，顶端圆钝，长 1.0 ～ 1.5 cm，宽 0.7 ～ 1.2 cm；雄蕊多数，花丝宽扁；雌蕊多数，具柔毛。果实近球形，红色，直径 1.5 ～ 2.0 cm，密被灰白色柔毛；核有皱纹。花期 3—4 月，果期 5—6 月。

2. 生长习性

掌叶覆盆子分布于低海拔至中海拔地区，山坡、路边阳处或阴处灌木丛中常见。喜冷凉气候，忌炎热，喜光忌曝晒。一般土壤均可栽种，但以土质疏松、富含腐殖质、排水性良好的酸性黄壤土为好。

3. 繁殖技术

（1）种子繁殖

种子小，种壳坚硬且蜡质，自然萌发率低，休眠期长，经浓硫酸破壳处理、光照或低温湿沙处理均可促进萌发。实生苗生长速度慢，田间存活率低。

（2）扦插繁殖

11 月至翌年 3 月，挖取野生植株，剪成 20 ～ 30 cm 长的茎段，用激素（如 NAA 等）浸泡处理，插于苗床，覆膜，保持一定湿度。

（3）组织培养

以茎段为外植体，诱导培养基为 MS+0.5 mg/L 6–BA+0.01 mg/L NAA，继代培养基为 MS+1.0 mg/L 6–BA+0.1 mg/L NAA，生根培养基为 MS 基本培养基添加 0.1 mg/L NAA 和 0.1 mg/L IBA。

（4）分株繁殖

将新萌发的 30 cm 长植株连同带芽的直径 0.4 cm 以上、20 cm 长的根一起挖出，于 9 月下旬后进行分株种植。该法存活率高，是山地种植时快速扩大种植面积的主要方式。

4. 栽培技术

（1）选地

种植山地需朝阳面，土壤以微酸性土壤至中性沙壤土及红壤土、紫色土等为好。

（2）整地

种植前翻耕，施足基肥（每亩施腐熟农家肥 2000 ～ 3000 kg、复合肥料 30 kg），耙平，起垄，畦宽 0.8 ～ 1.0 m，高 0.2 ～ 0.4 m，沟宽 1.0 m。

（3）移栽

1—2 月为最佳移栽时间。一般栽种密度以 6000 株 /hm^2（株行距 1.0 m × 1.5 m）为宜。

（4）田间管理

①水肥管理

幼苗氮肥吸收在 2—6 月时较多，5 月达高峰，之后渐缓；磷肥吸收量在 3—5 月较多，果实采完后呈下降趋势。因此，建议每年施基肥 1 次、追肥 2 次。忌积水，雨季应注意加强清沟排水，且应及时松土，以保持土壤疏松通透。

②中耕除草

春季进行行间松土和行内锄草管理 1 次，夏季根据土壤板结程度和杂草生长情况进行整地，收果前进行行内和行间松土 2 ～ 3 次，果实采收后进行松土 1 次和中耕管理 2 次。

③整形修剪

整形修剪于春、夏季及秋季进行。春剪从基部疏除断枝、干枯枝和病虫害枝，放弃过密枝及顶部细弱枝，保留 11 ～ 13 个健壮枝。夏剪在根蘖苗长至 1.5 ～ 2.0 m 时进行，主干枝摘心，近地面的过多分枝均剪除；果实采收后全部剪除结果枝。秋剪时疏除过密的基生枝和病虫害枝等。

④扶缚

扶缚是田间管理的重要内容，是利用支架将掌叶覆盆子茎干直立，避免结果后严重压弯。

⑤病虫害

常见病害主要有茎腐病，虫害主要有柳蝙蝠蛾、山莓穿孔蛾。

（5）采收

采收要适时，一般在果实成熟后的 1 ～ 2 d 进行。采摘时要带果托和部分果柄。采收好的果实最好保存在接近 0 ℃的冰箱里，相对湿度在 90% 左右。

5. 成分

掌叶覆盆子果实营养丰富，含有维生素、氨基酸、有机酸、糖类和微量元素。

6. 性味归经

味甘、酸，性温；归肾经、膀胱经。

7. 功能与主治

具有益肾、固精、缩尿的功效，主治肾虚遗尿、小便频数、阳痿早泄、遗精、滑精等症。

8. 药理作用

具有调节生殖系统、抗衰老、抗炎、抗氧化、抗菌、抗肿瘤、抗诱变、止血、凝血等作用。

9. 常见食用方式

果实可作水果生食，也可制成水果蛋糕、甜点或用于煲汤和泡酒。

覆盆子泡酒

【用料】掌叶覆盆子果实 500 g、白酒 1000 mL、冰糖适量。

【制法】将掌叶覆盆子果实洗净，沥干水分，放入玻璃罐中，加白酒、冰糖，密封一段时间即可。

槐

拉丁学名：*Styphnolobium japonicum*（L.）Schott。

科　　属：豆科（Fabaceae）槐属（*Styphnolobium*）。

食用部位：花蕾、种仁。

1. 植物形态

乔木，高达 25 m；树皮灰褐色，具纵裂纹。当年生枝绿色，无毛。羽状复叶长达 25 cm；叶轴初被疏柔毛，旋即脱净；叶柄基部膨大，包裹着芽；托叶形状多变，有时呈叶状卵形，有时呈钻状线形，早落；小叶 4 ～ 7 对，对生或近互生，纸质，卵状披针形或卵状长圆形，长 2.5 ～ 6.0 cm，宽 1.5 ～ 3.0 cm，先端渐尖，具小尖头，基部宽楔形或近圆形，稍偏斜，下面灰白色，初被疏短柔毛，旋变无毛；小托叶 2 枚，钻状。圆锥花序顶生，常呈金字塔形，长达 30 cm；花梗比花萼短；小苞片 2 枚，形似小托叶；花萼浅钟状，长约 4 mm，萼齿 5 枚，近等大，圆形或钝三角形，被灰白色短柔毛，萼管近无毛；花冠白色或淡黄色，旗瓣近圆形，长和宽均约 11 mm，具短柄，有紫色脉纹，先端微缺，基部浅心形，翼瓣卵状长圆形，长约 10 mm，宽约 4 mm，先端浑圆，基部斜戟形，无皱褶，龙骨瓣阔卵状长圆形，与翼瓣等长，宽达 6 mm；雄蕊近分离，宿存；子房近无毛。荚果串珠状，长 2.5 ～ 5.0 cm 或稍长，直径约 10 mm，种子间缢缩不明显，种子排列较紧密，具肉质果皮，成熟后不开裂，具种子 1 ～ 6 粒；种子卵球形，淡黄绿色，干后黑褐色。花期 7—8 月，果期 8—10 月。

2. 生长习性

槐对气候适应性较强，在土层较深厚的地方均可栽培，以湿润、深厚、肥沃、排水性良好的沙质壤土为佳。

3. 繁殖技术

（1）嫁接繁殖

春、夏、秋季均可嫁接，多采用端砧切接法，成活率高，萌发快，抽梢率高，新

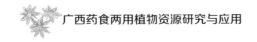

梢生长健壮。

（2）扦插繁殖

选取无病虫害、生长健壮的优质当年生枝条，留 3 ～ 4 个芽，剪成 7 ～ 15 cm 长的插穗，插穗切口应上平下斜，上切口在芽上方 1.0 ～ 1.5 cm 处，下切口在芽下方约 0.5 cm 处，用 500 mg/L 的 ABT1 号激素浸泡 30 s 后扦插，扦插深度为插穗的 1/3。

4. 栽培技术

（1）选地

槐适应性广，对土壤要求不严，屋前、屋后、平地、山地、岩石地、旱地、旱田均可种植。

（2）挖穴

开壕沟或挖长、宽、深为 1 m×1 m×1 m 的坑。挖坑时将底土和表土分开堆放，待底土充分熟化后结合施坑肥进行回填，坑肥一般包括磷肥、猪粪、麸肥，与挖出的表土拌匀后回填。

（3）移栽

从落叶后至萌芽前为最适栽植期。栽植时苗木应直立，根系应向四周舒展，深应超过苗木根颈 3 ～ 5 cm，填土 1/2 后提苗踩实，再填土踩实并浇透定根水。

（4）田间管理

①水肥管理

全年扩坑重施基肥 1 次，追肥 2 ～ 3 次。在 3 月、5 月或 3 月、6 月分别追肥 1 次，一般以施复合肥料为主；还可进行多次叶面追肥，以尿素和磷酸二氢钾为主，浓度 0.3%。冬季施肥与幼年树的扩坑施肥方法相同。槐喜水但怕涝，在生长季如遇干旱，应适时淋水，在汛期则要及时做好排水工作。

②中耕除草

一般在 4—8 月进行，中耕深度为 6 ～ 10 cm，园内行间应除尽杂草。

③整形修剪

嫁接苗木一般只有单一主干，种植后定干高度一般为 50 ～ 100 cm，当年抽发 1 次新梢留 3 ～ 4 个主枝，每个主枝长 20 ～ 30 cm。1 次摘心后抽发 2 次新梢，留 2 ～ 3 个副主枝，每个副主枝长 20 ～ 30 cm。种植前两年，每年可摘心 2 ～ 3 次。后期修剪在落叶后进行，剪除徒长枝、病虫危害枝、交叉枝。

④树干涂白

冬季需对树干进行涂白，涂白高度为 1 m。

⑤病虫害防治

病害主要有溃疡病和腐烂病，虫害主要有蚜虫、槐树三刺角蝉、槐尺蠖、锈色粒肩天牛和棉花红蜘蛛等，以预防为主。

（5）采收

7 月中下旬至 8 月上中旬，整个槐花序接近开花 1/4 时采收，晒干去杂。

5. 成分

槐含有黄酮类、植物甾类、生物碱类、鞣质、氨基酸、蛋白质、烯酸及微量元素等多种成分，芦丁为其主要活性成分。

6. 性味归经

味苦，性微寒；归肝经、大肠经。

7. 功能与主治

具有凉血止血、清肝泻火的功效，主治便血、痔血、血痢、崩漏、吐血、衄血、肝热目赤、头痛眩晕等症。

8. 药理作用

具有抗炎、镇痛、抗病毒、抗肿瘤、止血等作用。

9. 常见食用方式

花可泡茶，也可烹调食用。种仁可酿酒。

马齿苋槐花粥

【用料】鲜马齿苋 100 g、槐花 30 g、粳米 100 g、红糖 20 g。

【制法】将鲜马齿苋拣杂，洗净，入沸水锅焯软，捞出，切成碎末，备用。将槐花择洗干净，晾干或晒干，研成极细末，待用。粳米淘洗干净，放入砂锅，加水适量，武火煮沸后改用文火煨煮，粥将成时放入槐花细末、马齿苋碎末及红糖，再用小火煨煮至沸即可。

蕺菜

拉丁学名：*Houttuynia cordata* Thunb.。

科　　属：三白草科（Saururaceae）蕺菜属（*Houttuynia*）。

食用部位：根、茎、叶。

1. 植物形态

多年生草本植物，高 30 ～ 50 cm，全株有腥臭味；茎上部直立，常呈紫红色，下部匍匐，节上轮生小根。叶互生，薄纸质，有腺点，下面尤甚，卵形或阔卵形，长 4 ～ 10 cm，宽 2.5 ～ 6.0 cm，基部心形，全缘，下面常紫红色，掌状叶脉 5 ～ 7 条；叶柄长 1.0 ～ 3.5 cm，无毛；托叶膜质。长 1.0 ～ 2.5 cm，下部与叶柄合生成鞘。花小，夏季开放，无花被，排成与叶对生、长约 2 cm 的穗状花序；总苞片 4 片，生于总花梗之顶，白色，花瓣状，长 1 ～ 2 cm；雄蕊 3 枚，花丝长，下部与子房合生；雌蕊由 3 个合生心皮所组成。蒴果近球形，直径 2 ～ 3 mm，顶端开裂，具宿存花柱。种子多数，卵形。花期 5—6 月，果期 10—11 月。

2. 生长习性

蕺菜喜温暖阴湿环境，怕霜冻、忌干旱，地下茎较耐寒，生长适温 16 ～ 25 ℃。常见于低湿洼地及水沟边。

3. 繁殖技术

（1）种子繁殖

撒播，播前整地开浅沟，行距 20 cm，沟宽 8 ～ 10 cm，深约 5 cm，用种量为 22.5 ～ 30.0 kg/hm²，播后覆厚 1 cm 左右的细土。覆稻草或玉米秸秆保湿。

（2）根茎繁殖

选取无病虫害的粗壮根茎，剪成具 2 ～ 3 个节、长 5 ～ 10 cm 的小段，用 500 mg/kg 的生根粉溶液蘸根 20 min，按株行距 5 cm×25 cm 栽植，覆土厚 6 cm。

（3）扦插繁殖

6 月初选取健壮植株的优质枝条，剪成具 3 ～ 4 个节的插条，用 500 mg/kg 的萘乙酸溶液蘸根 25 ～ 30 min，按株行距 10 cm×20 cm 扦插。保持畦内相对湿度在 90% 以上，用遮阳网遮阴至新叶长出。

4. 栽培技术

（1）选地

应选择地势平坦、排灌方便、土质疏松肥沃、富含有机质且无污染的沙质土壤地。

（2）整地

栽植前耕翻，耙平做畦，高地作低畦或平畦，低洼地和冷浸地做阳畦，畦宽 2 ～ 3 m。

（3）移栽

一年四季均可移栽，以 1—2 月最佳。栽植前，在畦面开宽 15 cm、深 10 cm 的栽植沟，行距 20 ～ 25 cm。移栽时，选粗壮且无病虫害的根茎，切成具 3 ～ 4 个节、长 6 ～ 8 cm 的茎段，将茎段顺沟两侧交错摆放 2 行，株距 5 ～ 8 cm，茎段用量为 150 ～ 200 kg/ 亩。

（4）田间管理

①水肥管理

苗期对氮肥需求量较大，缓苗后可结合浇水进行施肥，用量为 46% 的尿素 7.5 kg/ 亩。4 月初，植株快速生长，需追施 46% 的尿素 10 ～ 15 kg/ 亩。开花期追施有机肥料和生物菌肥，限制氮肥用量。采收前 1 个月停止施肥。喜湿怕涝，应保持土壤相对含水量在 70% 以上。

②中耕除草

生长前期结合浅中耕清除杂草，生长中后期可在栽培行间覆盖黑色地膜等阻止杂草生长。

③病虫害

病害主要有白绢病、叶斑病及茎腐病等，虫害主要有小地老虎和红蜘蛛等。

（5）采收

植株长至 35 cm 时即可采收，选晴天采挖植株根系，洗净。

5. 成分

蕺菜含有多种营养成分，鲜草所含抗菌有效成分挥发油主要是鱼腥草素，即癸酰乙醛、月桂烯、甲基正壬基酮、癸酸等。

6. 性味归经

味辛，性微寒；归肺经。

7. 功能与主治

具有清热解毒、消痈排脓、利尿通淋的功效，主治肺痈吐脓、痰热喘咳、热痢、热淋、痈肿疮毒等症。

8. 药理作用

具有抗菌、抗病毒、利尿、镇痛、止血、抑制浆液分泌、促进组织再生等作用。

9. 常见食用方式

嫩根、茎叶可作为蔬菜食用，常用来凉拌、炒肉、清蒸或炖汤，也可作为菜肴的调料或配料。

（1）蕺菜蒸草鱼

【用料】草鱼1尾，蕺菜、食盐、味精各适量。

【制法】将蕺菜煎成液，过滤。将处理好的草鱼置于盘中，加入蕺菜液，隔水蒸熟，出锅时加入食盐、味精即可。

（2）蕺菜蒸猪排骨

【用料】蕺菜100 g，猪排骨500 g，食盐、味精各适量。

【制法】将蕺菜煎成液、过滤。将猪排骨置于盘中，加入蕺菜液，加食盐、味精，隔水蒸熟即可。

姜

拉丁学名：*Zingiber officinale* Roscoe。

科　　属：姜科（Zingiberaceae）姜属（*Zingiber*）。

食用部位：根茎。

1. 植物形态

株高0.5～1.0 m；根茎肥厚，多分枝，有芳香及辛辣味。叶片披针形或线状披针形，长15～30 cm，宽2.0～2.5 cm，无毛，无柄；叶舌膜质，长2～4 mm。总花梗长达25 cm；穗状花序球果状，长4～5 cm；苞片卵形，长约2.5 cm，淡绿色或边缘淡黄色，顶端有小尖头；花萼管长约1 cm；花冠黄绿色，管长2.0～2.5 cm，裂片披针形，长不及2 cm；唇瓣中央裂片长圆状倒卵形，短于花冠裂片，有紫色条纹及淡黄色斑点，侧裂片卵形，长约6 mm；雄蕊暗紫色，花药长约9 mm；药隔附属体钻状，长约7 mm。花期为秋季。

2. 生长习性

宜在温和、潮湿环境中生长。

3. 繁殖技术

主要是无性繁殖。采用片选、株选和块选等方法选择姜种。3月上旬取出姜种，除去泥土，晒姜 1 ～ 2 d，室内困姜 2 ～ 3 d，至姜种表面略微发白时为宜。播种前用多菌灵可湿性粉剂 500 ～ 600 倍稀释液等浸种 10 min，采用阳畦催芽 20 d 左右，幼芽长到 1 ～ 2 cm 时取出。将已催芽的大姜块切成 50 ～ 75 g 的小块，每个小块上保留 1 个粗壮芽，切口处蘸草木灰或石灰消毒。

4. 栽培技术

（1）选地

选择 3 年以上未种植过姜且地势高、土层深厚、土壤肥沃、不易积水的地块。

（2）整地

种植前深耕，耙细，按宽 1.5 ～ 2.5 m 起垄，垄沟宽、沟深均为 30 cm。

（3）移栽

选择终霜后、气温不低于 16 ℃时播种，每条畦开浅沟两行，行距 40 cm，将姜种整齐平放，株距 20 cm，姜芽朝上，覆 4 ～ 5 cm 厚的细土，小水浇灌。

（4）田间管理

①水肥管理

苗高 20 ～ 40 cm、部分长势好的有 1 ～ 2 个分枝时追肥催苗，可施颗粒碳酸氢铵 30 kg/亩或尿素 15 kg/亩。8月上旬施分枝肥，可撒施尿素 20 kg/亩及复合肥料 25 kg/亩。9月上旬施膨大肥，可撒施高钾复合肥料 25 kg/亩。7—9 月可结合病虫害防治加施叶面肥。生姜根系浅，出苗前保持土壤干燥利于促进提早出苗，幼苗期土壤相对湿度应保持在 65% ～ 70%，旺盛生长期土壤相对湿度应保持在 75% ～ 85%。

②清沟培土

及时进行清沟培土，以利于姜根茎的生长与膨大，也可促进排水。

③遮阳

生姜不喜高温和强光，6月后应用透光率 60% 左右的遮阳网进行遮阳。

④除草

一般进行 2 ～ 3 次人工除草。

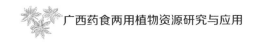

⑤病虫害防治

病害主要有姜瘟病、炭疽病和叶枯病等，虫害主要有姜螟虫、地老虎和蝼蛄等。病虫害防治时严禁使用高毒、剧毒、高残留的农药。

（5）采收

7月上旬至8月上旬，根据市场行情及时采收上市。

5. 成分

姜营养丰富，功能活性成分多，含有姜酚、醇类、黄酮类、烯类、蛋白质、多糖、微量元素、氨基酸、维生素、钙、铁、磷以及大量的可溶性膳食纤维。

6. 性味归经

味辛，性微温；归脾经。

7. 功能与主治

具有解表散寒、温中止呕、化痰化咳、解鱼蟹毒的功效，主治心腹冷痛、吐泻、肢冷脉微、寒饮喘咳、风寒湿痹。主治感冒风寒、呕吐、痰饮、喘咳、胀满。

8. 药理作用

具有消炎抗菌、抗氧化、抗衰老、抗肿瘤、促进血液循环、降血脂等作用。

9. 常见食用方式

根茎鲜品或干品可作烹调配料或制成酱菜、糖姜。嫩姜可用于炒、拌、爆等。茎、叶、根茎均可提取芳香油，用于制作食品、饮料。

（1）紫苏生姜红枣汤

【用料】鲜紫苏叶 10 g、生姜 3 块、大枣 15 g。

【制法】将大枣洗净，去核，生姜切片、鲜紫苏叶切丝，一起放入盛有温水的砂锅里，武火烧开后改用文火炖 30 min。之后将紫苏叶、大枣和姜片捞出，然后将大枣挑出来放回锅里继续用文火煮 15 min 即可。

（2）大枣生姜茶

【用料】大枣 30 g、生姜 10 g、红茶 1 g、蜂蜜适量。

【制法】大枣洗净，煮熟，晾干。生姜切片炒干，加入蜂蜜炒至微黄。将大枣、生姜和红茶同放入杯中，用 70 ～ 80 ℃的热水冲泡 5 min 即成。

姜黄

拉丁学名：*Curcuma longa* L.。

科　　属：姜科（Zingiberaceae）姜黄属（*Curcuma*）。

食用部位：根茎。

1. 植物形态

株高 1.0 ～ 1.5 m，根茎很发达，成丛，分枝很多，椭圆形或圆柱状，橙黄色，极香；根粗壮，末端膨大呈块根。叶每株 5 ～ 7 片，叶片长圆形或椭圆形，长 30 ～ 90 cm，宽 15 ～ 18 cm，顶端短渐尖，基部渐狭，绿色，两面均无毛；叶柄长 20 ～ 45 cm。花葶由叶鞘内抽出，总花梗长 12 ～ 20 cm；穗状花序圆柱状，长 12 ～ 18 cm，直径 4 ～ 9 cm；苞片卵形或长圆形，长 3 ～ 5 cm，淡绿色，顶端钝，上部无花的较狭，顶端尖，开展，白色，边缘染淡红晕；花萼长 8 ～ 12 mm，白色，具不等的钝齿 3 枚，被微柔毛；花冠淡黄色，管长达 3 cm，上部膨大，裂片三角形，长 1.0 ～ 1.5 cm，后方的 1 片稍大，具细尖头；侧生退化雄蕊比唇瓣短，与花丝及唇瓣的基部相连成管状；唇瓣倒卵形，长 1.2 ～ 2.0 cm，淡黄色，中部深黄色，花药无毛，药室基部具 2 角状的距；子房被微毛。花期 8 月。

2. 生长习性

姜黄喜温暖湿润、阳光充足、雨量充沛的环境，畏严寒霜冻、干旱、积水。

3. 繁殖技术

（1）种子繁殖

播前用 30 ℃的水将种子浸泡 24 h，捞出滤干与细沙拌匀后播撒，覆土厚约 2 cm。

（2）根茎繁殖

选取无病虫害且无损伤的 1 年生母姜作种，播前将个头大的种姜掰开或切块，每块带 3 ～ 5 个芽，用硼溶液浸种，再用草木灰消毒，贮存于阴凉处待播。

4. 栽培技术

（1）选地

应选择微酸性至中性的轻壤土至重壤土，土层深度不小于 40 cm，耕层低于 20 cm，方便排灌。

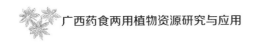

（2）整地

不需深耕，种前翻耙 2 ～ 3 次，整平做畦并施足基肥。

（3）种植

清明或夏至前后开穴，行距 33 ～ 40 cm，株距 25 ～ 33 cm，每穴放 3 ～ 5 个姜种，覆 2 ～ 3 cm 厚的细土，栽后约 20 d 即可出苗。

（4）田间管理

①水肥管理

苗高 10 ～ 13 cm 时进行第 1 次追肥，处暑前后进行第 2 次追肥，白露前 3 ～ 4 d 进行第 3 次追肥，可施用饼肥及草木灰等，每次追肥前先除草、松土。干旱少雨时，应早上或晚上浇水，使苗叶生长正常。

②病虫害

病害主要有根腐病，虫害主要有蛴螬和地老虎等。

（5）采收

一般 2 年为 1 个采挖周期。1 月下旬至 2 月下旬茎叶枯萎时及时采挖，洗净，除去须根，煮或蒸至透心，晒干。

5. 成分

姜黄主要含有挥发油类和姜黄素类成分，还含有树脂类、糖类、甾醇类、脂肪酸类、多肽类及微量元素等。

6. 性味归经

味辛、苦，性温；入脾经、肝经。

7. 功能与主治

具有破血、行气、通经、止痛的功效，主治心腹痞满胀痛、臂痛、症瘕、妇女血瘀经闭、产后瘀停腹痛、跌仆损伤、痈肿等症。

8. 药理作用

具有利胆、降血压、抗菌、镇痛等作用。

9. 常见食用方式

根茎可作为香料用于炒饭、煎饼、菜肴和汤羹。

姜黄香菇鸡汤

【**用料**】姜黄粉 3 汤匙、香菇 4 ～ 5 朵、鸡腿肉 1 只、枸杞子少许。

【**制法**】鸡腿肉切块，焯水。将鸡腿肉、香菇、枸杞子、姜黄粉放入电蒸锅中，加适量水，通电加热至电蒸锅跳闸后再焖 10 ～ 15 min 即可。

芥菜

拉丁学名：*Brassica juncea*（Linnaeus）Czernajew.。

科　　属：十字花科（Brassicaceae）芸苔属（*Brassica*）。

食用部位：全草。

1. 植物形态

1 年生草本植物，高 30 ～ 150 cm，常无毛，有时幼茎及叶具刺毛，带粉霜，有辣味；茎直立，有分枝。基生叶宽卵形至倒卵形，长 15 ～ 35 cm，顶端圆钝，基部楔形，大头羽裂，具 2 ～ 3 对裂片，或不裂，边缘均有缺刻或锯齿，叶柄长 3 ～ 9 cm，具小裂片；茎下部叶较小，边缘有缺刻或锯齿，有时具圆钝锯齿，不抱茎；茎上部叶窄披针形，长 2.5 ～ 5.0 cm，宽 4 ～ 9 mm，边缘具不明显的疏齿或全缘。总状花序顶生，花后延长；花黄色，直径 7 ～ 10 mm；花梗长 4 ～ 9 mm；萼片淡黄色，长圆状椭圆形，长 4 ～ 5 mm，直立开展；花瓣倒卵形，长 8 ～ 10 mm，宽 4 ～ 5 mm。长角果线形，长 3.0 ～ 5.5 cm，宽 2.0 ～ 3.5 mm，果瓣具 1 条突出中脉；喙长 6 ～ 12 mm；果梗长 5 ～ 15 mm。种子球形，直径约 1 mm，紫褐色。花期 3—5 月，果期 5—6 月。

2. 生长习性

芥菜喜冷凉湿润环境，忌炎热干旱，不耐霜冻，需较强光照条件。孕蕾、抽薹、开花结实时需经低温春化和长日照。

3. 繁殖技术

1 年可栽培 3 次，春季在 2 月下旬，夏季在 7 月上旬至 8 月下旬，秋季在 9 月下旬至 10 月上旬，一般以秋季栽培为主。播种前对种子进行水选后晒干水分，用多菌灵等消毒液消毒 5 ～ 10 min，水中浸泡 3 ～ 4 h，取出后撒播。

4. 栽培技术

（1）选地

芥菜适合比较湿润的环境，宜选择土层深厚、土壤肥沃、排水系统完善的土地进行种植。

（2）整地

定植前整地，将畦的深度控制在 20 ～ 30 cm，高度和宽度根据实际情况调整。栽培密度为 45000 ～ 50000 株 /hm^2。

（3）移栽

移栽时让幼苗与种植穴中央保持垂直，避免根部产生扭曲或损伤，也可让长出的肉质根质量良好。

（4）田间管理

①水肥管理

在种植芥菜的过程中，尽量使用农家肥作基肥。当幼苗出现 2 片真叶时进行第 1 次追肥，用量为 0.3% 尿素液 1000 kg/ 亩；第 2 次追肥于收获前 7 ～ 10 d 进行，用量为沼肥 1000 ～ 1500 kg/ 亩。结合芥菜不同生长阶段开展灌溉工作，同时注意要防止一次性灌水过多而造成烂根现象。

②病虫害防治

病害主要有软腐病、黑腐病，虫害主要有蚜虫、斜纹夜蛾等。防治以生物防治措施为主，辅以一般的物理防治或化学防治。

（5）采收

当芥菜菜叶丰满、呈现深绿色且植株高达 80 ～ 100 cm 时即可采收。

5. 成分

芥菜含有丰富的维生素、膳食纤维、胡萝卜素、蛋白质、可溶性糖等营养成分。此外，还含有 17 种氨基酸，其中 7 种为人体必需的氨基酸。

6. 性味归经

味辛，性温；归胃经。

7. 功能与主治

具有宣肺豁痰、利气温中、明目利膈的功效，主治咳嗽痰滞、胸膈满闷、疮痛肿痛、耳目失聪、牙龈肿烂、寒腹痛、便秘等症。

8. 药理作用

具有提神醒脑、消除疲劳、解毒消肿、明目利膈、宽肠通便等作用。

9. 常见食用方式

茎叶可作为新鲜蔬菜或盐腌咸菜。种子可磨粉作为调味料或榨油。

白灼芥菜

【用料】芥菜 400 g，油、食盐、黄酒、姜汁、酱油、白砂糖各适量。

【制法】将芥菜洗净，切段，炒锅注油烧热，放入芥菜炒至断生，加水、黄酒、姜汁煨片刻，捞出控水，码于盘内，酱油、食盐、白砂糖调成味汁，浇在芥菜上即可。

桔梗

拉丁学名：*Platycodon grandiflorus*（Jacq.）A.DC.。

科　　属：桔梗科（Campanulaceae）桔梗属（*Platycodon*）。

食用部位：嫩叶、根茎。

1. 植物形态

茎高 20 ～ 120 cm，通常无毛，偶密被短毛，不分枝，极少上部分枝。叶全部轮生，部分轮生至全部互生，无柄或具极短的柄，叶片卵形、卵状椭圆形至披针形，长 2 ～ 7 cm，宽 0.5 ～ 3.5 cm，基部宽楔形至圆钝，顶端急尖，上面无毛而绿色，下面常无毛而有白粉，有时脉上有短毛或瘤突状毛，边缘具细锯齿。花单朵顶生，或数朵集成假总状花序，或有花序分枝而集成圆锥花序；花萼筒部半圆球状或圆球状倒锥形，被白粉，裂片三角形，或狭三角形，有时齿状；花冠大，长 1.5 ～ 4.0 cm，蓝色或紫色。蒴果球状，或球状倒圆锥形，或倒卵状，长 1.0 ～ 2.5 cm，直径约 1 cm。花期 7—9 月。

2. 生长习性

桔梗常见于海拔 2000 m 以下的阳处草丛、灌木丛中。喜凉爽气候，耐寒、喜阳光。以富含磷钾肥的中性夹沙土生长较好。

3. 繁殖技术

（1）无性繁殖

3 月下旬至 4 月上旬，将桔梗根头部切下（长 3 ～ 5 cm），穴栽，每穴 1 棵，穴深 8 ～ 10 cm，株行距（21 ～ 25）cm ×（21 ～ 25）cm。

（2）种子繁殖

8—10月蒴果外壳呈淡黄色、果顶初裂、籽粒饱满呈黑色时分批采摘种子。采后堆在室内通风处3～4 d，待种胚自然成熟后晒干，去除果壳，于干燥通风处低温贮藏。4月进行播种。播种前用29 ℃温水浸泡种子7 h，置于28 ℃左右湿润环境催芽，待种子萌动时将种子与湿沙拌匀后均匀撒播于畦面。

4. 栽培技术

（1）选地

宜选择土层深厚、土质疏松肥沃、排水性良好的腐殖质土或含沙质壤土地块。

（2）整地

结合施肥进行整地，施腐熟的农家肥3100 kg/亩、过磷酸钙51 kg/亩、磷酸二铵14 kg/亩，深翻，深度为36 cm左右，整平后做宽1 m的畦。

（3）移栽

移栽一般在桔梗育苗的翌年4月进行。栽植前挖沟，沟深24 cm，将植株倾斜75°放入沟内，株距为7 cm，覆土压实。

（4）田间管理

①除草及间苗

植株4叶期去除弱小苗株，7叶期开展定苗工作，间距为6 cm。同时，还需对浅表层土进行松土。

②施肥培土

每年追肥5次。通常于苗齐后施腐熟的农家肥2000 kg/亩，6月施腐熟的农家肥2000 kg/亩、过磷酸钙31 kg/亩，8月施腐熟的农家肥2400 kg/亩、过磷酸钙31 kg/亩。

③摘花

桔梗花期一般为3个月，应及时摘花，剔除长势不好、有病害的花以及侧枝。

④防洪排灌

应提前正确地开设排水沟，以免积水导致烂根。

⑤病虫害

病害主要有轮纹病，虫害主要有地老虎。

（5）采收

一般当年或翌年采收，采收期可在秋季9月底至10月中旬或翌年春季桔梗萌芽前进行，地上茎叶枯萎时割去茎叶，挖出根部，洗净，沥干，趁鲜刮去栓皮，洗净，再晒干或烘干即可。

5. 成分

桔梗主要含有五环三萜的多糖苷以及其他多聚糖、甾体及其糖苷、脂肪油、脂肪酸等营养保健物质。

6. 性味归经

味苦、辛，性平；归肺经、胃经。

7. 功能与主治

具有宣肺、利咽、祛痰、排脓的功效，主治咳嗽痰多、胸闷不畅、咽痛、音哑、肺痈吐脓、疮疡脓成不溃等症。

8. 药理作用

具有祛痰、镇咳、降血糖、抗炎、抗溃疡、镇静、镇痛和解热等作用。

9. 常见食用方式

根、茎、叶均可食用，可凉拌、腌制、清炒、煲汤等。

桔梗牛杂汤

【用料】金钱肚 200 g，桔梗 100 g，萝卜 80 g，蕨菜、黄豆芽各 30 g，葱、姜末各少许，胡椒粉、料酒、食盐适量，酱油 1 小匙，蒜泥 1/2 大匙，色拉油 2 大匙。

【制法】将金钱肚洗净，切条，沸水轻焯，捞出，冲凉，备用。将桔梗洗净，放入容器内浸泡至软，撕条。萝卜去皮切块，蕨菜去老根洗净切段。锅中加入色拉油烧热，加葱、姜末及料酒、酱油、桔梗、金钱肚炒至上色，倒入清水 8 杯，放入蕨菜、黄豆芽、萝卜煮 10 min，下入胡椒粉、食盐调味即可。

菊花

拉丁学名：*Chrysanthemum × morifolium*（Ramat.）Hemsl。

科　　属：菊科（Asteraceae）菊属（*Chrysanthemum*）。

食用部位：嫩苗、花。

1. 植物形态

多年生草本植物，高 60 ～ 150 cm。茎直立，分枝或不分枝，被柔毛。叶互生，有短柄，叶片卵形至披针形，长 5 ～ 15 cm，羽状浅裂或半裂，基部楔形，下面被白色短柔毛，边缘有粗大锯齿或深裂，有柄。头状花序单生或数个集生于茎枝顶端，直径 2.5 ～ 20.0 cm，大小不一，单个或数个集中于茎枝顶端；因品种不同，差别很大。总苞片多层，外层绿色，条形，边缘膜质，外面被柔毛；舌状花白色、红色、紫色或黄色。花色则有红、黄、白、橙、紫、粉红、暗红等色，培育的品种极多，头状花序多变化，形色各异，形状因品种不同而有单瓣、平瓣、匙瓣等多种类型，当中为管状花，常全部特化成舌状花；雄蕊、雌蕊和果实多不发育。花期 9—11 月。

2. 生长习性

菊花适应性强，喜充足阳光，稍耐阴，耐干，最忌积涝。喜地势高燥、土层深厚、富含腐殖质、疏松肥沃而排水性良好的沙壤土。忌连作。

3. 繁殖技术

（1）扦插繁殖

选取健壮嫩枝，剪成 5 ～ 7 cm 长的插穗，上部留叶 3 ～ 4 片，用生根粉和多菌灵混合液浸泡 5 min，扦插于插床。一般约 20 d 即可生根。

（2）组织培养

菊花所有部位均可作外植体，消毒后以 MS 作为初代培养的基本培养基，外加适量 6–BA、NAA、KT 或 TDZ 等生长调节剂，诱导愈伤组织的最佳培养基为 MS+2.0 mg/L 6–BA+0.1 mg/L NAA，不定芽诱导培养基为 MS+ 3 mg/L 6–BA+1 mg/L NAA，生根培养基为 1/2 MS+（0.1 ～ 0.2） mg/L NAA。

（3）分株繁殖

采完菊花后将茎割掉，在根部施土杂肥使其保暖越冬。翌年开春出芽前浇人畜粪水，待幼苗长至 15 cm 左右时拔出，分株栽种。

4. 栽培技术

（1）选地

菊花对土壤要求不严，但涝洼地和重盐碱地等环境不宜种植。

（2）整地

整地结合施肥进行，施腐熟厩肥或堆肥 2000 ～ 2500 kg/ 亩；深翻，翻耕深度 20 ～ 25 cm，耙平做高畦，畦宽 120 ～ 130 cm，四周设好排水沟。

（3）移栽

5 月中下旬起苗，将苗上部嫩尖剪掉，保留移栽苗高 20 ～ 25 cm，用 100 倍稀释液促根剂 +500 倍稀释液 50% 辛硫磷 +500 倍稀释液 50% 多菌灵混合泥土蘸根后移栽，株行距 25 cm×40 cm，密度 6700 株 / 亩左右。

（4）田间管理

①中耕除草

从栽种到现蕾一般每隔 2 个月中耕除草 1 次（浅耕），同时培土以防植株倒伏。

②追肥

除基肥外，生长期一般追肥 3 次。第 1 次在移栽返青后，第 2 次在植株分枝时，第 3 次在现蕾期，每次施尿素 10 ～ 15 kg/ 亩。

③摘蕾

苗高约 25 cm 时摘去顶心 1 ～ 2 cm，之后每隔半个月摘心 1 次，至 7 月中下旬停止。

④病害

病害主要有根腐病、霜霉病和叶斑病。

（5）采收

菊花一般于霜降至立冬期间采收。花瓣展开平直、花蕊展开近 70% 时即可采摘。用清洁、通风良好的容器盛放鲜花，保持花型完整，及时烘焙。

5. 成分

菊花含有黄酮类、挥发油类、多糖、萜类、有机酸及微量元素等多种化学成分，其中总黄酮和挥发油是其主要成分。

6. 性味归经

味甘、苦，性微寒；归肺经、肝经。

7. 功能与主治

具有散风清热、平肝明目的功效，主治风热感冒、头痛眩晕、目赤肿痛、眼目昏花等症。

8. 药理作用

具有降血压、消除癌细胞、扩张冠状动脉和抑菌等作用。

9. 常见食用方式

菊花可凉拌、炒食、做馅、制饼、做糕点、煮粥。菊花嫩苗也可凉拌、炸制、炒食。

菊花香菇炒墨鱼

【用料】鲜菊花 50 g、香菇 30 g、墨鱼 100 g、生姜 5 g、葱 10 g、食盐 5 g、鸡汤 400 mL、植物油 50 mL。

【制法】鲜菊花洗净，去杂。香菇发透，去根带，一切两半。墨鱼洗净，切方块。生姜切丝，葱切段。锅烧热后加入植物油，烧至六成热，加入姜丝、葱段爆香，下入墨鱼、香菇、菊花、食盐、鸡汤，文火煮 1 min 即可。

柑橘

拉丁学名：*Citrus reticulata* Blanco。

科　　属：芸香科（Rutaceae）柑橘属（*Citrus*）。

食用部位：果实。

1. 植物形态

小乔木。分枝多，枝扩展或略下垂，刺较少。单身复叶，翼叶通常狭窄，或仅有痕迹，叶片披针形、椭圆形或阔卵形，大小变异较大，顶端常有凹口，中脉由基部至凹口附近成叉状分枝，叶缘至少上半段通常有钝裂齿或圆裂齿，很少全缘。花单生或 2～3 朵簇生；花萼不规则 3～5 浅裂；花瓣通常长 1.5 cm 以内；雄蕊 20～25 枚，花柱细长，柱头头状。果形种种，通常扁圆形至近圆球形，果皮甚薄而光滑，或厚而粗糙，淡黄色、朱红色或深红色，甚易或稍易剥离，橘络甚多或较少，呈网状，易分离，通常柔嫩，中心柱大而常空，稀充实，瓢囊 7～14 瓣，稀较多，囊壁薄或略厚，柔嫩或颇韧，汁胞通常纺锤形，短而膨大，稀细长，果肉酸或甜，或有苦味，或另有特异气味；种子或多或少数，稀无籽，通常卵形，顶部狭尖，基部浑圆，子叶深绿色、淡绿色或间有近于乳白色，合点紫色，多胚，少有单胚。花期 4—5 月，果期 10—12 月。

2. 生长习性

柑橘生长发育要求 12.5～37.0 ℃的温度。土壤适应范围广，在紫色土、红黄壤、沙滩和海涂等 pH 值为 4.5～8.0 的土壤中均可生长。

3. 繁殖技术

（1）嫁接繁殖

嫁接一般在春季和秋季完成。选取 1 年生健壮顶芽饱满的枝条作接穗，可现采现用，也可用沙藏或薄膜封藏法贮藏。嫁接前选中砧木要被嫁接的切口点，将其锯平，然后选取 6 cm 左右的接穗，插皮接或腹接。

（2）压条繁殖

在清明至立夏之间的晴天进行。压条的枝条选取 2 ～ 3 生、手指粗的徒长枝、密生枝。被选枝条在离分枝 10 ～ 12 cm 处用利刀环切一刀，再在其上方 3 cm 处环切一刀，然后用刀将两道环割线之间的皮层划破并完全剥掉，现出木质部，晾晒 1 d，再将配制好的土团包于切口上。

4. 栽培技术

（1）选地

选地时重点考虑温度和光照，一般年平均温度 15 ℃以上，最冷月平均温度 3 ℃以上，不低于 1 ℃，年积温 5000 ℃左右，背风向阳，冬季小气候条件优越。避免在冷空气容易流经的风口或滞积的低洼谷地建园。栽植前应营造防风林。

（2）移栽

一年四季均可栽植，但以夏季栽植最好。平地栽植可采用长方形栽植，南北行向。丘陵地采用等高线横行栽植，实施坡改梯，修成 2.5 ～ 3.0 m 宽的台面（行距 2.5 ～ 3.0 m）。

（3）田间管理

①水肥管理

以土壤施肥为主，叶面施肥为辅。土壤施肥多在树冠外围滴水线下，采用环状沟施、条状沟施和地面撒施等方法。每年施肥时在行间或株间对换位置，肥穴随着树冠的扩大逐渐外移。春梢萌动至开花期（3—5 月）和果实膨大期（7—10 月）时对水肥需求量大，干旱时需及时灌水。秋冬季节土壤应相对保持干燥，以利于果实糖分积累、上色。

②整形管理

幼树及时投产的主要技术措施是加强水肥管理，促进树体生长，定向培育树冠，如出现长势过旺，要及时采取拉枝、撑枝、吊枝等措施促进花芽分化。

③病虫害

病害主要有炭疽病、根腐病、煤烟病等，害虫主要有蚜虫、潜叶蝇、红蜘蛛、蚧壳虫等。

（4）保花保果

成年树花少时适当抹除春梢营养枝，在开花坐果期对徒长的营养枝进行摘心、弯枝等处理，在花期和幼果期喷洒保花保果剂和硼肥等。采用深翻扩穴、改良土壤、增施氮钾肥等方法防止裂果和日灼。

（5）采收

依据内质（如酸度）、用途等要求适时采收。采摘按由下而上、由外向内的原则进行。树上有雨、水、雪、霜时不宜采收。

5. 成分

迄今已从柑橘果实中分离出 30 余种人体保健物质，主要有类黄酮、单萜、香豆素、类胡萝卜素、类丙醇、吖啶酮、甘油糖脂质等。

6. 性味归经

味甘、酸，性凉；归肺经、胃经。

7. 功能与主治

具有调理气分、舒畅气机、消除气滞的功效，主治胸膈结气、呕逆少食、胃阴不足、口中干渴、肺热咳嗽及饮酒过度等。

8. 药理作用

具有护肝、抗肿瘤、抗呼吸系统疾病等作用。

9. 常见食用方式

果实可鲜食或制作罐头、蜜饯、水果蛋糕，也可用于汤羹。

银耳蜜橘汤

【材料】银耳 20 g，蜜橘 200 g，白砂糖、淀粉各适量。

【制法】银耳泡发、洗净、掰成小朵放入碗内，蒸 1 h。蜜橘剥皮去筋，备用。汤锅加适量清水，放入银耳、蜜橘，加入白砂糖煮沸，再加入水淀粉勾薄芡即可。

莲

拉丁学名：*Nelumbo nucifera* Gaertn.。

科　　属：睡莲科（Nymphaeaceae）莲属（*Nelumbo*）。

食用部位：地下茎、种子。

1. 植物形态

多年生水生草本植物；根状茎横生，肥厚，节间膨大，内有多数纵行通气孔道，节部缢缩，上生黑色鳞叶，下生须状不定根。叶圆形，盾状，直径 25 ～ 90 cm，全缘稍呈波状，上面光滑，具白粉，下面叶脉从中央射出，有 1 ～ 2 次叉状分枝；叶柄粗壮，圆柱形，长 1 ～ 2 m，中空，外面散生小刺。花梗和叶柄等长或稍长，也散生小刺；花直径 10 ～ 20 cm，美丽，芳香；花瓣红色、粉红色或白色，矩圆状椭圆形至倒卵形，长 5 ～ 10 cm，宽 3 ～ 5 cm，由外向内渐小，有时变成雄蕊，先端圆钝或微尖；花药条形，花丝细长，着生于花托之下；花柱极短，柱头顶生；花托（莲房）直径 5 ～ 10 cm。坚果椭圆形或卵形，长 1.8 ～ 2.5 cm，果皮革质，坚硬，成熟时黑褐色；种子（莲子）卵形或椭圆形，长 1.2 ～ 1.7 cm，种皮红色或白色。花期 6—8 月，果期 8—10 月。

2. 生长习性

莲生于水泽、池塘、湖沼或水田内。喜温暖湿润气候。对水位要求：生长初期 5 ～ 10 cm 最适，生长盛期 20 ～ 30 cm，水位最高不宜淹没立叶。

3. 繁殖技术

（1）种子繁殖

从生长健壮的植株上采集种子。播种前先在种子上锉出一个小口，露出种皮，或用温水浸泡 24 h，待种皮脱落，然后播种于土中。一般 3 月催芽，4 月中旬播种。

（2）根茎繁殖

截取长 5 cm 左右的茎，埋入土中或直接置于清水中，2 周后即可生根。

4. 栽培技术

（1）选地

应选择避风向阳、保水性好、富含腐殖质和泥层较深的肥沃黏壤土作藕田。

（2）整地

耕深 30 cm，保持水层 3 ～ 5 cm，每亩施充分腐熟的有机肥料 1000 kg、过磷酸钙或钙镁磷肥 15 ～ 20 kg，氮肥、钾肥用量根据地力而定。

（3）移栽

选取优质种苗，4—5 月或 8—10 月按株行距 1.5 m×2.0 m 定植，定植时放水约 20 cm 即可。

（4）田间管理

①水肥管理

追肥用复合肥料（N：P_2O_5：K_2O=20：10：20），分 5 次施入，分别为立叶肥（5 月上旬）、现蕾肥（5 月下旬）、始花肥（6 月中旬）、盛花肥（7 月中旬）、秋果肥（8 月下旬），每次用量 25 ～ 30 kg/ 亩。苗期田间保持浅水 5 ～ 10 cm，气温达 30 ℃以上时将水位提高至 10 ～ 20 cm，抽生终止叶后将水位降至 5 ～ 10 cm。

②除水草、水藻

及时清理水草与水藻，防止其大规模占据水面，与植株争夺营养。

③病虫害

病害主要有腐败病、青枯病、褐斑病等，虫害主要有龙虾。

（5）采收

莲子一般在 7 月 20 日之后即可采收，7 月下旬至 8 月上旬为采收高峰期，每 2 ～ 3 d 采收 1 次。

5. 成分

含有多量淀粉、棉子糖、蛋白质、脂肪、肉豆蔻酸、棕榈酸、N– 去甲亚美罂粟碱、荷叶碱、原荷叶碱、氧黄心树宁碱、亚麻酸等诸多成分。

6. 性味归经

味甘、涩，性平；归脾经、肾经、心经。

7. 功能与主治

具有补脾止泻、益肾涩精、养心安神的功效，主治脾虚久泻、遗精带下、心悸失眠等症。

8. 药理作用

具有抗癌、降血压、降血脂、抗氧化、抗血栓、保护肝肺肾等作用。

9. 常见食用方式

莲藕（莲的地下茎）可作为蔬菜，做法多样，可炒食、凉拌、蒸肉、炖汤等，也可做成藕肉丸子、藕饺、藕粥、藕粉糕等。莲子可生吃或煮粥、炖汤、制作甜品等。

银耳莲子汤

【用料】银耳 3 朵，冰糖 150 g，莲子、大枣、枸杞子各适量。

【制法】银耳用清水泡发，将底部泛黄的硬结剔除，撕碎备用。莲子去芯。汤锅放充足清水，放入银耳、冰糖、大枣、枸杞子，武火煮沸后改文火熬煮。稍后放入莲子继续熬煮，直至银耳胶化、汤黏稠即可。

龙眼

拉丁学名：*Dimocarpus longan* Lour.。

科　　属：无患子科（Sapindaceae）龙眼属（*Dimocarpus*）。

食用部位：果实。

1. 植物形态

常绿乔木，高通常 10 余米，间有高达 40 m、胸径达 1 m、具板根的大乔木；小枝粗壮，被微柔毛，散生苍白色皮孔。叶连柄长 15 ～ 30 cm 或更长；小叶 4 ～ 5 对，很少 3 对或 6 对，薄革质，长圆状椭圆形至长圆状披针形，两侧常不对称，长 6 ～ 15 cm，宽 2.5 ～ 5.0 cm，顶端短尖，有时稍钝头，基部极不对称，上侧阔楔形至截平，几与叶轴平行，下侧窄楔尖，上面深绿色，有光泽，下面粉绿色，两面均无毛；侧脉 12 ～ 15 对，仅在下面凸起；小叶柄长通常不超过 5 mm。花序大型，多分枝，顶生和近枝顶腋生，密被星状毛；花梗短；萼片近革质，三角状卵形，长约 2.5 mm，两面均被褐黄色茸毛和成束的星状毛；花瓣乳白色，披针形，与萼片近等长，仅外面被微柔毛；花丝被短硬毛。果实近球形，直径 1.2 ～ 2.5 cm，通常黄褐色或有时灰黄色，外面稍粗糙，或少有微凸的小瘤体；种子茶褐色，光亮，全部被肉质的假种皮包裹。花期春夏间，果期夏季。

2. 生长习性

龙眼为亚热带果树，喜温、喜湿、喜光。年平均温度超过 20 ℃时生长良好，最适生长温度为 22 ～ 24 ℃。适合在旱平地、红壤丘陵地生长，耐酸、耐瘠、耐旱，

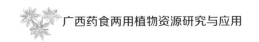

不耐浸。

3. 繁殖技术

（1）种子繁殖

种子培育的实生苗变异大、品质参差不齐，且需 15 ～ 20 年才能开花结果，生产上一般不采用种子繁殖。

（2）嫁接繁殖

可选用芽片贴接、舌接、腹接、插接、切接、靠接及芽苗砧嫁接等嫁接方法，其中芽片贴接、舌接及芽苗砧嫁接方法简单易行，且成活率高。

（3）高压繁殖

3 月下旬至 4 月上旬，选取品质优良、生长健壮的植株，斜生枝茎约 4 cm，在基部做长约 2.5 cm 的环状剥皮，环剥处粘泥浆，用塑料薄膜等均匀包裹，保持湿润。3 ～ 4 个月生根后将其锯断分离，移植于荫蔽处，培育 1 ～ 2 年出圃定植。

4. 栽培技术

（1）选地

宜选择冬季无严寒霜冻、背风向阳的丘陵山地或平地，土质为土层深厚的沙质红壤或沙壤。

（2）整地

地势较缓的丘陵山地应全面深翻或修筑梯地，梯带宽 4 ～ 8 m，亩栽 20 ～ 25 株，株行距 5 m×7 m，种植穴直径 100 cm、深 80 ～ 90 cm。

（3）移栽

嫁接苗 70 cm 高时带土定植，2—3 月或 9—10 月均可进行。冬季有霜冻的地区应选择春植。

（4）田间管理

①水肥管理

幼树追肥采取"薄肥勤施"的施肥方法。每次抽新梢前结合锄草松土进行施肥。成年结果树每年施肥 4 次。栽后需充分浇水定根，若天气干旱，每隔 3 ～ 5 d 需灌水 1 次，直到长出新芽为止。

②中耕除草

可采用人工、机械或微生物除草剂除草。每年结合冬季清园进行全园中耕翻土

1次，深度约20 cm，树干周围浅耕（中耕翻土可结合施基肥进行）。

③扩穴深翻改土

定植后第2年、第3年，必须有计划地把树盘外围的土壤进行改良，以利于幼树生长并提早结实。

④壮花保果

花蕾期可通过人工截短花穗或使用植物生长抑制剂等方法控制花穗维持在25 cm左右。花穗发育完成至开花前，适当进行疏花。

⑤整形修剪

结果树的修剪以整形为基础，合理修剪过密枝、荫枝、弱枝、重叠枝、下垂枝、病虫枝、落花落果枝、枯枝等。

⑥病害防治

最严重的病害为鬼帚病，可通过选用抗病品种、加强栽培管理、及时防治传播病毒病的害虫等方法综合进行防治。

（5）采收

龙眼果实的果肉增长和糖分在充分成熟前约20 d积累最迅速，多数品种果实充分成熟后糖分会很快降解（俗称"退糖"），故需注意适时采收上市。

5. 成分

龙眼肉含有全糖、氨基酸、葡萄糖、酒石酸、蛋白质、脂肪、维生素C、维生素K、维生素B_1、维生素B_2、鞣质、胆碱等诸多成分以及铁、钙、磷、钾等多种矿物质。

6. 性味归经

味甘，性平；归脾经、心经。

7. 功能与主治

具有补心脾、益气血、健脾胃的功效，主治思虑伤脾、头昏、失眠、心悸怔忡、虚羸、病后或产后体虚及由于脾虚所致之下血失血症等。

8. 药理作用

具有增强机体免疫力、抗疲劳、清除自由基、抑菌、降血糖等作用。

9. 常见食用方式

果实可鲜食，也可制作成干果、蜜饯、罐头，还可用于泡茶，炖肉，煮粥，制作汤羹、甜品等。

桂圆红枣粥

【**用料**】龙眼、大枣各 10 g，大米 100 g，白砂糖适量。

【**制法**】将龙眼、大枣、大米洗净。烧开水后，放入全部材料，文火熬煮，1 h
后加白砂糖调味即可。

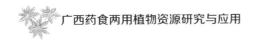

芦苇

拉丁学名：*Phragmites australis*（Cav.）Trin. ex Steud.。

科　　属：禾本科（Poaceae）芦苇属（*Phragmites*）。

食用部位：根状茎。

1. 植物形态

多年生禾本植物，根状茎十分发达。秆直立，高 1 ～ 8 m，直径 1 ～ 4 cm，具
20 多节，基部和上部的节间较短，最长节间位于下部第 4 ～ 6 节，长 20 ～ 40 cm，
节下被腊粉。叶鞘下部者短于其上部者，长于其节间；叶舌边缘密生一圈长约 1 mm 的
短纤毛，两侧缘毛长 3 ～ 5 mm，易脱落；叶片披针状线形，长 30 cm，宽 2 cm，无
毛，顶端长渐尖成丝形。圆锥花序大型，长 20 ～ 40 cm，宽约 10 cm，分枝多数，长
5 ～ 20 cm，着生稠密下垂的小穗；小穗柄长 2 ～ 4 mm，无毛；小穗长约 12 mm，
含 4 朵花；颖具 3 脉，第 1 颖长 4 mm；第 2 颖长约 7 mm；第 1 不孕外稃雄性，长约
12 mm，第 2 外稃长 11 mm，具 3 脉，顶端长渐尖，基盘延长，两侧均密生等长于
外稃的丝状柔毛，与无毛的小穗轴相连接处具明显关节，成熟后易自关节上脱落；内
稃长约 3 mm，两脊粗糙；雄蕊 3 枚，花药长 1.5 ～ 2.0 mm，黄色；颖果长约 1.5 mm。

2. 生长习性

芦苇常见于江河湖泽、池塘沟渠沿岸和低湿地等各种有水源的空旷地带。繁殖
能力强，多是连片的芦苇群落。

3. 繁殖技术

（1）种子繁殖

播种前灌水泡田，3 d 后排净，播种行距 3 ～ 4 m。从播种到苗高 10 cm 期间，
采取湿润管理，苗高 10 cm 后可灌 3 cm 的浅水层。

（2）根状茎繁殖

选取直径 1 cm 以上的呈土黄色、黄褐色或乳白色，茎上有 3～5 个芽，长 30～40 cm 左右的根状茎及时栽植。从土壤化冻后到初霜前 2 个月均可栽植。

（3）压条繁殖

在芦苇生育中期、温度较高、湿度适宜的情况下可进行压条繁殖，阴雨连绵的 7—8 月为最佳时期。将健壮的植株自地面割下后平放于地面，每隔 2～3 个节处压 5～10 cm 厚的土。

4. 栽培技术

（1）选地

选择地势平坦、灌水和排水方便、交通方便、土壤含盐量低、无杂草、无病菌 的地块作为育苗地，深翻、整地作苗床，苗床与苗床之间修成布道沟，施有机肥料 15 t/hm² 与土壤混合，耙平。

（2）移栽

7—8 月芦苇出现分蘖后进行移栽。移栽时，向移栽田灌水使土壤保持湿润， 将芦苇苗（发芽前）从育苗田中起出，按株行距 1 m×1 m 进行栽植，每穴 3～5 株。苗高 30 cm 后加强灌水，水层保持 5 cm，随芦苇生长加深水层，但最深不超过 50 cm。

（3）田间管理

①水肥管理

苗床分 2 次施肥，第 1 次是苇苗 5 片叶（10 cm）时，施复合肥料 20 g/m²；第 2 次是株高 20 cm 时，施复合肥料 20 g/m²。移栽后，5 月中下旬进行施肥，以氮肥为主， 配合施用磷肥、钾肥，施肥量为 300～375 kg/hm²。芦苇灌溉按照"春浅灌、夏深灌、 秋落干"的原则进行。

②除草

芦苇生命力强，在幼苗期做好除草工作，后期仅需适时拔除高大的杂草即可。

③虫害防治

虫害主要有蚜虫，多发生在 6—7 月间，可用 40% 氧化乐果 800～1500 倍稀释 液喷杀。

（4）采收

芦苇成熟的 12 月、土壤冻结后进行收割。收割时需保留 5 cm 割茬和部分落叶，确保秋芽不受损害。

5. 成分

芦苇含有丰富的蛋白质、淀粉及糖分等营养成分，还含有 18 种天然氨基酸，其中 10 种为人体必需的氨基酸。

6. 性味归经

味甘，性寒；归心经、肺经。

7. 功能与主治

具有清肺解毒、止咳排脓的功效，主治肺痈吐脓、肺热咳嗽、痈疽等症。

8. 药理作用

具有保肝、抗肿瘤、解热、抑菌、抗病毒、镇静、镇痛、抑制毒藻等作用。

9. 常见食用方式

根可用来煮汤、煮粥，还可用来制作各类饮品，如芦根荸荠雪梨饮等。

芦苇八宝粥

【用料】芦苇、大米、糯米、高粱米、荞麦、燕麦、大麦、赤小豆、相思子、绿豆、花生米、薏米、芝麻、核桃仁、栗子、魔芋、大枣、葡萄干、黑木耳、白木耳、冰糖各适量。

【制法】取上述原料，加水熬成粥即可。

罗汉果

拉丁学名：*Siraitia grosvenorii*（Swingle）C. Jeffrey ex Lu et Z. Y. Zhang。

科　　属：葫芦科（Cucurbitaceae）罗汉果属（*Siraitia*）。

食用部位：果实。

1. 植物形态

攀缘草本植物；根多年生，肥大，纺锤形或近球形；茎、枝稍粗壮，有棱沟，初被黄褐色柔毛和黑色疣状腺鳞，后渐脱落变近无毛。叶柄长 3～10 cm，被同枝条一样的毛被和腺鳞；叶片膜质，卵状心形、三角状卵形或阔卵状心形，先端渐尖或长渐尖，基部心形，弯缺半圆形或近圆形，边缘微波状，雌雄异株。种子多数，淡黄色，近圆形或阔卵形，扁压状，长 15～18 mm，宽 10～12 mm，基部钝圆，顶端稍稍变狭，两面中央稍凹陷，周围有放射状沟纹，边缘有微波状缘檐。花期 6—8 月，果期 8—10 月。

2. 生长习性

罗汉果垂直分布于海拔 250～1000 m、气候温暖、雨水充沛、土层深厚肥沃的土壤中，生长在较荫蔽、凉爽、多湿、多雾、日照短、日温差大的山谷林下或湿润山坡上。

3. 繁殖技术

生产中多采用组织培养的方式进行繁殖。选择叶片、茎蔓侧芽和茎尖作为外植体，洗净，消毒，叶片切成 1 cm 左右的小方块，剪取 0.5 cm 左右的茎蔓侧芽以及 4～5 mm 的茎尖，分别接种在已配制好的无菌培养基上。不定芽诱导培养基为 MS+1.0 mg/L BA+0.2 mg/L NAA，不定芽增殖培养基为 MS+1.0 mg/L BA，根系诱导分化的培养基为 1/2 MS+0.4 mg/L NAA。

4. 栽培技术

（1）选地

选择土层深厚肥沃、富含腐殖质、透气透水性好、保水保肥能力强且排灌方便的土地作为种植地，忌连作地。

（2）整地

秋末冬初深翻，深度为 30～35 cm。翌年 2—3 月，清理杂物后均匀撒施生石灰（100～150 kg/ 亩），耙平做畦，畦宽 140～160 cm，高 25～30 cm，四周开排水沟。按长 60 cm、宽 60 cm、深 30 cm 的规格挖定植坑，株行距 180 cm×250 cm。每坑施腐熟有机肥料（8～10 kg）+ 钾肥（0.25～0.30 kg）+50% 多菌灵可湿性粉剂（3～5 g）。

（3）搭棚

以水泥柱、杉木、杂木或毛竹等为支柱搭棚，柱长 2.2～2.3 m，径粗 5～8 cm，间距 2.5～3.0 m，横竖成行。支柱入土深度 40～50 cm，地面留高 1.7～1.8 m，铁线拉直固定于支柱顶部，并斜拉铁线以加固边柱；将孔径为 15～20 cm 的塑料网覆于棚面，拉紧并固定于铁线平面上。

（4）移栽

3—4 月进行移栽。先在定植坑中央挖一个比营养杯稍大同深的定植穴，将幼苗脱掉营养杯后放入定植穴中，覆土压实并浇足定根水。每株苗四周插上 4 根长 40 ～ 50 cm 的小木条，套上长 40 cm、宽 40 cm、高 35 cm 两端不封口的塑料袋，压实底部。幼苗生长至与袋同高时除去塑料袋。

（5）田间管理

①中耕除草

春夏时节进行中耕除草 2 ～ 3 次，秋冬时节进行中耕除草 1 ～ 2 次。

②追肥

整个生育期追肥 5 ～ 6 次：苗高 30 cm 时施提苗肥（腐熟的有机肥料 0.5 ～ 1.0 kg/株），每 10 d 施 1 次，共施 2 ～ 3 次；主蔓上棚时施壮苗肥（腐熟的有机肥料 2.5 kg/株 + 磷钾肥 100 ～ 150 g/株）；现蕾期施促花保果肥（腐熟的有机肥料 2.5 kg/株 + 复合肥料 200 ～ 250 g/株）；盛果期施壮果肥（腐熟的有机肥料 5 kg/株 + 高钾复合肥料 400 ～ 500 g/株）。

③整形修剪

苗高 25 cm 时，在根旁立一小竹竿引蔓上棚，每隔 2 ～ 3 d 用绳子将伸长的主蔓固定于竹竿上。

④点花授粉

上午 5：00 ～ 9：00 采摘微开或含苞待放的发育良好的雄花，置于阴凉处，待雌花开放，将雄蕊侧面花粉密集处轻轻触碰雌花柱头即可。

⑤疏花疏果

单株授粉量达 100 ～ 140 朵花时剪去其后生长的藤蔓。授粉后 7 d，摘除有病虫害的、子房不膨大或畸形的果。

⑥病虫害防治

病害主要有花叶病，虫害主要有根结线虫和罗汉果实蝇，可通过增施微量营养元素和有机肥料等方法进行防治。

（6）采收

授粉后 80 ～ 85 d，在果实富有弹性、果皮呈淡黄色且果柄变黄褐色时采收。

5. 成分

果实中含非糖甜味的成分主要是三萜苷类：罗汉果苷 V 及罗汉果苷 Ⅳ，罗汉果苷 V 的甜度是蔗糖的 256 ～ 344 倍，罗汉果苷 Ⅳ 的甜度为蔗糖的 126 倍。次要成分是 D- 甘露醇，其甜度为蔗糖的 0.55 ～ 0.65 倍。此外，还含有锰、铁、镍、硒、锡、碘、钼等 26 种无机元素。

6. 性味归经

味甘，性凉；归肺经、脾经。

7. 功能与主治

具有清肺利咽、化痰止咳、润肠通便的功效，主治肺热痰炎咳嗽、咽喉炎、扁桃体炎、急性胃炎、便秘等症。

8. 药理作用

具有止咳祛痰、抑菌、抗氧化、抗衰老、润肠通便、保肝、降血糖、降血脂、抗癌、抗疲劳等作用。

9. 常见食用方式

果实可泡制凉茶，还能作为调味品用于炖品、清汤及制作糕点、糖果、饼干等。制品有冲剂、糖浆、果精、止咳露和浓缩果露等。

（1）罗汉果百合煲猪骨

【用料】猪骨头 500 g、罗汉果小半个、百合干 25 g、姜片适量。

【制法】将所有材料洗净，猪骨头剁块，焯去血水。将罗汉果、百合干、姜片和焯好水的猪骨头放入锅中，加入适量清水，武火烧开后改文火慢炖 1 h 即可。

（2）罗汉果红枣茶

【用料】罗汉果 2 个、莲藕 1 节、干大枣 7 粒、冰糖 45 g、清水 600 mL。

【制法】莲藕洗净，削去外皮，切成 1 cm 厚的圆片，干大枣在温水中浸泡 15 min，洗净。将清水和冰糖放入锅中，武火烧开后放入罗汉果和大枣，改用文火慢熬 20 min。然后将莲藕片放入，再用文火煮 15 min 即可。

萝卜

拉丁学名：*Raphanus sativus* L.。

科　　属：十字花科（Brassicaceae）萝卜属（*Raphanus*）。

食用部位：嫩茎叶、根。

1. 植物形态

2 年生或 1 年生草本植物，高 20 ～ 100 cm；直根肉质，长圆形、球形或圆锥形，外皮绿色、白色或红色；茎有分枝，无毛，稍具粉霜。基生叶和下部茎生叶大头羽状半裂，长 8 ～ 30 cm，宽 3 ～ 5 cm，顶裂片卵形，侧裂片 4 ～ 6 对，长圆形，有钝齿，疏生粗毛，上部叶长圆形，有锯齿或近全缘。总状花序顶生及腋生；花白色或粉红色，直径 1.5 ～ 2.0 cm；花梗长 5 ～ 15 mm；萼片长圆形，长 5 ～ 7 mm；花瓣倒卵形，长 1.0 ～ 1.5 cm，具紫色纹，下部有长 5 mm 的爪。长角果圆柱形，长 3 ～ 6 cm，宽 10 ～ 12 mm，在相当种子间处缢缩，并形成海绵质横隔；顶端喙长 1.0 ～ 1.5 cm；果梗长 1.0 ～ 1.5 cm。种子 1 ～ 6 粒，卵形，微扁，长约 3 mm，红棕色，有细网纹。花期 4—5 月，果期 5—6 月。

2. 生长习性

萝卜为半耐寒性蔬菜，生长需充足的日照。以土层深厚、土质疏松、保肥性好的沙壤土为最好，土壤的 pH 值以 5.3 ～ 7.0 为宜。

3. 繁殖技术

一般大型种点播或条播，株行距 40 cm×（40 ～ 50）cm。中型种条播，株行距（17 ～ 20）cm×（17 ～ 27）cm。小型种撒播，株行距（4 ～ 7）cm×（4 ～ 7）cm。播种后覆盖厚约 2 cm 的细土，轻松土稍深，黏重土稍浅。

4. 栽培技术

（1）选地

宜选择土层深厚、疏松肥沃、排灌方便、前作未种过十字花科类蔬菜的微酸性至中性的细沙土或沙壤土地。

（2）整地

在长江以南地区种植的，采用高畦栽培，畦宽 100 cm（含沟），每畦 2 行；秋季栽培，畦宽 150 cm，每畦种 4 行，沟深 30 ～ 40 cm，株行距 20 cm×20 cm。在长江以北地区栽培的，起 15 ～ 20 cm 高垄，单行单株栽培［株行距（16.5 ～ 20.0）cm×（30 ～ 35）cm］，或垄上双行栽培［垄距 90 cm，垄面 60 cm，株行距（16.5 ～ 20.0）cm×35 cm］。

（3）播种

穴播时穴距 18 ～ 20 cm，行距 30 ～ 35 cm，每穴播 2 粒种子。

（4）田间管理

①水肥管理

4 ～ 5 片真叶时每亩追施速效性氮肥 5 ～ 8 kg，肉质根膨大初期每亩追施复合肥料（N：P$_2$O$_5$：K$_2$O=15：15：15）15～20 kg。苗期保持土壤湿润。莲座期及肉质根膨大期需水量大，每次浇水均要浇透。接近成熟期7～10 d，保持均匀充足的水分。

②中耕除草

播种出苗后及时进行中耕除草。对长形露身的品种，生长初期须培土拥根。封行后一般不再中耕。

③病虫害

病害主要有黑腐病、霜霉病、黑斑病和炭疽病，害虫主要有蚜虫、黄曲条跳甲、菜青虫等。

（5）采收

播后40 d即可分批采收，收获期可延至50 d。

5. 成分

萝卜含有丰富的碳水化合物、植物蛋白、叶酸、维生素C和多种微量元素，其中维生素C的含量比梨高8～10倍，还含有微量挥发油和45%脂肪油。

6. 性味归经

味辛、甘，性平；归脾经、胃经、肺经。

7. 功能与主治

具有健脾消食、化痰去湿、清洁肠道、泽胎养血、醒酒解毒的功效，主治痢疾、食积胀满、痰嗽失音、偏头痛等症。

8. 药理作用

具有平喘、镇咳、祛痰、抗氧化、降血压、降血脂、抗菌、促进胃肠道蠕动、改善泌尿系统功能等作用。

9. 常见食用方式

嫩茎叶可作为蔬菜炒食或煮汤。肉质根既可生食，也可炒食、煮食、腌制或煎汤、榨汁。

白萝卜鸡汤

【用料】白萝卜600 g、鸡肉900 g、老姜5片、葱1支、米酒2大匙、水1000 mL、食盐1大匙。

【制法】鸡肉剁块，焯去血水，洗净。将萝卜切块，加鸡块、葱、老姜，武火煮开后转文火，加米酒继续煮1 h，煮至萝卜变软，加食盐调味即可。

绿壳砂仁

拉丁学名：*Amomum villosum* Lour. var. *xanthioides*（Wall. ex Baker）T. L.Wu et S. J. chen。

科　　属：姜科（Zingiberaceae）豆蔻属（*Amomum*）。

食用部位：果实。

1. 植物形态

株高 1.5 ～ 3.0 m，茎散生；根茎匍匐地面，节上被褐色膜质鳞片。中部叶片长披针形，长 37 cm，宽 7 cm，上部叶片线形，长 25 cm，宽 3 cm，顶端尾尖，基部近圆形，两面均光滑无毛，无柄或近无柄；叶舌半圆形，长 3 ～ 5 mm；叶鞘上有略凹陷的方格状网纹。穗状花序椭圆形，总花梗长 4 ～ 8 cm，被褐色短茸毛；鳞片膜质，椭圆形，褐色或绿色；苞片披针形，长 1.8 mm，宽 0.5 mm，膜质；小苞片管状，长 10 mm，一侧有一斜口，膜质，无毛；花萼管长 1.7 cm，顶端具三浅齿，白色，基部被稀疏柔毛；花冠管长 1.8 cm；裂片倒卵状长圆形，长 1.6 ～ 2.0 cm，宽 0.5 ～ 0.7 cm，白色；唇瓣圆匙形，长、宽 1.6 ～ 2.0 cm，白色，顶端具二裂、反卷、黄色的小尖头，中脉凸起，黄色而染紫红色，基部具 2 个紫色的痂状斑，具瓣柄；花丝长 5 ～ 6 mm，花药长约 6 mm；药隔附属体三裂，顶端裂片半圆形，高约 3 mm，宽约 4 mm，两侧均耳状，宽约 2 mm；腺体 2 枚，圆柱形，长 3.5 mm；子房被白色柔毛。蒴果椭圆形，长 1.5 ～ 2.0 cm，宽 1.2 ～ 2.0 cm，成熟时紫红色，干后褐色，表面被不分裂或分裂的柔刺；种子多角形，有浓郁的香气，味苦，性凉。花期 5—6 月，果期 8—9 月。

2. 生长习性

绿壳砂仁分布于海拔 600 ～ 800 m 范围内。常见于气候温暖、潮湿、富含腐殖质的山沟林下阴湿处和山谷密林中。

3. 繁殖技术

（1）分株繁殖

春栽 3 月底至 4 月初进行，秋栽 9 月进行。选择生长健壮的植株，选取具有 1 个以上芽的幼苗和壮苗为种苗，栽种株行距为 65 cm×65 cm 或 1.3 m×l.5 m。

（2）种子繁殖

春播 3 月，秋播 8 月下旬至 9 月上旬。选取饱满果实，去除果皮，晾干待播。苗床深耕细耙，做高 15 cm、宽 2.0 ～ 1.2 m 的畦。基肥施过磷酸钙（15 ～ 25 kg/ 亩）

以及与牛粪或堆肥混合沤制的有机肥料（1000～1500 kg/亩）。开沟条播或点播。

4. 栽培技术

（1）选地

选择有水源，湿度大，排水性良好，土质疏松肥沃、保水保肥能力强的山谷或低山坡，且最好有荫蔽树。

（2）整地

种植穴规格为 30 cm×20 cm×20 cm，株行距为（1.0～1.3）m×（1.0～1.3）m，同时开挖环山排灌水沟。

（3）移栽

移栽前挖穴，株行距为 1 m×1 m 或 1 m×2 m，穴中施腐熟畜肥或堆肥。将苗按其自然状态栽入穴中，红芽微露，其余埋入土中，稍压紧后浇足定根水。

（4）田间管理

①除草促苗

种植后 1～2 年需经常除草。进入开花结果期后每年 2 月和 8—9 月收果后除草1～2 次。

②施肥培土

定植后 1～2 年，每年分别于 2—3 月和 10 月进行施肥培土。

③调整荫蔽度

根据生长期对光强的要求砍除过多的荫蔽树或补种荫蔽树。

④防洪排灌

花果期若遇干旱天气需及时灌水，若降水过多则需及时排水。

⑤保护昆虫

绿壳砂仁为昆虫传粉，因此花芽分化后禁止喷施化学农药。在开花初期和中期，可喷施硼肥、磷酸二氢钾、爱多收或甜味剂（如白砂糖）等吸引蚂蚁等昆虫传粉。

⑥修剪枝叶

一般在收获后修剪，时间一般为 9 月，避免在绿壳砂仁花芽形成或花芽长出后进行。

⑦病虫害

病害主要有炭疽病，虫害主要有叶斑病和钻心虫等。

（5）采收

种植后 2 ～ 3 年开花结果，当果实颜色转为紫红色、种子呈黑褐色且破碎后有浓烈辛辣味时即可采收。收割绿壳砂仁时应使用小刀，不可直接用手拉扯。

5. 成分

绿壳砂仁主要成分为乙酸龙脑酯、樟脑、龙脑等挥发性成分，非挥发性成分主要有多糖、黄酮苷类、有机酸类以及无机成分。

6. 性味归经

味辛，性温；归脾经、胃经、肾经。

7. 功能与主治

具有化湿开胃、温脾止泻、理气安胎的功效，主治湿浊中阻、脘痞不饥、脾胃虚寒、呕吐泄泻、妊娠恶阻、胎动不安等症。

8. 药理作用

具有抗溃疡、抗菌、镇痛、消炎、止泻、促进胃肠蠕动、抗氧化等作用。

9. 常见食用方式

常作为配料用于焖肉、煲汤、煮粥或泡酒。

（1）绿壳砂仁猪肚

【用料】绿壳砂仁 10 g，猪肚 1000 g，花椒、生姜、葱白、胡椒粉、猪油、食盐、味精、淀粉各适量。

【制法】猪肚洗净，放入沸水锅内氽透捞出，刮去内膜。将清汤倒入锅内，放入猪肚，再下花椒、生姜和葱白，煮熟，撇去浮沫，将猪肚起锅，晾凉后切片。锅内加原汤 500 mL，烧开后下入猪肚条、砂仁末（磨细）、胡椒粉、猪油、食盐、味精，然后用水淀粉 10 g 炒匀即可。

（2）绿壳砂仁蒸鸡

【用料】绿壳砂仁 15 g，鸡肉 400 g，枸杞子 5 g，葱、生姜、食盐、烧酒适量。

【制法】鸡肉剁块，放入锅中焯水。砂仁拍碎。将焯过水的鸡肉倒入汽锅中，再下入葱、生姜、食盐、烧酒、枸杞子，最后均匀地洒上拍碎的砂仁，蒸 30 min 即可。

马齿苋

拉丁学名：*Portulaca oleracea* L.。

科　　属：马齿苋科（Portulacaceae）马齿苋属（*Portulaca*）。

食用部位：全草。

1. 植物形态

1 年生草本植物，全株无毛。茎平卧或斜倚，伏地铺散，多分枝，圆柱形，长 10 ～ 15 cm，淡绿色或带暗红色。叶互生，有时近对生，叶片扁平、肥厚、倒卵形，似马齿状，长 1 ～ 3 cm，宽 0.6 ～ 1.5 cm，顶端圆钝或平截，有时微凹，基部楔形，全缘，上面暗绿色，下面淡绿色或带暗红色，中脉微隆起；叶柄粗短。花无梗，直径 4 ～ 5 mm，常 3 ～ 5 朵簇生于枝端，午时盛开；苞片 2 ～ 6 枚，叶状，膜质，近轮生；萼片 2 枚，对生，绿色，盔形，左右压扁状，长约 4 mm，顶端急尖，背部具龙骨状凸起，基部合生；花瓣 5 枚，稀 4 枚，黄色，倒卵形，长 3 ～ 5 mm，顶端微凹，基部合生；雄蕊通常 8 枚，或更多，长约 12 mm，花药黄色；子房无毛，花柱比雄蕊稍长，柱头 4 ～ 6 裂，线形。蒴果卵球形，长约 5 mm，盖裂；种子细小，多数，偏斜球形，黑褐色，有光泽，直径不及 1 mm，具小疣状凸起。花期 5—8 月，果期 6—9 月。

2. 生长习性

马齿苋喜肥沃土壤，耐旱亦耐涝，生命力强，生于菜园、农田、路边，为田间常见杂草。

3. 繁殖技术

（1）种子繁殖

使用上一年留存的种子播种。播种时将种子与 5 倍的细沙混匀，撒播。播种后保持湿润，7 ～ 10 d 即可发芽出苗。

（2）压条法繁殖

将较长的茎枝压倒，每隔 2 ～ 3 个茎节用潮湿的泥土压 1 个茎节。当压土的茎节生根后即可与主体分开。

（3）分根法繁殖

将马齿苋整株挖起，从根的基部有分杈处分株（保证每个分株都带有适量须根和侧根），蘸生根粉溶液后定植，株行距为 10 cm×10 cm，埋 1 个茎节。

4. 栽培技术

（1）选地

选择避风向阳、地势高燥、排水性良好、土质肥沃的壤土或黏壤土地。

（2）整地

深翻，除去杂物，耙平做畦，畦宽 1.3 m，高 15 cm，沟宽 20 cm。结合整地，每亩施腐熟堆厩肥 2500 kg 和过磷酸钙 50 kg 作底肥。

（3）移栽

播种或扦插后 15 ～ 20 d 即可移栽。

（4）田间管理

①水肥管理

植株出现第 1 片真叶或扦插栽培 15 d 后施 0.5% 尿素溶液进行催苗，之后每隔 2 个月进行 1 次尿素追肥。生长期间做好水分管理，根据天气情况适当浇水，以保证植株生长需要。

②病虫害

主要病害有病毒病、白粉病及叶斑病等。

（5）采收

播种或定植后 1 个月左右、茎叶粗大肥厚且幼嫩多汁、尚未现蕾时及时采收。第 1 次采收后，一般每隔 10 ～ 25 d 采收 1 次，采收可持续到 10 月上旬。

5. 成分

马齿苋含有丰富的钙、镁、钾、钠、铁、锌、锰、铜、磷等矿物质元素，还含有蛋白质、粗纤维、氨基酸以及有机酸类、黄酮类、萜类、香豆素类和生物碱类物质，其中以 α-亚麻酸等不饱和脂肪酸的含量最为突出。

6. 性味归经

味苦、辛，性温；归肺经、脾经。

7. 功能与主治

具有清热解毒、凉血止血的功效，主治热毒血痢、痈肿疔疮、湿疹、丹毒、蛇虫咬伤、便血、痔血、崩漏下血等症。

8. 药理作用

具有消炎、抗菌、降血脂、抗衰老等作用。

9. 常见食用方式

茎叶常作蔬菜食用，可炒食、凉拌、煮汤、煮粥或作馅料等。

（1）马齿苋粥

【用料】马齿苋 250 g、粳米 60 g。

【制法】马齿苋切碎。在粳米中加入适量清水煮成稀粥，放入切碎的马齿苋，煮熟即可。

（2）凉拌马齿苋

【用料】马齿苋 1 把，食盐、味精、香油、醋、辣椒油各适量。

【制法】将马齿苋的根、叶摘成段，洗净，放入沸水中焯至变色（碧绿），捞出后过凉水，待用。取 1 只碗，放入食盐、味精、香油、醋、辣椒油，拌匀，待用。将马齿苋沥干水分，放入容器中，加入兑好的调味汁，搅拌均匀即可。

（3）马齿苋肉丝汤

【用料】瘦猪肉 150 g、马齿苋 250 g、大蒜 2 瓣、淀粉适量、食用油 25 g、酱油 2 小匙、食盐 1 小匙。

【制法】将瘦猪肉洗净，切丝，用酱油、淀粉腌渍。马齿苋择洗干净，掐断。大蒜洗净，捣成泥。锅内放食用油，烧热爆香蒜泥，加适量清水，下马齿苋煮至六成熟，加肉丝煮熟，加食盐调味即可。

马尾松

拉丁学名：*Pinus massoniana* Lamb.。

科　　属：松科（Pinaceae）松属（*Pinus*）。

食用部位：花粉。

1. 植物形态

乔木，高达 45 m，胸径 1.5 m；树皮红褐色，下部灰褐色，裂成不规则的鳞状块片；枝平展或斜展，树冠宽塔形或伞形，枝条每年生长一轮，但在广东南部则通常生长两轮，淡黄褐色，无白粉，稀有白粉，无毛；冬芽卵状圆柱形或圆柱形，褐色，顶端尖，芽鳞边缘丝状，先端尖或成渐尖的长尖头，微反曲。针叶 2 针一束，稀 3 针一束，长 12 ～ 20 cm，细柔，微扭曲，两面均有气孔线，边缘有细锯齿；横切面皮下层细胞单型，第 1 层连续排列，第 2 层由个别细胞断续排列而成，树脂道 4 ～ 8 个，在下面边生，或上面也有 2 个边生；叶鞘初呈褐色，后渐变成灰黑色，宿存。雄球花淡红褐色，圆柱形，弯垂，长 1.0 ～ 1.5 cm，聚生于新枝下部苞腋，穗状，长 6 ～ 15 cm；雌球花单生或 2 ～ 4 个聚生于新枝近顶端，淡紫红色，1 年生小球果圆球形或卵圆形，直径约 2 cm，褐色或紫褐色，上部珠鳞的鳞脐具向上直立的短刺，下部珠鳞的鳞脐平钝无刺。球果卵圆形或圆锥状卵圆形，长 4 ～ 7 cm，直径 2.5 ～ 4.0 cm，有短梗，下垂，成熟前绿色，成熟时栗褐色，陆续脱落；中部种鳞近矩圆状倒卵形，或近长方形，长约 3 cm；鳞盾菱形，微隆起或平，横脊微明显，鳞脐微凹，无刺，生于干燥环境者常具极短的刺；种子长卵圆形，长 4 ～ 6 mm，连翅长 2.0 ～ 2.7 cm；子叶 5 ～ 8 枚；长 1.2 ～ 2.4 cm；初生叶条形，长 2.5 ～ 3.6 cm，叶缘具疏生刺毛状锯齿。花期 4—5 月，球果翌年 10—12 月成熟。

2. 生长习性

马尾松为喜光、深根性树种，不耐阴，喜温暖湿润气候，能生于干旱、瘠薄的红壤土、石砾土及沙质土，或生于岩石缝中。长江下游垂直分布于海拔 700 m 以下，长江中游垂直分布于海拔 1200 m 以下，西部垂直分布于海拔 1500 m 以下。

3. 繁殖技术

主要是种子繁殖。10—11 月球果成熟时采种，春季播种。播前用 30 ℃温水浸种一昼夜，滤干，条播或撒播，播种后覆盖 0.5 ～ 1.0 cm 厚的细土。

4. 栽培技术

（1）选地

选择地势平坦、阳光充足、排灌方便、微酸性的沙质壤土或轻黏壤土，不宜选择有钙质反应的碱性土。

（2）整地

种植前进行细致整地，整地深度约 20 cm。结合整地施足基肥，基肥以土杂肥为主，施用量为 1500 ～ 2500 kg/ 亩。

（3）田间管理

①水肥管理

以施基肥为主，追肥为辅。6—7 月追肥 1 ～ 2 次，可亩施人畜粪水 150 kg 或硫酸铵 10 ～ 20 kg 加水 1500 kg。秋后停止追肥。在干旱或天气干燥炎热时，须及时灌溉（最好用浸润法）。

②间苗与定苗

幼苗出土后 40 ～ 50 d、地上部分逐渐出现初生叶时开始间苗，过 1 个多月当幼苗生长基本稳定时定苗，留苗间距 4 ～ 5 cm。

③中耕除草

除草是马尾松苗木管理的基本措施，坚持"除小、除了"的原则。

④病虫害

病害主要有立枯病，虫害主要有金龟子、蛴螬等。

（4）采收

开花时采收花粉。

5. 成分

松花粉含有蛋白质、糖类、脂肪、维生素、生物活性物质和微量元素等六大类营养成分。

6. 性味归经

味甘，性温；归肝经、脾经。

7. 功能与主治

具有燥湿、收敛止血的功效，主治湿疹、黄水疮、皮肤糜烂、脓水淋漓、外伤出血、尿布性皮炎等症。

8. 药理作用

具有延缓衰老、抗疲劳、降血脂、增强人体免疫力、健胃护肝等作用。

9. 常见食用方式

花粉可作为调料用于煮汤，也可通过高压加工、蜂蜜浸泡、磨粉或泡酒等方式处理后食用。

松花鸡蛋汤

【用料】松花粉 1 匙、鸡蛋 1 个、白砂糖适量。

【制法】锅内加适量清水，烧开后下入鸡蛋，蛋熟后加入白砂糖和松花粉，搅拌均匀即可。

破布叶

拉丁学名：*Microcos paniculata* L.。

科　　属：椴树科（Tiliaceae）破布叶属（*Microcos*）。

食用部位：叶。

1. 植物形态

灌木或小乔木，高 3 ～ 12 m，树皮粗糙，嫩枝有毛。叶薄革质，卵状长圆形，长 8 ～ 18 cm，宽 4 ～ 8 cm，先端渐尖，基部圆形，两面初时均有极稀疏星状柔毛，以后变秃净，三出脉的两侧脉均从基部发出，向上行超过叶片中部，边缘有细钝齿；叶柄长 1.0 ～ 1.5 cm，被毛；托叶线状披针形，长 5 ～ 7 mm。顶生圆锥花序长 4 ～ 10 cm，被星状柔毛；苞片披针形；花柄短小；萼片长圆形，长 5 ～ 8 mm，外面有毛；花瓣长圆形，长 3 ～ 4 mm，下半部有毛；腺体长约 2 mm；雄蕊多数，比萼片短；子房球形，无毛，柱头锥形。核果近球形或倒卵形，长约 1 cm；果柄短。花期 6—7 月。

2. 生长习性

破布叶生于丘陵、山坡、林缘等处灌木丛中或平地路边或疏林下，少有栽培。

3. 繁殖技术

一般采用种子繁殖。秋季果实成熟时采收种子，择优留种。翌年 3 月条播，开沟行距 25 ～ 30 cm，将种子均匀播入沟里，覆盖厚 3 cm 的细土，播种后浇水保湿。

4. 栽培技术

（1）选地

破布叶对土壤要求不严，但以排水性良好、土层深厚肥沃的壤土栽培为宜。

（2）移栽

苗高 40 cm 左右时移栽，按株行距 300 cm×300 cm 挖穴，每穴栽种 1 株，填土压实并浇足定根水。

（3）田间管理

每年进行中耕除草 3 ～ 4 次。春、夏季各追施氮肥 1 次，秋季追施堆肥和厩肥，追肥后培土。幼林期可间种芝麻、大豆和花生等农作物。冬季剪去过密的侧枝和阴枝。

（4）采收

采收一般在夏、秋季，摘取叶片，阴干或晒干（不宜在烈日下曝晒）。

5. 成分

破布叶主要含有黄酮类、三萜类、挥发油类、多糖类等化合物。

6. 性味归经

味甘、淡，性微寒；归脾经、胃经。

7. 功能与主治

具有清热消滞、利湿退黄的功效，主治急性黄疸型肝炎、单纯性消化不良等症。

8. 药理作用

具有增加冠状动脉血流量、提高耐缺氧能力、降血压等作用。

9. 常见食用方式

叶可用于煮茶或煲汤。

布渣脚金鸭肾汤

【用料】布渣叶（破布叶）15 g，独脚金 15 g，白萝卜 1 小个，蜜枣 3 ～ 5 个，鲜鸭肾 1 个，食盐适量。

【制法】布渣叶、独脚金、蜜枣、鲜鸭肾洗净，白萝卜去皮切片，备用。加 2 大碗水，烧开，放入所有材料，水开后中火煲 1.5 h，下食盐调味即可。

蒲公英

拉丁学名：*Taraxacum mongolicum* Hand.-Mazz.。

科　　属：菊科（Asteraceae）蒲公英属（*Taraxacum*）。

食用部位：全草。

1. 植物形态

多年生草本植物。根圆柱状，黑褐色，粗壮。叶倒卵状披针形、倒披针形或长圆状披针形，长 4 ～ 20 cm，宽 1 ～ 5 cm，先端钝或急尖，边缘有时具波状齿或羽状深裂，有时倒向羽状深裂或大头羽状深裂，顶端裂片较大，三角形或三角状戟形，全缘或具齿，每侧裂片 3 ～ 5 片，裂片三角形或三角状披针形，通常具锯齿，平展或倒向，裂片间常夹生小锯齿，基部渐狭成叶柄，叶柄及主脉常带红紫色，疏被蛛丝状白色柔毛或几无毛。花葶 1 个至数个，与叶等长或稍长，高 10 ～ 25 cm，上部紫红色，密被蛛丝状白色长柔毛；头状花序直径 30 ～ 40 mm；总苞钟状，长 12 ～ 14 mm，淡绿色；总苞片 2～3 层，外层总苞片卵状披针形或披针形，长 8～10 mm，宽 1～2 mm，边缘宽膜质，基部淡绿色，上部紫红色，先端增厚或具小到中等的角状突起；内层总苞片线状披针形，长 10～16 mm，宽 2～3 mm，先端紫红色，具小角状突起；舌状花黄色，舌片长约 8 mm，宽约 1.5 mm，边缘花舌片背面具紫红色条纹，花药和柱头暗绿色。瘦果倒卵状披针形，暗褐色，长 4～5 mm，宽 1.0～1.5 mm，上部具小刺，下部具成行排列的小瘤，顶端逐渐收缩为长约 1 mm 的圆锥至圆柱形喙基，喙长 6～10 mm，纤细；冠毛白色，长约 6 mm。花期 4—9 月，果期 5—10 月。

2. 生长习性

蒲公英广泛生于中低海拔地区的山坡草地、路边、田野、河滩等地。

3. 繁殖技术

（1）种子繁殖

5 月下旬至 6 月上旬采收种子，以 5 ℃冷处理 4～8 d 或 35 ℃热处理 8～24 h 后播种。播种前翻耕土壤，整细耙平做畦，畦宽 50～120 cm，畦上开浅沟，将种子与细沙拌均匀后播于沟内，覆厚 1～2 cm 的细沙土。

（2）肉质直根繁殖

3 月中下旬和 9 月下旬选取根系粗壮的蒲公英母株，采挖蒲公英母根，保留主根与顶芽作种。每畦定植母根 6 行，定植沟深 7～8 cm，株行距（10～12）cm×（20～25）cm。

4. 栽培技术

（1）选地

蒲公英适应性强，对土壤要求不高，一般土地均可生长，在疏松肥沃、排水性好的沙壤土中生长更好。

（2）整地

种植前结合施肥进行深耕，先将有机肥料、磷肥和钾肥混合后均匀撒于地面，深翻 20～25 cm，整平地面。

（3）间苗定苗

出苗 15 d 后按株距 4～5 cm 进行间苗。出苗 20～25 d、有 7～9 片真叶时按株行距（8～10）cm×（15～20）cm 定苗。

（4）田间管理

①水肥管理

生长期追肥 1 ～ 2 次，每次施 10 ～ 15 kg/ 亩的尿素和 8 kg/ 亩的过磷酸钙。出苗后适当控制水分，促使幼苗矮化粗壮生长。叶片生长期田间湿度需控制在一定范围内，以促进叶片生长。

②中耕除草

出苗 10 d 左右进行第 1 次中耕除草，以后每隔半个月中耕除草 1 次，直到封垄。

③病害

病害主要有斑枯病、叶斑病和锈病等，主要为害叶片和茎秆。

（5）采收

第 1 年收割 1 次或不收割，可在幼苗期分批采摘外层大叶或用刀割取心叶以外的叶片供食用。自翌年起，每隔 15 ～ 20 d 割 1 次，当叶基部长至 10 ～ 15 cm 时，可一次性整株割取。

5. 成分

蒲公英富含蛋白质、维生素 A、维生素 C 及钾，也含有铁、钙、维生素 B_2、维生素 B_1、镁、维生素 B_6、叶酸及铜等。此外，还含有蒲公英醇、蒲公英素、胆碱、有机酸、菊糖等多种成分。

6. 性味归经

味甘、微苦，性寒；归肝经、胃经。

7. 功能与主治

具有清热解毒、利尿散结的功效，主治急性乳腺炎、淋巴腺炎、瘰疬、疔毒疮肿、急性结膜炎、感冒发热、胃炎、肝炎、胆囊炎、急性扁桃体炎、急性支气管炎、尿路感染等症。

8. 药理作用

具有抗菌、通乳、抗肿瘤、利胆等作用。

9. 常见食用方式

全草均可食用，可生食、凉拌、炒食、做汤、做馅、熬粥，也可制作成茶。

蒲公英炒肉丝

【用料】猪肉 100 g、蒲公英鲜叶或花茎 250 g、食盐适量。

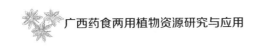

【制法】将蒲公英鲜叶或花茎去杂，洗净，沥水，切段。猪肉洗净，切丝。油锅烧热，下肉丝煸炒，加入芡汁，炒至肉熟时投入蒲公英鲜叶或花茎，加入食盐炒至入味即可。

芡实

拉丁学名：*Euryale ferox* Salisb. ex K. D. Koenig et Sims。

科　　属：睡莲科（Nymphaeaceae）芡属（*Euryale*）。

食用部位：种仁。

1. 植物形态

1年生大型水生草本植物。沉水叶箭形或椭圆状肾形，长 4 ～ 10 cm，两面均无刺；叶柄无刺；浮水叶革质，椭圆状肾形至圆形，直径 10 ～ 130 cm，盾状，有或无弯缺，全缘，下面带紫色，有短柔毛，两面在叶脉分枝处均有锐刺；叶柄及花梗粗壮，长可达 25 cm，皆有硬刺。花长约 5 cm；萼片披针形，长 1.0 ～ 1.5 cm，内面紫色，外面密生稍弯硬刺；花瓣矩圆状披针形或披针形，长 1.5 ～ 2.0 cm，紫红色，成数轮排列，向内渐变成雄蕊；无花柱，柱头红色，成凹入的柱头盘。浆果球形，直径 3 ～ 5 cm，污紫红色，外面密生硬刺；种子球形，直径约 10 mm，黑色。花期 7—8 月，果期 8—9 月。

2. 生长习性

芡实喜温暖、阳光充足的环境，不耐寒也不耐旱。生长适宜温度为 20 ～ 30 ℃。适宜在水面不宽、水流动性小、水源充足、能调节水位高低、便于排灌的池塘，水库，湖泊和大湖边。要求土壤肥沃、富含有机质。

3. 繁殖技术

春、秋季均可播种。播前浸种 10 d 左右。田中挖好 2.0 ～ 2.5 m 见方、深 15 ～ 20 cm 的育苗池，灌水深 10 cm 左右，将已发芽的种子贴近水面轻轻放下（种子不要陷入泥中太深）。育苗时不能断水，水深随芡实苗生长可逐渐加至 15 cm 左右。

4. 栽培技术

（1）选地

芡实要求土壤肥沃、富含有机质、具 20 cm 以上的耕作层，在水源可控制的池塘、沟河及稻田均可种植。

（2）整地

栽植前 15 d 左右整平、耕耙栽植地，以免灌水后水深浅不一。在栽植区外围修建蓄水围堰。围堰上底宽 1 m、下底宽 2 m、高 1.0 ～ 1.1 m，呈梯形。

（3）移栽

移苗于播种后 30 ～ 40 d、幼苗长出 2 ～ 3 片小叶时进行。按 40 ～ 60 cm 见方逐株插入苗池，灌水深 10 ～ 50 cm。定植前 7 ～ 10 d 水位逐渐加深至 30 ～ 40 cm。5 月上旬芡实有 4 ～ 5 片绿叶、直径达 25 cm 以上时起苗定植。每亩栽植 660 株。

（4）田间管理

①水肥管理

要抓住 4 个关键时间点进行追肥：第 1 次在定植后 15 d 左右、已经缓苗时进行；第 2 次于第 1 次施肥后 15 d 左右、茎叶生长盛期进行；第 3 次在 8 月上中旬田间封行前进行；第 4 次在 9 月中旬芡实采收高峰期进行。定植后保持浅水层深15 ～ 25 cm。缓苗后随植株生长，田间水量也应随之增多，茎叶旺盛生长期水位保持在 40 ～ 50 cm。

②防风

幼苗不耐风浪袭击，要在四周栽种茭草等形成防风带。若遇叶片被大风刮翻，应及时翻转回来。

③补苗

如发现有缺株，应立即补栽预备苗，以确保大田定植后田间全苗、齐苗。

④培土

要逐步给大穴浅栽的芡实苗培泥壅根，以确保新叶上升、植株长新根时有充足的泥土和养分。一般分 2 ～ 3 次将浅穴培平。

⑤除草

定植后 7 ～ 10 d 可用网兜捞去水面上的浮萍，同时拔除田间杂草。

⑥病虫害

育苗期和移苗期主要有锥实螺、扁卷螺、小龙虾、浮萍和丝状藻类等为害，营养生长期和开花结果期易发生叶斑病、叶瘤病和炭疽病，虫害主要有斜纹夜蛾。

（5）采收

9—10 月间果皮呈红褐色时分批采割，用木棒等物捶击果皮，取出种子，除去硬壳，晒干。

5. 成分

种子含有淀粉、蛋白质、脂肪、碳水化合物、粗纤维、钙、磷、铁、硫胺素、核黄素、烟酸、抗坏血酸、胡萝卜素等诸多成分。

6. 性味归经

味甘、涩，性平；归脾经、肾经。

7. 功能与主治

具有益肾固精、补脾止泻、祛湿止带的功效，主治梦遗、滑精、遗尿、尿频、脾虚久泻、白浊、带下等症。

8. 药理作用

具有抗氧化、延缓衰老、降血糖、改善心肌缺血等作用。

9. 常见食用方式

种仁可用于煮粥、炖肉或制作汤羹，也可磨成粉后用开水调服。

山药薏米芡实粥

【**用料**】山药 300 g、薏米 50 g、芡实 40 g、大米 100 g。

【**制法**】将薏米和芡实洗净，用清水浸泡 2 h。将浸泡好的薏米、芡实放入锅中，倒入清水，武火煮开后改文火煮 30 min，然后倒入大米继续用文火煮 20 min。将山药切成 3 mm 厚的片放入锅中，再煮 10 min 即可。

忍冬

拉丁学名：*Lonicerae Japonicae* Thunb.。

科　　属：忍冬科（Caprifoliaceae）忍冬属（*Lonicera*）。

食用部位：花、叶。

1. 植物形态

半常绿藤本植物；幼枝洁红褐色，密被黄褐色、开展的硬直糙毛、腺毛和短柔毛，下部常无毛。叶纸质，卵形至矩圆状卵形，有时卵状披针形，稀圆卵形或倒卵形，极少有 1 个至数个钝缺刻，长 3.0～9.5 cm，顶端尖或渐尖，少有钝、圆或微凹缺，基部圆或近心形，有糙缘毛，上面深绿色，下面淡绿色，小枝上部叶通常两面均密被短糙毛，下部叶常平滑无毛而下面多少带青灰色；叶柄长 4～8 mm，密被短柔毛。

总花梗通常单生于小枝上部叶腋，与叶柄等长或稍较短，下方者则长达 2～4 cm，密被短柔毛，并夹杂腺毛；苞片大，叶状，卵形至椭圆形，长达 2～3 cm，两面均有短柔毛或有时近无毛；小苞片顶端圆形或截形，长约 1 mm，为萼筒的 1/2～4/5，有短糙毛和腺毛；萼筒长约 2 mm，无毛，萼齿卵状三角形或长三角形，顶端尖而有长毛，外面和边缘均有密毛；花冠白色，有时基部向阳面呈微红色，后变为黄色，长2～6 cm，唇形，筒稍长于唇瓣，很少近等长，外被多少倒生的开展或半开展的糙毛和长腺毛，上唇裂片顶端钝形，下唇带状而反曲；雄蕊和花柱均高出花冠。果实圆形，直径 6～7 mm，成熟时蓝黑色，有光泽；种子卵圆形或椭圆形，褐色，长约 3 mm，中部有 1 道凸起的脊，两侧均有浅的横沟纹。花期 4—6 月（秋季亦常开花），果熟期 10—11 月。

2. 生长习性

忍冬适应性强，喜阴、耐旱，对土壤要求不严。常生于溪边、河谷、山坡灌木丛中。

3. 繁殖技术

（1）压条繁殖

植株休眠或早春萌发时选取 3～4 年生已开花的金银花植株，挑选健壮优质的 1 年生枝条压在周围进行压条繁殖。

（2）扦插繁殖

选取生长健壮的 2 年生枝条作插穗，插穗长约 42 cm，摘去底部叶子，上部保留 2～4 片叶，扦插于插床。扦插时上端须露出地面 2～3 节。

（3）分株繁殖

冬季金银花休眠时或春季 2 月间从金银花母株上分离根茎，移栽并做好管理。

4. 栽培技术

（1）选地

选择地形开阔、日照充足且排灌良好的平地，或选择山地中坡度 25° 以下的阳坡或半阳坡中下部。土壤最好选择土壤肥沃、土层深厚、pH 值 6.0～8.5、地下水位 1 m 以下的沙壤土。

（2）整地

平地及坡度在 5° 以下的缓坡地可采用全园或穴状整地，丘陵地或山地可采用梯

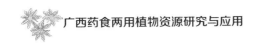

田、水平阶、鱼鳞坑或穴状等方式整地。

（3）移栽

可选择定植穴移栽或栽植沟移栽，定植穴长、宽、深各 50 ～ 60 cm，栽植沟深、宽各 50 cm。将腐熟的有机肥料（5 ～ 10 kg/ 穴）加复合肥料（0.25 kg/ 穴）与表土混合后回填，栽植深度以土壤沉实后超过该苗木原入土深度 1 ～ 2 cm 为宜。

（4）田间管理

①深翻扩穴

秋季沿原定植穴四周向外开宽 30 cm 左右、深 50 cm 左右的环形沟，结合施肥埋沟。

②中耕除草

分别在春、夏、秋季进行中耕，同时进行除草，早春与秋末中耕除草时可同时进行根际培土。

③水肥管理

秋季至冬灌前结合深翻扩穴进行施肥，以腐熟的有机肥料为主，1 ～ 3 年生幼树，施用有机肥料 5 ～ 10 kg/ 穴以及复合肥料 100 ～ 150 g/ 穴；成龄树施用有机肥料 10 ～ 20 kg/ 穴以及复合肥料 150 ～ 250 g/ 穴。每年追肥 3 ～ 4 次，早春萌芽前后进行 1 次，之后每茬花采后分别进行 1 次。1 ～ 3 年生幼树生长期应及时灌溉，成年树在春季萌芽前、新梢生长期、土壤封冻前结合施肥进行灌水。

④整形修剪

冬剪去弱留强、去弯取直、去叠要疏。夏剪在每茬花蕾采摘后进行，应短截外围、疏剪弱枝，将直立徒长枝摘心以培养新主干。

⑤病虫害

忍冬抗病能力强，少病害多虫害，虫害主要有蚜虫、天牛和尺蛾等。

（5）采收

花蕾颜色上白下绿，顶部膨大，含苞待放时即可采摘。采后避免花蕾的翻动和挤压，及时进行干燥处理。

5. 成分

忍冬含有丰富的蛋白质、氨基酸、可溶性糖、维生素和微量元素等营养成分，还含有挥发油类、黄酮类及有机酸等多种功能性活性成分。

6. 性味归经

味甘，性寒；归肺经、脾经。

7. 功能与主治

具有清热解毒、凉散风热的功效，主治痈肿疗疮、喉痹、丹毒、热毒、血痢、风热感冒、瘟病发热等症。

8. 药理作用

具有抗病原微生物、抗炎、解热、兴奋中枢神经、提高机体免疫力、降血脂、抗内毒素等作用。

9. 常见食用方式

花、叶可泡茶或制作饮料，花可作配料用于煮汤、煮粥。

（1）金银花苦瓜汤

【用料】金银花（忍冬）15 g、苦瓜 200 g。

【制法】将苦瓜去瓤和籽，与金银花一起放入锅中，加清水适量，煎汤饮用。

（2）金银花粥

【用料】金银花 30 g、粳米 200 g、白砂糖 15 g。

【制法】将粳米洗净，冷水浸泡 30 min，捞出，沥干。将金银花择洗干净。锅中加入冷水、粳米，武火煮沸后改文火煮至粥将熟时加入金银花，加白砂糖调味即可。

肉桂

拉丁学名：*Cinnamomum cassia* Presl。

科　　属：樟科（Lauraceae）樟属（*Cinnamomum*）。

食用部位：树皮。

1. 植物形态

中等大乔木；树皮灰褐色，老树皮厚达 13 mm。1 年生枝条圆柱形，黑褐色，具纵向细条纹，略被短柔毛；当年生枝条多少四棱形，黄褐色，具纵向细条纹，密被灰黄色短茸毛。顶芽小，长约 3 mm，芽鳞宽卵形，先端渐尖，密被灰黄色短茸毛。叶互生或近对生，长椭圆形至近披针形，长 8～34 cm，宽 4.0～9.5 cm，先端稍急尖，基部急尖，革质，边缘软骨质，内卷，上面绿色，有光泽，无毛，下面淡绿色，晦暗，疏被黄色短绒毛，离基三出脉，侧脉近对生，自叶基 5 ～ 10 mm 处生出，稍弯向上伸至叶端之下方渐消失，与中脉在上面明显凹陷，下面十分凸起，向叶缘一侧有多数支脉，支脉在叶缘之内拱形连结，横脉波状，近平行，相距 3 ～ 4 mm，上面不明显，下面凸起，其间由小脉连接，小脉在下面明显可见；叶柄粗壮，长 1.2 ～ 2.0 cm，上面平坦或下部略具槽，被黄色短茸毛。圆锥花序腋生或近顶生，长 8 ～ 16 cm，三级分枝，分枝末端为 3 朵花的聚伞花序，总梗长约为花序长之半，与各级序轴被黄色茸毛。花白色，长约 4.5 mm；花梗长 3 ～ 6 mm，被黄褐色短茸毛。花被内外两面均密被黄褐色短茸毛，花被筒倒锥形，长约 2 mm，花被裂片卵状长圆形，近等大，长约 2.5 mm，宽 1.5 mm，先端钝或近锐尖。能育雄蕊 9 枚，花丝被柔毛，第 1、第 2 轮雄蕊长约 2.3 mm，花丝扁平，长约 1.4 mm，上方 1/3 处变宽大，花药卵圆状长圆形，长约 0.9 mm，先端截平，药室 4 个，室均内向，上 2 室小得多；第三轮雄蕊长约 2.7 mm，花丝扁平，长约 1.9 mm，上方 1/3 处有一对圆状肾形腺体，花药卵圆状长圆形，药室 4 个，上 2 室较小，外侧向，下 2 室较大，外向。退化雄蕊 3 枚，位于最内轮，连柄长约 2 mm，柄纤细，扁平，长 1.3 mm，被柔毛，先端箭头状正三角形。子房卵球形，长约 1.7 mm，无毛，花柱纤细，与子房等长，柱头小，不明显。果实椭圆形，长约 1 cm，宽 7 ～ 8（～ 9）mm，成熟时黑紫色，无毛；果托浅杯状，长 4 mm，顶端宽达 7 mm，边缘截平或略具齿裂。花期 6—8 月，果期 10—12 月。

2. 生长习性

肉桂生于海拔 150 ～ 250 m 的山地。喜温暖、多雾潮湿气候，能耐短期低温，怕霜雪。适生于红褐壤和山地黄红壤，在土层深厚、质地疏松、排水性良好的土壤上生长良好。

3. 繁殖技术

主要是种子繁殖。播种前将种子放入多菌灵水剂液中消毒，吸水膨胀后点播，覆土厚 2 cm 左右，盖厚 20 cm 以上的草帘。播种量约 50 kg/ 亩，株距 7 ～ 10 cm，行距 9 ～ 12 cm。

4. 栽培技术

（1）选地

选择湿润肥沃、地势平坦、排水性能好且最好周围有树木等荫蔽物的平缓地作育苗地。土壤最好为腐殖质丰富的沙质壤土或轻黏质壤土，忌石灰土和盐碱地。

（2）整地

深翻细耙，疏松细化土壤，施足基肥，同时用石灰粉或草木灰等对土壤消毒。做宽 1.2～1.5 m、高 25 cm 的高畦，开好排水沟。

（3）移栽

①起苗

苗高 50 cm 以上即可移栽。起苗时选择株体较高、顶芽完好、主干粗壮、叶色青绿、根系完整且无病虫害的植株。

②定植

定植前挖方穴，宽 30 cm、深 25～35 cm、穴距 1.2～1.5 m。选择根系发达、生长健壮的苗木进行定植。梯田一般每梯栽植 1 行，定植量约 600 株/亩；较缓坡地或山脚平地定植密度通常为 1.5 m×1.5 m。

（4）田间管理

①水肥管理

可每年加施 1 次有机肥料，株施 600 g 左右。若夏季出现特别炎热或连续干旱，需对严重缺水的树适当补水。

②病虫害

病害主要有梢枯病、白粉病和炭疽病等，虫害主要有象鼻虫、木蛾和介壳虫等。

（5）采收

定植 5 年后，树高 2.5 m、胸径 7 cm 以上即可采收。一般在每年 4—5 月树液流动旺盛时进行砍剥。

5. 成分

肉桂富含挥发油，其主要成分是桂皮醛。此外，还含有多糖类、多酚类、香豆素以及无机元素等物质。

6. 性味归经

味辛、甘，性大热；归肾经、脾经、心经、肝经。

7. 功能与主治

具有温中补肾、散寒止痛的功效，主治腰膝冷痛、虚寒胃痛、慢性消化不良、腹痛吐泻、受寒闭经等症。

8. 药理作用

具有抗肿瘤、增强免疫、降血糖、降血脂、抗菌、抗氧化、抗炎、护肝等作用。

9. 常见食用方式

树皮可煮茶或作大料用于煮汤、炖肉，也可磨成粉加入菜肴中。

（1）肉桂红糖茶

【用料】肉桂 3 ～ 6 g、红糖 12 g。

【制法】将肉桂、红糖放入锅中，加入适量清水煎煮 3 ～ 5 min 即可。

（2）羊肉肉桂汤

【用料】肉桂 6 g、羊肉 250 g。

【制法】将肉桂与羊肉一起置于锅中，加入适量清水炖熟即可。

（3）肉桂附子鸡蛋汤

【用料】肉桂 3 g、附子 9 g、鸡蛋 1 个。

【制法】水煎肉桂、附子，去渣后打入鸡蛋，熟后食蛋喝汤。

桑

拉丁学名：*Morus alba* L.。

科　　属：桑科（Moraceae）桑属（*Morus*）。

食用部位：叶、根皮、果实。

1. 植物形态

乔木或灌木，高 3 ～ 10 m 或更高，胸径可达 50 cm，树皮厚，灰色，具不规则浅纵裂；冬芽红褐色，卵形，芽鳞覆瓦状排列，灰褐色，有细毛；小枝有细毛。叶卵形或广卵形，长 5 ～ 15 cm，宽 5 ～ 12 cm，先端急尖、渐尖或圆钝，基部圆形至浅心形，边缘锯齿粗钝，有时叶为各种分裂，上面鲜绿色，无毛，下面沿脉有疏毛，脉腋有簇毛；叶柄长 1.5 ～ 5.5 cm，具柔毛；托叶披针形，早落，外面密被细硬毛。花单性，腋生或生于芽鳞腋内，与叶同时生出；雄花序下垂，长 2.0 ～ 3.5 cm，密被白色柔毛，雄花。花被片宽椭圆形，淡绿色。花丝在芽时内折，花药 2 室，球形至肾形，纵裂；雌花序长 1 ～ 2 cm，被毛，总花梗长 5 ～ 10 mm，被柔毛，雌花无梗，花被片倒卵形，顶端圆钝，外面和边缘被毛，两侧紧抱子房，无花柱，柱头 2 裂，内面有乳头状突起。聚花果卵状椭圆形，长 1.0 ～ 2.5 cm，成熟时红色或暗紫色。花期 4—5

月，果期5—8月。

2. 生长习性

桑喜温暖湿润气候，耐寒、耐干旱、耐水湿。对土壤的适应性强，耐瘠薄和轻碱性，喜土层深厚、湿润、肥沃土壤。根系发达，抗风能力强。

3. 繁殖技术

（1）种子繁殖

播种可选春播、夏播或秋播。播种前用50 ℃温水浸种，自然冷却后继续浸泡12 h，然后放湿沙中催芽，待种皮破裂露白时即可播种。播种时整地开沟，沟深1 cm，株行距（20～30）cm×（20～30）cm。覆土后10 d左右可出苗，苗高3～4 cm时可间苗。

（2）扦插繁殖

3—4月初选取生长健壮的半木质化枝条作插穗，剪成10～15 cm长，每根插穗预留2～3个饱满且完整的芽以及1～2片无病虫害的叶片，每片叶片保留1/3～1/2的叶面积，下切口削成斜面。插穗杀菌消毒后用50 mg/L的ABT生根粉溶液浸泡1 min后捞出扦插。

4. 栽培技术

（1）选地

选择地势较平缓、通风条件好、排灌方便、土层深厚、土质肥沃的山地。

（2）整地

栽植前清除灌木、杂草和石块等，以25 cm左右深度为标准进行全面翻耕，耕后整平。

（3）移栽与定干

栽植一般在12月下旬至翌年2月下旬进行。栽前进行根部消毒，再用稀泥沾根。一般栽植株行距1.5 m×2.0 m，密度220～250株/亩。栽植后，于距地面10 cm的高度剪梢定干。

（4）田间管理

①水肥管理

定植当年春季发芽后灌1次透水，之后根据土壤墒情浇水。幼树萌芽后以及6月各追施稀薄人畜粪水5～6 kg/株或尿素100 g/株。

②中耕除草

新植桑树比较幼嫩，根系不发达，需人工除草。每年都必须进行春耕、夏耕、冬耕，其中以冬耕最为重要。后期可根据情况适当减少除草次数。

③疏芽与摘心

新芽 15～20 cm 长时进行疏芽，一般每株留 10～15 个健壮芽。根据树势将部分枝条新梢顶端的嫩芽摘去，以控制营养生长，促进开花坐果。

④适量采叶

桑果采收后，夏、秋季可采叶养蚕，但需注意采养结合，采叶时要摘叶留柄，枝条梢端保留 10～15 片叶养树。

⑤冬剪

一般在 12 月下旬至翌年 1 月下旬进行修剪，冬至前后进行最好。

⑥病虫害

病害主要有炭疽病、白粉病、菌核病等，虫害主要有桑象虫、桑尺蠖、桑毛虫、菱纹叶蝉、桑天牛等。

（5）采收

桑叶一般以经霜后采收为佳，桑果在色紫红、质地油润、味甜汁多、酸甜适口时带柄一并采摘。

5. 成分

桑果不仅含有丰富的氨基酸、维生素、矿物质等营养成分，还含有白藜芦醇、黄酮、多糖等活性成分。

6. 性味归经

味甘、苦，性寒；归肺经、肝经。

7. 功能与主治

桑叶具有疏风散热、清肺、明目的功效，主治风热感冒、风温初起、发热头痛、汗出恶风、咳嗽胸痛、肺燥干咳无痰、咽干口渴、风热及肝阳上扰、目赤肿痛等症。

8. 药理作用

具有抗菌、降血糖、降血脂等作用。

9. 常见食用方式

桑果可鲜食或熬成膏或果酱，还可用于煮粥、煮汤、制作甜品或蛋糕、泡酒等。

嫩桑叶可用于泡茶、炖汤、凉拌等。根皮可用于煮汤、泡茶、煮粥或泡酒等。

桑菊杏仁粥

【用料】桑叶 9 g、菊花 6 g、甜杏仁 9 g、粳米 60 g。

【制法】桑叶、菊花加适量水煎煮，去渣取汁，加甜杏仁、粳米煮成粥即可。

山奈

拉丁学名：*Kaempferia galanga* L.。

科　　属：姜科（Zingiberaceae）山奈属（*Kaempferia*）。

食用部位：根茎。

1. 植物形态

多年生低矮草本植物，根茎块状，单生或数枚连接，淡绿色或绿白色，芳香。叶通常 2 片贴近地面生长，近圆形，长 7～13 cm，宽 4～9 cm，无毛或于下面被稀疏的长柔毛，干时于上面可见红色小点，几无柄；叶鞘长 2～3 cm。花 4～12 朵顶生，半藏于叶鞘中；苞片披针形，长 2.5 cm；花白色，有香味，易凋谢；花萼约与苞片等长；花冠管长 2.0～2.5 cm，裂片线形，长 1.2 cm；侧生退化雄蕊倒卵状楔形，长 1.2 cm；唇瓣白色，基部具紫斑，长 2.5 cm，宽 2 cm，深 2 裂至中部以下；雄蕊无花丝，药隔附属体正方形，2 裂。果实为蒴果。花期 8—9 月。

2. 生长习性

山奈喜高温湿润气候和阳光充足的环境，较耐旱，不耐寒。对土壤要求不严，以富含有机质、土质疏松的沙质壤土栽培为宜。

3. 繁殖技术

（1）根茎繁殖

选取皮色鲜亮、饱满的根状茎作种，并于 3 月中旬进行催芽，有 80% 发芽点出现玉米粒状芽时移栽。种植时，用种量为 900～1050 kg/hm²，每穴放根状茎 3～4 段，呈"品"字形或四方形摆放，根状茎靠穴边斜放，芽眼向两侧，摆放后覆土厚约 1.5 cm。

（2）组织培养

选取健康山奈，消毒，置于沙盘催芽，将长芽的根茎上切下的带芽根茎作为外植体，消毒，接种在 MS+1.0 mg/L 6–BA + 0.5 mg/L NAA 诱导培养基中；在丛生芽长至 2 cm 时切成单芽，接种到继代增殖培养基 MS+2.0 mg/L BA+0.2 mg/L NAA 上；叶片长 3 ～ 4 cm 时，将其切成单芽转入生根培养基 1/2 MS+ 2.0 mg/L IBA + 1.0 mg/L NAA 中。培养 30 d 后，苗长至 4 ～ 6 cm、有 4 条粗壮根时开始炼苗，然后移植至沙床中。

4. 栽培技术

（1）选地

宜选择光照充足的向阳坡地或丘陵地种植，土壤以质地疏松、排水性良好、富含有机质、肥力中等以上新开垦的沙壤为佳。

（2）整地

将土地耙细，除净草根和杂质，起畦。

（3）田间管理

①水肥管理

基肥为腐熟堆肥 2000 ～ 3000 kg/ 亩加厩肥 500 ～ 600 kg/ 亩。追肥结合中耕培土及除草进行，共追肥 3 次，第 1 次和第 2 次追肥分别在 5 月中旬和 7 月中旬进行，第 3 次于 8 月下旬进行，每次施堆肥或厩肥 1500 kg/ 亩 + 草木灰 250 kg/ 亩 + 硫酸钾 8 ～ 10 kg/ 亩 + 氮肥 5 kg/ 亩。山奈较耐旱，最忌涝渍。5—8 月降水多时需注意排水，否则易发生根腐病。

②培土

栽培芽体初露地面时立即培土，之后根据芽体露地情况每月培土 1 ～ 2 次，7—8 月根状茎生长高峰期更应注意培土。

③病害

病害主要有腐烂病、软腐病和炭疽病。

（4）采收

12 月至翌年 3 月采收。挖出 2 年生根状茎，洗净，剪去须根，切成 1 cm 厚的薄片，用硫黄熏 1 d，置于竹席上晒干。

5. 成分

干品含挥发油 30% ～ 40%，油中含有桂皮乙酯、香豆酸乙酯、龙脑、桉油素、对甲基香豆酸乙酯等成分。

6. 性味归经

味辛，性温；归胃经。

7. 功能与主治

具有行气温中、消食、止痛的功效，主治胸膈胀满、脘腹冷痛、饮食不消等症。

8. 药理作用

具有抗癌、抑菌、消炎等作用。

9. 常见食用方式

根茎可作调味香料，常用于炖肉，也是制作卤汁和五香料的重要材料。

老卤鸭脯

【用料】鸭胸脯 500 g、调料老汤 6000 g、酱油 250 g、冰糖 150 g、食盐 100 g、味精 200 g、白砂糖 100 g、干葱头 50 g、姜 50 g。卤料包：陈皮 3 g、桂皮 20 g、山奈 20 g、砂仁 5 g、甘草 6 g、花椒 3 g、八角 10 g、茴香 20 g、草果 10 g、丁香 3 g、葱 2 棵、姜 2 块。

【制法】将鸭胸脯洗净，于开水中稍烫后捞出冲净，备用。锅中放入白砂糖，加少许水，文火熬煮至暗红色，加入 500 g 水煮沸，待凉制成糖色。将卤料包放入调料老汤中烧开，再加入糖色、酱油、冰糖、食盐、食精、干葱头和姜，熬煮约 2 h，调成卤汤待用。将鸭胸脯煮至八成熟，放入烧开的卤汤中煮熟，关火浸卤 15 min 后捞出即可。

石香薷

拉丁学名：*Mosla chinensis* Maxim.。
科　　属：唇形科（Lamiaceae）石荠苎属（*Mosla*）。
食用部位：全草。

1. 植物形态

直立草本植物。茎高 9 ～ 40 cm，纤细，自基部多分枝，或植株矮小不分枝，被白色疏柔毛。叶线状长圆形至线状披针形，长 1.3 ～ 3.3 cm，宽 2 ～ 7 mm，先端渐尖或急尖，基部渐狭或楔形，边缘具疏而不明显的浅锯齿，上面橄榄绿色，下面色较淡，两面均被疏短柔毛及棕色凹陷腺点；叶柄长 3 ～ 5 mm，被疏短柔毛。总状花序头状，长 1 ～ 3 cm；苞片覆瓦状排列，偶见稀疏排列，圆倒卵形，长 4 ～

7 mm，宽 3～5 mm，先端短尾尖，全缘，两面均被疏柔毛，下面具凹陷腺点，边缘具睫毛，5 脉，自基部掌状生出；花梗短，被疏短柔毛。花萼钟形，长约 3 mm，宽约 1.6 mm，外面被白色绵毛及腺体，内面在喉部以上被白色绵毛，下部无毛，萼齿 5 枚，钻形，长约为花萼长的 2/3，果时花萼增大。花冠紫红色、淡红色至白色，长约 5 mm，略伸出于苞片，外面被微柔毛，内面在下唇的下方冠筒，上略被微柔毛，余部无毛。雄蕊及雌蕊内藏。花盘前方呈指状膨大。小坚果球形，直径约 1.2 mm，灰褐色，具深雕纹，无毛。花期 6—9 月，果期 7—11 月。

2. 生长习性

石香薷生于草坡或林下，海拔至 1400 m。喜温暖湿润、阳光充足、雨水充沛的环境。

3. 繁殖技术

（1）种子繁殖

9 月下旬至 10 月上旬采摘成熟果实，置于通风干燥处保存。3 月下旬至 4 月上中旬或 6 月进行播种，点播、条播或撒播，播种时需将种子与草木灰拌匀。

（2）组织培养

选取 4～5 cm 带腋芽的茎段为外植体，切去展开的叶片，取 1.5 cm 左右带 2 个腋芽的茎段接种到启动培养基 MS+0.5～1.0 mg/L 6–BA+0.5～1.0 mg/L IBA，然后接种到腋芽诱导培养基 MS+0.5～1.0 mg/L 6–BA+0.5～1.0 mg/L NAA 上，再接种至有效苗诱导培养基 MS+0.5 mg/L 6–BA+0.1 mg/L IBA+0.5～1.0 mg/L GA$_3$ 诱导生苗，苗高 3 cm 以上时置于生根培养基 1/2 MS+2.0 mg/L IBA 上诱导生根成苗。苗长出新根 15 d 后炼苗，炼苗 7～15 d 后移栽。

4. 栽培技术

（1）选地

选择质地疏松、避风向阳、排水性良好的沙壤土种植，丘陵坡地质地疏松的红壤亦可。

（2）整地

施入腐熟的厩肥或堆肥 2000～2500 kg/hm^2 作基肥，深翻 15～20 cm，耙细整平，做成宽 120～150 cm、高 12～15 cm 的畦，畦沟宽 25～30 cm，畦面呈龟背形。

（3）田间管理

①水肥管理

石香薷生育期较短，应及时追肥，以有机肥料为主，追肥方式为条施。石香薷喜湿，但根系忌积水。幼苗期水分不宜过多，开花前需水量最多，如遇干旱，应适当灌水。

②间苗与定苗

苗高 5 cm 时进行第 1 次间苗，后视生长状况再进行 2～3 次，苗高 10 cm 时定苗。

③中耕除草

整个生长期中耕除草 4～5 次，以"拔小、拔了"为原则。

④病虫害

病害主要有立枯病、香薷锈病和根腐病，虫害主要有大袋蛾和蝼蛄。

（4）采收

春播于 8 月中下旬、秋播于 9 月上中旬采收。开花盛期采割地上部分，置于通风干燥处阴干，捆成小捆。

5. 成分

全草含挥发油，油中主要含有香薷酮、苯乙酮。此外，还含有 β- 谷甾醇、棕榈酸亚油酸、亚麻酸、熊果酸等物质。

6. 性味归经

味辛，性微温；入肺经、肝经、脾经、胃经。

7. 功能与主治

具有祛暑、活血、理气、化湿的功效，主治夏月感冒、中暑呕恶、腹痛泄泻、跌仆瘀痛、湿疹、疖肿等症。

8. 药理作用

具有抗菌、抗病毒、消炎、解热、镇痛、解痉、增强免疫力等作用。

9. 常见食用方式

全草可用于泡茶，也可煎水代茶，或水煎滤渣后煮粥。

香薷饮

【用料】石香薷 10 g、厚朴 5 g、白扁豆 5 g、白砂糖 20 g。

【制法】将石香薷、厚朴剪碎，白扁豆炒黄捣碎，放入保温杯中，沸水冲泡，浸

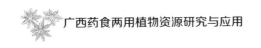

泡 1 h 后加入白砂糖即可。

薯蓣

拉丁学名：*Dioscorea polystachya* Turczaninow。

科　　属：薯蓣科（Dioscoreaceae）薯蓣属（*Dioscorea*）。

食用部位：块茎。

1. 植物形态

缠绕草质藤本植物。块茎长圆柱形，垂直生长，长可达 1 m 多，断面干时白色。茎通常带紫红色，右旋，无毛。单叶，在茎下部的互生，中部以上的对生，很少 3 片叶轮生；叶片变异大，卵状三角形至宽卵形或戟形，长 3 ~ 9（~ 16）cm，宽 2 ~ 7（~ 14）cm，顶端渐尖，基部深心形、宽心形或近截形，边缘常 3 浅裂至 3 深裂，中裂片卵状椭圆形至披针形，侧裂片耳状，圆形、近方形至长圆形；幼苗时一般叶片为宽卵形或卵圆形，基部深心形。叶腋内常有珠芽。雌雄异株。雄花序为穗状花序，长 2 ~ 8 cm，近直立，2 ~ 8 个着生于叶腋，偶尔呈圆锥状排列；花序轴明显地呈"之"字状曲折；苞片和花被片均有紫褐色斑点；雄花的外轮花被片为宽卵形，内轮卵形，较小；雄蕊 6 枚。雌花序为穗状花序，1 ~ 3 个着生于叶腋。蒴果不反折，三棱状扁圆形或三棱状圆形，长 1.2 ~ 2.0 cm，宽 1.5 ~ 3.0 cm，外面有白粉；种子着生于每室中轴中部，四周有膜质翅。花期 6—9 月，果期 7—11 月。

2. 生长习性

薯蓣生于海拔 150 ~ 1500 m 的山坡、山谷林下，溪边、路边的灌木丛中或杂草中。

3. 繁殖技术

（1）芦头繁殖

薯蓣收获时在距芦头 7 ~ 15 cm 处切断，再切成 10 ~ 15 cm 长的小段，切口处抹草木灰，风干 4 ~ 5 d，沙藏，备用。

（2）珠芽繁殖

薯蓣植株成熟枯萎时摘下珠芽（零余子）放于室外越冬或室内沙藏。选择色泽好、个头饱满、无病虫害的珠芽播种。

4. 栽培技术

（1）选地

选择地势高、降水量充沛、排灌方便且土质疏松、土层肥厚、水肥保持能力较好的地块，土壤 pH 值在 6.0 ～ 7.0 间较为适宜，忌盐碱地。

（2）整地

整地结合施肥进行地面翻耕，挖深度 1 m 以上疏松沟以供薯蓣块茎向下生长。

（3）移栽

定植时先开 10 cm 的沟，将种薯纵向放入沟中，株距为 30 cm 左右，用湿土将种薯覆盖后再盖一层干土，覆平种植沟。

（4）田间管理

①水肥管理

每 1000 kg 块茎需氮肥 4.3 kg、磷肥 1.07 kg、钾肥 5.3 kg。薯蓣忌氯肥，宜多施有机肥料。苗高 1 m 时浇第 1 次水，枝叶生长旺盛期浇第 2 次水，块茎膨大期需大水灌透。薯蓣耐旱不耐涝，需注意秋季排水。

②病害防治

常见病害主要有枯萎病、炭疽病、病毒病等，以预防为主。

（5）采收

10 月底至 12 月初薯蓣茎叶干枯后采收。采收时先拆除支架并抖落珠芽，割去茎蔓后再挖取地下根茎。

5. 成分

薯蓣营养丰富，主要营养成分为多糖、蛋白质、淀粉、氨基酸及各种矿物质元素。此外，还含有皂苷、果胶、胆甾醇、尿囊素、胆碱和山药素等成分。

6. 性味归经

味甘，性平；归脾经、肺经、肾经。

7. 功能与主治

具有补脾养胃、生津益肺、补肾涩精的功效，主治脾虚食少、久泻不止、肺虚喘咳、肾虚遗精、带下、尿频、虚热消渴等症。

8. 药理作用

具有抗氧化、抗突变、抗肿瘤、降血糖、降血脂、保肝和调节免疫等作用。

9. 常见食用方式

薯蓣块茎可炒食、炖汤、炖肉、熬粥，也可制作糕点、甜点等。

（1）薯蓣熘肉片

【用料】鲜薯蓣 250 g，猪里脊肉 250 g，蛋清 40 g，干木耳、食盐、味精、料酒、水淀粉、葱、胡椒粉各适量。

【制法】鲜薯蓣去皮洗净，斜刀切片。干木耳泡软，洗净。猪里脊肉切薄片，加食盐、味精、料酒、蛋清、水淀粉上浆。锅烧热，倒入凉油，油温二三成热时下肉片、薯蓣片、木耳翻炒，熟后倒出。锅中留少许油，煸香葱花，加料酒、水、食盐、味精、胡椒粉等调味，水淀粉勾芡，倒入刚做好的菜料翻炒均匀即可。

（2）烩薯蓣丸子

【用料】鲜薯蓣 150 g，肉末 150 g，香菇 2 ～ 3 个，红椒、蛋液、料酒、食盐、胡椒粉、姜、葱、酱油、白砂糖、淀粉各适量。

【制法】香菇、红椒、姜洗净，切块。鲜薯蓣去皮煮熟，压成泥状，加入肉末，适量蛋液、料酒、食盐、胡椒粉搅拌成肉馅。锅中放油，油热后将肉馅挤成丸状下锅炸硬，捞出。留少量油，将葱、姜块煸香，加适量料酒、酱油、汤、白砂糖、味精、食盐、胡椒粉调味。待丸子熟时下香菇、红椒，烧熟后用水和淀粉勾芡即可。

桃

拉丁学名：*Prunus persica* L.。

科　　属：蔷薇科（Rosaceae）李属（*Prunus*）。

食用部位：果肉。

1. 植物形态

乔木，高 3 ～ 8 m；树冠宽广而平展；树皮暗红褐色，老时粗糙呈鳞片状；小枝细长，无毛，有光泽，绿色，向阳处转变成红色，具大量小皮孔；冬芽圆锥形，顶端钝，外被短柔毛，常 2 ～ 3 个簇生，中间为叶芽，两侧为花芽。叶片长圆状披针形、椭圆状披针形或倒卵状披针形，长 7 ～ 15 cm，宽 2.0 ～ 3.5 cm，先端渐尖，基部宽楔形，上面无毛，下面在脉腋间具少数短柔毛或无毛，叶边具细锯齿或粗锯齿，齿端具腺体或无腺体；叶柄粗壮，长 1～2 cm，常具 1 枚至数枚腺体，有时无腺体。花单生，先于叶开放，直径 2.5～3.5 cm；花梗极短或几无梗；萼筒钟形，被短柔毛，稀几无毛，绿色而具红色斑点；萼片卵形至长圆形，顶端圆钝，外被短柔毛；花瓣长圆状椭圆形至宽倒卵形，粉红色，罕为白色；雄蕊 20～30 枚，花药绯红色；花柱几与雄蕊等长或稍短；子房被短柔毛。果实形状和大小均有变异，卵形、宽椭圆形或扁圆形，直径（3～）5～7（～12）cm，长几与宽相等，色泽变化由淡绿白色至橙黄色，常在向阳面具红晕，外面密被短柔毛，稀无毛，腹缝明显，果梗短而深入果洼；果肉白色、浅绿白色、黄色、橙黄色或红色，多汁且有香味，甜或酸甜；核大，离核或黏核，椭圆形或近圆形，两侧扁平，顶端渐尖，表面具纵、横沟纹和孔穴；种仁味苦，稀味甜。花期 3—4 月，果实成熟期因品种而异，通常为 8—9 月。

2. 生长习性

桃耐旱，不耐湿，忌涝，耐高温，较耐寒。喜排水性良好的肥沃沙质壤土，不耐黏土。

3. 繁殖技术

（1）种子繁殖

未经层积处理的种子播种前 1 个月左右用温水浸种，不断搅拌至冷凉，再用冷水浸种 2～3 d（每天换水 1 次）后用湿沙进行短期层积处理，播种前在 20～25 ℃的环境中催芽。

（2）嫁接繁殖

选取生长健壮、无病虫害、茎粗在 0.5 cm 以上的毛桃树苗作为砧木，选取 3 年生以上的优种桃树头年长出的新枝条为接穗。一般在 3 月下旬至 4 月上旬进行嫁接，嫁接方法常采用芽接。

4. 栽培技术

（1）选地

选择排水性良好、土质疏松的沙质壤土地，以南坡最好，忌选连作地。

（2）整地

定植前深翻改土。挖好定植穴，定植穴深和宽均为 0.8～1.0 m，每穴施足基肥。

（3）移栽

移栽一般在 10—12 月进行。栽植前修剪伤根及过大主根，种植时扶正植株，理

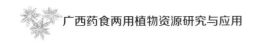

伸根系，苗木周围培土埂做成圆盘，浇透定根水。

（4）田间管理

①水肥管理

栽后第 1 年主要是培养树形，应做到"淡肥勤施"。3—6 月，每半个月左右施肥 1 次，共施 8 次。投产后每年至少施肥 3 次。

②土壤管理

幼龄园可间作，夏种蔬菜冬种绿肥。成年园夏季应除草并中耕松土，秋冬季深翻扩穴并增施有机肥料。

③修剪

定植后 1 ～ 3 年以培养树冠为主，定干时尽量保持为自然开心形或"Y"字形，主干高度 40 ～ 50 cm，倾斜度 45° ～ 65°。

④病虫害

病害主要有炭疽病、褐腐病、疮痂病、流胶病、细菌性穿孔病，虫害主要有蚜虫、天牛、桃蛀螟、桔小实蝇、桃小食心虫等。

（5）采收

果实外观粉红色，果身饱满，肉质脆、清甜，八成熟时采收。采收后将果实按重量或大小分级，包装入箱。

5. 成分

迄今已从果实中分离出脂肪酸、蛋白质、甾醇及其糖苷类、黄酮类、酚酸类等化合物，富含多种微量元素。

6. 性味归经

味甘、酸，性温；归胃经、大肠经。

7. 功能与主治

具有生津、润肠、活血、消积的功效，主治津少口渴、肠燥便秘、闭经等症。

8. 药理作用

具有润燥滑肠、抗炎、肃降肺气、止咳平喘等作用。

9. 常见食用方式

果实可鲜食或制作成罐头、饮料。

桃子果酱

【**用料**】桃子 500 g、白砂糖 250 g、柠檬半个或白醋 25 g。

【**制法**】桃子去皮去核，切成小块后倒入小锅中，倒入白砂糖、柠檬汁或白醋，文火煮 30 min，装瓶保存。

贴梗海棠

拉丁学名：*Chaenomeles speciosa*（Sweet）Nakai。

科　　属：蔷薇科（Rosaceae）木瓜属（*Chaenomeles*）。

食用部位：果实。

1. 植物形态

落叶灌木，高达 2 m，枝条直立开展，有刺；小枝圆柱形，微屈曲，无毛，紫褐色或黑褐色，有疏生浅褐色皮孔；冬芽三角卵形，先端急尖，近于无毛或在鳞片边缘具短柔毛，紫褐色。叶片卵形至椭圆形，稀长椭圆形，长 3 ～ 9 cm，宽 1.5 ～ 5.0 cm，先端急尖，稀圆钝，基部楔形至宽楔形，边缘具尖锐锯齿，齿尖开展，无毛或在萌蘖上沿下面叶脉有短柔毛；叶柄长约 1 cm；托叶大形，草质，肾形或半圆形，稀卵形，长 5 ～ 10 mm，宽 12 ～ 20 mm，边缘有尖锐重锯齿，无毛。花先于叶开放，3 ～ 5 朵簇生于 2 年生老枝上；花梗短粗，长约 3 mm 或近于无柄；花直径 3 ～ 5 cm；萼筒钟状，外面无毛；萼片直立，半圆形，稀卵形，长 3 ～ 4 mm，宽 4 ～ 5 mm，长约为萼筒之半，先端圆钝，全缘或有波状锯齿及黄褐色睫毛；花瓣倒卵形或近圆形，基部延伸成短爪，长 10 ～ 15 mm，宽 8 ～ 13 mm，猩红色，稀淡红色或白色；雄蕊 45 ～ 50 枚，长约为花瓣之半；花柱 5 裂，基部合生，无毛或稍有毛，柱头头状，有不明显分裂，约与雄蕊等长。果实球形或卵球形，直径 4 ～ 6 cm，黄色或带黄绿色，有稀疏不显明斑点，味芳香；萼片脱落，果梗短或近于无梗。花期 3—5 月，果期 9—10 月。

2. 生长习性

贴梗海棠生于丘陵、山坡台地、路边及低山灌木丛中。喜温暖湿润、阳光充足环境。抗旱性强，分蘖能力强。

3. 繁殖技术

（1）种子繁殖

果实变为暗黄色后采摘，风干贮藏。翌年 3—4 月剖开果实，取出种子后播种。播种采用穴播方式，每穴播 2～3 粒，播种后覆厚 1 cm 的细土，覆塑料薄膜保温保湿。

（2）分株繁殖

3 月前将老株周围萌生的幼株带根刨出，小株的可先在育苗地培育 1～2 年再出圃定植，大株的可直接定植。

（3）扦插

2—3 月发芽前剪取生长健壮且较嫩枝条，截成留有 2～3 个节、长 15～20 cm 的插穗，按株行距 10 cm×15 cm 斜插在苗床内。长出新根后，移栽到育苗地培养 1～2 年后定植。

（4）嫁接

以 2～3 年木瓜实生苗作砧木，取优良品种的 1 年结果枝作接穗，在春季进行枝接。

（5）压条

植株中上部枝条采用空中压条的方法进行压条繁殖。灌木状丛生植株则可在生长期把下部的枝条下拉并固定在地面，埋土压实，秋季落叶后切离母株。

4. 栽培技术

（1）选地

阳光充足、土质肥沃、湿润且排水性良好的地方及田边地角、山坡地、房前屋后均可种植。

（2）整地

每亩施农家肥 3000 kg 作基肥，深翻 25 cm，耕细整平，做成宽 1.3 m 的畦。按株行距 1 m×2 m 开穴，每穴施入 5～10 kg 的农家肥作基肥。

（3）移栽

移栽宜在冬季或翌年 2 月进行，按株行距 1 m×2 m 进行移栽。

（4）田间管理

①水肥管理

主要采用分期施肥，以施磷肥、钾肥为主，施肥结合中耕除草进行。对水分要求不严，播种和移栽时注意浇水，保证其顺利成活。后期可在花芽萌动前后和果实膨大期进行 1 次透水灌溉。入冬前结合施肥灌水 1 次进行防冻。

②中耕除草

4—5 月进行松土，并进行第 1 次除草。7—8 月进行第 2 次除草。

③整形修枝

1/3 枯枝、密枝和枯老枝应在冬季枝叶枯萎后或至春季发芽前修剪，让树成内空外圆的冠状形。在修剪后施肥 1 次。

④病虫害

病害主要有叶枯病，虫害主要有天牛、蚜虫等。

（5）采收

7—10 月当果皮由青色转黄色、发出芳香味时采收。

5. 成分

果实营养丰富，含有化学萜类、黄酮类、香豆素类、有机酸及其衍生物等化学成分。

6. 性味归经

味酸，性温；归肝经、脾经。

7. 功能与主治

具有舒筋活络、和胃化湿的功效，主治湿痹痉挛，腰膝关节酸重、疼痛，暑湿吐泻，脚气水肿等症。

8. 药理作用

具有镇痛、抗氧化、抗炎、抗腹泻、抗癌、松弛胃肠道平滑肌等作用。

9. 常见食用方式

果实可用于炖肉、煲汤或泡酒。

贴梗海棠炖鱼

【用料】青贴梗海棠 1 个、鲜鲫鱼 1 条、水 4 碗、食盐少许、猪油适量。

【制法】锅中放入猪油，融化后放入鲫鱼，煎炒 2 min，加水，水沸后放入贴梗海棠，武火煮沸后改文火炖约 30 min，加入食盐即可。

铁皮石斛

拉丁学名：*Dendrobium officinale* Kimura et Migo。

科　　属：兰科（Orchidaceae）石斛属（*Dendrobium*）。

食用部位：根、茎。

1. 植物形态

茎直立，圆柱形，长 9 ～ 35 cm，粗 2 ～ 4 mm，不分枝，具多节，节间长 1.3 ～ 1.7 cm，常在中部以上互生 3 ～ 5 枚叶；叶二列，纸质，长圆状披针形，长 3 ～ 4（～ 7）cm，宽 9 ～ 11（～ 15）mm，先端钝且多少有钩转，基部下延为抱茎的鞘，边缘和中肋常带淡紫色；叶鞘常具紫色斑，老时其上缘与茎松离而张开，并且与节留下 1 个环状铁青的间隙。总状花序常从落了叶的老茎上部发出，具 2 ～ 3 朵花；花序柄长 5 ～ 10 mm，基部具 2 ～ 3 枚短鞘；花序轴回折状弯曲，长 2 ～ 4 cm；花苞片干膜质，浅白色，卵形，长 5 ～ 7 mm，先端稍钝；花梗和子房长 2.0 ～ 2.5 cm；萼片和花瓣黄绿色，近相似，长圆状披针形，长约 1.8 cm，宽 4 ～ 5 mm，先端锐尖，具 5 条脉；侧萼片基部较宽阔，宽约 1 cm；萼囊圆锥形，长约 5 mm，末端圆形；唇瓣白色，基部具 1 个绿色或黄色的胼胝体，卵状披针形，比萼片稍短，中部反折，先端急尖，不裂或不明显 3 裂，中部以下两侧均具紫红色条纹，边缘多少波状；唇盘密布细乳突状的毛，且在中部以上具 1 个紫红色斑块；蕊柱黄绿色，长约 3 mm，先端两侧各具 1 个紫色点；蕊柱足黄绿色带紫红色条纹，疏生毛；药帽白色，长卵状三角形，长约 2.3 mm，顶端近锐尖且 2 裂。花期 3—6 月。

2. 生长习性

铁皮石斛生于海拔 300 ～ 2400 m 的山坡林下、灌木丛中、溪边阴湿处、竹林下或石灰山常绿林下。喜阴凉、湿润，忌强光、干旱，以有机质丰富、养分含量高、近中性偏酸的土壤为宜。

3. 繁殖技术

（1）分株繁殖

选取粗壮、色泽嫩绿、根系发达的植株作为种株，剪掉枯枝、断枝，并将种株切开，分成 7 根左右的若干小丛种植。

（2）组织培养

以幼嫩的带节茎段为外植体，诱导培养基用 MS+1.5 mg/L 6–BA+ 0.5 mg/L NAA+

30 g/L 蔗糖，继代培养基用 MS+1.5 mg/L 6–BA+0.5 mg/L NAA+100 g/L 马铃薯汁 +1 g/L 活性炭 +30 g/L 蔗糖，生根培养基为 1/2 MS+0.3 mg/L NAA+30 g/L 香蕉汁 +30 g/L 蔗糖。

4. 栽培技术

（1）选地

宜选取水源干净、通风良好、环境相对独立的封闭地点栽培。铁皮石斛耐低温性差，有气温低于 0 ℃的地区应在大棚内种植。

（2）整地

大棚种植时需进行保温设计。在空旷无遮蔽的区域种植时应采用遮阳网遮阳，控制阳光照射度为 40% 左右。

（3）移栽

组培苗移植时，先将苗与培养基一同取出，洗净培养基，去除枯根病根，根部于生根粉溶液中浸泡 20 min，然后置于通风阴凉处，待根部变白后再进行种植。

（4）田间管理

施用复合肥料为主，施肥时间在上午 10 点前最佳。铁皮石斛对水质的要求较高，适宜水质为中性，pH 值为 5.5～6.5。早春 7 d 浇 1 次水，4—5 月气温回升时，每 3～6 d 浇水 1 次，温度低于 10 ℃时不浇水。

（5）采收

选取茎尖饱满封顶且茎基部有 3 节以上叶鞘变白的老熟鲜条，在茎基部 2～4 茎节处用锋利的小刀斜切下即可。

5. 成分

铁皮石斛含有多糖类化合物、生物碱、菲类化合物、联苄类化合物、氨基酸等多种成分，其中铁皮石斛多糖为其主要活性成分，含量可达 30% 以上。

6. 性味归经

铁皮石斛味甘，性微寒；归胃经、肾经。

7. 功能与主治

铁皮石斛具有养胃生津、滋阴除热的功效，主治津伤口渴、食少便秘、虚热不退、目暗昏花等症。

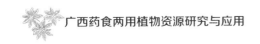

8. 药理作用

铁皮石斛具有调节免疫力、抗肿瘤、降血糖、降血脂、降血压等作用。

9. 常见食用方式

根茎可生食、榨汁、泡茶、煎汤，入膳主要是煲汤、煮粥、做羹、入菜，另外还可熬膏、磨粉、泡酒等。

（1）鲜榨汁

【用料】鲜铁皮石斛 10 ～ 20 g。

【制法】将鲜铁皮石斛洗净，去衣，切成短条（约 5 cm 或稍短），分 2 次榨汁：第 1 次加 250 mL 水，与铁皮石斛鲜条一起开机榨汁，30 s 后暂停，再加 1000 mL 水，继续榨 1 min 即可。

（2）铁皮石斛老鸭汤

【用料】鲜铁皮石斛 12 g、老鸭 1 只、食盐适量。

【制法】将鲜铁皮石斛洗净，切断拍碎，用纱布包好，和老鸭、适量清水放入锅中，文火炖 90 min 左右，加食盐调味即可。

夏枯草

拉丁学名：*Prunella vulgaris* L.。

科　　属：唇形科（Lamiaceae）夏枯草属（*Prunella*）。

食用部位：全株。

1. 植物形态

多年生草本植物；根茎匍匐，在节上生须根。茎高 20 ～ 30 cm，上升，下部伏地，自基部多分枝，钝四棱形，其浅槽，紫红色，被稀疏的糙毛或近于无毛。茎叶卵状长圆形或卵圆形，大小不等，长 1.5 ～ 6.0 cm，宽 0.7 ～ 2.5 cm，先端钝，基部圆形、截形至宽楔形，下延至叶柄成狭翅，边缘具不明显的波状齿或几近全缘，草质，上面橄榄绿色，具短硬毛或几无毛，下面淡绿色，几无毛，侧脉 3 ～ 4 对，在下面略突出；叶柄长 0.7 ～ 2.5 cm，自下部向上渐变短，花序下方的一对苞叶似茎叶，近卵圆形，无柄或具不明显的短柄。轮伞花序密集组成顶生长 2 ～ 4 cm 的穗状花序，每一轮伞花序下承以苞片；苞片宽心形，通常长约 7 mm，宽约 11 mm，先端具长 1 ～ 2 mm 的骤尖头，脉纹放射状，外面在中部以下沿脉上疏生刚毛，内面无毛，边缘具睫毛，膜质，浅紫色。花萼钟形，连齿长约 10 mm，筒长 4 mm，倒圆锥形，外面疏生刚毛，二唇形，上唇扁平，宽大，近扁圆形，先端几截平，具 3 个不很明显的短齿，中齿宽大，齿尖均呈刺状微尖，下唇较狭，2 深裂，裂片达唇片之半或以下，边缘具缘毛，先端渐尖，尖头微刺状。花冠紫色、蓝紫色或红紫色，长约 13 mm，略超出于萼，冠筒长 7 mm，基部宽约 1.5 mm，其上向前方膨大，至喉部宽约 4 mm，外面无毛，内面约近基部 1/3 处具鳞毛毛环，冠檐二唇形，上唇近圆形，直径约 5.5 mm，内凹，多少呈盔状，先端微缺，下唇约为上唇的 1/2，3 裂，中裂片较大，近倒心脏形，先端边缘具流苏状小裂片，侧裂片长圆形，垂向下方，细小。雄蕊 4 枚，前对长很多，均上升至上唇片之下，彼此分离，花丝略扁平，无毛，前对花丝先端 2 裂，1 裂片能育具花药，另 1 裂片钻形，长过花药，稍弯曲或近于直立，后对花丝的不育裂片微呈瘤状凸出，花药 2 室，室极叉开。花柱纤细，先端相等 2 裂，裂片钻形，外弯。花盘近平顶。子房无毛。小坚果黄褐色，长圆状卵珠形，长 1.8 mm，宽约 0.9 mm，微具沟纹。花期 4—6 月，果期 7—10 月。

2. 生长习性

夏枯草广泛分布于全国各地。喜温暖湿润的环境。能耐寒，适应性强。常见于旱坡地、山脚、林边草地、路边、田野。

3. 繁殖技术

（1）种子繁殖

花穗变黄褐色时将果穗摘下，抖落种子，去杂，贮存备用。一般秋播较好，播种方式以条播为主，按 20 ~ 25 cm 或 30 cm 开浅沟，沟深 0.5 ~ 1.0 cm，将种子与细沙混合后撒入沟内，覆土以不见种子为宜。

（2）分株繁殖

春季植株萌芽时将老根挖出，每株新株带 2 ~ 3 个幼芽分株。按株行距 20 cm × 30 cm 挖穴，随挖随栽，每穴栽 1 ~ 2 株。

（3）组织培养

将高 3 ~ 4 cm 的幼苗的茎节作为外植体，切成 1 cm 长的段，接到 MS+2 mg/L 6-BA+0.01 mg/L NAA 培养基上，将筛选出的外植体在 MS+3.0 mg/L 6-BA+0.1 mg/L NAA 培养基中进行诱导不定芽和增殖培养，再接入 1/4 MS+0.5 mg/L NAA 的培养基上进行生根培养。选生长旺盛的苗进行驯化移栽。

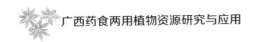

4. 栽培技术

（1）选地

可选择在阳光充足的旱坡地、林边草地、田野、山脚、路边等地种植，而低洼易涝地块不宜栽培。

（2）整地

整地前根据土壤供肥情况进行合理施肥，深耕细耙，起埂做畦，一般畦宽2～3 m。

（3）移栽

苗高5～6 cm时进行间苗，株距为20 cm。若缺苗时结合间苗进行补苗。

（4）田间管理

①水肥管理

底肥施氮肥为7～9 kg/亩、磷肥为3～5 kg/亩、钾肥为8～10 kg/亩。追肥以钾肥和氮肥为主，生长期追肥1～2次，在4月上旬和5月中旬进行，每亩追施10～15 kg。天旱时及时浇水，汛期及时排水。

②病虫害

病害主要有叶斑病，虫害主要有地蛆。

（5）采收

选择晴天割取全株，剪下花穗，去杂，晒干。

5. 成分

夏枯草主要含有三萜类化合物、多糖类化合物、黄酮类化合物、甾体类化合物与有机酸类化合物等成分，还含有维生素 B_1、维生素 C、维生素 K、胡萝卜素等物质。

6. 性味归经

味辛、苦，性寒；归肝经、胆经。

7. 功能与主治

具有清火、明目、散结、消肿的功效，主治目赤肿痛、目珠夜痛、头痛眩晕、瘰疬、瘿瘤、乳痈肿痛、甲状腺肿大、淋巴结结核、乳腺增生、高血压等症。

8. 药理作用

具有降血压、抗菌等作用。

9. 常见食用方式

全株可用于泡茶、煮汤、炖肉等。

夏枯草绵茵陈蜜枣煲瘦猪肉

【用料】夏枯草 25 g、绵茵陈 15 g、蜜枣 5 个、薏米 60 g、瘦猪肉 400 g、生姜 3 片、食盐适量。

【制法】将夏枯草、绵茵陈、薏米浸泡 15～20 min，蜜枣去核，瘦猪肉洗净，再加入生姜一起放入瓦煲。加清水 2500 mL，武火煮沸后改文火煲 2 h，加食盐调味即可。

薤白

拉丁学名：*Allium macrostemon* Bunge。

科　　属：百合科（Liliaceae）葱属（*Allium*）。

食用部位：全株。

1. 植物形态

鳞茎近球状，粗 0.7～2.0 cm，基部常具小鳞茎（因其易脱落，故在标本上不常见）；鳞茎外皮带黑色，纸质或膜质，不破裂，但在标本上多因脱落而仅存白色的内皮。叶 3～5 枚，半圆柱状，或因背部纵棱发达而为三棱状半圆柱形，中空，上面具沟槽，比花葶短。花葶圆柱状，高 30～70 cm，1/4～1/3 被叶鞘；总苞 2 裂，比花序短；伞形花序半球状至球状，具多而密集的花，或间具珠芽或有时全为珠芽；小花梗近等长，比花被片长 3～5 倍，基部具小苞片；珠芽暗紫色，基部亦具小苞片；花淡紫色或淡红色；花被片矩圆状卵形至矩圆状披针形，长 4.0～5.5 mm，宽 1.2～2.0 mm，内轮的常较狭；花丝等长，比花被片稍长直到比其长 1/3，在基部合生并与花被片贴生，分离部分的基部呈狭三角形扩大，向上收狭成锥形，内轮的基部约为外轮基部宽的 1.5 倍；子房近球状，腹缝线基部具有帘的凹陷蜜穴，花柱伸出花被外。花果期 5—7 月。

2. 生长习性

薤白喜凉爽气候。常生于海拔 1500 m 以下的山坡、丘陵、山谷或草地上，极少数地区（云南和西藏）在海拔 3000 m 的山坡上也有。

3. 繁殖技术

（1）种子繁殖

种子有 60 d 左右的休眠期，寿命为 1 年左右。解除种子休眠可用 GA₃ 溶液（4～5 mg/L）浸种 12 h 或低温处理。采用条播，在床面上横向或顺向开沟 5 cm 深，行距 8 cm，种子拌细沙撒播于沟内。

（2）珠芽繁殖

春播珠芽当年秋后采收，秋播的在翌年春季 5 月中下旬采收。在床面上开 5 cm 的深沟，按株行距 5 cm×8 cm 点播。

（3）鳞茎繁殖

播种前先进行选种，除去干叶，剪掉部分须根即可播种。播种前先在畦内按行距 8 cm 开沟，沟深 5～6 cm，按株距 3～5 cm 将种苗摆放在沟内，浇底水，保持土壤湿润。

4. 栽培技术

（1）选地

薤白对土壤要求不高，适于多种土壤栽培，但以地势平坦、向阳、排水性良好的沙质壤土为佳。

（2）整地

深翻 20 cm，结合翻地每亩施入腐熟农家肥 2000 kg、尿素 3～5 kg，整细耙平，做成宽 1.2～1.5 m 的平畦，高 12 cm，长视地形而定。

（3）田间管理

①水肥管理

返青时结合浇返青水每亩施尿素 10～15 kg、过磷酸钙 20～30 kg，返青 30 d 左右进入发叶期后每亩施尿素 15～30 kg，鳞茎开始膨大时每亩施尿素 25～30 kg、硫酸钾 15～20 kg。栽植后适当控制浇水，以中耕保墒为主。土壤结冻前灌冻水。

②中耕除草与培土

薤白开始膨大前中耕除草 2～3 次，耕深 3～4 cm。

③病虫害

常见病害有疫病，为真菌性病害；常见虫害有葱蓟马（俗名烟蓟马）。

（4）采收

春季在抽薹前（5月中旬）采收，秋季在封冻前采收。

5. 成分

薤白富含蛋白质、脂肪、膳食纤维等。此外，还含有天冬氨酸、苏氨酸和丝氨酸等17种氨基酸和钙、镁、铬与锰等21种宏微量元素。

6. 性味归经

味辛、苦，性温；归心经、肺经、胃经、大肠经。

7. 功能与主治

具有理气宽胸、通阳散结的功效，主治胸痹心痛彻背、胸脘痞闷、咳喘痰多、脘腹疼痛、泻痢后重、白带、疮疖痈肿等症。

8. 药理作用

具有提高机体免疫力、降血脂、抗氧化、抗菌、平喘、保护心血管、抗肿瘤等作用。

9. 常见食用方式

全株可食用，可炒食、煮汤、凉拌、蘸酱、作馅、腌制等。

薤白煎鸡蛋

【**用料**】薤白300 g，鸡蛋3个，食盐8 g，食油60 g，花椒、大料粉、料酒各适量。

【**制法**】薤白洗净切碎，鸡蛋打入碗内搅散，加薤白末、食盐、花椒、大料粉、料酒搅匀。锅放油，旺火烧热后倒入鸡蛋菜液，摊成饼状，两面煎至金黄色即可。

小决明

拉丁学名：*Cassia tora* L.。

科　　属：豆科（Fabaceae）决明属（*Cassia*）。

食用部位：苗叶、嫩果、种子。

1. 植物形态

直立、粗壮、1年生亚灌木状草本植物，高1～2 m。叶长4～8 cm；叶柄上无腺体；叶轴上每对小叶间有棒状的腺体 1 枚；小叶 3 对，膜质，倒卵形或倒卵状长椭圆形，长 2～6 cm，宽 1.5～2.5 cm，顶端圆钝而有小尖头，基部渐狭，偏斜，上面被稀疏柔毛，下面被柔毛；小叶柄长 1.5～2.0 mm；托叶线状，被柔毛，早落。花腋生，通常 2 朵聚生；总花梗长 6～10 mm；花梗长 1.0～1.5 cm，丝状；萼片稍不等大，卵形或卵状长圆形，膜质，外面被柔毛，长约 8 mm；花瓣黄色，下面两片略长，长 12～15 mm，宽 5～7 mm；能育雄蕊 7 枚，花药四方形，顶孔开裂，长约 4 mm，花丝短于花药；子房无柄，被白色柔毛。荚果纤细，近四棱形，两端渐尖，长达 15 cm，宽 3～4 mm，膜质；种子约 25 粒，菱形，光亮。花果期 8—11 月。

2. 生长习性

小决明喜温暖湿润气候，不耐寒冷，怕霜冻。对土壤要求不严，沙土、黏土均可种植，在稍碱性、排水性良好、土质疏松肥沃的土壤中种植最佳。

3. 繁殖技术

主要是种子繁殖。4 月中下旬用 50 ℃热水将种子浸泡 24 h，捞出晾干。开沟条播，沟深 5～7 cm，行距 60 cm。播种后覆盖厚 3 cm 细土，稍加压实后浇水。

4. 栽培技术

（1）选地

选择土层较厚、地势平坦且排水性良好的土地。

（2）整地

播种前清除杂草，结合施肥进行深翻，每亩施农家肥 2000～3000 kg、过磷酸钙 80 kg 作基肥，耙平细整，做 1.3 m 宽的平畦。

（3）播种

4—6 月上旬均可进行播种。可选用条播、撒播或穴播，播种深度 3 cm 左右，穴播、条播株行距 20 cm×30 cm，穴播每穴 4～5 粒种子，撒播应适当增加播种量。播种后覆盖厚 2～3 cm 的细土。

（4）田间管理

①间苗、定苗

苗高 5 cm 左右时开始间苗。苗高 15 cm 时结合中耕除草按株距 30～40 cm 定苗。

②中耕除草

播种前清除杂草，苗期中耕除草 1～2 次。

③水肥管理

施肥以基肥为主、追肥为辅。播种时可施用钙磷镁肥 75 ～ 150 kg/hm² 拌种催苗，用氯化钾 150 kg/hm²、过磷酸钙 150 kg/hm² 和尿素 60 kg/hm² 作基肥。出苗后追施钙磷镁肥 75 ～ 150 kg/hm²。每次收割后施用一定量的速效氮肥、磷肥。整个生长期都应保持土壤湿润，尤其是花期，天旱应及时浇水，雨季应注意排水。

④病虫害防治

病害主要有灰斑病和轮纹病，应注意处理病残株，清理田园。苗期易出现蚜虫，可用 40% 乐果 2000 倍稀释液等防治。

（5）采收

因种子成熟时间不一致，且成熟后易自然裂荚，因此需分批采收。一般 9 月下旬至 10 月上旬果荚由绿色刚转为黑褐色时即可采收。

5. 成分

小决明除含有丰富的蛋白质、多糖、维生素和矿物质外，还含有蒽醌类、甾醇类等化合物。

6. 性味归经

味苦、辛，性温；归肺经、脾经。

7. 功能与主治

具有补益心脾、养血安神的功效，主治气血不足、心悸怔忡、健忘失眠、血虚萎黄等症。

8. 药理作用

具有降血压、降血脂、保肝、明目、抗氧化、抑菌等作用。

9. 常见食用方式

苗叶和嫩果可煮汤食用，苗叶还可作酒曲。种子可煎水、泡茶、煲汤、炖肉、煮粥等。

（1）决明子蜂蜜饮

【用料】炒决明子 10 ～ 15 g、蜂蜜 20 ～ 30 g。

【制法】决明子捣碎，加水 300 ～ 400 mL，煎煮 10 min，冲入蜂蜜搅匀即可。

（2）山楂决明荷叶瘦肉汤

【用料】瘦猪肉 250 g、山楂 30 g、决明子 30 g、鲜荷叶 30 g、大枣 20 g、食盐适量。

【制法】将山楂、决明子、大枣洗净。鲜荷叶和瘦猪肉洗净，切片。将全部用料放入锅内，加适量清水，武火煮沸后改文火煮 1 h，加食盐调味即可。

野葛

拉丁学名：*Pueraria montana*（Loureiro）Merrill。

科　　属：豆科（Fabaceae）葛属（*Pueraria*）。

食用部位：根。

1. 植物形态

粗壮藤本植物，长可达 8 m，全体被黄色长硬毛，茎基部木质，有粗厚的块状根。羽状复叶具 3 片小叶；托叶背着，卵状长圆形，具线条；小托叶线状披针形，与小叶柄等长或较长；小叶三裂，偶尔全缘，顶生小叶宽卵形或斜卵形，长 7 ～ 15（～ 19）cm，宽 5 ～ 12（～ 18）cm，先端长渐尖，侧生小叶斜卵形，稍小，上面被淡黄色、平伏的疏柔毛，下面较密；小叶柄被黄褐色茸毛。总状花序长 15 ～ 30 cm，中部以上有颇密集的花；苞片线状披针形至线形，远比小苞片长，早落；小苞片卵形，长不及 2 mm；花 2 ～ 3 朵聚生于花序轴的节上；花萼钟形，长 8 ～ 10 mm，被黄褐色柔毛，裂片披针形，渐尖，比萼管略长；花冠长 10 ～ 12 mm，紫色，旗瓣倒卵形，基部有 2 耳及一黄色硬痂状附属体，具短瓣柄，翼瓣镰状，较龙骨瓣为狭，基部有线形、向下的耳，龙骨瓣镰状长圆形，基部有极小、急尖的耳；对旗瓣的 1 枚雄蕊仅上部离生；子房线形，被毛。荚果长椭圆形，长 5 ～ 9 cm，宽 8 ～ 11 mm，扁平，被褐色长硬毛。花期 9—10 月，果期 11—12 月。

2. 生长习性

野葛对气候要求不严，适应性较强。多分布于海拔 1700 m 以下较温暖潮湿的坡地、沟谷、向阳的矮小灌木丛中。以土层深厚、疏松、富含腐殖质的沙质壤土为佳。

3. 繁殖技术

（1）压条繁殖

选取健壮无病虫害的藤条，将藤条向四周摆放均匀，每隔 1 ～ 2 个茎节用湿润泥土压 1 个茎节，露出叶片，每根主藤压藤 3 ～ 5 个，当年可成苗，12 月至翌年 2 月底挖出移栽。

（2）扦插繁殖

选取粗壮且节间密集的 2 年生藤条，剪成段，每段含 2 ～ 3 个茎节，用 0.1% 赤霉素浸泡 12 h，取出后直插或斜插于插床，扦插时地上留 1 个芽，插后浇定根水。

（3）组织培养

选用块根进行沙培，嫩梢长 10 cm 左右时切取顶端 3 cm 左右的茎段，消毒，剥去外层幼叶，剥离 0.3 ～ 0.5 mm 的茎尖分生组织，接入含 MS+0.2 mg/L 6–BA+0.1 mg/L NAA 的培养基上诱导愈伤组织形成，接入 MS+0.2 mg/L 6–BA+0.05 mg/L NAA 培养基上诱导不定芽分化，将 5 cm 以上的不定芽切段，接入与芽分化相同的培养基上进行继代增殖培养，不定芽长 5 ～ 6 cm、具 3 ～ 4 片叶时接入 1/2 MS+0.5 mg/L NAA 生根培养基上。当苗长出 5 ～ 6 片叶、根长 3 cm 左右时开盖炼苗。

（4）种子繁殖

可选择春播或秋播，春播一般在 3—4 月，秋播一般在 9—10 月。播种前用 30 ～ 35 ℃温水浸种 24 h，点播，株行距为（50 ～ 60）cm×（50 ～ 60）cm，每穴播 4 ～ 5 粒，覆厚 3 cm 的细土。

4. 栽培技术

（1）选地

选择地势平缓，排灌方便，土层深厚、土质疏松肥沃且向阳的地块，海拔以 300 ～ 1000 m 为宜。

（2）整地

整地前施入腐熟的农家肥 1500 ～ 3000 kg/ 亩，将农家肥施入垄中再起垄，垄宽 60 ～ 70 cm，沟深 40 cm，行距 0.8 ～ 1.1 m，垄长根据实际情况确定。

（3）田间管理

①施肥

生长期追肥 3 次，第 1 次在出苗 30 d 后，施有机肥料 1000 ～ 1500 kg/ 亩及尿素 10 ～ 15 kg/ 亩；第 2 次在 6—7 月，施复合肥料 30 ～ 40 kg/ 亩；第 3 次在 9 月，施含磷钾复合肥料 30 ～ 400 kg/ 亩。第 2 年仍可按上述标准或略少于上述标准施肥。

②病虫害

病害主要有霜霉病、锈病，虫害主要有螨类。

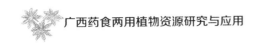

③理藤整枝

藤长到 1.5 m 以上时每株留 1～2 根粗壮的藤条作主藤，其余全部剪除。主藤长到 3 m 时去顶。

④中耕除草

中耕除草宜在早期进行，生长后期不必除草。

（4）采收

冬季至翌年春初萌动前采挖，先割去地上藤茎，再把植株周围的土挖开，取出完整的根。采挖时应保留小根，以利于来年繁殖。

5. 成分

野葛主要含有葛根苷元、皂角苷、三萜类化合物和生物碱等化合物，其中异黄酮类化合物是其主要有效活性成分。根部还含有丰富的矿物质和氨基酸，尤其是人体不能合成的必需氨基酸。

6. 性味归经

味甘、辛，性凉；归脾经、胃经。

7. 功能与主治

具有解肌退热、生津、透疹、升阳止泻的功效，主治外感发热头痛、项背强痛、口渴、消渴、麻疹不透、热痢、泄泻、高血压患者的颈项强痛等症。

8. 药理作用

具有解热、镇痛、抗菌、抗感染、降血压、降血糖、降血脂、抗氧化、抗肿瘤、解酒等作用。

9. 常见食用方式

根可直接用于煮汤、做羹、炖肉或煮粥，也可磨成粉用开水调服。

葛根清肺汤

【用料】葛根 500 g、猪肺 1 个、蜜枣 6 个。

【制法】猪肺灌水洗净切块，葛根切块，加入蜜枣、水 8 碗，煲 2 h 即可。

益智

拉丁学名：*Alpinia oxyphylla* Miq.。

科　　属：姜科（Zingiberaceae）山姜属（*Alpinia*）。

食用部位：果实。

1. 植物形态

多年生草本植物，株高 1 ～ 3 m；茎丛生；根茎短，长 3 ～ 5 cm。叶片披针形，长 25 ～ 35 cm，宽 3 ～ 6 cm，顶端渐狭，具尾尖，基部近圆形，边缘具脱落性小刚毛；叶柄短；叶舌膜质，2 裂；长 1 ～ 2 cm，稀更长，被淡棕色疏柔毛。总状花序在花蕾时全部包藏于一帽状总苞片中，开花时整个脱落，花序轴被极短的柔毛；小花梗长 1 ～ 2 mm；大苞片极短，膜质，棕色；花萼筒状，长 1.2 cm，一侧开裂至中部，先端具 3 齿裂，外被短柔毛；花冠管长 8 ～ 10 mm，花冠裂片长圆形，长约 1.8 cm，后方的 1 枚稍大，白色，外被疏柔毛；侧生退化雄蕊钻状，长约 2 mm；唇瓣倒卵形，长约 2 cm，粉白色而具红色脉纹，先端边缘皱波状；花丝长 1.2 cm，花药长约 7 mm；子房密被茸毛。蒴果鲜时球形，干时纺锤形，长 1.5 ～ 2.0 cm，宽约 1 cm，被短柔毛，果皮上有隆起的维管束线条，顶端有花萼管的残迹；种子不规则扁圆形，被淡黄色假种皮。花期 3—5 月，果期 4—9 月。

2. 生长习性

益智喜温暖，年平均温度为 24 ～ 28 ℃最适宜，20 ℃以下则不开花或不完全开花。喜湿润，年降水量为 1700 ～ 2000 mm、空气相对湿度为 80% ～ 90%、土壤湿度为 25% ～ 30% 时最适宜植株生长。郁闭度需 30% ～ 50%。要求土壤疏松、土质肥沃、排水性良好、富含腐殖质的森林土、沙土或壤土。

3. 繁殖技术

（1）种子繁殖

7 月采收成熟种子，置于阴凉处晾干备用。播种前使用 45 ～ 50 ℃热水浸种 12 h，消毒 15 ～ 20 min，与细河沙混拌后均匀撒播，覆土，盖草淋水。

（2）分株繁殖

选取健壮母株，将其 1 ～ 2 年生未开花结果的分蘖株丛连芽带根从母株分离，修剪叶片和老根，用多菌灵溶液消毒。

4. 栽培技术

（1）选地

选择排灌方便、地势平坦、管理方便、土壤透水透气能力强的沙壤土地块，最好在经济林、杂木林、橡胶林或果木林下间种。

（2）整地

种植前 2 ～ 3 个月整地并开好排水沟。

（3）移栽

苗高 40 ～ 50 cm、蘖芽 2 ～ 3 个时出圃定植。栽植采取穴栽，每穴 4 ～ 6 株，株行距 10 cm×15 cm，移植后覆草保湿。

（4）田间管理

①除草

幼苗期每年除草和松土 3 次，开花结果期也需进行除草和松土。

②施肥

栽后第 1 年需追施 1 次复合肥料或人畜粪水。栽后第 2 年和第 3 年需在春季和收获后进行每年 2 次的施肥，春季重点追施磷肥和钾肥，收果后以追施氮肥为主。开花期若光照较弱，可适当使用 0.5% 的硼酸溶液。

③病虫害

病害主要有立枯病、叶枯病，虫害主要有根结线虫、地老虎。

（5）采收

定植后 2 ～ 3 年可采收。6—7 月果实呈浅褐色、果肉带甜、果皮茸毛脱落、种子变得辛辣时采收，将果穗剪下，除去果柄，晒干或烘干。

5. 成分

益智仁中含有桉油精、4- 萜品烯醇、α- 松油醇、β- 榄香烯、α- 依兰油烯、姜烯、绿叶烯等 17 种化学成分，还含有丰富的维生素 B 族、维生素 C 以及锰、锌、钾、钠、钙、镁、磷、铁、铜等微量元素。

6. 性味归经

味辛，性温；归脾经、肾经。

7. 功能与主治

具有温脾、暖肾、固气、涩精的功效，主治冷气腹痛、中寒吐泻、多唾、遗精、小便余沥、夜多小便等症。

8. 药理作用

具有祛痰、镇咳、强心、抗癌等作用。

9. 常见食用方式

果实可用于炖汤、煮粥、泡酒，或研磨成粉末用开水冲泡调服。

益智仁乌鸡汤

【用料】黄芪 20 g、山药 30 g、益智仁 10 g、生姜 3 片、黑枣 4 个、乌鸡 1 只、食盐适量。

【制法】将黄芪、山药、益智仁、黑枣浸泡片刻，取出备用。乌鸡洗净，焯水，切小块。将上述材料放入锅内，加适量清水，武火煮沸后改文火煮 1 h，加食盐调味即可。

薏苡

拉丁学名：*Coix lacryma-jobi* L.

科　　属：禾本科（Poaceae）薏苡属（*Coix*）。

食用部位：果实。

1. 植物形态

1 年生或多年生草本植物，高 1.0 ～ 1.5 m。须根较粗，直径可达 3 mm。秆直立，约具 10 节。叶片线状披针形，长可达 30 cm，宽 1.5 ～ 3.0 cm，边缘粗糙，中脉粗厚，于下面凸起；叶鞘光滑，上部者短于节间；叶舌质硬，长约 1 mm。总状花序腋生成束，雌小穗位于花序之下部，外面包以骨质念珠状的总苞，总苞约与小穗等长；能育小穗第 1 颖下部膜质，上部厚纸质，先端钝，第 2 颖舟形，被包于第 1 颖中，第 2 外稃短于第 1 外稃，内稃与外稃相似面较小，雄蕊 3 枚，退化，雌蕊具长花柱；不育小穗，退化成筒状的颖，雄小穗常 2 ～ 3 枚生于第 1 节，无柄小穗第 1 颖扁平，两侧内折成脊而具不等宽之翼，第 2 颖舟形，内稃与外稃皆为薄膜质，雄蕊 3 枚，有柄小穗与无柄小穗相似，但较小或有更退化者。颖果外包坚硬的总苞，卵形或卵状球形。花期 7—9 月，果期 9—10 月。

2. 生长习性

薏苡多生于湿润的屋旁、池塘、河沟、山谷、溪涧或易受涝的农田等地，海拔 200～2000 m 处常见。

3. 繁殖技术

果实成熟时采摘，取出种子，阴干备用。将种子进行浸种或拌种处理，点播，穴深 5～7 cm，每穴播种 5～6 粒，早熟种株行距 20 cm×25 cm，中熟种株行距 35 cm×40 cm，晚熟种株行距 45 cm×55 cm，播种后覆土至与畦面齐平。

4. 栽培技术

（1）选地

选择向阳、土质肥沃、排水性良好的沙壤土种植。忌连作，也不宜以禾本科作物为前作。

（2）整地

种植前每亩施厩肥或土杂肥 3000 kg、过磷酸钙 50 kg，深翻入土，耙细整平，做宽 2 m 的高畦，开深约 20 cm、宽 30 cm 的排水沟。

（3）移栽

苗高 15 cm 时移栽。定植穴挖 10～15 cm 深，施入腐熟的农家肥，与穴土混合，每穴栽苗 2～3 株，栽后追施适量尿素。

（4）田间管理

①间苗与补苗

苗高 7～10 cm 或长有 3～4 片真叶时间苗，每穴留壮苗 3～4 株。

②中耕除草

生长过程进行 3 次中耕除草，第 1 次在苗高 10 cm 时，第 2 次在苗高 30 cm 时，第 3 次在苗高 40～50 cm 时。

③追肥

苗高 10 cm 时每亩追施人畜粪水 1000 kg 或硫酸铵 10 kg，孕穗期每亩追施人畜粪水 1500 kg 或硫酸铵 15 kg 加过磷酸钙 20 kg，开花前每亩追施 2% 过磷酸钙 7～15 kg 溶液或人畜粪水 2000 kg。

④灌水

抽穗、开花、灌浆期需经常在傍晚进行灌水。

⑤摘脚叶

拔节停止后摘除第 1 分枝以下的脚叶和无效分蘖。

⑥人工辅助授粉

薏苡花单性，自然状态下结果率较低，需在花期每隔 3 ～ 5 d 进行 1 次人工授粉。

⑦病害

病害主要有黑穗病、叶枯病。

（5）采收

9—10 月茎叶变枯黄、80% 果实呈浅褐色或黄色时将茎秆割下，脱粒，晒干，筛净，碾去外壳和种皮，筛净，晒干。

5. 成分

薏苡含有脂肪酸及其脂类、黄酮类、酰胺类、甾醇类、萜类、多糖和生物碱等多种化合物，还富含淀粉、粗脂肪、粗纤维和粗蛋白等营养物质。

6. 性味归经

味甘、淡，性凉；归脾经、胃经、肺经。

7. 功能与主治

具有健脾渗湿、除痹止泻、清热排脓的功效，主治水肿、脚气、小便不利、湿痹拘挛、脾虚泄泻、肺痈、肠痈、扁平疣等症。

8. 药理作用

具有降血压、抗炎和抗癌等药理作用。

9. 常见食用方式

薏苡仁常用于煮饭、煮粥、炖肉、煮汤或制成面食、甜点、饮品。

红豆薏苡仁粥

【用料】等量的红豆和薏苡仁，冰糖适量。

【制法】红豆和薏苡仁洗净，红豆浸泡 3 h，薏苡仁浸泡 1 h。先煮红豆，煮开后加入少量冷水，再煮开，再放入冷水，将红豆煮开花后，放入薏苡仁，武火煮开后改文火煮至黏稠，放入冰糖调味即可。

银杏

拉丁学名：*Ginkgo biloba* L.。

科　　属：银杏科（Ginkgoaceae）银杏属（*Ginkgo*）。

食用部位：种子。

1. 植物形态

乔木，高达 40 m，胸径可达 4 m；幼树树皮浅纵裂，大树树皮呈灰褐色，深纵裂，粗糙；幼年及壮年树冠圆锥形，老则广卵形；枝近轮生，斜上伸展（雌株的大枝常较雄株开展）；1 年生的长枝淡褐黄色，2 年生以上变为灰色，并有细纵裂纹；短枝密被叶痕，黑灰色，短枝上亦可长出长枝；冬芽黄褐色，常为卵圆形，先端钝尖。叶扇形，有长柄，淡绿色，无毛，有多数叉状并列细脉，顶端宽 5～8 cm，在短枝上常具波状缺刻，在长枝上常 2 裂，基部宽楔形，柄长 3～10（多为 5～8）cm，幼树及萌生枝上的叶常较大而深裂（叶片长达 13 cm，宽 15 cm），有时裂片再分裂（这与较原始的化石种类之叶相似），叶在 1 年生长枝上螺旋状散生，在短枝上 3～8 片叶呈簇生状，秋季落叶前变为黄色。球花雌雄异株，单性，生于短枝顶端的鳞片状叶的腋内，呈簇生状；雄球花荑荑花序状，下垂，雄蕊排列疏松，具短梗，花药常 2 个，长椭圆形，药室纵裂，药隔不发；雌球花具长梗，梗端常分两叉，稀 3～5 叉或不分叉，每叉顶生一盘状珠座，胚珠着生于其上，通常仅一个叉端的胚珠发育成种子，风媒传粉。种子具长梗，下垂，常为椭圆形、长倒卵形、卵圆形或近圆球形，长 2.5～3.5 cm，直径 2 cm，外种皮肉质，成熟时黄色或橙黄色，外被白粉，有臭味；中种皮白色，骨质，具 2～3 条纵脊；内种皮膜质，淡红褐色；胚乳肉质，味甘略苦；子叶 2 枚，稀 3 枚，发芽时不出土，初生叶 2～5 片，宽条形，长约 5 mm，宽约 2 mm，先端微凹，第 4 或第 5 片起之后生叶扇形，先端具一深裂及不规则的波状缺刻，叶柄长 0.9～2.5 cm；有主根。花期 3—4 月，种子成熟期 9—10 月。

2. 生长习性

银杏喜光，对气候、土壤的适应性较强，能在高温多雨及雨量稀少、冬季寒冷的地区生长。生于酸性土壤（pH 值 4.5）、石灰性土壤（pH 值 8）及中性土壤上，不耐盐碱土及过湿的土壤。

3. 繁殖技术

（1）种子繁殖

种子干藏或沙藏后，于水中浸泡 2～6 d，然后进行加温催芽，发芽后播种于苗床。

（2）分蘖繁殖

7—8月在根蘖茎部进行环形剥皮后培土，1个多月后环剥处可发出新根，翌年春季可切离母体定植。

（3）扦插繁殖

3—4月选取母株上 1～2 年生生长健壮、发育充实的枝条，剪成 10～15 cm 长的插条，扦插于细黄沙或疏松的土壤中，保持土壤湿润，约 40 d 即可生根。

（4）嫁接繁殖

3月中旬至4月上旬采用皮下枝接、剥皮接或切接等方法进行嫁接。选择 3～4 年生枝上具 4 个芽左右的短枝作接穗，每株接 3～5 枝。

4. 栽培技术

（1）选地

选择地势高、排水性好、土层深厚、土质疏松肥沃的沙壤土地为种植地。

（2）移栽

移栽最好在春季萌芽前或秋季落叶后。移栽前挖定植穴，穴宽和穴深均为 50 cm 左右，每穴施腐熟有机肥料 20 kg，与底土混合，覆盖厚 10 cm 的细土，栽入银杏幼苗，株行距 3 m×4 m。

（3）田间管理

①水肥管理

开花初期将 0.5% 尿素和 0.3% 磷酸二氢钾配制成水溶液，每月喷 1 次。幼苗生长稳定后每 1～2 个月浇水 1 次，定植 3 年后一般不需再浇水。

②病害

病害主要有干腐病和叶枯病，两者均为真菌性病害。

（4）采收

果实逐渐变为黄色、出现诸多褶皱且果核变硬时即可采收，去掉果皮，洗净，晒干。

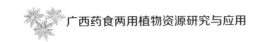

5. 成分

银杏主要含有淀粉、蛋白质、脂类、氨基酸、矿物质元素等营养成分，所含脂类成分主要包括甘油酯、复合酯、固醇酯、固醇等，含有的矿物质元素包括钙、镁、磷、铁、锌、锰、硒、铜等。

6. 性味归经

味苦、辛，性温；归肺经、脾经。

7. 功能与主治

具有敛肺定喘、止带浊、缩小便的功效，主治痰多喘咳、带下白浊、遗尿尿频等症。

8. 药理作用

具有抗菌、杀虫、调节血脂、镇咳平喘、抗衰老、抗氧化、抗凋亡、改善脑血流、保护神经、抑制血小板活性等作用。

9. 常见食用方式

种仁可炒食、烤食、煮食、作配菜，还可制作糕点、蜜饯、罐头、饮料和泡酒等。

（1）银杏烧鸡

【用料】鲜嫩母鸡 1 只（重约 1250 g）、银杏 250 g、绍酒 30 g、姜片 15 g、食盐 10 g。

【制法】将备好的鸡冷水入锅，烧至将沸时取出，洗净待用。银杏壳敲开，置于开水锅略焯，剥壳洗净。将鸡放入锅中，加水，放姜片、绍酒，加盖焖煮 30 min 左右。鸡半熟、汤汁趋浓后倒入砂锅内，放入银杏、食盐，加盖文火烧 15 min，鸡肉酥烂、汤浓时出锅。

（2）冬瓜银杏盅

【用料】小冬瓜 1000 g、清汤 500 g、冬菇 100 g、味精 1 g、冬笋 100 g、食盐 15 g、山药 100 g、熟豆油 25 g、银杏仁 100 g、香菜段 10 g、莲子 100 g。

【制法】小冬瓜洗净刮皮，上端切下 1/3 作盖，挖去瓜籽和瓜瓤，放入开水中烫至六成熟，凉水中浸泡冷透。取冬菇、冬笋、山药洗净切成 1 cm 见方的小丁，与银杏仁、莲子放锅内，加适量水用武火烧开，再改文火煨 5 min，倒入冬瓜盅内。加入清汤、味精、食盐和熟豆油，盖上盖，上屉蒸 15 min 即可。

余甘子

拉丁学名：*Phyllanthus emblica* L.。

科　　属：大戟科（Euphorbiaceae）叶下珠属（*Phyllanthus*）。

食用部位：果实。

1. 植物形态

乔木，高达 23 m，胸径 50 cm；树皮浅褐色；枝条具纵细条纹，被黄褐色短柔毛。叶片纸质至革质，二列，线状长圆形，长 8 ～ 20 mm，宽 2 ～ 6 mm，顶端截平或钝圆，有锐尖头或微凹，基部浅心形而稍偏斜，上面绿色，下面浅绿色，干后带红色或淡褐色，边缘略背卷；侧脉每边 4 ～ 7 条；叶柄长 0.3 ～ 0.7 mm；托叶三角形，长 0.8 ～ 1.5 mm，褐红色，边缘有睫毛。多朵雄花和 1 朵雌花或全为雄花组成腋生的聚伞花序；萼片 6 枚；雄花：花梗长 1.0 ～ 2.5 mm；萼片膜质，黄色，长倒卵形或匙形，近相等，长 1.2 ～ 2.5 mm，宽 0.5 ～ 1.0 mm，顶端钝或圆，边缘全缘或有浅锯齿；雄蕊 3 枚，花丝合生成长 0.3 ～ 0.7 mm 的柱，花药直立，长圆形，长 0.5 ～ 0.9 mm，顶端具短尖头，药室平行，纵裂；花粉近球形，直径 17.5 ～ 19.0 μm，具 4 ～ 6 孔沟，内孔多长椭圆形；花盘腺体 6 条，近三角形；雌花：花梗长约 0.5 mm；萼片长圆形或匙形，长 1.6 ～ 2.5 mm，宽 0.7 ～ 1.3 mm，顶端钝或圆，较厚，边缘膜质，多少具浅锯齿；花盘杯状，包藏子房达一半以上，边缘撕裂；子房卵圆形，长约 1.5 mm，3 室，花柱 3 条，长 2.5 ～ 4.0 mm，基部合生，顶端 2 裂，裂片顶端再 2 裂。蒴果呈核果状，圆球形，直径 1.0 ～ 1.3 cm，外果皮肉质，绿白色或淡黄白色，内果皮硬壳质；种子略带红色，长 5 ～ 6 mm，宽 2 ～ 3 mm。花期 4—6 月，果期 7—9 月。

2. 生长习性

余甘子为阳生树种，耐旱耐瘠。对土壤的适应性极强，在沙质壤土、赤红壤土、碎石砾地、土层浅薄瘦瘠的山腰或山顶均能生长，以土层深厚的酸性赤红壤土生长较好，不宜生长于钙质土。

3. 繁殖技术

（1）种子繁殖

采收种子后沙藏，翌年 2—3 月进行播种。播种前用 40 ℃温水浸种 24 h，播种株行距（10 ～ 12）cm×（15 ～ 20）cm，播种后覆厚 1 ～ 2 cm 的土并淋透水。

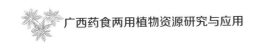

（2）嫁接

砧木径粗 0.8 cm 以上即可嫁接。嫁接部位选取高出地面 10 ～ 15 cm 处，接穗应选取优良母株中上部健壮的 2 年生枝条，采穗前 7 d 对枝条进行摘心。

4. 栽培技术

（1）选地

栽培区年平均气温宜在 20.0 ～ 20.5 ℃，不宜种植在霜冻期长的地区。余甘子树对土壤适应性广，但以土层深厚、富含有机质、土质疏松保水的微碱或微酸性土壤地建园最佳。

（2）整地

整地做畦，畦面宽 1.0 ～ 1.2 m，畦高 20 ～ 25 cm，畦距 40 ～ 45 cm。基肥可用腐熟的有机肥料或土杂肥，撒施于畦面即可。

（3）移栽

2—4 月春植或 9—10 月秋植，春植更佳。定植前挖长、宽、深各 0.7 ～ 0.8 m 的方穴，株行距 2 m×3 m，110 株 / 亩。将已用黄泥浆浆根的苗木放入穴内定植，埋细土并压实，淋足定根水。

（4）田间管理

①水肥管理

幼树新梢长 5 cm 时进行第 1 次淋肥，以尿素 10 g/ 株用水稀释淋施，每隔半个月 1 次。成年树一般追肥 2 次，5 月左右施壮果肥，施复合肥料 0.5 kg/ 株 + 钾肥 0.4 kg/ 株 + 腐熟的有机肥料 5 kg/ 株。第 2 次在 10—11 月，施钾肥 0.5 kg/ 株 + 磷肥 0.5 kg/ 株 + 土杂肥 10 kg/ 株。在新梢抽生期、盛花期和幼果生长期进行灌水利于提高坐果率并促进果实生长发育。

②中耕除草与土壤改良

幼龄果园每年春季至秋季中耕除草 3 ～ 4 次。定植 2 ～ 3 年后每年冬季进行扩穴，一般在定植后 2 ～ 4 年内完成全园的扩穴。成年树采果后应结合施肥进行 1 次深翻改土。

③病虫害

病害主要有锈病和炭疽病，虫害主要有卷叶蛾。

（5）采收

野生余甘子成熟期一般在 10—12 月，栽培的成熟期一般在 8 月至翌年 2 月。可人工采摘或摇动树干震落果实。

5. 成分

余甘子含有多种矿物质、维生素 C 以及果酸、单糖、双糖、淀粉、纤维素、半纤维素、果胶、胡萝卜素、烟酸和单宁。此外，还富含人体所需的 18 种氨基酸。

6. 性味归经

味甘、酸、涩，性凉；归胃经、肺经。

7. 功能与主治

具有清热凉血、消食健胃、生津止咳的功效，主治血热血瘀、消化不良、腹胀、咳嗽、喉痛、口干等症。

8. 药理作用

具有抗氧化、抗突变、抗肿瘤、抗菌、抗炎、抗病毒、保护肝脏、保护心血管等作用。

9. 常见食用方式

果实可生食、蘸酱料吃，也可使用盐水、甘草、蜂蜜等浸泡后食用，还可用于煮汤、炖肉、腌制、泡酒或制作果酱。

（1）余甘子银杏龙眼肉粥

【用料】余甘子 20 g、银杏 30 g、龙眼肉 5 粒、大米 150 g。

【制法】将大米、余甘子洗净，银杏去壳，4 种材料一起放入锅中，加适量清水，煮至米烂粥稠即可。

（2）余甘子饮

【用料】余甘子 15 个、知母 5 g。

【制法】将余甘子、知母水煎，去渣取汁即可。

玉竹

拉丁学名：*Polygonatum odoratum*（Mill.）Druce。

科　　属：天冬门科（Asparagaceae）黄精属（*Polygonatum*）。

食用部位：根、茎。

1. 植物形态

根状茎圆柱形，直径 5～14 mm。茎高 20～50 cm，具 7～12 叶。叶互生，椭圆形至卵状矩圆形，长 5～12 cm，宽 3～16 cm，先端尖，下面带灰白色，下面脉上平滑至呈乳头状粗糙。花序具 1～4 朵花（在栽培情况下，可多至 8 朵），总花梗（单花时为花梗）长 1.0～1.5 cm，无苞片或有条状披针形苞片；花被黄绿色至白色，全长 13～20 mm，花被筒较直，裂片长 3～4 mm；花丝丝状，近平滑至具乳头状突起，花药长约 4 mm；子房长 3～4 mm，花柱长 10～14 mm。浆果蓝黑色，直径 7～10 mm，具 7～9 粒种子。花期 5—6 月，果期 7—9 月。

2. 生长习性

玉竹分布于海拔 500～3000 m 地区。喜凉爽潮湿荫蔽环境，耐寒，多生长于山野阴湿处、林下及落叶丛中。以土层深厚、排水性良好、土质肥沃的黄沙壤土或红壤土生长较好。

3. 繁殖技术

（1）种子繁殖

播种前常用沙藏法（4 ℃低温沙藏处理 25 d）解除种子休眠，选取饱满坚实、无病虫害、无机械损伤的种子进行播种，春季一般在 4 月下旬至 5 月上旬进行，秋季一般在 9 月下旬至 10 月上旬进行。

（2）种茎繁殖

选取健壮、颜色黄白、顶芽饱满、须根多、芽端整齐、略向内凹的肥大根状茎作种。将种茎于 50% 多菌灵 500 倍稀释液中浸泡 30 min，捞出晾干后栽植。春季在 4 月中下旬种茎萌芽前进行，秋季在 9 月下旬至 10 月上旬进行。

4. 栽培技术

（1）选地

选择背风向阳、排水性良好、土质疏松肥沃、土层深厚的沙质壤土地，忌土质黏重、瘠薄、地势低洼和易积水的地段。忌连作，前茬最好是豆科植物。

（2）整地

进行穴状或带状整地，穴规格为 30 cm×20 cm×20 cm，带状规格为宽 20 cm，深 15 cm，长度据实际情况而定。

（3）移栽

3月下旬至4月上旬或10月中下旬进行。先将带有顶芽的根茎按大小芽苞分级，在畦面上横向开深8 cm左右的沟，将根茎段芽苞朝一个方向并向上倾斜排列于沟底，覆盖厚约8 cm的细土。

（4）田间管理

①水肥管理

施肥以有机肥料为主，辅以少量化肥（如尿素、复合肥料及磷肥）。栽植时施底肥，第1年不用追肥。第2年第1次施肥在春季萌芽或开花前，每亩施1500～2500 kg腐熟的有机肥料或配合施用尿素和过磷酸钙各15 kg；第2次施肥在进入休眠期时进行，每亩施用1500～2000 kg腐熟的有机肥料。玉竹喜湿怕涝，应保持土壤湿润，多雨季节应做好排水防涝工作。

②除草

出苗后需及时除草，尽量手工除草，锄铲易碰伤根状茎，导致腐烂。

③病虫害

病害主要有灰斑病、褐斑病、叶面斑、灰霉病，虫害较少。

（5）采收

7月下旬至8月中旬用刀贴地割去茎叶，然后顺行挖根，抖去泥沙，用编织袋装好。

5. 成分

玉竹富含胡萝卜素、维生素 B_2、维生素 C_2，还含有钙、镁、磷、钠、铁、锰、锌、铜等多种矿物质元素。

6. 性味归经

味甘，性微寒；归肺经、胃经。

7. 功能与主治

具有养阴润燥、生津止渴的功效，主治肺胃阴伤、燥热咳嗽、咽干口渴、内热消渴等症。

8. 药理作用

具有抗氧化、降血糖、抗肿瘤、增强机体免疫力、抑菌、护肝、抗疲劳、抗炎等作用。

9. 常见食用方式

玉竹根茎常用于泡茶、煲汤、煮粥等。

（1）玉竹粥

【用料】玉竹 20 g、粳米 100 g、冰糖适量。

【制法】玉竹洗净，切碎，加水煎煮，去渣取汁后放入粳米，煮成稀粥，再放入冰糖，略煮片刻即可。

（2）玉竹薏苡仁粥

【用料】玉竹 15 g、薏苡仁 30 g。

【制法】将玉竹、薏苡仁放入锅内，加水 500 mL，煮至薏苡仁熟即可。

（3）玉竹银耳汤

【用料】玉竹 20 g、银耳 15 g、冰糖适量。

【制法】银耳泡软洗净，再将玉竹、银耳放入锅内，煮沸，加冰糖即可。

芫荽

拉丁学名：*Coriandrum sativum* L.。

科　　属：伞形科（Apiaceae）芫荽属（*Coriandrum*）。

食用部位：全草、果实。

1. 植物形态

1年生或2年生，有强烈气味的草本植物，高20～100 cm。根纺锤形，细长，有多数纤细的支根。茎圆柱形，直立，多分枝，有条纹，通常光滑。根生叶有柄，柄长2～8 cm；叶片一回或二回羽状全裂，羽片广卵形或扇形半裂，长1～2 cm，宽1.0～1.5 cm，边缘有钝锯齿、缺刻或深裂，上部的茎生叶三回以至多回羽状分裂，末回裂片狭线形，长5～10 mm，宽0.5～1.0 mm，顶端钝，全缘。伞形花序顶生或与叶对生，花序梗长2～8 cm；伞辐3～7个，长1.0～2.5 cm；小总苞片2～5枚，线形，全缘；小伞形花序有孕花3～9朵，花白色或带淡紫色；萼齿通常大小不等，小的卵状三角形，大的长卵形；花瓣倒卵形，长1.0～1.2 mm，宽约1 mm，顶端有内凹的小舌片，辐射瓣长2.0～3.5 mm，宽1～2 mm，通常全缘，有3～5脉；花丝长1～2 mm，花药卵形，长约0.7 mm；花柱幼时直立，果实成熟时向外反曲。果实圆球形，背面主棱及相邻的次棱明显。胚乳腹面内凹。油管不明显，或有1个位于次棱的下方。花果期

4—11月。

2.生长习性

能耐 -1 ～ 2 ℃的低温，适宜生长温度为 17 ～ 20 ℃，超过 20 ℃生长缓慢，30 ℃则停止生长。对土壤要求不严，以土壤结构好、保肥保水性能强、有机质含量高的土壤为宜。

3.繁殖技术

播种前将包在果皮内的种子搓开，浸种 2 ～ 24 h，捞出控水，以种子呈半湿润状态为宜，在背阴处的苇席上催芽（适温为 15 ℃左右，每天翻动 1 次，3 ～ 4 d 用清水淘洗 1 遍），出芽量达 70% 左右时均匀撒播，播种后覆土厚约 1 cm。如土壤墒情好，可不催芽，直接开浅沟条播。

4.栽培技术

（1）选地

选择阴凉、土质疏松肥沃、有机质含量高的壤土地块。

（2）整地

结合施肥进行深耕，施腐熟的有机肥料（1500 ～ 2000 kg/ 亩）+ 过磷酸钙（10 kg/ 亩）+ 复合肥料（5 kg/ 亩），整平耙细，做畦，畦宽 1.2 ～ 1.5 m，开深 15 cm 的畦沟排灌。

（3）移栽

苗高 3 ～ 5 cm 时定植，株行距为 5 cm × 10 cm。

（4）田间管理

①水肥管理

幼苗期浇水不宜过多，3 ～ 4 d 浇 1 次为宜。施肥结合浇水进行，以速效肥为主。

②中耕除草

苗高 3 ～ 4 cm 时及时中耕除草及间苗。

③病虫害

病害主要有苗期猝倒病、成株期病毒病、斑枯病和炭疽病，虫害主要有蚜虫。

（5）采收

幼苗出土 30 ～ 50 d、高 15 ～ 20 cm 时即可间拔采收。

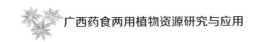

5. 成分

芫荽富含维生素 C、胡萝卜素、维生素 B_1、维生素 B_2、苹果酸钾等营养成分，还含有丰富的矿物质，如钙、铁、磷、镁等，其挥发油成分有正葵醛、壬醛和芳樟醇等。

6. 性味归经

味辛，性温；归肺经、脾经、肝经。

7. 功能与主治

具有发表透疹、健胃的功效，主治麻疹不透、感冒无汗、消化不良、食欲缺乏等症。

8. 药理作用

具有降血糖、抗氧化、抗焦虑、利尿、降胆固醇等作用。

9. 常见食用方式

香菜可作为蔬菜生食、泡茶或做菜用，常作配料放于各类凉拌、炒菜、汤菜中，也可与其他水果混合打成汁饮用。

香菜拌木耳

【用料】木耳 1 把，香菜 3 棵，洋葱 1 个，花椒油、凉拌酱油、醋、食盐、白砂糖、香油、熟芝麻各适量。

【制法】将木耳泡发洗净，焯水，过冷水，去掉根蒂，挤干水分；洋葱去皮，切薄片；香菜切碎。将洋葱、木耳放入容器中，加香菜、花椒油、凉拌酱油、醋、食盐、白砂糖、香油拌匀，撒上熟芝麻即可。

枣

拉丁学名：*Ziziphus jujuba* Mill.。

科　　属：鼠李科（Rhamnaceae）枣属（*Ziziphus*）。

食用部位：果实。

1. 植物形态

落叶小乔木，稀灌木，高达 10 m；树皮褐色或灰褐色；有长枝，短枝和无芽小枝（即新枝）比长枝光滑，紫红色或灰褐色，呈"之"字形曲折，具 2 个托叶刺，长刺可达 3 cm，粗直，短刺下弯，长 4 ～ 6 mm；短枝短粗，矩状，自老枝发出；当年生小枝绿色，下垂，单生或 2 ～ 7 个簇生于短枝上。叶纸质，卵形，卵状椭圆形，或卵状矩圆形；长 3 ～ 7 cm，宽 1.5 ～ 4.0 cm，顶端钝或圆形，稀锐尖，具小尖头，基部稍不对称，近圆形，边缘具圆齿状锯齿，上面深绿色，无毛，下面浅绿色，无毛或仅沿脉多少被疏微毛，基生三出脉；叶柄长 1 ～ 6 mm，或在长枝上的可达 1 cm，无毛或有疏微毛；托叶刺纤细，后期常脱落。花黄绿色，两性，5 基数，无毛，具短总花梗，单生或 2 ～ 8 个密集成腋生聚伞花序；花梗长 2 ～ 3 mm；萼片卵状三角形；花瓣倒卵圆形，基部有爪，与雄蕊等长；花盘厚，肉质，圆形，5 裂；子房下部藏于花盘内，与花盘合生，2 室，每室有 1 胚珠，花柱 2 半裂。核果矩圆形或长卵圆形，长 2.0 ～ 3.5 cm，直径 1.5 ～ 2.0 cm，成熟时红色，后变为红紫色，中果皮肉质，厚，味甜，核顶端锐尖，基部锐尖或钝，2 室，具 1 ～ 2 粒种子，果梗长 2 ～ 5 mm；种子扁椭圆形，长约 1 cm，宽 8 mm。花期 5—7 月，果期 8—9 月。

2. 生长习性

枣生于海拔 1700 m 以下的山区、丘陵或平原。喜干燥冷凉气候，喜光、耐寒、耐旱、耐盐碱，耐 –31.3 ℃ 的低温，也耐 39.3 ℃ 的高温。在向阳干燥的山坡、丘陵、荒地、平原及路边均可种植。

3. 繁殖技术

（1）种子繁殖

春播种子需沙藏处理，秋播在 10 月中下旬进行。按株行距（7 ～ 10）cm × 33 cm 开沟，沟深 7 ～ 10 cm，播种后覆厚 2 ～ 3 cm 的土并浇水保湿。

（2）分株繁殖

将老株根部萌发的新枝连根分离即可栽种。

（3）嫁接繁殖

以酸枣为砧木，采用芽接、切接、皮下接、根接等方法进行嫁接。

4. 栽培技术

（1）选地

选择向阳干燥的山坡、丘陵、荒地、平原及路边均可，沙土或沙壤土最适。

（2）整地

挖长、宽、深均为 60 cm 的栽植坑，株行距为 2 m × 3 m。

（3）移栽

栽植一般在 4 月进行。栽植时先将枣苗根系蘸浆，扶正后填土栽植。栽植时根颈部要略高于地表，嫁接口露出地面 5 cm 左右为宜。栽植后在 25 ～ 40 cm 处定干。

（4）田间管理

①水肥管理

施肥一般在 10 月底至翌年枣树萌芽前进行，以腐熟的农家肥、棉粕和有机菌肥为主，幼树施肥位置距树干 50 ～ 70 cm，盛果期树距树干 100 ～ 150 cm，开沟深施，沟深 40 ～ 50 cm。枣树 1 年可进行 5 次大型灌溉，最佳灌溉期为催芽期、助花水、促果水、膨果水以及封冻水时期。

②枝叶处理

冬季修剪一般在 3—4 月上旬进行，修剪过密枝、重叠枝和病虫枝。夏季对枣树进行抹芽和摘心。树形主要为主干疏散分层形，树高 3.0 ～ 3.5 m，有明显的中央主干，全树主枝 7 个，分 3 层着生在中央主干上，层间距 0.6 ～ 0.8 m，主枝开张角度 70° ～ 80°，每个主枝上留侧枝 2 ～ 3 个，侧枝间距 50 ～ 70 cm。

③花期管理

盛花期每 7 d 喷施 1 次 10 ～ 20 mg/kg 的赤霉素，共 2 次。

④果期管理

因树定产，壮树每个枣吊留 1 ～ 3 个果，中庸树每个枣吊留 1 ～ 2 个果，弱树 2 个枣吊留 1 个果，每亩鲜果产量控制在 1000 ～ 1500 kg。

⑤病虫害

病害主要有枣锈病、炭疽病和斑点落叶病等，虫害主要有绿盲蝽象、枣瘿蚊、桃小食心虫、红蜘蛛和枣尺蠖等。

（5）采收

一般 9 月中旬开始成熟，采收果实，拣净，直接晒干或烘至皮软再晒干。

5. 成分

枣含有丰富的蛋白质、脂肪、纤维素、氨基酸等，还含有钾、钠、铁、铜等多种矿物质元素。

6. 性味归经

味甘，性温；归胃经、脾经。

7. 功能与主治

具有补脾胃、益气血、安心神、调营卫、和药性的功效，主治月经不调、红崩、白带等症。

8. 药理作用

具有抗氧化、抗过敏、抗疲劳、提高机体免疫力、抑制癌细胞等作用。

9. 常见食用方式

果实可直接食用或制作成干果、蜜饯，也可以作为配料用于炖肉、做汤羹甜品、煮粥等。

（1）红枣花旗参鸡汤

【用料】鸡半只、大枣4个、水发冬菇3个、花旗参4段、生姜8片、食盐适量。

【制法】鸡剁块，与大枣、生姜、花旗参、冬菇放入锅中，武火熬煮，撇去油和杂物，沸后改慢火煮60 min，放食盐即可。

（2）红枣补血养颜粥

【用料】大枣、红豆、黑米、花生、大米、红糖（冰糖）各适量。

【制法】将红豆、黑米、大米和花生洗净，浸泡40 min。将大枣与泡好的红豆、黑米、大米、花生倒入锅中，加水，武火烧开后改文火煮50 min左右，调入红糖或冰糖即可。

栀子

拉丁学名：*Gardenia jasminoides* Ellis。

科　　属：茜草科（Rubiaceae）栀子属（*Gardenia*）。

食用部位：花、果实。

1. 植物形态

常绿灌木，高0.5～2.0 m，幼枝有细毛。叶对生或三叶轮生，革质，长圆状披针形或卵状披针形，长7～14 cm，宽2～5 cm，先端渐尖或短渐尖，全缘，两面均光滑，基部楔形；有短柄；托叶膜质，基部合成一鞘。花单生于枝端或叶腋，大形，白色，极香；花梗极短，常有棱；萼管卵形或倒卵形，上部膨大，先端5～6裂，裂片线形或线状披针形；花冠旋卷，高脚杯状，花冠管狭圆柱形，长约3 mm，裂片

5 枚或更多，倒卵状长圆形；雄蕊 6 枚，着生于花冠喉部，花丝极短或缺，花药线形；子房下位 1 室，花柱厚，柱头棒状。果实倒卵形或长椭圆形，有翅状纵棱 5 ～ 8 条，长 2.5 ～ 4.5 cm，黄色，果实顶端有宿存花萼。花期 5—7 月，果期 8—11 月。

2. 生长习性

栀子喜温暖湿润气候，不耐寒冷。一般栽培于气候温和海拔 1000 m 以下的山区、丘陵地带的疏林下或林缘空旷地。以有机质丰富、养分含量高、微酸性至中性的土壤为宜。

3. 繁殖技术

（1）种子繁殖

10—11 月采摘成熟果实，取出种子，洗净晾干，拌草木灰贮藏。可选择春播（雨水前后）或秋播（秋分前后）。

（2）扦插繁殖

梅雨季节选 1 年生健壮枝条，剪成约 15 cm 长的插条，上部留叶 2 ～ 3 片，将 2/3 的插条埋入沙质土中。

（3）压条繁殖

一般在清明前后或梅雨季节进行。取母株上 1 年生健壮枝条进行压条，长 25 ～ 30 cm，及时浇水促进基部生根，6—7 月或翌年春季将新植株与母株分离。

4. 栽培技术

（1）选地

选择土层深厚、土质疏松肥沃、排水性良好的弱酸性或中性土壤地块。

（2）整地

翻耕 30 ～ 50 cm，施入人畜粪水 400 ～ 600 kg/ 亩。播种前起垄，垄宽 150 cm 左右，垄高 20 cm，垄面开沟待种，沟深 3 cm，行距 20 ～ 24 cm。

（3）移栽

冬、春季均可移栽。栽种前挖栽植穴，穴径 30 cm、深 25 cm，株行距 100 cm × 150 cm，穴内施基肥（有机肥料 2 kg/ 穴 + 复合肥料 0.2 kg/ 穴），移栽苗用黄泥浆蘸根并适当修剪，栽植深度较原土痕深 1 ～ 2 cm 为宜，覆土压实，浇透定根水。

（4）田间管理

①深翻

每年冬季沿根周围深翻，可预防病虫害和根部老化，并可促进高产。

②水肥管理

栀子喜肥，冬季施基肥，以农家肥为主，用量为 3000 ～ 4000 kg/ 亩。开花前追施氮、磷、钾肥，花期和果期追施钾肥。结果树在花前、花后和果实生长期间若遇干旱，要适时浇水 2 ～ 3 次。

③修枝

每年 5 月、6 月、7 月各修剪 1 次，去顶梢促分枝，以形成完整树冠。

④除草松土

幼树每年 4—6 月和 8—9 月分别进行 1 次除草松土，进入结果盛期后每年 6—7 月进行 1 次除草松土。

⑤抹芽和摘心

移栽后的 2 年内需及时抹除多余的芽和蘖。当主枝和侧枝长到 50 ～ 60 cm 时摘除顶芽。

⑥病虫害

病害主要有褐斑病、炭疽病、煤污病、根腐病和黄化病等，虫害主要有蚜虫和介壳虫等。

（5）采收

花期一般在 5 月中旬至 7 月下旬，前期花结实率高、果实大、质量佳，宜留用不采。食用花的采摘一般在开花授粉结籽后进行。

5. 成分

栀子主要含环烯醚萜类、单萜苷类、二萜类、三萜类、有机酸酯类、黄酮类、挥发油、多糖及各种微量元素等成分。

6. 性味归经

味苦，性寒；归心经、肝经、肺经、胃经。

7. 功能与主治

具有泻火除烦、清热利尿、凉血解毒的功效，主治热病心烦、黄疸尿赤、血淋涩痛、血热吐衄、目赤肿痛、火毒疮疡等症。

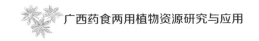

8. 药理作用

主要具有利胆、保肝、抗炎、抗肿瘤以及改善血液循环、抗血栓、预防脑出血等作用。

9. 常见食用方式

栀子花可泡茶、凉拌、炒食、做汤或制作蜜饯。果实可作为配料用于煮汤或煮粥。

（1）栀子花鲜汤

【用料】栀子花 150 g，瘦猪肉 100 g，榨菜丝 30 g，葱花、姜丝各适量。

【制法】栀子花去杂洗净，稍焯，沥干水；瘦猪肉切丝；锅中加水，煮沸后放入栀子花、瘦猪肉、榨菜丝，再煮至瘦猪肉漂起，加葱花、姜丝即可。

（2）栀子仁粥

【用料】栀子仁末 5 g、粳米 100 g。

【制法】用粳米煮稀粥，粥将熟时调入栀子仁末稍煮即成。

芝麻

拉丁学名：*Sesamum indicum* L.。

科　　属：胡麻科（Pedaliaceae）胡麻属（*Sesamum*）。

食用部位：种子。

1. 植物形态

直立或匍匐草本植物。叶生于下部的对生，其他的互生或近对生，全缘、有齿缺或分裂。花腋生、单生或数朵丛生，具短柄，白色或淡紫色。花萼小，5 深裂。花冠筒状，基部稍肿胀，檐部裂片 5 枚，圆形，近轴的 2 片较短。雄蕊 4 枚，2 强，着生于花冠筒近基部，花药箭头形，药室 2 个。花盘微凸。子房 2 室，每室再由一假隔膜分为 2 室，每室具有多数叠生的胚珠。蒴果矩圆形，室背开裂为 2 果瓣。种子多数。

2. 生长习性

喜温、耐旱，在中国的黄淮平原、南阳盆地和长江中下游地区广泛种植。

3. 繁殖技术

主要是种子繁殖。播种前 1 ～ 2 d 将种子均匀曝晒，采用风选或水选方式进行选种。播种前用 50 ～ 55 ℃温水浸种 10 ～ 15 min，或用 0.5% 硫酸铜水溶液浸种

30 min，再用 0.1% ～ 0.3% 多菌灵或百菌清拌种。开深 3 ～ 4 cm 的播种沟播种，播种深 2 ～ 3 cm，覆土厚 2 cm。

4. 栽培技术

（1）选地

选择地势高燥、排灌方便、土层深厚、土质松软、土壤肥沃且保水保肥能力强的地块，盐碱地和酸性强的土壤不宜种植。

（2）整地

耕翻整地，开沟做畦，做好排水防涝工作。

（3）田间管理

①水肥管理

芝麻生育期短但需肥较多，应重施底肥。一般底肥施用农家肥（22500 ～ 30000 kg/ hm²）+ 磷肥（225 ～ 300 kg/hm²）+ 草木灰（750 kg/ hm²）或钾肥（75 kg/ hm²），幼苗期、花蕾期和盛花期需分期追肥。芝麻抗旱能力较强，一般旱害对其影响不大，但旱害严重时应每 13 ～ 15 d 灌水 1 次。

②间苗

一般进行 2 次间苗，第 1 次间苗在出苗后 3 ～ 5 d（1 对真叶期）进行，第 2 次间苗在 2 ～ 3 对真叶期进行。进入 3 ～ 4 对真叶期时定苗，点播的每穴留苗 2 ～ 3 株，撒播和条播的保持适当的苗距即可。

③摘心

摘心一般在收获前 30 ～ 35 d 进行，摘去植株顶端 2 ～ 3 cm。

④除草

除草应做到早发现、早防除。

⑤病虫害

病害主要有立枯病、花叶病、细菌性角斑病和根腐病等，虫害主要有刺蛾、地老虎、金龟子和斜纹夜蛾等。

（4）采收

大部分叶和蒴果变黄色、下部有少数蒴果开裂、种子呈固有光泽时收割，捆成直径 15 ～ 20 cm 的小捆，及时晾晒，用手或小木棍轻轻拍打使种子脱离果荚，收集种子。

5. 成分

芝麻富含不饱和脂肪酸、脂溶性维生素、人体非必需氨基酸等营养成分，还含有丰富的铁、钙等矿物质。

6. 性味归经

味甘，性平；归肝经、肾经、大肠经。

7. 功能与主治

具有补肝肾、益精血、润肠燥的功效，主治头晕眼花、耳鸣耳聋、须发早白、病后脱发、肠燥便秘等症。

8. 药理作用

具有降血糖、促肾上腺分泌、抗炎、致泻、预防冠状动脉硬化等作用。

9. 常见食用方式

种子可炒食，磨成粉做芝麻酱、芝麻糊食用，也可作包子、汤圆馅料，还可作配料用于做菜肴、糕点、面包或甜点。

芝麻饴糖羹

【用料】芝麻粉 150 g、生甘草 30 g、饴糖（麦芽糖）150 g。

【制法】生甘草洗净，入锅，加适量水，文火煮 30 min，取汁，加入饴糖（麦芽糖），待烊化后加入芝麻粉，煮成糊状即可。

紫苏

拉丁学名：*Perilla frutescens*（L.）Britt.。

科　　属：唇形科（Lamiaceae）紫苏属（*Perilla*）。

食用部位：叶、茎。

1. 植物形态

1 年生直立草本植物。茎高 0.3 ～ 2.0 m，绿色或紫色，钝四棱形，具四槽，密被长柔毛。叶阔卵形或圆形，长 7 ～ 13 cm，宽 4.5 ～ 10.0 cm，先端短尖或突尖，基部圆形或阔楔形，边缘在基部以上有粗锯齿，膜质或草质，两面均绿色或紫色，或仅下面紫色，上面被疏柔毛，下面被贴生柔毛，侧脉 7 ～ 8 对，位于下部者稍靠近，斜上升，与中脉在上面微突起、下面明显突起，色稍淡；叶柄长 3 ～ 5 cm，背腹扁平，密被长柔毛。轮伞花序 2 朵花，组成长 1.5 ～ 15.0 cm、密被长柔毛、偏向一侧的顶生及腋生总状花序；苞片宽卵圆形或近圆形，长、宽约 4 mm，先端具短尖，外被红褐色腺点，无毛，边缘膜质；花梗长 1.5 mm，密被柔毛。花萼钟形，10 脉，长约 3 mm，直伸，下部被长柔毛，夹有黄色腺点，内面喉部有疏柔毛环，结果时增大，长至 1.1 cm，平伸或下垂，基部一边肿胀，萼檐二唇形，上唇宽大，3 枚齿，中齿较小，下唇比上唇稍长，2 枚齿，齿披针形。花冠白色至紫红色，长 3～4 mm，外面略被微柔毛，内面在下唇片基部略被微柔毛，冠筒短，长 2.0～2.5 mm，喉部斜钟形，冠檐近二唇形，上唇微缺，下唇 3 裂，中裂片较大，侧裂片与上唇相似。雄蕊 4 枚，几不伸出，前对稍长，离生，插生于喉部，花丝扁平，花药 2 室，室平行，其后略叉开或极叉开。花柱先端相等 2 浅裂。花盘前方呈指状膨大。小坚果近球形，灰褐色，直径约 1.5 mm，具网纹。花期 8—11 月，果期 8—12 月。

2. 生长习性

紫苏适应性强，对土壤要求不严，沙质壤土、壤土、黏壤土，房前屋后、沟边地边、肥沃的土壤上均可栽培。

3. 繁殖技术

（1）种子繁殖

先整地做畦，畦宽 1.8～2.0 m，畦上开浅沟，沟深 2～3 cm，行距 20 cm。播种时先在沟里浇水，再均匀播入种子，覆盖薄土，保持土壤湿润。

（2）组织培养

紫苏株高约 20 cm 时剪取茎段作为外植体，消毒，将细嫩茎尖和带 1～2 个腋芽的茎段接种到 MS+2.0 mg/L 6-BA+0.5 mg/L NAA 的培养基上进行离体培养和诱导丛芽分化，无菌苗长至 3～4 cm 时剪取带芽茎段接入 MS+3.0 mg/L 6-BA+0.1 mg/L NAA 继代增殖培养基上。以 1/2 MS 基本培养基加 0.2 mg/L NAA 作为生根培养基，将单株未生根幼苗接入进行培养。

4. 栽培技术

（1）选地

对土壤要求不严，排水性良好的沙土、壤土或黏壤土均可种植。可与果树或大株作物进行套种。

（2）整地

结合施肥深翻土壤，翻土深度 20～35 cm，施土杂肥（5000 kg/亩）+有机生物肥（200 kg/亩）+复合肥料（50 kg/亩）。翻后耙平起垄，垄宽 80 cm，垄高

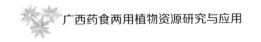

15 ～ 20 cm，沟宽 40 cm。

（3）移栽

苗长至有 6 ～ 8 片真叶、高 10 ～ 15 cm 时选取健壮植株进行定植，每垄 4 行，株行距（18 ～ 20）cm×22 cm，定植后立即浇水，3 d 后浇第 2 次水。

（4）田间管理

①水肥管理

栽植后进行追肥 2 ～ 3 次，第 1 次追肥在缓苗后或定苗后，施尿素 5 ～ 10 kg/ 亩；第 2 次追肥在 5 ～ 20 d 后，施尿素 10 ～ 15 kg/ 亩；第 3 次追肥在花蕾形成前，施尿素 10 kg/ 亩和复合肥料 20 kg/ 亩。移栽苗成活后每半个月浇水 1 次。

②中耕除草

植株封行前结合除草进行中耕 2 ～ 3 次。

③病虫害

病害主要有灰霉病和斑点病等，虫害主要有蝼蛄、蛴螬和地老虎等地下害虫以及斜纹夜蛾、蟋蟀、大灰象甲、蚜虫、红蜘蛛、白粉虱、蓟马等地上害虫。

（5）采收

苏叶可在夏、秋季选取叶或带叶小枝进行采收，也可在秋季割取全株阴干后再收集。苏梗分嫩苏梗和老苏梗，6—9 月采收嫩苏梗，9 月与紫苏籽同时采收老苏梗。采收苏梗时除去小枝、叶和果实，取主茎晒干或切片后晒干。

5. 成分

挥发油是紫苏的主要活性成分，在紫苏茎、叶和花蕾中的含量与其他部位差异明显。紫苏还含有大量对人体有益的粗蛋白、纤维素和不饱和脂肪酸。

6. 性味归经

味辛，性温；归肺经、脾经。

7. 功能与主治

具有解表散寒、行气和胃的功效，主治风寒感冒、咳嗽呕恶、妊娠呕吐等症。

8. 药理作用

具有降血压、抗炎、抑制过敏反应、抗病毒、调节机体免疫力等作用。

9. 常见食用方式

嫩茎叶可生食、凉拌、炒食、煮粥、煮汤、制作紫苏饮或作为调味佐料放于各类菜肴中。

紫苏小卷烘蛋

【用料】小卷 3 尾，鸡蛋 3 个，青葱 2～3 根，蒜头 3 瓣，蛋液调味料、紫苏风味料各适量。

【制法】青葱切成葱花，蒜头切末，小卷切圆小段。打蛋，加入蛋液调味料，搅拌均匀，再加入葱花拌匀。起锅，开小火，加少许油，加入蒜末炒香。再加入小卷拌炒，至小卷卷起关火取出。再起锅，开中小火，加入适量的油，油热后倒入蛋液。放上小卷，转最小火，至底层金黄上色，蛋液凝固成熟，撒上紫苏风味料即可。

第二章　广西药食两用植物品种
（未收入国家药食同源名录）

矮小天仙果

拉丁学名： *Ficus erecta* Thunb.。

科　　属： 桑科（Moraceae）榕属（*Ficus*）。

食用部位： 果实。

1. 植物形态

乔木或灌木，高 2 ～ 7 m，落叶或半落叶。树皮淡灰棕色。小枝无毛或被浓密棕色茸毛。叶片倒卵状椭圆形，长圆形，倒卵形，或狭倒卵形，长 7（～ 25）cm，宽 4（～ 10）cm，厚纸质，无毛或被茸毛，基部圆形至心形，边缘全缘或偶有波状向先端，先端短渐尖或锐尖和短尖；基部侧脉细长，次脉 5 ～ 10 对在中脉两边各向顶部弯曲；托叶早落，红棕色，宽卵形或三角状披针形，约 1 cm，膜质，被微柔毛；叶柄长 1 ～ 4 cm，纤细，无毛或被短柔毛。榕果腋生于正常的叶枝上，单生，成熟时带黄红色至微黑紫色或红色，球状或梨形，直径 1.0 ～ 2.5 cm，无毛或有毛，顶孔脐状。花序梗长 1 ～ 2 cm；总苞片卵状三角形，无毛或被稀疏短柔毛。雄花：多星散，近无柄至有花梗；萼裂片（2 枚或）3（～ 6）枚，椭圆形至卵状披针形；雄蕊 2 ～ 3 枚。瘿花：近无柄至有花梗；萼裂片 3 ～ 5 枚，披针形，长于子房，被短柔毛；子房椭圆形球状；花柱侧生，短；柱头 2 分枝。雌花：萼裂片 3 ～ 6 枚，宽匙形；子房平滑，具短柄；花柱侧生；柱头 2 分枝。花果期 5—6 月。

2. 生长习性

矮小天仙果常生于海拔 400 ～ 800 m 的沟边、海岸沙滩、湖边、林中、山谷、山谷林下、山坡、山坡林下、山坡石缝、溪边。

3. 繁殖技术

（1）扦插繁殖

春季选取含 2 ～ 3 个饱满腋芽、生长健壮的 1 ～ 2 年生硬枝，剪成长约 20 cm 的插穗，上端平剪，下端斜剪，用 ABT 生根粉溶液浸泡 20 ～ 30 min，插入苗床。扦插时顶芽露出地面 2 ～ 3 cm，株行距 20 cm×30 cm。嫩枝扦插在 6—8 月进行，选取半木质化的当年抽生的枝条作插条，扦插处理同硬枝扦插。

（2）嫁接繁殖

2 月下旬至 3 月中旬选取扦插繁殖的砧木进行硬枝劈接。

（3）组织培养

选择未分化的顶芽作外植体，消毒，接种于 MS+1.0 mg/L 6–BA+0.1 mg/L NAA 培养基进行组织培养，然后用 MS+1.0 mg/L BA+NAA 0.1 mg/L+0.2 mg/L GA+30 g/L 蔗糖 + 6.5 ～ 7.0 g/L 琼脂 +89 mg/L 间苯三酚培养基进行增殖培养。

4. 栽培技术

（1）选地

选择有机质含量丰富、土层肥沃、无盐碱的沙壤土地进行栽培。

（2）整地

种植前深翻土地，施腐熟有机肥料（畜禽粪）30 ～ 45 t/hm²、钙镁磷肥 1500 kg/hm² 作底肥，底肥与土壤混合均匀。

（3）移栽

在定植点中挖长、宽、深为 30 cm×30 cm×30 cm 的定植穴，移栽时将苗干根基部放在定植穴中，扶正苗木，边填土边提苗，填土后压实，在定植穴周围挖直径 80 cm 的树盘，灌透水。

（4）田间管理

①施肥

在新梢期、新梢旺长期、幼果生长期、果实迅速膨大期至采果结束时和每 20 ～ 40 d 追肥 1 次。追肥以氮肥、磷肥、钾肥为主，前期以氮肥为主，后期以磷肥、钾肥为主，少量多施。

②中耕除草

及时做好除草工作，浅除或拔除，冬季落叶后浅耕松土。

③摘心与修剪

冬季修剪宜短截，且注意利用主侧枝基部潜伏芽、不定芽萌发长成的枝条。结果树春季枝梢萌发时在每个结果母枝上保留 3 ～ 4 个结果枝，疏除其余枝梢。

④病虫害

病害主要有炭疽病，虫害主要有桑天牛。

（5）采收

果实顶部小孔初开裂时分批采收。

5. 成分

矮小天仙果含有多种碳水化合物和生物碱等多种生命活性物质，还含有铁、钙、磷等矿物质元素。

6. 性味归经

味甘，性平；归肺经、胃经、大肠经。

7. 功能与主治

具有润肺止咳、清热润肠的功效，主治咳喘、咽喉肿痛、便秘、痔疮等症。

8. 药理作用

具有抗氧化、抗癌、抗肿瘤、降血压、降血脂、降血糖等作用。

9. 常见食用方式

果实可直接食用，或用于炖汤。

矮小天仙果炖猪蹄

【用料】矮小天仙果果实 200 g、金针菜 100 g、猪蹄 2 只，生姜、胡椒、大蒜、食盐、味精、葱花各适量。

【制法】将猪蹄切成小块，加生姜、胡椒、大蒜和适量清水与矮小天仙果果实一同煮至烂熟，放金针菜后再煮 30 min，加入食盐、味精、葱花调味即可。

巴戟天

拉丁学名：*Morinda officinalis* F. C. How。

科　　属：茜草科（Rubiaceae）巴戟天属（*Morinda*）。

食用部位：根。

1. 植物形态

藤本植物；肉质根不定位肠状缢缩，根肉略紫红色，干后紫蓝色；嫩枝被长短不一粗毛，后脱落变粗糙，老枝无毛，具棱，棕色或蓝黑色。叶薄或稍厚，纸质，干后棕色，长圆形，卵状长圆形或倒卵状长圆形，长 6～13 cm，宽 3～6 cm，顶端急尖或具小短尖，基部钝、圆形或楔形，边全缘，有时具稀疏短缘毛，上面初时被稀疏、紧贴长粗毛，后变无毛，中脉线状隆起，多少被刺状硬毛或弯毛，下面无毛或中脉处被疏短粗毛；侧脉每边（4～）5～7条，弯拱向上，在边缘或近边缘处相连接，网脉明显或不明显；叶柄长4～11 mm，下面密被短粗毛；托叶长3～5 mm，顶部截平，干膜质，易碎落。花序3～7个，伞形排列于枝顶；花序梗长5～10 mm，被短柔毛，基部常具卵形或线形总苞片1个；头状花序具花4～10朵；花基数（2～）3（～4），无花梗；花萼倒圆锥状，下部与邻近花萼合生，顶部具波状齿2～3个，外侧一齿特大，三角状披针形，顶尖或钝，其余齿极小；花冠白色，近钟状，稍肉质，长6～7 mm，冠管长3～4 mm，顶部收狭而呈壶状，檐部通常3裂，有时4裂或2裂，裂片卵形或长圆形，顶部向外隆起，向内钩状弯折，外面被疏短毛，内面中部以下至喉部密被髯毛；雄蕊与花冠裂片同数，着生于裂片侧基部，花丝极短，花药背着，长约2 mm；花柱外伸，柱头长圆形或花柱内藏，柱头不膨大，2等裂或2不等裂，子房（2～）3（～4）室，每室胚珠1颗，着生于隔膜下部。聚花核果由多花或单花发育而成，成熟时红色，扁球形或近球形，直径5～11 mm，核果具分核（2～）3（～4）个；分核三棱形，外侧弯拱，被毛状物，内面具种子1粒，果柄极短；种子成熟时黑色，略呈三棱形，无毛。花期5—7月，果熟期10—11月。

2. 生长习性

巴戟天生于山谷溪边、山地疏林下。喜温暖气候，宜阳光充足，以排水性良好、土质疏松、富含腐殖质的沙质壤土或黄壤土为佳。

3. 繁殖技术

（1）种子繁殖

9—10月采摘成熟果实，擦破果皮，取出种子。可于10—11月播种，或用沙藏保湿、层积贮藏催芽等法处理后于翌年3—4月播种。采用点播或撒播，经1～2个月种子便可发芽。

（2）扦插繁殖

春、秋季选2年生以上的粗壮植株的藤茎为插条，将其剪成具1个节或2～3个节的插穗，于生长激素溶液中浸泡5～10 min后扦插。

4. 栽培技术

（1）选地

选择海拔 200 ～ 700 m、交通便利、土层深厚、土质疏松肥沃、阳光充足的疏林和坡度低于 30° 的中下坡种植。

（2）整地

秋季深翻，将灌木连根挖出，深翻 27 ～ 33 cm。种植前细耕耙 1 次，做成宽 0.7 ～ 1.0 m 的梯田，种植时按株距 60 ～ 70 cm 挖 15 cm 深的穴。

（3）移栽

春天多雨季节栽植，每穴种 1 株，每亩种植 3000 株左右。

（4）田间管理

①遮阴、补苗

移栽后用插芒萁或松枝遮阴，浇水保持土壤湿润。种植 1 年后全面检查有无死亡植株，及时补苗。

②水肥管理

苗长出 1 ～ 2 对新叶时开始施土杂肥、火烧土等有机肥料或混合肥，每亩施 1000 ～ 2000 kg。忌施硫酸铵、氯化铵和猪尿、牛尿。定植初期注意浇水保湿。

③中耕除草

定植后前 2 年在 5 月、10 月各除草 1 次。除草结合培土进行。

④修剪藤蔓

冬季将 3 年以上植株的老化茎蔓剪去，保留呈红紫色的幼嫩茎蔓。

⑤病虫害

病害主要有茎基腐病、轮文病、煤烟病等，其中茎基腐病是分布最广、发生最严重的一种毁灭性病害。虫害主要有蚜虫、介壳虫、红蜘蛛、粉虱、潜叶蛾等。

（5）采收

定植 5 年采收。采收时间主要在秋季。将根四周泥土挖开，整株挖起，抖去泥土，摘下肉质根，洗净，加工干燥。

5. 成分

巴戟天的活性组分主要有糖类、蒽醌类及环烯醚萜类成分，还含有有机酸、氨基酸及锌、锰、铁、铬等 23 种矿物质元素。

6. 性味归经

味甘、辛，性微温；归肾经、肝经。

7. 功能与主治

具有补肾阳、强筋骨、祛风湿的功效，主治阳痿遗精、宫冷不孕、月经不调、少腹冷痛、风湿痹痛、筋骨痿软等症。

8. 药理作用

具有抗疲劳、抗衰老、抗抑郁、抗肿瘤、抗炎镇痛、增强机体免疫力、促进造血功能等作用。

9. 常见食用方式

根可熬膏内服或泡酒，或作为配料用于煲汤。

巴戟天奶汤鳗鱼

【用料】鳗鱼 1 条，豌豆苗、姜片、葱段各 20 g，药包 1 个（内装巴戟天、牛膝各 10 g），料酒 20 g，食盐 3 g，味精 1 g，牛奶 650 g，芝麻油 5 g，醋 2 g。

【制法】药包放入容器内，加清水 200 g，放入锅内蒸 1 h 左右。鳗鱼洗净，开水烫去黏液，切成段。鳗鱼段下入加有醋的沸水锅中焯透捞出。另起锅，放入牛奶、药汁、料酒、食盐烧开，下入鳗鱼段、葱段、姜片烧开，炖至熟透，加味精、豌豆苗，淋入芝麻油即可。

白及

拉丁学名：*Bletilla striata*（Thunb. ex Murray）Rchb. F.。

科　　属：兰科（Orchidaceae）白及属（*Bletilla*）。

食用部位：块茎。

1. 植物形态

植株高 18～60 cm。假鳞茎扁球形，上面具荸荠似的环带，富黏性。茎粗壮，劲直。叶 4～6 枚，狭长圆形或披针形，长 8～29 cm，宽 1.5～4.0 cm，先端渐尖，基部收狭成鞘并抱茎。花序具花 3～10 朵，常不分枝或极罕分枝；花序轴或多或少呈"之"字状曲折；花苞片长圆状披针形，长 2.0～2.5 cm，开花时常凋落；花大，紫红色或粉红色；萼片和花瓣近等长，狭长圆形，长 25～30 mm，宽 6～8 mm，先端急尖；

花瓣较萼片稍宽；唇瓣较萼片和花瓣稍短，倒卵状椭圆形，长 23～28 mm，白色带紫红色，具紫色脉；唇盘上面具 5 条纵褶片，从基部伸至中裂片近顶部，仅在中裂片上面为波状；蕊柱长 18～20 mm，柱状，具狭翅，稍弓曲。花期 4—5 月。

2. 生长习性

白及生于海拔 100～3200 m 的常绿阔叶林下、路边草丛或岩石缝中，喜阴暗潮湿的环境。

3. 繁殖技术

（1）种子繁殖

播种前采用冷藏法解除种子休眠，播种于育苗基质与腐熟有机质为 1：1 的土壤中，浇水保持湿度为 100%，每天保持光照 16 h。

（2）分株繁殖

9—11 月采收白及假鳞茎，将嫩芽分离后重新种植。

（3）组织培养

以种子为外植体，消毒，以培养基 MS+2.0 mg/L TDZ+1.0 mg/L 6−BA+0.1 mg/L IBA 诱导根的分化，以培养基 MS+2.0 mg/L TDZ+1.0 mg/L 6−BA+0.1 mg/L IBA 诱导芽的分化。

4. 栽培技术

（1）选地

选择土层深厚、土质肥沃疏松、排水性良好、富含腐殖质的沙壤土地。

（2）整地

亩施腐熟有机肥料 1500～2000 kg、磷肥 50 kg、草木灰 50 kg，深耕 25 cm，耙细整平，做宽 120 cm、高 25～35 cm 的龟背形畦。

（3）移栽

春、秋季均可移栽，以春季 2—3 月最佳，选择阳光较弱的下午或者阴天种植最佳。向畦面开深 4～8 cm、宽 4～7 cm 的沟，按株行距 20 cm×25 cm 种植。

（4）田间管理

①水肥管理

白及需肥量大，每年结合中耕除草施肥 3～4 次，3—4 月齐苗后施第 1 次肥，

5—6月进入生长期后施第2次肥，8—9月施第3次肥，10月倒苗期施第4次肥。天气干旱时多浇水，雨季保持田间排水通畅。

②病害

常见病害主要有块腐病、叶斑病和灰霉病，其中块腐病危害性最大。

（5）采收

种植3～5年可采收。假鳞茎采收后去掉须根，沸水煮6～10 min，至熟透后烘晒，或切片后烘晒。

5. 成分

白及含有多糖、脂类、黄酮类、多酚类、甾体、三萜等活性成分，还含有淀粉、葡萄糖、矿物质元素等营养物质。

6. 性味归经

味苦、甘、涩，性微寒；归肺经、肝经、胃经。

7. 功能与主治

具有收敛止血、消肿生肌的功效，主治咯血、吐血、外伤出血、疮疡肿毒、皮肤皲裂等症。

8. 药理作用

具有抗菌、止血、抗肿瘤、抗溃疡、抗纤维化、抗氧化等作用。

9. 常见食用方式

块根可食用，可用作配料制作汤羹、炖汤、炒肉或煮粥等。

白及冰糖燕窝

【用料】白及15 g、燕窝10 g、冰糖适量。

【制法】将燕窝和白及放入瓦锅内，加适量水，隔水蒸炖至极烂，去渣，加适量冰糖，再炖片刻即可。

白簕

拉丁学名：*Eleutherococcus trifoliatus*（Linnaeus）S. Y. Hu。

科　　属：五加科（Araliaceae）五加属（*Acanthopanax*）。

食用部位：嫩梢叶。

1. 植物形态

灌木，高 1 ～ 7 m；枝软弱铺散，常依附他物上升，老枝灰白色，新枝黄棕色，疏生下向刺；刺基部扁平，先端钩曲。叶有小叶 3 片，稀 4 ～ 5 片；叶柄长 2 ～ 6 cm，有刺或无刺，无毛；小叶片纸质，稀膜质，椭圆状卵形至椭圆状长圆形，稀倒卵形，长 4 ～ 10 cm，宽 3.0 ～ 6.5 cm，先端尖至渐尖，基部楔形，两侧小叶片基部歪斜，两面均无毛，或上面脉上疏生刚毛，边缘有细锯齿或钝齿，侧脉 5 ～ 6 对，明显或不甚明显，网脉不明显；小叶柄长 2 ～ 8 mm，有时几无小叶柄。伞形花序 3 ～ 10 个、稀多至 20 个组成顶生复伞形花序或圆锥花序，直径 1.5 ～ 3.5 cm，有花多数，稀少数；总花梗长 2 ～ 7 cm，无毛；花梗细长，长 1 ～ 2 cm，无毛；花黄绿色；萼长约 1.5 mm，无毛，边缘有 5 个三角形小齿；花瓣 5 枚，三角状卵形，长约 2 mm，开花时反曲；雄蕊 5 枚，花丝长约 3 mm；子房 2 室；花柱 2 条，基部或中部以下合生。果实扁球形，直径约 5 mm，黑色。花期 8—11 月，果期 9—12 月。

2. 生长习性

白簕喜湿润的微酸性沙壤。喜温暖，耐轻微荫蔽，耐寒。生于村落、山坡路边、林缘和灌木丛中，垂直分布自海平面以上至 3200 m。

3. 繁殖技术

（1）种子繁殖

果实由绿色变为红色至完全变为黑褐色时分批采收，置于清水中浸泡 48 h，除去果皮果肉后收集种子。秋季采集种子，于翌年春季播种前 35 ～ 45 d 进行冬季室温湿沙层积处理，以解除种子休眠，提高萌发率。

（2）扦插繁殖

采集生长充实、半木质化枝条，剪成长 15 cm 的插条，保留 2 ～ 3 个腋芽。切口上平下斜，上切口距腋芽 1 ～ 2 cm，下切口位于腋芽对面，插条只留 1 片小叶。用 1500 mg/L 的 IBA 速蘸 10 s，斜插入沙质土苗床中，入土深达插条的 2/3，浇透水后保温保湿。

（3）组织培养

采集茎尖或带腋芽茎段为外植体，消毒后接种到 MS+1.0 mg/L BA+1.0 mg/L GA 初培养基中培养 30 d，形成丛芽。将丛芽分切成单芽，超过 2 cm 的单芽分段切成 1 cm 左右的茎尖和茎段，接种到 MS+0.5 mg/L BA+1.0 mg/L GA 增殖培养基中。将高度为 1 cm 左右的单芽转入 MS+6.0 mg/L 琼脂 +20 mg/L IAA 生根培养基中。

4. 栽培技术

（1）选地

以土质疏松肥沃、土层深厚、靠近水源的沙质土壤为宜。

（2）整地

选好地后，在秋季进行耕翻。翌年春季进行耙压、做畦、打垄。大田做成 60 cm 的高垄，以待定植。

（3）移栽

春季萌芽前定植。选取生长健壮、根系发达、无病虫害、整齐一致的苗木栽植，苗高 50 cm 左右。按株距约 1 m 挖深 25 cm、直径 30 cm 的栽植坑。栽植后扶正踩实，浇透定根水。

（4）田间管理

①水肥

每年施肥 2 次，第 1 次在返青后进行，每株施尿素或二铵 0.1 ～ 0.2 kg；第 2 次在 9 月初进行，施量为 3000 kg/ 亩的农家肥。生长期遇干旱需及时灌水，雨季积水应尽快排除。

②中耕除草

生长期及时除草。如坡地不便铲地，应在 6—8 月割草 2 ～ 3 次。

③剪枝整形

冬季修剪注意培养 4 ～ 6 个向四周延伸的主枝，剪除干枯枝、过密枝、细弱枝、衰老枝，1 年生枝留 3 ～ 5 个芽短截。

④病虫害

病虫害少发生，偶有蚜虫为害。

（5）采收

菜用第 3 年开始采收，当新梢长 20 cm 时，剪留 5 cm，二次梢长到 20 cm 时再选择部分粗茎剪采，每年可采 5 ～ 7 次。药用枝皮可每 2 ～ 3 年在休眠期平茬。

5. 成分

白簕富含粗蛋白、维生素 C、粗纤维、矿物质元素等，具有较高的营养价值。

6. 性味归经

味苦、涩，性微寒；归肝经、肾经、胃经。

7. 功能与主治

具有祛风除湿、舒筋活血、消肿解毒的功效，主治感冒、咳嗽、风湿、坐骨神经痛等症。

8. 药理作用

具有通气血瘀滞、抑菌、提高机体免疫力、提高血管弹性、降胆固醇、增强心脏功能、平衡血糖及清肝的作用。

9. 常见食用方式

嫩梢可作蔬菜食用，可凉拌、煮食、炒食、炖汤、蘸酱或腌制。

蒜蓉白簕

【用料】白簕嫩茎叶 200 g，蒜蓉 20 g，食盐、生抽、油各适量。

【制法】将洗净的白簕放入预先煮开的水中，煮约 5 min，去其苦味，冷水冲洗，沥干。将蒜蓉放入油锅中翻炒出香味，加生抽和少量水，最后加白簕，炒约 5 min，加食盐调味即可。

白木通

拉丁学名：*Akebia trifoliata* subsp. *australis*（Diels）T. Shimizu。

科　　属：木通科（Lardizabalaceae）木通属（*Akebia*）。

食用部位：果实。

1. 植物形态

落叶木质藤本。茎皮灰褐色，有稀疏的皮孔及小疣点。掌状复叶互生或在短枝上的簇生；叶柄直，长 7～11 cm；小叶 3 片，纸质或薄革质，卵形至阔卵形，长 4.0～7.5 cm，宽 2～6 cm，先端通常钝或略凹入，具小凸尖，基部截平或圆形，边缘具波状锯齿或浅裂，上面深绿色，下面浅绿色；侧脉每边 5～6 条，与网脉同在两面略凸起；中央小叶柄长 2～4 cm，侧生小叶柄长 6～12 mm。总状花序自短枝上簇生叶中抽出，下部有 1～2 朵雌花，以上有 15～30 朵雄花，长 6～16 cm；总花梗纤细，长约 5 cm。雄花：花梗丝状，长 2～5 mm；萼片 3 枚，淡紫色，阔椭圆形或椭圆形，长 2.5～3.0 mm；雄蕊 6 枚，离生，排列为杯状，花丝极短，药室在开花时内弯；退化心皮 3 枚，长圆状锥形。雌花：花梗稍较雄花的粗，长 1.5～3.0 cm；萼片 3 枚，紫褐色，近圆形，长 10～12 mm，宽约 10 mm，先端圆而略凹入，开花时广展反折；退化雄蕊6枚或更多，小，长圆形，无花丝；心皮3～9枚，离生，圆柱形，直，长（3）4～6 mm，柱头头状，具乳凸，橙黄色。果实长圆形，长6～8 cm，直径2～4 cm，直或稍弯，成熟时灰白色略带淡紫色；种子极多数，扁卵形，长5～7 mm，宽4～5 mm，种皮红褐色或黑褐色，稍有光泽。花期4—5月，果期7—8月。

2. 生长习性

白木通生于海拔1500～1900 m的石山林缘、山坡、路边、河边和阔叶林内或山地杂木林或灌木丛中。

3. 繁殖技术

（1）种子繁殖

9—10月采收成熟果实，取出种子，先用碱水搓洗，再用清水漂洗干净，沥干水分后撒播于苗床中。

（2）扦插繁殖

选取生长健壮、无病虫害的1～2年生枝蔓，剪成长10 cm的枝条，用100 mg/ kg的ABT2号生根粉溶液浸泡2 h，扦插于苗床内。

（3）组织培养

以幼嫩枝条及叶片作外植体，消毒，接种至MS+0.4 mg/L NAA+4.0 mg/L 2,4–D+1.0 g/L活性炭+30.0 g/L蔗糖+6.0 g/L培养基中诱导产生愈伤组织，再接种至MS+0.4 mg/L NAA+6–BA 2.0 mg/L+30.0 g/L蔗糖+6.0 g/L琼脂培养基中增殖培养，最后接种至无激素的MS培养基中获得种苗。

（4）分株繁殖

春季萌芽前将一蔸多株的种株挖起，分成小株进行移栽。

（5）埋条繁殖

选取1～2年生枝蔓埋入土中，1个月后生根，切离母株移植。

4. 栽培技术

（1）选地

选择土层较厚、灌溉方便、土质肥沃且排水性良好的沙壤土进行种植。

（2）整地

去除杂草和残根，深翻30 cm，施入腐熟的农家肥或绿肥作底肥，将地整成垄高

25 ～ 30 cm、宽 1 m，沟宽 0.3 ～ 0.5 m 的畦。栽植前 1 d 喷施多菌灵 800 ～ 1000 倍稀释液消毒。

（3）移栽

种苗生长稳定后选取生长健壮植株按株距 1.0 ～ 1.5 m、行距 1 m 进行移栽，栽后浇透水。

（4）田间管理

①整形修剪

夏季修剪除去无用萌条和抽梢，或将过强的新梢摘心。冬季修剪留骨干枝和结果枝，剪去徒长枝、病枝和虫害枝。

②人工授粉

开花后 3 ～ 4 d 内完成人工授粉，取开花前 4 d 活力较高的花粉对开花 3 ～ 5 d 内的柱头进行授粉。

③病虫害

病害主要有炭疽病、圆斑病和角斑病，虫害主要有梢鹰夜蛾、茶黄毒蛾、金龟子、白吹绵蚧和红蜘蛛。

（5）采收

8 月下旬至 10 月上旬果实成熟、未裂或微裂时采收，阴干或 60 ℃烘干。

5. 成分

白木通主要含有三萜皂苷、总黄酮类、多糖、蛋白质等成分，其矿物质元素种类齐全，氨基酸总量丰富，人体必需氨基酸、药用氨基酸含量较高。

6. 性味归经

味苦，性凉；归膀胱经、心经、肝经。

7. 功能与主治

具有清热利湿、活血通脉、行气止痛的功效，主治小便短赤、淋浊、水肿、风湿痹痛、跌仆损伤、乳汁不通、疝气痛、子宫脱垂、睾丸炎等症。

8. 药理作用

具有抗菌、抗肿瘤、抗炎、利尿等作用。

9. 食用方法

果实可直接食用。

薜荔

拉丁学名：*Ficus pumila* L.。

科　　属：桑科（Moraceae）榕属（*Ficus*）。

食用部位：瘦果水洗可作凉粉，藤叶药用。

1. 植物形态

攀缘或匍匐灌木，叶两型，不结果枝节上生不定根，叶卵状心形，长约 2.5 cm，薄革质，基部稍不对称，尖端渐尖，叶柄很短；结果枝上无不定根，革质，卵状椭圆形，长 5～10 cm，宽 2.0～3.5 cm，先端急尖至钝形，基部圆形至浅心形，全缘，上面无毛，下面被黄褐色柔毛，基生叶脉延长，网脉 3～4 对，在上面下陷，下面凸起，网脉甚明显，呈蜂窝状；叶柄长 5～10 mm；托叶 2 枚，披针形，被黄褐色丝状毛。榕果单生于叶腋，瘿花果实梨形，雌花果实近球形，长 4～8 cm，直径 3～5 cm，顶部截平，略具短钝头或为脐状凸起，基部收窄成一短柄，基生苞片宿存，三角状卵形，密被长柔毛，榕果幼时被黄色短柔毛，成熟时黄绿色或微红色；总梗粗短；雄花，生榕果于内壁口部，多数，排列为几行，有柄，花被片 2～3 枚，线形，雄蕊 2 枚，花丝短；瘿花具柄，花被片 3～4 枚，线形，花柱侧生，短；雌花生于另一植株榕一果内壁，花柄长，花被片 4～5 枚。瘦果近球形，有黏液。花果期 5—8 月。

2. 生长习性

薜荔垂直分布于海拔 50～800 m 之间。多攀附在村庄前后、山脚、山窝以及沿河沙洲、公路两侧的大树和残墙断壁、古石桥、庭园围墙等处。

3. 繁殖技术

（1）种子繁殖

果实采摘后堆放数日，待花序托软熟后切开取出瘦果，放入水中搓洗，并用纱布包扎成团用手挤捏滤去肉质糊状物，获得种子，阴干贮藏至翌年春播。早春整地做畦耙平后，覆黄心土厚 1 cm，撒播，覆土以不见种子为度，洒透水。

（2）扦插繁殖

春、夏、秋三季均可扦插，以 6 月下旬至 8 月中下旬较适宜。插穗选取当年萌发的半木质化或一年生木质化的大叶枝条（结果枝）以及一年生木质化的小叶枝条（营养枝）。结果枝插条长 12～15 cm，营养枝长 20 cm，用 50 mg/kg 的 ABT 生根粉溶液浸泡 1～2 h，斜插于土内。

（3）组织培养

剪取薜荔嫩梢，消毒，在无菌培养皿或滤纸上将嫩梢切割成顶芽、茎段约0.8 cm，接入诱芽培养基（MS+2 mg/L 6–BA+0.5 mg/L NAA+1500 mg/L AC），继代培养后切割不定芽接入生根培养基（1/2MS+0.05 mg/L NAA）。

4. 栽培技术

（1）选地

对土壤要求不高，酸性或中性环境均可生长，但以排水性良好的湿润肥沃的沙质壤土生长最好。

（2）整地

在大树边或残墙断壁、围墙边做高 30～40 cm、长 50 cm 见方的肥土墩。

（3）移栽

春季移栽，栽前用磷肥黄泥浆蘸根或用 100 mg/kg 的 ABT6 号生根粉溶液蘸根。栽时做到藤蔓朝向攀附物，舒根、压实并浇透水。遮阴，直至 9 月下旬。

（4）田间管理

①水肥管理

主要以施足基肥为主。追肥主要在 4 月上旬植株开始现蕾时进行，肥种以磷肥、钾肥为主。进入雨季应及时排除田间积水，干旱时及时灌水。

②中耕除草、培土与间苗

中耕除草在孕蕾前进行为好，生长后期不宜除草。可分 2 次间苗，第 1 次在 11 月下旬至 12 月上旬，苗高 5 cm 左右具 4～6 片真叶时，按株距 5～6 cm 间苗；2 月中旬幼苗长至 6～8 片真叶时，按株距 10～12 cm 定苗。

③砌砖搭架

大田栽培后，在当年内用旧砖堆砌成墙垛，墙垛的高度为 1.5～2.0 m，或用木棒、竹竿搭好棚架，以供薜荔攀附。

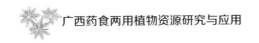

④病虫害

病害主要有黑斑病，虫害主要有红蜘蛛。

（5）采收

全年均可采收全株，鲜用或晒干。花序托成熟后采摘果实，纵剖成 2～4 片，除去花序托内细小的瘦果，晒干。

5.成分

薜荔含有三萜、倍半萜、甾体、黄酮、香豆素和酚酸类等多种化学成分，其中黄酮类和三萜类化合物为薜荔的主要化学成分及研究的焦点。此外，薜荔还含有果胶、粗纤维、氨基酸等营养物质。

6.性味归经

味淡、酸、微苦，性微凉；入肝经、脾经、大肠经。

7.功能与主治

具有祛风除湿、活血通络、解毒消肿的功效，主治风湿痹痛、坐骨神经痛、泻痢、尿淋、水肿、疟疾、闭经、产后瘀血腹痛、咽喉肿痛、睾丸炎、漆疮、疔疮肿毒、跌仆损伤等症。

8.药理作用

具有抗炎、镇痛、抗菌、抗氧化、抗肿瘤、降血糖、降血脂、抗高催乳素血症、保肝等作用。

9.常见食用方式

雌果可直接食用或榨汁饮用，也可制作成果冻、凉粉，还可用于焖肉、炖汤等。

薜荔果炖猪蹄

【**用料**】薜荔果 4 枚，猪前蹄 1 只，料酒、食盐、味精、葱段、姜片各适量。

【**制法**】将猪蹄去杂洗净，入沸水锅焯去血水，捞出洗净。薜荔果洗净。锅内加水，放猪蹄煮沸，文火炖熟，加入料酒、食盐、葱段、姜片烧至入味，放入薜荔果烧至猪蹄熟烂，加入味精即可。

侧柏

拉丁学名： *Platycladus orientalis*（L.）Franco。

科　　属： 杉科（Taxodiaceae）侧柏属（*Platycladus*）。

食用部位： 枝梢和叶。

1. 植物形态

乔木，高达 20 余米，胸径 1 m；树皮薄，浅灰褐色，纵裂成条片；枝条向上伸展或斜展，幼树树冠卵状尖塔形，老树树冠则为广圆形；生鳞叶的小枝细，向上直展或斜展，扁平，排列成一平面。叶鳞形，长 1 ～ 3 mm，先端微钝，小枝中央的叶的露出部分呈倒卵状菱形或斜方形，背面中间有条状腺槽，两侧的叶船形，先端微内曲，背部有钝脊，尖头的下方有腺点。雄球花黄色，卵圆形，长约 2 mm；雌球花近球形，直径约 2 mm，蓝绿色，被白粉。球果近卵圆形，长 1.5 ～ 2.0（～ 2.5）cm，成熟前近肉质，蓝绿色，被白粉，成熟后木质，开裂，红褐色；中间两对种鳞倒卵形或椭圆形，鳞背顶端的下方有一向外弯曲的尖头，上部 1 对种鳞窄长，近柱状，顶端有向上的尖头，下部 1 对种鳞极小，长达 13 mm，稀退化而不显著；种子卵圆形或近椭圆形，顶端微尖，灰褐色或紫褐色，长 6 ～ 8 mm，稍有棱脊，无翅或有极窄之翅。花期 3—4 月，球果 10 月成熟。

2. 生长习性

侧柏垂直分布于海拔 250 ～ 3300 m 范围。喜生于湿润肥沃、排水性良好的钙质土壤，耐寒、耐旱、抗盐碱。

3. 繁殖技术

（1）种子繁殖

球果果鳞由青绿色变为黄绿色、果鳞微裂时采收，保存。春季播种前将种子进行催芽处理，开沟条播。

（2）扦插繁殖

扦插可在春、冬季进行。取母树一年生枝条和子代 1 ～ 2 年生幼苗较粗的枝条，截成长 4 ～ 8 cm 的枝段，用 1 : 10 的草木灰溶液浸泡 24 h，用生根粉溶液和萘乙酸溶液浸条后扦插到基质中。

（3）嫁接

清明前后采基部带有长 2 cm 左右的木质化枝段梢顶枝 5 ～ 10 cm 作接穗，用

2～3年生实生苗作砧木，将其从苗高的 1/3 ～ 1/2 处剪去，用单面刀片通过茎干的髓心向下切，深度与接穗削面长度相等或稍长 2 ～ 4 cm。

4. 栽培技术

（1）选地

选择地势平坦、开阔、灌溉方便且排水性良好的中性或微酸、微碱性土壤种植。

（2）整地

采取秋翻地结合施肥进行，每亩施厩肥 2500 ～ 5000 kg，深翻 25 cm 左右，将粪肥翻入土中耙平。春季浅翻 15 cm 左右。

（3）移栽

苗木高 30 cm 左右时进行移栽。

（4）田间管理

①水肥管理

施肥主要在雨季进行，大雨前均匀撒入尿素，每次不超 715 kg。栽种前期经常浇水保持土壤湿润。7—8 月高温时期浇水降温保根。冬季土壤封冻前，必须透浇 1 次。

②病虫害

病害主要有叶枯病、煤烟病、赤枯病等，虫害主要有蝼蛄、蛴螬、毒蛾、小虫蛾等。

（5）采收

夏、秋季采收，采收后阴干。

5. 成分

侧柏主要含有挥发油、黄酮、鞣质等化学成分，还含有维生素 A、蛋白质及钙、镁等矿物质元素。

6. 性味归经

味苦、涩，性寒；归肺经、肝经、脾经。

7. 功能与主治

具有凉血止血、化痰止咳、生发乌发的功效，主治吐血、衄血、咯血、便血、崩漏下血、肺热咳嗽、血热脱发、须发早白等症。

8. 药理作用

具有抗炎抑菌、抗肿瘤、止血、防脱生发、镇静安神、治疗阿尔茨海默病等作用。

9. 常见食用方式

枝叶可与其他材料榨汁饮用，煎汤代茶饮或直接用开水冲泡，还可用于煮粥。

（1）侧柏地黄粥

【用料】侧柏叶 15 g、生地黄 50 g、粳米 100 g、冰糖适量。

【制法】将侧柏叶、生地黄、粳米、冰糖放入锅中，加适量水，熬成粥即可。

（2）柏叶粥

【用料】侧柏叶 500 g，粳米、红糖各适量。

【制法】将侧柏叶、粳米、红糖放入锅中，加适量水，熬成粥即可。

赤苍藤

拉丁学名： *Erythropalum scandens* Bl.。

科　　属： 铁青树科（Olacaceae）赤苍藤属（*Erythropalum*）。

食用部位： 叶、根、茎。

1. 植物形态

常绿藤本，长 5～10 m，具腋生卷须；枝纤细，绿色，有不明显的条纹。叶纸质至厚纸质或近革质，卵形、长卵形或三角状卵形，长 8～20 cm，宽 4～15 cm，顶端渐尖、钝尖或突尖，稀为圆形，基部变化大，微心形、圆形、截平或宽楔形，叶上面绿色，下面粉绿色；基出脉 3 条，稀 5 条，基出脉每边有侧脉 2～4 条，在下面凸起，网脉疏散，稍明显；叶柄长 3～10 cm。花排成腋生的二歧聚伞花序，花序长 6～18 cm，花序分枝及花梗均纤细，花后渐增粗、增长，花梗长 0.2～0.5 mm，总花梗长（3～）4～8（～9）cm；花萼筒长 0.5～0.8 mm，具 4～5 裂片；花冠白色，直径 2.0～2.5 mm，裂齿小，卵状三角形；雄蕊 5 枚；花盘隆起。核果卵状椭圆形或椭圆状，长 1.5～2.5 cm，直径 0.8～1.2 cm，全为增大成壶状的花萼筒所包围，花萼筒顶端有宿存的波状裂齿，成熟时淡红褐色，干后黄褐色，常不规则开裂为 3～5 裂瓣；果梗长 1.5～3.0 cm；种子蓝紫色。花期 4—5 月，果期 5—7 月。

2. 生长习性

赤苍藤常见于海拔 600～1000 m 的密林、低山、丘陵地带、山区沟谷、溪边或灌木丛中。

3. 繁殖技术

（1）种子繁殖

12月左右果实变为红色时采摘，去除果皮，洗净保存。播种前用30℃温水浸种2～4 h，用高锰酸钾400～600倍稀释液喷洒苗床后按株行距（15～20）cm×（20～25）cm单粒点播。

（2）扦插繁殖

全年均可进行扦插。选取中上部、向阳生长充实的枝条。剪成长15～20 cm的插穗，用生根粉液蘸根后扦插于基质中。

4. 栽培技术

（1）选地

选择土层深厚、排水性好、透气性强、pH值为5.0～6.5的微酸性土壤的山地或黄泥坡地，忌高燥地和积水的低洼地。

（2）整地

秋季或移栽前整地。沙土宜浅，黏土宜深，一般深度应达30～40 cm。翻地时可施有机肥料150～200 kg/亩。

（3）移栽

每年3—4月进行苗木移植，最好带土移植。常见定植株行距为1 m×1 m。

（4）田间管理

①水肥管理

苗木定植时每个定植坑施腐熟的有机肥料10～20 kg，之后每年春季和秋季进行开沟薄施，肥料可选有机肥料或无机肥料。浇水量及浇水次数依季节、土质而异。

②中耕除草

中耕深度以不伤根系为宜，一般3～5 cm。中耕时，幼苗期应浅，之后逐渐加深，近根处宜浅，远根处宜深。

③修剪

生长期应控制赤苍藤的生长高度，以促其生长更多嫩尖，增加产量。也可根据栽培的目的选择不同的修剪方法。

④病虫害防治

极少发生病虫害，以预防为主。

（5）采收

四季均可采收。嫩尖在 10 cm 以上时及时采收。

5. 成分

赤苍藤富含维生素、蛋白质、脂肪、纤维素、矿物质，还含有 18 种人体所需的氨基酸。

6. 性味归经

味微苦，性平；归肝经、肾经。

7. 功能与主治

具有清热利湿、祛风活血的功效，主治水肿、小便不利、黄疸、半身不遂、风湿骨痛、跌仆损伤等症。

8. 药理作用

具有抗肿瘤、抗肝炎、抗尿道炎、抗急性肾炎等作用。

9. 常见食用方式

嫩茎叶可作为蔬菜食用，可鲜食、炒食、用于做馅、做汤、做粥、腌制等，也可用于泡茶。茎和根可用于煲汤或磨成粉泡茶。

刺苋

拉丁学名：*Amaranthus spinosus* L.。

科　　属：苋科（Amaranthaceae）苋属（*Amaranthus*）。

食用部位：茎叶。

1. 植物形态

1 年生草本，高 30 ～ 100 cm；茎直立，圆柱形或钝棱形，多分枝，有纵条纹，绿色或带紫色，无毛或稍有柔毛。叶片菱状卵形或卵状披针形，长 3 ～ 12 cm，宽 1.0 ～ 5.5 cm，顶端圆钝，具微凸头，基部楔形，全缘，无毛或幼时沿叶脉稍有柔毛；叶柄长 1 ～ 8 cm，无毛，在其旁有 2 刺，刺长 5 ～ 10 mm。圆锥花序腋生及顶生，长 3 ～ 25 cm，下部顶生花穗常全部为雄花；苞片在腋生花簇及顶生花穗的基部者变成尖锐直刺，长 5 ～ 15 mm，在顶生花穗的上部者狭披针形，长 1.5 mm，顶端急尖，具凸尖，中脉绿色；小苞片狭披针形，长约 1.5 mm；花被片绿色，顶端急尖，具凸尖，边缘透明，中脉绿色或带紫色，在雄花者矩圆形，长 2.0～2.5 mm，在雌花者矩圆状匙形，长 1.5 mm；雄蕊花丝略和花被片等长或稍短；柱头 3 个，有时 2 个。胞果矩圆形，长 1.0～1.2 mm，在中部以下不规则横裂，包裹在宿存花被片内。种子近球形，直径约 1 mm，黑色或带棕黑色。花果期 7—11 月。

2. 生长习性

刺苋适应性强。喜生长在干燥荒地、草丛、河边荒地、开阔地、山坡等地。

3. 繁殖技术

5—6 月下旬将种子进行撒播，播种后不盖土或盖薄土厚 0.5 cm。每亩用种子 1 kg。

4. 栽培技术

（1）选地

选择地势平坦、排灌方便、土质肥沃疏松的偏碱性沙壤土或黏壤土种植。

（2）整地

播种前深耕（撒入石灰 150 kg）。整地时每亩施有机肥料 2000 kg、磷酸二铵 50 kg 作基肥，深翻耙平，做成宽 1.5 m 的平畦。

（3）移栽

一般采用直播，育苗移栽较为少用。

（4）田间管理

①水肥管理

刺苋不耐贫瘠，施肥以速效氮肥为主，每亩施尿素 10 kg 左右。播种时薄施人畜粪水。长出第 2 片真叶时追肥 1 次，12 d 后进行第 2 次追肥。第 1 拨采收后进行第 3 次追肥，以后采收 1 次追肥 1 次。耐旱，仅需在温度较高或干旱严重时浇水。

②病虫害

病害主要有白锈病和病毒病，虫害主要有蚜虫。

（5）采收

间苗时进行第 1 次采收。播种后 40 d 可分批采收，采收注意收大留小、留苗均匀。春播收 2～3 次，秋播收 1～2 次。

5. 成分

刺苋富含蛋白质、脂肪、碳水化合物、钙、磷、胡萝卜素、维生素 B、维生素 C 等营养成分。

6. 性味归经

味甘，性凉；入肝经、大肠经、膀胱经。

7. 功能与主治

具有清热解毒、利尿除湿、通利大便等功效，主治痢疾、大便涩滞、淋证、漆疮瘙痒等症。

8. 药理作用

具有镇痛、抗炎、利尿、退热、提高机体免疫力、降血糖、抗疟疾、抗菌、抗氧化和保肝等作用。

9. 常见食用方式

嫩茎叶可作为蔬菜食用，可炒食、做汤、作馅或煮粥。

刺苋烧猪肉

【用料】刺苋嫩茎叶 400 g，猪肉 300 g，料酒、葱、姜、食盐、味精各适量。

【制法】刺苋去杂洗净，切段。猪肉洗净，切块。锅烧热，放入猪肉煸炒，炒至水干，烹入料酒，加葱、姜煸炒，加食盐和少量水炒至肉熟，放入刺苋烧至入味，加入味精即可。

大车前

拉丁学名：*Plantago major* L.。

科　　属：车前科（Plantaginaceae）车前属（*Plantago*）。

食用部位：全草。

1. 植物形态

2 年生或多年生草本。须根多数。根茎粗短。叶基生呈莲座状，平卧、斜展或直立；叶片草质、薄纸质或纸质，宽卵形至宽椭圆形，长 3 ～ 18（～ 30）cm，宽 2 ～ 11（～ 21）cm，先端钝尖或急尖，边缘波状、疏生不规则的锯齿或近全缘，两面疏生短柔毛或近无毛，少数被较密的柔毛，脉（3 ～）5 ～ 7 条；叶柄长

（1～）3～10（～26）cm，基部鞘状，常被毛。花序1个至数个；花序梗直立或弓曲上升，长（2～）5～18（～45）cm，有纵条纹，被短柔毛或柔毛；穗状花序细圆柱状，长（1～）3～20（～40）cm，基部常间断；苞片宽卵状三角形，长1.2～2.0 mm，宽与长约相等或略超过，无毛或先端疏生短毛，龙骨突宽厚。花无梗；花萼长1.5～2.5 mm，萼片先端圆形，无毛或疏生短缘毛，边缘膜质，龙骨突不达顶端，前对萼片椭圆形至宽椭圆形，后对萼片宽椭圆形至近圆形。花冠白色，无毛，冠筒等长或略长于萼片，裂片披针形至狭卵形，长1.0～1.5 mm，于花后反折。雄蕊着生于冠筒内面近基部，与花柱明显外伸，花药椭圆形，长1.0～1.2 mm，通常初为淡紫色，稀白色，干后变为淡褐色。胚珠12个至40余个。蒴果近球形、卵球形或宽椭圆球形，长2～3 mm，于中部或稍低处周裂。种子（8～）12～24（～34）粒，卵形、椭圆形或菱形，长0.8～1.2 mm，具角，腹面隆起或近平坦，黄褐色；子叶背腹向排列。花期6—8月，果期7—9月。

2. 生长习性

大车前生于海拔5～2800 m的草地、草甸、河滩、沟边、沼泽地、山坡路边、田边或荒地。

3. 繁殖技术

（1）种子繁殖

采种后去掉种皮外部的油脂以促进种子萌发。选择土质肥沃疏松的地块作为苗床，种子与20倍量的过筛细土和细沙混匀后撒播，每亩播种量300 g。也可在畦面按行距25 cm开播种沟，种子撒入沟内，覆细土厚1 cm。

（2）组织培养

选取叶柄作为外植体，消毒切块后接种到MS+0.2 mg/L 6–BA+2.0 mg/L 2,4–D+30 g/L蔗糖培养基诱导愈伤组织分化。用1/2 MS+蔗糖15 g/L+IAA 0.2 mg/L培养基诱导生长芽和不定芽生根。不定芽长2～3 cm时从愈伤组织上切下，进行常规培养至长出白色的根。

4. 栽培技术

（1）选地

对土壤要求不严，在各种土壤中均能生长。以背风向阳，土质疏松肥沃、微酸性的沙壤土为宜。

（2）整地

播种前施腐熟的农家肥 10 kg、复合肥料（N ： P_2O_5 ： K_2O=15 ： 15 ： 15）100 g 作基肥，耕翻，耙细，整平。

（3）移栽

在畦面开沟移栽，每畦种 4 行，行距 30 cm，穴距 25 cm，每穴栽 1 株。

（4）田间管理

①水肥管理

生长期用稀人畜粪水加适量尿素和 98% 磷酸二氢钾浇施 2 ～ 3 次。打药结合叶面施肥进行。抽穗期注意防洪涝，避免积水烂根。封垄后严禁中耕松土。

②病害

病害主要有穗枯病、白粉病、褐斑病、白绢病等。

（5）采收

采收种子要分批采收成熟果实，晒干，取出种子，干燥贮藏。采收全草可在苗高 13 ～ 17 cm 时进行。

5. 成分

大车前含有碳水化合物、蛋白质、脂肪、粗纤维、钙、磷、维生素 B_1、维生素 B_2、铁、胡萝卜素、维生素 C 等成分。

6. 性味归经

味甘、辛，性寒；归肝经、肾经、肺经、小肠经。

7. 功能与主治

具有清热利尿、祛痰、凉血、解毒的功效，主治水肿、尿少、热淋涩痛、暑湿泻痢、痰热咳嗽、吐血、痈肿疮毒等症。

8. 药理作用

具有抗炎、利尿、镇咳、平喘、祛痰及抗病原微生物等作用。

9. 常见食用方式

全草均可食用，可凉拌、炖肉或作饺子馅，也可泡茶或煎汤代茶饮。

车前枸杞煲鸡腿

【用料】车前子 15 g、枸杞子 15 g、海带 80 g、鸡腿 1 只、生姜 3 片。

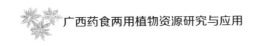

【**制法**】将车前子、枸杞子、海带、鸡腿、生姜洗净，放入瓦煲，加清水 2500 mL，武火煲沸后转文火煲 2 h 即可。

大蓟

拉丁学名：*Cirsium japonicum*（Thunb.）Fisch. ex DC.。

科　　属：菊科（Asteraceae）蓟属（*Cirsium*）。

食用部位：嫩叶。

1. 植物形态

多年生草本。茎被长毛，茎端头状花序下部灰白色，被茸毛及长毛。基生叶卵形、长倒卵形、椭圆形或长椭圆形，长 8 ～ 20 cm，羽状深裂或几全裂，基部渐窄成翼柄，柄翼边缘有针刺及刺齿，侧裂片 6 ～ 12 对，卵状披针形、半椭圆形、斜三角形、长三角形或三角状披针形，有小锯齿，或二回状分裂；基部向上的茎生叶渐小，与基生叶同形并等样分裂，两面均绿色，基部半抱茎。头状花序直立，顶生；总苞钟状，直径 3 cm，总苞片约 6 层，覆瓦状排列，向内层渐长，背面有微糙毛，沿中肋有黑色黏腺，外层与中层卵状三角形或长三角形，内层披针形或线状披针形。小花红色或紫色。瘦果扁，偏斜楔状倒披针形；冠毛浅褐色。花果期 4—11 月。

2. 生长习性

大蓟生于山坡、路边等地。喜温暖湿润气候，耐寒、耐旱。适应性较强，对土壤要求不严，以土层深厚、土质疏松肥沃的沙质壤土或壤土栽培为宜。

3. 繁殖技术

（1）种子繁殖

选取当年收获的种子进行播种。3—4 月采用开穴直播，株行距 20 cm×35 cm。8—9 月育苗移栽采用条播，行距 30 cm，开沟深 2 cm。

（2）分根、分株繁殖

3—4 月挖起老根茎，剪取带茎及小块根的芽苗栽种，株行距 20 cm×35 cm，栽种后浇水，保持土壤湿润。

4. 栽培技术

（1）选地

选择背阴、土层深厚且土质肥沃的沙质壤土种植。

（2）整地

全垦深耕后耙碎整平，做高垄，垄宽 1 m，垄高 15 cm，垄长视地块而定。

（3）田间管理

①水肥管理

结合中耕除草进行追肥，追肥以人畜粪水和氮肥为主。苗期追肥宜少量多次。

②病虫害

一般无病害，虫害主要有蚜虫，为害叶片、花蕾和嫩梢。

（4）采收

夏、秋季花开时采割地上部分，除去杂质，晒干。8—10 月采挖肉质根，除去泥土、残茎，洗净，晒干。

5. 成分

迄今已从大蓟中分离得到 100 多种化合物，主要有黄酮及黄酮苷类、长链炔醇类、挥发油类、甾醇类等，还含有有机酸类、微量元素等成分。

6. 性味归经

味甘、苦，性凉；归心经、肝经。

7. 功能与主治

具有凉血止血、祛瘀消肿的功效，主治衄血、吐血、尿血、便血、崩漏下血、外伤出血、痈肿疮毒等症。

8. 药理作用

具有抗菌、降血压、止血等作用。

9. 常见食用方式

嫩叶可作蔬菜炒食或煮粥。

大蓟粥

【用料】粳米 100 g、大蓟 100 g、大葱 3 g、食盐 2 g、味精 1 g、香油 2 g。

【制法】大蓟洗净，开水焯一下，再用冷水浸去苦味，捞出切细。粳米洗净，冷水浸泡 30 min，捞出，沥干水分。大葱洗净，切末。砂锅加入冷水、粳米，旺火煮沸后改文火煮至粥将熟时加入大蓟，待沸腾后，用食盐、味精调味，撒上大葱末，淋上香油即可。

大叶冬青

拉丁学名：*Ilex latifolia* Thunb.。

科　　属：冬青科（Aquifoliaceae）冬青属（*Ilex*）。

食用部位：茎、叶。

1. 植物形态

常绿大乔木，高达 20 m，胸径 60 cm，全体无毛；树皮灰黑色；分枝粗壮，具纵棱及槽，黄褐色或褐色，光滑，具明显隆起、阔三角形或半圆形的叶痕。叶生于 1 ～ 3 年生枝上，叶片厚革质，长圆形或卵状长圆形，长 8 ～ 19（～ 28）cm，宽 4.5 ～ 7.5（～ 9.0）cm，先端钝或短渐尖，基部圆形或阔楔形，边缘具疏锯齿，齿尖黑色，上面深绿色，具光泽，下面淡绿色，中脉在上面凹陷，在下面隆起，侧脉每边 12 ～ 17 条，在上面明显，下面不明显；叶柄粗壮，近圆柱形，长 1.5 ～ 2.5 cm，直径约 3 mm，上面微凹，下面具皱纹；托叶极小，宽三角形，急尖。由聚伞花序组成的假圆锥花序生于二年生枝的叶腋内，无总梗；主轴长 1 ～ 2 cm，基部具宿存的圆形、覆瓦状排列的芽鳞，内面的膜质，较大。花淡黄绿色，4 基数。雄花：假圆锥花序的每个分枝具花 3 ～ 9 朵，呈聚伞花序状，总花梗长 2 mm；苞片卵形或披针形，长 5 ～ 7 mm，宽 3 ～ 5 mm；花梗长 6 ～ 8 mm，小苞片 1 ～ 2 枚，三角形；花萼近杯状，直径约 3.5 mm，4 浅裂，裂片圆形；花冠辐状，直径约 9 mm，花瓣卵状长圆形，长约 3.5 mm，宽约 2.5 mm，基部合生；雄蕊与花瓣等长，花药卵状长圆形，长为花丝的 2 倍；不育子房近球形，柱头稍 4 裂。雌花：花序的每个分枝具花 1 ～ 3 朵，总花梗长约 2 mm，单花之花梗长 5 ～ 8 mm，具 1 ～ 2 枚小苞片；花萼盘状，直径约 3 mm；花冠直立，直径约 5 mm；花瓣 4 枚，卵形，长约 3 mm，宽约 2 mm；退化雄蕊长为花瓣的 1/3，败育花药小，卵形；子房卵球形，直径约 2 mm，柱头盘状，4 裂。果实球形，直径约 7 mm，成熟时红色，宿存柱头薄盘状，基部宿存花萼盘状，伸展，外果皮厚，平滑。分核 4 个，轮廓长圆状椭圆形，长约 5 mm，宽约 2.5 mm，具不规则的皱纹和尘穴，背面具明显的纵脊，内果皮骨质。花期 4 月，果期 9—10 月。

2. 生长习性

大叶冬青生于海拔 250 ~ 1500 m 的山坡常绿阔叶林、灌木丛或竹林中。喜温暖湿润、土层深厚、土质疏松的土壤。幼龄时喜荫蔽，需一定的侧方遮阳。

3. 繁殖技术

（1）种子繁殖

秋季果实呈红色时采摘，堆沤 3 ~ 5 d，揉搓漂洗获得种子，阴干后沙藏保存。翌年春季播种，播种间距为 2 ~ 3 cm，播种后用细土覆盖。

（2）扦插繁殖

6 月剪取生长健壮植株的已木质化的硬枝，剪成约 8 cm 长的插穗，保留顶部 3 ~ 4 片半叶，基部双面反切，用 100 mg/L 生根粉溶液浸泡 12 h，即剪即插，插后灌透水。

（3）组织培养

5—6 月选取当年萌发的带芽枝条，去掉大叶，消毒。最佳诱导培养基为 MS+1.0 mg/L BA+0.2 mg/L NAA，增殖培养基为 MS+1.5 mg/L BA+0.5 mg/L IBA，生根培养基为 1/2 MS+1.0 mg/L IBA+0.3 mg/L NAA。

4. 栽培技术

（1）选地

忌风，种植地宜选择低丘、中丘或低山的山腰、山麓，海拔较低、背北风、背西晒的谷地或坡地。要求土层深厚、土质疏松肥沃、湿润、排灌性良好、土壤 pH 值 5.5 ~ 6.5、富含腐殖质的沙质壤土。

（2）整地

种植地一般用拖拉机进行两犁两耙。挖穴种植，种植穴株行距 1.0 m × 1.5 m，穴长、宽、深各 50 cm。

（3）移栽

用 2 年生大苗定植，株距 1 m 左右，行距 1.0 ~ 1.2 m。定植 1 年后矮化修剪定型。

（4）田间管理

①水肥管理

栽培过程中要增施有机肥料（腐熟的饼肥、鸡粪等），严禁偏施氮肥，尽量少施化肥，以达到无公害要求。保持土壤湿润，雨天应注意排水防涝，晴天注意浇水保湿。

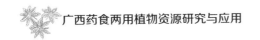

②病虫害

病虫害较少，以预防为主。制茶采叶前 20 d 禁止使用农药。

（5）采收

种植 2 年后即可采摘嫩叶。幼龄树以养为主，以采为辅，多留少采。成龄树以采茶为主，兼顾养树，首轮多采，次轮少采，长梢多采，短梢少采。

5. 成分

大叶冬青含有苦丁皂苷、氨基酸、维生素 C、多酚类、黄酮类、咖啡因、蛋白质等 200 多种成分。

6. 性味归经

味甘、苦，性寒；归肝经、肺经、胃经。

7. 功能与主治

具有清热解毒、利湿、止痛的功效，主治感冒发热、扁桃体炎、咽喉肿痛、急慢性肝炎、急性肠胃炎、胃及十二指肠溃疡、风湿关节痛、跌仆损伤、烫伤等症。

8. 药理作用

具有降胆固醇、降血压、降血脂、抗疲劳、抗衰老等作用。

9. 常见食用方式

茎叶可泡茶。

豆腐柴

拉丁学名：*Premna microphylla* Turcz.。

科　　属：马鞭草科（Verbenaceae）豆腐柴属（*Premna*）。

食用部位：叶。

1. 植物形态

直立灌木；幼枝有柔毛，老枝变无毛。叶揉之有臭味，卵状披针形、椭圆形、卵形或倒卵形，长 3 ～ 13 cm，宽 1.5 ～ 6.0 cm，顶端急尖至长渐尖，基部渐狭窄下延至叶柄两侧，全缘至有不规则粗齿，无毛至有短柔毛；叶柄长 0.5 ～ 2.0 cm。聚伞花序组成顶生塔形的圆锥花序；花萼杯状，绿色，有时带紫色，密被毛至几无毛，但边缘常有睫毛，近整齐的 5 浅裂；花冠淡黄色，外有柔毛和腺点，花冠内部有柔毛，以喉部较密。核果紫色，球形至倒卵形。花果期 5—10 月。

2. 生长习性

豆腐柴生于海拔 1400 m 以下的山坡上、林缘、疏林下、溪沟两侧的灌木丛中及路边。对土壤要求不严。

3. 繁殖技术

主要为扦插繁殖。3 月中旬至 4 月上旬选取二年生未完全木质化枝条（黄褐色且粗度不低于 0.3 cm），剪成长 10～15 cm 的插穗，保留 2～4 个芽苞，置于 200 mg/L ABT1 生根粉溶液浸泡 2～4 h，扦插于壤质土中。

4. 栽培技术

（1）选地

选择地块平整、排水性良好、背风向阳的壤质土壤。

（2）整地

按 25～30 kg/ 亩撒施磷肥，翻挖 15 cm，除杂。按 1.5 m 的宽度做畦面，用多菌灵 1000 倍稀释液进行消毒。

（3）移栽

10 月下旬至 11 月以及翌年 2 月下旬至 3 月上旬移栽。株高不低于 50 cm，地径不低于 1 cm。栽植株行距为 1.0 m×1.5 m 和 1.0 m×2.0 m。定植穴长、宽、深为 50 cm×50 cm×30 cm。

（4）田间管理

①水肥管理

2 月下旬施用萌芽肥，随后在每次采叶后施用速效性高氮低磷钾复合肥料恢复树势，每株每次施用 0.1～0.2 kg。冬季每株施用 1～2 kg 有机肥料和氮磷钾三元复合肥（N：P_2O_5：K_2O=15：15：15）0.1～0.2 kg。干旱时及时浇水，高温多雨季及时排水。

②中耕除草与培土

种植园内杂草高达 40 cm 左右时将杂草割掉并将其覆盖于地表面。

③病虫害防治

豆腐柴叶主要用于食品加工，病虫害防治应主要采取农业措施和生物防治。为了

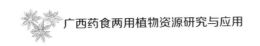

短期内控制病虫害，尽量选择高效低毒低残留的药剂。

（5）采收

采收由植株顶部往基部、枝条远端往近端逐片采收，采收时注意保护枝条和芽苞。

5. 成分

豆腐柴营养物质丰富，含有果胶、粗蛋白、维生素 C、氨基酸、矿物质元素等。

6. 性味归经

味辛，性温；归脾经、胃经。

7. 功能与主治

具有清热解毒、消肿止血的功效，主治疟疾、泻痢、痈肿、疔疮、创伤出血等症。

8. 药理作用

具有抗炎、消肿、镇痛、改善微循环、保护坐骨神经和治疗软组织损伤等作用。

9. 常见食用方式

叶片可用于制作柴豆腐。

柴豆腐

【用料】豆腐柴叶 150 g、草木灰碱水适量。

【制法】将豆腐柴叶摘下洗净，放桶里使劲揉搓，把叶片揉搓成汁液，将液体倒入纱布中过滤，然后按比例加入草木灰碱水搅拌均匀，数十分钟后就凝冻结成青绿色的果冻状物质，可凉拌或做汤。

狗肝菜

拉丁学名：*Dicliptera chinensis*（L.）Juss.。

科　　属：爵床科（Acanthaceae）狗肝菜属（*Dicliptera*）。

食用部位：全草。

1. 植物形态

草本，高 30～80 cm；茎外倾或上升，具 6 条钝棱和浅沟，节常膨大膝曲状，近无毛或节处被疏柔毛。叶卵状椭圆形，顶端短渐尖，基部阔楔形或稍下延，长 2～7 cm，宽 1.5～3.5 cm，纸质，绿深色，两面近无毛或下面脉上被疏柔毛；叶柄长 5～25 mm。花序腋生或顶生，由 3～4 个聚伞花序组成，每个聚伞花序有 1 朵至数朵花，具长 3～5 mm 的总花梗，下面有 2 枚总苞状苞片，总苞片阔倒卵形或近圆形，稀披针形，大小不等，长 6～12 mm，宽 3～7 mm，顶端有小凸尖，具脉纹，被柔毛；小苞片线状披针形，长约 4 mm；花萼具 5 裂片，钻形，长约 4 mm；花冠淡紫红色，长 10～12 mm，外面被柔毛，2 唇形，上唇阔卵状近圆形，全缘，有紫红色斑点，下唇长圆形，3 浅裂；雄蕊 2 枚，花丝被柔毛，药室 2 个，卵形，一上一下。蒴果长约 6 mm，被柔毛，开裂时由蒴底弹起，具种子 4 粒。

2. 生长习性

狗肝菜生于海拔 1800 m 以下的疏林下、村边园中、草丛中、溪边或路边，半阴生。

3. 繁殖技术

（1）扦插繁殖

选取具 3～4 个节、长约 12 cm 的健壮枝条，在插口距节间 1～2 cm 处平剪或斜剪，去掉基部叶片，上部留 2～4 片叶，将插条的 1/2 插入整理好的疏松的菜园土或沙壤土苗床上或大田中。

（2）组织培养

以带腋芽的茎段为外植体，洗净，消毒，切成长 1 cm 左右的带腋芽茎段，接种于培养基 MS+2.0 mg/L 6–BA+1.0 mg/L KT+0.5 mg/L NAA 上诱导愈伤组织，用培养基 MS+2.0 mg/L 6–BA+2.0 mg/L NAA 诱导芽的分化，用培养基 MS+0.5 mg/L NAA 进行生根培养。

4. 栽培技术

（1）选地

选择湿润、肥沃、靠近水源的土地或林间进行种植。

（2）整地

种植前将土壤进行深翻、晒透，每亩施 2000 kg 左右腐熟有机肥料作基肥，整地起畦，畦宽 100～120 cm、高 20 cm，沟宽 30 cm。

（3）移栽

开行定植，每畦种植 4 行，株距为 20～25 cm，2～3 株丛栽，每亩种植 26000～30000 株。

（4）田间管理

①水肥管理

每采摘 1 ～ 2 次施水肥 1 次或每亩施复合肥料溶液 500 ～ 1000 kg（浓度为 2% ～ 5%）。保持土壤湿润，高温干旱天气应早晚淋水。

②整形修剪

12 月至翌年 1 月进行清园，在距地面 15 ～ 20 cm 处剪去老茎叶，并将生长在行间的枝条铲去。

③病虫害

病害主要有白粉病，虫害主要有小卷叶蛾和蜗牛等。

（5）采收

一年四季均可采摘。植株 20 ～ 25 cm 高时进行第 1 次采摘，从叶腋长出的新梢经 15 ～ 20 d 可再次采摘。

5. 成分

狗肝菜富含有机酸、氨基酸、糖类等营养成分。

6. 性味归经

味甘、微苦，性寒；归心经、肝经、肺经。

7. 功能与主治

具有清热、凉血、利湿的功效，主治感冒发热、热病发斑、衄血、便血、尿血、崩漏、肺热咳嗽、咽喉肿痛、肝热目赤、小儿惊风、小便淋漓、带下、带状疱疹、痈肿疔疖、蛇犬咬伤等症。

8. 药理作用

具有保肝、抗氧化、免疫调节等作用。

9. 常见食用方式

嫩茎叶可作蔬菜凉拌、煮汤，也可做凉茶。

狗肝菜夏枯草汤

【用料】狗肝菜 400 g、夏枯草 50 g、蜜枣 15 g、冰糖 10 g。

【制法】狗肝菜、夏枯草、蜜枣洗净，冰糖打碎。将狗肝菜、夏枯草、蜜枣放入锅内，武火煮沸后改文火煲 1 h，加入冰糖，煮至冰糖溶化即可。

构树

拉丁学名： *Broussonetia papyrifera*（Linnaeus）L'Herier ex Ventenat。

科　　属： 桑科（Moraceae）构属（*Broussonetia*）。

食用部位： 果实、叶。

1. 植物形态

乔木，高 10 ～ 20 m；树皮暗灰色；小枝密生柔毛。叶螺旋状排列，广卵形至长椭圆状卵形，长 6 ～ 18 cm，宽 5 ～ 9 cm，先端渐尖，基部心形，两侧常不相等，边缘具粗锯齿，不分裂或 3 ～ 5 裂，小树之叶常有明显分裂，上面粗糙，疏生糙毛，下面密被茸毛，基生叶脉三出，侧脉 6 ～ 7 对；叶柄长 2.5 ～ 8.0 cm，密被糙毛；托叶大，卵形，狭渐尖，长 1.5 ～ 2.0 cm，宽 0.8 ～ 1.0 cm。花雌雄异株；雄花序为柔荑花序，粗壮，长 3 ～ 8 cm，苞片披针形，被毛，花被 4 裂，裂片三角状卵形，被毛，雄蕊 4 枚，花药近球形，退化雌蕊小；雌花序球形头状，苞片棍棒状，顶端被毛，花被管状，顶端与花柱紧贴，子房卵圆形，柱头线形，被毛。聚花果直径 1.5 ～ 3.0 cm，成熟时橙红色，肉质；瘦果具与之等长的柄，表面有小瘤，龙骨双层，外果皮壳质。花期 4—5 月，果期 6—7 月。

2. 生长习性

构树喜光，适应性强，耐干旱瘠薄。多生于石灰岩山地，也能在酸性土及中性土中生长。

3. 繁殖技术

（1）种子繁殖

清水浸种 2 ～ 3 h，捞出晾干，与细沙混匀，堆放于室内保湿催芽。当种子 30% 裂嘴时，将混匀的种子和细沙均匀撒于行距 25 cm 的条沟中，覆土盖草保湿。

（2）扦插繁殖

5—6 月选取健壮母树上当年生的半木质化春梢冠外枝，剪成 5 ～ 8 cm 长的插穗，于生根粉溶液中浸泡 10 s，将插穗下端的一半插入土壤中，扦插后及时浇透水。

（3）组织培养

以带有饱满芽的枝条作外植体，洗净，消毒，切取 1.5 ～ 2.0 cm 长的茎段接种于培养基上。用 MS+2.0 mg/L 6–BA+1.0 mg/L NAA+ 抑菌剂培养基诱导分化，MS+2.0 mg/L 6–BA+1.0 mg/L KT+1.0 mg/L GA$_2$+ 抑菌剂培养基进行增殖扩繁。待丛生芽长出，切下

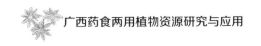

进行生根培养，然后出瓶移栽。

4. 栽培技术

（1）选地

受土壤条件和地形地貌限制较小，干旱瘠薄、石漠沙荒地和沟、塘、库岸、溪流两侧，房前屋后均可种植。

（2）整地

根据种植地条件进行整地栽培，散生和四旁种植构树，采用穴状整地，规格为长 60 cm、宽 60 cm、深 40 cm。

（3）移栽

幼苗生长稳定后进行移栽，栽植后剪去距地面 30 cm 以上部分。

（4）田间管理

①施肥

生长期内需追肥 2～3 次。在栽植后的翌年春天萌芽时第 1 次追肥，每亩施 100 kg 尿素。第 2 次中耕除草时进行第 2 次追肥，每亩施碳铵 75 kg。第 3 次追肥在 8 月进行，每亩施尿素 75 kg。

②病虫害

病害主要有煤烟病，虫害主要有天牛。

（5）采收

在夏、秋季采收种子、叶、枝、乳，冬、春季采收根皮、树皮。

5. 成分

构树含有丰富的植物粗蛋白、粗脂肪和钙等成分。

6. 性味归经

果实味甘，性寒；叶味甘，性凉；皮味甘，性平。归肝经、脾经、肾经。

7. 功能与主治

具有补肾、强筋骨、明目、利尿的功效，主治腰膝酸软、肾虚目昏、阳痿、水肿等症。

8. 药理作用

具有抗氧化、抗肿瘤、降血压、降血脂、增强机体免疫力、增强记忆力等作用。

9. 常见食用方式

果实除去灰白色膜状宿萼及杂质后可直接食用，也可用于泡酒。叶可以蒸食。

蒸构树叶

【用料】构树叶 300 g，面粉 100 g，蒜末 10 g，红糖、醋、食盐、芝麻油、鲜贝露调味汁各适量。

【制法】构树叶洗净控水，加入面粉拌匀。蒜去皮切碎。蒸屉上抹油，放入构树叶，冷水上锅蒸 10 min，放入盘中，加蒜末、红糖、醋、食盐、芝麻油、鲜贝露调味汁拌匀即可。

瓜馥木

拉丁学名： *Fissistigma oldhamii*（Hemsl.）Merr.。

科　　属： 番荔枝科（Annonaceae）瓜馥木属（*Fissistigma*）。

食用部位： 果实，根入药。

1. 植物形态

攀缘灌木，长约 8 m。小枝被黄褐色柔毛。叶革质，倒卵状椭圆形或长圆形，长 6.0 ～ 12.5 cm，宽 2 ～ 5 cm，顶端圆形或微凹，有时急尖，基部阔楔形或圆形，上面无毛，下面被短柔毛，老渐几无毛；侧脉每边 16 ～ 20 条，上面扁平，下面凸起；叶柄长约 1 cm，被短柔毛。花长约 1.5 cm，直径 1.0 ～ 1.7 cm，1 ～ 3 朵集成密伞花序；总花梗长约 2.5 cm；萼片阔三角形，长约 3 mm，顶端急尖；外轮花瓣卵状长圆形，长 2.1 cm，宽 1.2 cm，内轮花瓣长 2 cm，宽 6 mm；雄蕊长圆形，长约 2 mm，药隔稍偏斜三角形；心皮被长绢质柔毛，花柱稍弯，无毛，柱头顶端 2 裂，每心皮有胚珠约 10 颗，2 排。果实圆球状，直径约 1.8 cm，密被黄棕色茸毛；种子圆形，直径约 8 mm；果柄长不及 2.5 cm。花期 4—9 月，果期 7 月至翌年 2 月。

2. 生长习性

瓜馥木常生于南方丘陵山地或山谷灌木丛中。

3. 繁殖技术

（1）种子繁殖

采收早秋成熟的种子，随采随播。用山泥土、菜园土作基质，浇透基质后撒播种子，

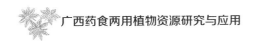

覆土盖种，保温保湿。

（2）扦插繁殖

春季选取粗壮的 1 年生茎蔓，剪成长 10 ～ 15 cm 的插条，剪除基部叶片，顶端留 2 片，扦插于插床。

4. 栽培技术

（1）选地

选择土质疏松肥沃、富含有机质的地块进行种植。

（2）整地

种植地要在深耕细整后挖大坑，施足基肥。

（3）移栽

早春 2 月中下旬进行移栽，将种苗带土栽于定植穴中央，周围填土压实，灌透水，5 ～ 7 d 后再灌 1 次。

（4）田间管理

①水肥管理

5 月中下旬每星期喷施 1 次 0.2% 的复合化肥水溶液作根外肥，以保证花果正常生长。秋季在植株周围挖放射性沟，施入有机液体肥料或磷酸二氢钾等复合化肥。萌芽至挂果前期，保持土壤湿润和透气。

②病虫害防治

病虫害较少，以预防为主。

（5）采收

以根入药。夏、秋季采集，晒干。

5. 成分

瓜馥木主要含有生物碱、环戊烯酮、倍半萜、查耳酮及黄酮类化合物等成分。

6. 性味归经

味微辛，性平；归肝经、胃经。

7. 功能与主治

具有祛风除湿、活血止痛的功效，主治风湿痹痛、腰痛、胃痛、跌仆损伤等症。

8. 药理作用

具有镇痛、抗炎、抗肿瘤、抗抑郁、抗菌等作用。

9. 常见食用方式

果实可直接食用。

何首乌

拉丁学名：*Fallopia multiflora*（Thunb.）Haraldson。

科　　属：蓼科（Polygonaceae）何首乌属（*Fallopia*）。

食用部位：块根。

1. 植物形态

多年生草本。块根肥厚，长椭圆形，黑褐色。茎缠绕，长 2 ～ 4 m，多分枝，具纵棱，无毛，微粗糙，下部木质化。叶卵形或长卵形，长 3 ～ 7 cm，宽 2 ～ 5 cm，顶端渐尖，基部心形或近心形，两面均粗糙，全缘；叶柄长 1.5 ～ 3.0 cm；托叶鞘膜质，偏斜，无毛，长 3 ～ 5 mm。花序圆锥状，顶生或腋生，长 10 ～ 20 cm，分枝开展，具细纵棱，沿棱密被小突起；苞片三角状卵形，具小突起，顶端尖，每苞内具 2 ～ 4 朵花；花梗细弱，长 2 ～ 3 mm，下部具关节，果时延长；花被 5 深裂，白色或淡绿色，花被片椭圆形，大小不相等，外面 3 片较大，背部具翅，果时增大，花被果时外形近圆形，直径 6 ～ 7 mm；雄蕊 8 枚，花丝下部较宽；花柱 3 条，极短，柱头头状。瘦果卵形，具 3 棱，长 2.5 ～ 3.0 mm，黑褐色，有光泽，包于宿存花被内。花期 8—9 月，果期 9—10 月。

2. 生长习性

何首乌喜温暖潮湿气候。生于海拔 200 ～ 3000 m 的山谷灌木丛、山坡林下、沟边石隙。忌干燥和积水，以选择土层深厚、土质疏松肥沃、排水性良好、富含腐殖质的沙质壤土为宜。

3. 繁殖技术

（1）种子繁殖

10—11 月采收成熟种子，搓去皮壳，装袋阴干贮藏。翌年 3 月中旬至 4 月上旬将种子用 100 ～ 200 mg/L 的 GA$_3$ 溶液浸泡 48 h 后播种。

（2）扦插繁殖

选取 1 年生健壮植株作插条，用生根粉制作生根液，用黄黏土与水质量比为 1 : 1 的黄泥浆处理藤茎，扦插方式为竖插和横插。

（3）组织培养

可用叶片、茎尖、茎段、块根、叶柄和种子作外植体，基本培养基为 MS，增殖培养基为 MS+1.5 mg/L 6–BA+0.1 mg/L IBA，增加 0.5 mg/L 的多效唑可促进不定根的诱导。

（4）分株繁殖

秋季或春季刨出根际周围的萌蘖小枝，选取有芽眼的茎蔓和须根生长良好的植株，按株行距（25 ～ 30）cm×（30 ～ 35）cm 挖穴栽种，栽后覆土，压实，浇水。

（5）压条繁殖

7—9 月上旬将带有腋芽的茎条平铺在地上，腋芽处覆盖厚 3 cm 的土层并保持土壤湿润。待芽长出地面 10 cm 左右时让其脱离母株生长。

（6）块根繁殖

3—4 月选取带有茎的块根，分切，每块带有 2 ～ 3 个芽眼，按 15 cm×15 cm 株行距，每个穴栽小块根 1 个，栽后覆土 3 ～ 5 cm，浇水保湿。

4. 栽培技术

（1）选地

选择排水性良好、土质疏松肥沃的壤土或沙壤土种植。

（2）整地

翻土结合土壤消毒和施基肥进行，每亩施土杂肥或厩肥 2500 ～ 3000 kg、湿润草木灰 300 ～ 350 kg、过磷酸钙 50 kg。耕细整平，做畦，畦宽 1.2 ～ 1.3 m，沟深 30 cm。

（3）移栽

采用种子繁殖的应及时间苗。扦插繁殖、压条繁殖的在生根后及时移栽。

（4）田间管理

①水肥管理

5—6 月开花前每亩施人畜粪水 1500 ～ 2000 kg 或饼肥 20 ～ 25 kg。10—11 月每亩施磷肥 15 ～ 25 kg、钾肥 10.0 ～ 12.5 kg。

出苗前每天要轻浇水 1 次，约 20 d 后出苗。出苗后隔 2～3 d 浇 1 次水。定植后应经常灌水，雨季及时开沟排水。

②病虫害

病害主要有褐斑病和锈病；虫害主要有蚜虫、钻心虫、地老虎和蛴螬，其中褐斑病对何首乌的危害较大。

（5）采收

种植 2～3 年后采收。秋末至春初挖出块根，剪去茎蔓，洗净后切成厚片晒干或烘干，粉碎。

5. 成分

何首乌主要含蒽醌类化合物，其主要成分为大黄酚和大黄素，其次为大黄酸及微量的大黄素 –6– 甲醚和大黄酚蒽酮等。此外，还含有丰富的磷脂化合物、粗脂肪、淀粉等成分。

6. 性味归经

味苦、甘、涩，性温；归肝经、肾经、心经。

7. 功能与主治

具有解毒、消痈、润肠通便的功效，主治瘰疬、疮痈、风疹瘙痒、肠燥便秘、高血脂等症。

8. 药理作用

具有抗衰老、抗菌、增强机体免疫力、促进肾上腺皮质、降血脂、抗动脉粥样硬化、保肝等作用。

9. 常见食用方式

块根可生吃、泡水喝，还可烤熟、炖肉食用。

何首乌牛肉汤

【用料】牛腩 220 g、何首乌 35 g、桂圆肉 5 粒、大枣 5 个、陈皮四分之一片。

【制法】牛腩洗净，放入沸水焯水，捞出。桂圆肉、大枣洗净备用。陈皮泡软，刮除内面白色的苦瓤。锅中加水，放入所有材料，武火烧沸后改文火煲 2 h 即可。

褐毛杜英

拉丁学名： *Elaeocarpus duclouxii* Gagnep.。

科　　属： 杜英科（Elaeocarpaceae）杜英属（*Elaeocarpus*）。

食用部位： 果实可食用，根入药。

1. 植物形态

常绿乔木，高 20 m，胸径 50 cm；嫩枝被褐色茸毛，老枝干后暗褐色，有稀疏皮孔。叶聚生于枝顶，革质，长圆形，长 6～15 cm，宽 3～6 cm，先端急尖，基部楔形，上面深绿色，初时有柔毛，干后发亮，下面被褐色茸毛，侧脉 8～10 对，在上面能见，在下面突起，网脉在上面不明显，在下面稍突起，边缘有小钝齿；叶柄长 1.0～1.5 cm，被褐色毛。总状花序常生于无叶的去年枝条上，长 4～7 cm，纤细，被褐色毛；小苞片 1 枚，生于花柄基部，线状披针形，长 3～4 mm，宽 1 mm，被毛；花柄长 3～4 mm，被毛；萼片 5 片，披针形，长 4～5 mm，两面均有柔毛；花瓣 5 片，稍超出萼片，长 5～6 mm，外面有稀疏柔毛，内侧多毛，上半部撕裂，裂片 10～12 条；雄蕊 28～30 枚，长 3 mm，花丝极短，花药顶端无芒刺；花盘 5 裂，被毛；子房 3 室，被毛，花柱长 4 mm，基部有毛；胚珠每室 2 颗。核果椭圆形，长 2.5～3.0 cm，宽 1.7～2.0 cm，外果皮秃净无毛，干后变为黑色，内果皮坚骨质，厚 3 mm，表面多沟纹，1 室，种子长 1.4～1.8 cm。花期 6—7 月。

2. 生长习性

褐毛杜英生于海拔 700～950 m 的常绿林里。

3. 繁殖技术

（1）种子繁殖

秋季果实成熟时采收，堆放至果肉软化后，搓揉淘洗净种子，于湿沙中层积贮藏。翌年春季，日平均气温 15 ℃以上、胚根露白即可播种。

（2）扦插繁殖

选取 2～3 年生、树冠阳面外侧具有一定木质化程度、生长健壮（2～3 mm 粗）且无病虫害的嫩枝，剪成长 5～8 cm 的短穗，保留 3～4 片叶，用高锰酸钾、多菌灵等进行消毒，然后在稀释 10 倍的 HL-43 生根剂溶液中浸泡 1～3 h，扦插于基质中。

（3）组织培养

以茎段为外植体，取带有腋芽、长度为 1.5 cm 的茎段，洗净，消毒。启动培养基为 MS+1.0 ～ 2.0 mg/L BA+0.05 mg/L NAA+3％蔗糖，丛生苗增殖培养基为 MS+2.0 mg/L BA+0.1 mg/L IBA+3％蔗糖，有效苗诱导培养基为 MS+0.5 mg/L BA+0.1 mg/L IBA+1.0 mg/L GA+3％蔗糖，生根培养基为 1/2 MS+3.0 mg/L IBA+2％蔗糖 +1.0 g/L AC。

4. 栽培技术

（1）选地

选择海拔 800 m 以下、土层深厚、排水性良好的山坡中下部和山谷，中性或微酸性的黄壤、红壤或黄棕壤。

（2）整地

坡度较大的山坡地采用条垦挖穴，缓坡地可进行全刈穴垦整地，清除杂草和石块等杂物，施足基肥。一年生苗定植穴长、宽、深为 0.4 m×0.4 m×0.3 m。

（3）移栽

翌年春季，苗高 40 ～ 50 cm、根径 1 cm 以上时即可出圃。栽植时掌握苗正、根舒、深栽、打紧等技术要点。同时，剪去 2/3 以上的枝、叶。

（4）田间管理

定植后适时除草、松土、扶苗、培土，并清除萌蘖和茎下部的徒长枝。幼苗生长期要适当修枝，以提高树冠顶端优势。种植后的前 3 年，每年 6 月、8 月各中耕除草 1 次，第 4 年全面深挖 1 次，深度以 25 cm 左右为宜。

（5）采收

8—10 月果实成熟即可采摘。

5. 成分

褐毛杜英主要含有还原糖、非还原糖、粗蛋白等。此外，还含有较多的维生素 C 和维生素 B_2 等营养成分。

6. 功能与主治

具有散瘀消肿等功效，主治跌仆损伤、瘀肿等症。

7. 药理作用

主要具有清热、消炎、止咳等作用。

8. 常见食用方式

果实可直接生食或用于酿酒。

杜英果酒

【用料】褐毛杜英成熟果实 1.5 kg，白酒 9 L。

【制法】采摘成熟褐毛杜英果实，洗净，沥干水分，放入玻璃罐中，加入白酒浸泡一段时间即可。

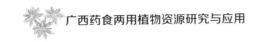

拉丁学名：*Kadsura coccinea*（Lem.）A. C. Smith。

科　　属：五味子科（Schisandraceae）冷饭藤属（*Kadsura*）。

食用部位：果实、茎叶。

1. 植物形态

藤本，全株无毛。叶革质，长圆形至卵状披针形，长 7 ～ 18 cm，宽 3 ～ 8 cm，先端钝或短渐尖，基部宽楔形或近圆形，全缘，侧脉每边 6 ～ 7 条，网脉不明显；叶柄长 1.0 ～ 2.5 cm。花单生于叶腋，稀成对，雌雄异株；雄花：花被片红色，10 ～ 16 片，中轮最大 1 片椭圆形，长 2.0 ～ 2.5 cm，宽约 14 mm，最内轮 3 片明显增厚，肉质，花托长圆锥形，长 7 ～ 10 mm，顶端具 1 ～ 20 条分枝的钻状附属体，雄蕊群椭圆体形或近球形，直径 6 ～ 7 mm，具雄蕊 14 ～ 48 枚，花丝顶端为两药室包围着，花梗长 1 ～ 4 cm；雌花：花被片与雄花相似，花柱短钻状，顶端无盾状柱头冠，心皮长圆体形，雌蕊 50 ～ 80 枚，花梗长 5 ～ 10 mm。聚合果近球形，红色或暗紫色，直径 6 ～ 10 cm 或更大；小浆果倒卵形，长达 4 cm，外果皮革质，不显出种子。种子心形或卵状心形，长 1.0 ～ 1.5 cm，宽 0.8 ～ 1.0 cm。花期 4—7 月，果期 7—11 月。

2. 生长习性

黑老虎生于 1500 ～ 2000 m 的山地疏林中，常缠绕于大树上。

3. 繁殖技术

（1）种子繁殖

采收种子后用湿沙贮藏，3 月下旬种子长出胚根时开始播种，条播、撒播或点播，播种后覆厚 1.0 ～ 1.5 cm 的细土或火土灰，保湿。

（2）嫁接繁殖

用买麻藤〔*Kadsura coccinea*（Lem）〕和涨风藤（*Kadwura heteroclite*）的实生苗为砧木，接穗采用品质优良苗木的 1 年生或发育充实的 1 次、2 次、3 次枝，在未展叶前进行嫁接。

4. 栽培技术

（1）选地

选择地势平坦、背风向阳、供水充足的地块进行种植。

（2）整地

将坡度大的造林地改成水平带，在带面上打长、宽、深为 70 cm×70 cm×50 cm 的穴，施腐熟的厩肥或堆肥 40～50 kg 和磷肥 1 kg 作基肥。

（3）移栽

12 月至翌年 3 月完成移栽。选取生长良好的健康植株进行移栽，移栽时保持根系舒展，分布均匀，盖土压紧，严禁窝根。

（4）田间管理

①水肥管理

整地时施足基肥，生长过程中需连续追肥 2 次，每次追肥 50～100 g/ 株。雨季注意排水沟通畅，防止长期被雨水浸泡导致根系腐烂。

②搭架

栽植第 2 年开始搭架，用竹木、钢材、水泥柱等材料搭架，搭成高 1.8～2.5 m 的棚架。

③整形修剪

一年进行 3 次修剪。春季萌芽前剪掉短结果枝和枯枝，长结果枝留 8～12 个芽苞，其余剪除。5—9 月进行夏剪，剪掉基生枝、膛枝、重叠枝和病虫枝。10—11 月进行秋剪，剪除基生枝。

④人工授粉

采集刚开放或快开放的雄花进行授粉，多次授粉以提高授粉成功率。

⑤病虫害

病害主要有叶枯病，虫害主要有卷叶虫，红蜘蛛等。

（5）采收

10 月左右果实随熟随采。茎叶最佳采收时间为 9 月下旬至 11 月上旬，采收后切成小段，刮去栓皮，切段，晒干。

5. 成分

黑老虎富含淀粉，果糖，葡萄糖，维生素 C，矿物质铁、锌等营养物质。另外，全株均含有木脂素、三萜类化合物，具有较强的抗氧化活性。

6. 性味归经

味辛、微苦，性温；归肝经、脾经。

7. 功能与主治

具有行气止痛、散瘀通络的功效，主治胃溃疡、十二指肠溃疡、慢性胃炎、急性肠炎、风湿痹痛、跌仆损伤、骨折、痛经、产后瘀血腹痛、疝气痛等症。

8. 药理作用

主要具有行气活血、保肝护肝、抗肿瘤等作用。

9. 常见食用方式

果实可直接生食或与甘草等泡水喝。

观音草

拉丁学名：*Peristrophe bivalvis*（Linnaeus）Merrill。

科　　属：爵床科（Acanthaceae）观音草属（*Peristrophe*）。

食用部位：叶或全株。

1. 植物形态

多年生直立草本；高达 1 m；枝多数，交互对生，具 5 ～ 6 条钝棱和纵沟，小枝被褐红色柔毛；叶卵形或有时披针状卵形，长 3.0 ～ 5.0（～ 7.5）cm，先端短渐尖或急尖，基部宽楔形或近圆，全缘，嫩叶两面均被褐红色柔毛，干时呈黑紫色，侧脉每边 5 ～ 6 条；叶柄长约 5 mm。聚伞花序由 2 个或 3 个头状花序组成，腋生或顶生，花序梗长 3 ～ 5 mm；总苞片 2 ～ 4 枚，宽卵形、卵形或椭圆形，不等大，大的长（1.8）～ 2.3 ～ 2.5 cm，干时黑紫色或稍透明，有脉纹，被柔毛；花萼长 4.5 ～ 5.0 mm，裂片披针形，被柔毛；花冠粉红色，长 3.0 ～ 3.5（～ 5.0）cm，被倒生短柔毛，花冠筒直，直径约 1.5 mm，喉部稍内弯，上唇宽卵状椭圆形，先端微缺，下唇长圆形，浅 3 裂；雄蕊伸出，花丝被柔毛，药室线形，下方的 1 室较小；花柱无毛，柱头 2 裂。蒴果长约 1.5 cm，被柔毛。

2. 生长习性

观音草生于海拔 500 ～ 2000 m 的荒野阴湿地中、林下、路边、水边及山谷中。

3. 繁殖技术

选取观音草当年生枝条为外植体，基本培养基以 MS 较佳，初代诱导的最适培养基为 MS+2.0 mg/L 6−BA，芽增殖的最适培养基为 MS+0.5 mg/L 6−BA+0.05 mg/L NAA，最适生根培养基为 MS+0.1 mg/L IBA+0.3 mg/L NAA。

4. 栽培技术

（1）选地

应选取荫蔽的环境或林下种植。

（2）整地

如郁闭度过大需要进行间伐，郁闭度太小需及时补种树木或是采用遮阴网来改善原有的光照环境。根据坡地情况适当开挖复垦带。在整地时施好底肥。

（3）移栽环节

可在 11—12 月至翌年春季 2—3 月起苗移栽。在事先整理的垄上根据株行距进行定植。

（4）田间管理

5—6 月进行除草和施加尿素等肥料。9—10 月进行第 2 次除草。结合实际情况，雨季需进行排水，旱季需进行灌溉。

（5）采收

全年均可采收，洗净，鲜用或晒干。

5. 成分

观音草主要含有生物碱类、黄酮类、萜类、甾体及皂苷类、苯丙素和挥发油等成分，还含有可食用、无毒的天然色素，包括矢车菊素 −3− 葡萄糖苷、红丝线素和紫蓝素等。

6. 性味归经

味涩，性凉；归肺经、脾经。

7. 功能与主治

具有清肺止咳、散瘀止血的功效，主治肺结核咯血、肺炎、糖尿病等症。

8. 药理作用

具有降血压、保肝护肝、防治心血管疾病等作用。

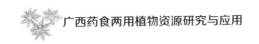

9. 常见食用方式

全草可与肉类煲汤食用。

观音草瘦肉汤

【用料】鲜观音草 60 g（干品 30 g）、瘦猪肉 200 g、食盐适量。

【制法】先将观音草洗净，瘦猪肉洗净切块，共放煲内，加入适量清水煮熟，加食盐调味即可。

红芽木

拉丁学名：*Cratoxylum formosum*（Jack.）Dyer subsp. *pruniflorum*（Kurz）Gogelin。

科　　属：金丝桃科（Hypericaceae）黄牛木属（*Cratoxylum*）。

食用部位：树皮入药，嫩叶可作茶。

1. 植物形态

落叶灌木或乔木，高 3～6 m，树干下部有水平向的长枝刺，皮层片状剥落。小枝对生，略扁，多少呈四棱形，枝条圆柱形，幼枝密被柔毛。叶片椭圆形或长圆形，长 4～10 cm，宽 2～4 cm，先端钝形或急尖，基部圆形，密被柔毛，上面绿色，下面淡绿色，有透明的腺点，中脉在上面凹陷，下面凸起，侧脉每边 8～10 条，开展，近叶缘弧状网结，小脉网结；叶柄长 5～7 mm，无毛。花序为花 5～8 朵聚集而成的团伞花序，生于脱落叶痕腋内；花直径 1.3 cm；花梗长 3～5 mm，密被柔毛；萼片椭圆形或长圆状披针形，长 5～6 mm，宽 2～3 mm，先端钝形，密被柔毛；花瓣倒卵形或倒卵状长圆形，长 11～15 mm，上半部边缘有小缘毛及褐色小斑点，基部狭爪状，有鳞片，鳞片不明显，楔形，顶端截平且具小齿，长约 2 mm；雄蕊束 3 个，长约 10 mm，花丝离生，与雄蕊束柄等长，每束有花药 20～30 个，药隔无腺体；下位肉质腺体舌状，向上渐狭，长 1.0～1.5 mm；子房长锥形，长约 4 mm，无毛，3 室；花柱 3 个，自基部叉开，与子房近等长。蒴果椭圆形，长 15 mm，宽达 6 mm，顶端略尖，下部 1/2 被宿存的花萼所包被，黑褐色，无毛。种子每室 6～8 粒，倒卵形，长约 7 mm，宽 3 mm，基部狭爪状，不对称，一侧具翅。花期 3—4 月，果期 5 月以后。

2. 生长习性

红芽木生于海拔 1400 m 以下的山地次生疏林或灌木丛中。

3. 繁殖技术

主要以种子繁殖为主。当蒴果由青灰色变为黄褐色时采种，采下的果实放在室内通风处晾干。果壳开裂后收集种子，种子晾干后干藏。播种以 3 月初为宜。

4. 栽培技术

（1）选地

造林地选择山坡中下部或沟谷平地，弃耕地和石隙土较多的荒坡地。

（2）整地

采用穴垦整地，挖穴长、宽、深为 50 cm×50 cm×40 cm，每穴施腐熟的有机肥料 5～8 kg。株行距以 2 m×2 m 为宜。如在石山荒坡造林，可以用见缝插针的方式定植。

（3）移栽

2—4 月雨后林地土壤湿润时栽植。选择苗高 40～50 cm 的壮苗造林，适当深栽、不弯根，侧根舒展，踩实，栽植后回土，并在植株周围覆盖松土和杂草保湿。

（4）田间管理

造林后头 5 年每年铲草、扩穴、施肥 1～2 次，每次施复合肥料 200～300 g/ 株。幼林期可适当修枝。对于金龟子成虫侵害抵抗能力稍弱，需注意防治。

（5）采收

全年均可采集嫩叶制茶。剪取木质化的枝条，采集树皮，晾晒。

5. 成分

红芽木含有人体必需的多种氨基酸、维生素及锌、锰、铷等微量元素。

6. 性味归经

味甘、苦，性寒；归肝经、肺经、胃经。

7. 功能与主治

具有疏风清热、明目生津的功效，主治风热头痛、齿痛、目赤、口疮、热病烦渴、泄泻、痢疾等症。

8. 药理作用

具有降血脂、增加冠状动脉血流量、增强心肌供血功能、抗动脉粥样硬化等作用。

9. 常见食用方式

嫩叶可泡茶。

厚朴

拉丁学名： *Houpoea officinali*（Rehder et E. H. Wilson）N. H. Xia & C. Y. Wu。

科　　属： 木兰科（Magnoliaceae）厚朴属（*Houpoea*）。

食用部位： 树皮、根、花、果实均可入药。

1. 植物形态

落叶乔木，高达 20 m；树皮厚，褐色，不开裂；小枝粗壮，淡黄色或灰黄色，幼时有绢毛；顶芽大，狭卵状圆锥形，无毛。叶大，近革质，7～9 片聚生于枝端，长圆状倒卵形，长 22～45 cm，宽 10～24 cm，先端具短急尖或圆钝，基部楔形，全缘或微波状，上面绿色，无毛，下面灰绿色，被灰色柔毛，有白粉；叶柄粗壮，长 2.5～4.0 cm，托叶痕长为叶柄的 2/3。花白色，直径 10～15 cm，芳香；花梗粗短，被长柔毛，离花被片下 1 cm 处具包片脱落痕，花被片 9～12（～17）片，厚肉质，外轮 3 片淡绿色，长圆状倒卵形，长 8～10 cm，宽 4～5 cm，盛开时常向外反卷，内两轮均白色，倒卵状匙形，长 8.0～8.5 cm，宽 3.0～4.5 cm，基部具爪，最内轮 7.0～8.5 cm，花盛开时中内轮直立；雄蕊约 72 枚，长 2～3 cm，花药长 1.2～1.5 cm，内向开裂，花丝长 4～12 mm，红色；雌蕊群椭圆状卵圆形，长 2.5～3.0 cm。聚合果长圆状卵圆形，长 9～15 cm；蓇葖具长 3～4 mm 的喙；种子三角状倒卵形，长约 1 cm。花期 5—6 月，果期 8—10 月。

2. 生长习性

厚朴生于海拔 300～1500 m 的山地林间、落叶阔叶林内或生于常绿阔叶林缘。喜凉爽、湿润、多云雾、相对湿度大的气候环境。在土层深厚、疏松、土质肥沃、腐殖质丰富、排水性良好的微酸性或中性土壤上生长较好。

3. 繁殖技术

（1）种子繁殖

9—11 月采收果实后取出种子即可播种。春播则需在获得种子后湿沙贮藏，春季播种。播种前浸种 48 h，去掉蜡质层，条播，粒距 3～6 cm。

（2）扦插繁殖

2月选取茎粗1 cm的1～2年生枝条，剪成长20 cm的插条，扦插于苗床中培育。

（3）压条繁殖

选取10年生以上成年植株的苗蘖，在11月上旬或2月将蘖茎对半横割，反向弯曲切口使茎纵裂，在裂缝夹石块隔开并培土覆盖，翌年产生多数根后割下移栽。

4. 栽培技术

（1）选地

厚朴适应性强，宜选择交通便利、海拔1000～1600 m的中下坡位进行种植。

（2）整地

全面清除杂草和采伐剩余物，全垦、穴（块）状和带状整地，山地、丘陵要适当保留山顶、山脊植被。

（3）移栽

2—3月或10—11月按株行距2.5 m×3.0 m或2.6 m×2.6 m开穴，穴长60 cm、宽40 cm、深30～50 cm，穴中施腐熟的厩肥或土杂肥120 kg、磷钾肥各1.5 kg作基肥，覆土厚约10 cm。将修剪根系和枝条后的苗木栽于穴中，覆土，压实，淋足定根水。

（4）田间管理

①水肥管理

苗期每年追肥1～2次。造林后的第2年至第3年的5月结合春季抚育进行施肥，于树干底部沟施，施肥量为160～200 kg/hm²。林地郁闭后冬季结合中耕除草施肥1次。多雨季节要防积水。

②中耕除草

幼树每年中耕除草2次。林地冬季中耕除草、培土1次。

③病害

病害主要有叶枯病、根腐病、立枯病。

（5）采收

定植5～8年后可采摘花蕾；定植20年以上可砍树剥皮，4—8月对树皮、根皮和枝皮环剥或条剥；9月下旬至10月采收成熟果实。

5. 成分

厚朴含有厚朴酚、和厚朴酚、厚朴碱以及矿物质元素、蛋白质、维生素等多种

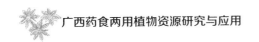

成分。

6. 性味归经

味苦、辛，性温；归脾经、胃经、肺经、大肠经。

7. 功能与主治

具有燥湿消痰、下气除满的功效，主治湿滞伤中、脘痞吐泻、食积气滞、腹胀便秘、痰饮喘咳等症。

8. 药理作用

具有抗腹泻、抗癫痫、抗抑郁、抗痴呆、抗脑缺血、降血压、改善心血管功能、抗肺损伤、镇咳、降血糖、降脂、抗炎镇痛、抗肿瘤等作用。

9. 常见食用方式

干皮可用来煮粥、炖汤或泡水喝。

猪肚瘦肉厚朴汤

【用料】猪肚 250 g、瘦猪肉 150 g、大枣 40 g、薏米 15 g、厚朴 12 g。

【制法】猪肚洗净，与大枣、薏米、厚朴及瘦猪肉放入煲内，加入 4 碗水，煲 4 h 即可。

虎杖

拉丁学名：*Reynoutria japonica* Houtt.。

科　　属：蓼科（Polygonaceae）虎杖属（*Reynoutria*）。

食用部位：根状茎。

1. 植物形态

多年生草本。根状茎粗壮，横走。茎直立，高 1～2 m，粗壮，空心，具明显的纵棱，具小突起，无毛，散生红色或紫红斑点。叶宽卵形或卵状椭圆形，长 5～12 cm，宽 4～9 cm，近革质，顶端渐尖，基部宽楔形、截形或近圆形，全缘，疏生小突起，两面均无毛，沿叶脉具小突起；叶柄长 1～2 cm，具小突起；托叶鞘膜质，偏斜，长 3～5 mm，褐色，具纵脉，无毛，顶端截形，无缘毛，常破裂，早落。花单性，雌雄异株，花序圆锥状，长 3～8 cm，腋生；苞片漏斗状，长 1.5～2.0 mm，顶端渐尖，无缘毛，每苞内具 2～4 朵花；花梗长 2～4 mm，中下部具关节；花被 5 深裂，淡绿色，雄花花被片具绿色中脉，无翅；雄蕊 8 枚，比花被长；雌花花被片外面 3 片背部具翅，果时增大，翅扩展下延，花柱 3 个，柱头流苏状。瘦果卵形，具 3 棱，长 4 ～ 5 mm，黑褐色，有光泽，包于宿存花被内。花期 8—9 月，果期 9—10 月。

2. 生长习性

虎杖生于海拔 140 ～ 2000 m 的山坡灌木丛、山谷、路边、田边湿地。喜温暖湿润气候，对土壤要求不严，但低洼易涝地不能正常生长。

3. 繁殖技术

（1）种子繁殖

10—11 月选取生长健壮、无病虫害的 2 ～ 3 年生植株采种，置于干燥通风处保存。3 月上旬至 5 月上旬均可播种。撒播、条播均可，播种后覆盖厚 0.5 ～ 2.0 cm 的细土。

（2）根茎繁殖

选择长势良好的根茎作为繁殖材料，将根茎剪成长 10 cm、带有 2 ～ 3 个芽的小段，按 40 cm 株距开穴，随挖随种，种后覆土。

（3）茎枝繁殖

开花前剪取地上部粗壮的主枝作为种条，埋入沙中，15 d 后生根率可达 98%。

（4）扦插繁殖

采用当年生枝条，剪成长 10 ～ 14 cm、有 1 ～ 2 个节间的插穗，顶端一节保留 1 片叶片，直接扦插，不用激素处理。

（5）组织培养

以当年生枝条的茎段作外植体，洗净，消毒，接种于 MS+0.4 mg/L 6–BA+1.2 mg/L NAA 培养基中诱导愈伤组织产生，接种于 MS+0.8 mg/L $AgNO_3$+0.3 mg/L 6–BA+0.1 mg/L NAA 培养基中诱导愈伤组织和芽的分化，接种于 1/3 MS+0.4 mg/L IAA+0.1 mg/L NAA 培养基中进行生根培养和试管苗生根继代培养。

4. 栽培技术

（1）选地

选择山区溪流边的坪地、零星水田或荒草地、旱坡地，要求土质疏松、土壤透气性强、富含有机质、土层深厚肥沃，且种植地块凉爽湿润、不渍水。

（2）整地

深翻 30 cm 以上，翻地结合施肥进行，每亩施硫酸钾三元复合肥料 80 kg、磷肥 100 kg、有机肥料 100 kg，耙碎整平即可。

（3）移栽

春季 3—4 月上旬移栽。在厢面中间开 2 条小沟进行施肥，深度 10 cm 左右，沟间距 20 cm。据厢面长度进行覆膜。种苗破膜移栽在肥料两边，距肥料 10 cm。

（4）田间管理

①水肥管理

6—7 月每亩追施尿素 5.0 ～ 7.5 kg；秋季 11 月或翌年春季 3—4 月，每亩追施硫酸钾三元复合肥料 100 kg、磷肥 100 kg、有机肥料 100 kg 或农家肥 1500 ～ 2000 kg。虎杖喜湿但不耐渍，春、秋季暴雨过后需及时清理、疏通水沟。

②间苗补苗

及时去除病苗、弱苗，空缺处补苗，株行距 25 cm×40 cm。

③中耕除草

生长旺盛期杂草较少，只需拔除直立高大的杂草。冬季倒苗后，去除虎杖地上部分，覆盖于地面。

④病虫害防治

虎杖抗病虫害能力较强，迄今尚未发现较为严重的病虫害，以预防为主。

（5）采收

种植后 3 ～ 4 年可采收，春季 3—4 月先清除地上部分，然后用小型挖掘机等将根茎挖出，抖掉泥土，切除芦头，除去须根即可鲜销。

5. 成分

虎杖主要含有蒽醌类、二苯乙烯类、黄酮类、香豆素类及一些脂肪酸类化合物，还含有多糖、氨基酸和铜、铁、锰、锌、钾等元素。

6. 性味归经

味微苦，性微寒；归肝经、胆经、肺经。

7. 功能与主治

具有祛风利湿、散瘀定痛、止咳化痰的功效，主治关节痹痛、湿热黄疸、经闭、症瘕、水火烫伤、跌仆损伤、痈肿疮毒、咳嗽痰多等症。

8. 药理作用

具有抗炎、抗病毒、抗菌、降血脂、抗血栓、改善血流变、扩张血管、保护心肌、抗氧化、抗肿瘤等作用。

9. 常见食用方式

块状茎可熬汤或泡酒。

桂心酒

【用料】桂皮 120 g、牡丹皮 120 g、赤芍 120 g、牛膝 120 g、虎杖 150 g、吴茱萸 100 g、土大黄 90 g、黄芩 70 g、细辛 30 g、白僵香 50 g、火麻仁 300 g、生地黄 180 g、蟹甲 150 g、庵闾子 20 g、干漆 120 g、白酒 20 kg。

【制法】将上述中药材一同研成粗末，装入布袋置于泡酒容器中，加入白酒浸泡 7 ～ 10 d，滤去渣即可。

花叶开唇兰

拉丁学名：*Anoectochilus roxburghii*（Wall.）Lindl.。
科　　属：兰科（Orchidaceae）开唇兰属（*Anoectochilus*）。
食用部位：全草。

1. 植物形态

植株高 8 ～ 18 cm。根状茎匍匐，伸长，肉质，具节，节上生根。茎直立，肉质，圆柱形，具（2 ～）3 ～ 4 枚叶。叶片卵圆形或卵形，长 1.3 ～ 3.5 cm，宽 0.8 ～ 3.0 cm，上面暗紫色或黑紫色，具金红色带有绢丝光泽的美丽网脉，下面淡紫红色，先端近急尖或稍钝，基部近截形或圆形，骤狭成柄；叶柄长 4 ～ 10 mm，基部扩大成抱茎的鞘。总状花序具 2 ～ 6 朵花，长 3 ～ 5 cm；花序轴淡红色，和花序梗均被柔毛，花序梗具 2 ～ 3 枚鞘苞片；花苞片淡红色，卵状披针形或披针形，长 6 ～ 9 mm，宽 3 ～ 5 mm，先端长渐尖，长约为子房的 2/3；子房长圆柱形，不扭转，被柔毛，连花梗长 1.0 ～ 1.3 cm；花白色或淡红色，不倒置（唇瓣位于上方）；萼片背面被柔毛，中萼片卵形，凹陷呈舟状，长约 6 mm，宽 2.5 ～ 3.0 mm，先端渐尖，与花瓣黏合呈兜状；侧萼片张开，偏斜的近长圆形或长圆状椭圆形，长 7 ～ 8 mm，宽 2.5 ～ 3.0 mm，先端稍尖；花瓣质地薄，近镰刀状，与中萼片等长；唇瓣长约 12 mm，呈"Y"字形，基部具圆锥状距，前部扩大并 2 裂，其裂片近长圆形或近楔状长圆形，长约 6 mm，宽 1.5～2.0 mm，全缘，先端钝，中部收狭成长 4～5 mm 的爪，其两侧各具 6～8 条长 4～6 mm 的流苏状细裂条，距长 5～6 mm，上举指向唇瓣，末端 2 浅裂，内侧在靠近距口处具 2 枚肉质的胼胝体；蕊柱短，长约 2.5 mm，前面两侧各具 1 枚宽、片状的附属物；花药卵形，长 4 mm；蕊喙直立，叉状 2 裂；柱头 2 个，离生，位于蕊喙基部两侧。花期（8—）9—11（—12）月。

2. 生长习性

花叶开唇兰喜阴凉、潮湿环境，生于海拔 50～1600 m 的常绿阔叶林下或沟谷阴湿处。

3. 繁殖技术

生产中主要采用组织培养进行繁殖。不同产地的花叶开唇兰，其增殖的最优培养基所添加激素种类及浓度各异。生产过程中应先在参考大量文献的基础上优化本地种植花叶开唇兰的最优培养基。

4. 栽培技术

（1）选地

选择湿润、通风、凉爽、有散射光的高大阔叶林下种植，上层乔木郁闭度以 70%～80% 为宜，下层植被覆盖度以 40% 左右为佳。土壤以腐殖质含量丰富的红壤、黄壤为好，土壤酸碱度为中性至弱酸性。

（2）整地

将土壤翻松，整细，做畦，畦高 0.15～0.20 m，畦宽 1.2 m。

（3）移栽

开挖小穴或小沟，将小苗放入后覆土，栽培深度以掩埋种苗 1～2 个节（约 3 cm）为宜。大的植株深栽，小的植株浅栽。

（4）田间管理

①水肥管理

生长阶段通常施腐熟的大豆饼、猪粪、牛粪等农家肥，并在每 100 kg 肥液中加 100～200 g 硫酸亚铁。每隔半个月还可用 0.3% 尿素加 0.2% 磷酸二氢钾溶液喷 1 次。施肥时切忌污染叶片。花叶开唇兰喜湿润环境。瓶苗移栽 30 d 内，空气相对湿度宜保持在 85% 左右，30 d 后可适当降低 5% 左右。栽培基质含水量保持在 50% 为宜。

②虫害

林下仿野生栽培的植株极易受蜗牛、蚜虫及红蜘蛛侵害。

（5）采收

花叶开唇兰栽培 6 个月后即可收获。如不需及时收获，可继续种植，但必须在开花前收获。收获后，除杂，放冰箱保鲜层保存鲜食或放入烘箱 60 ℃左右烘干。

5. 成分

花叶开唇兰主要含有黄酮类、多糖及糖苷类、酯类、甾醇、生物碱、三萜类等几大类物质，还含有钙、磷、钾、钠、镁、铁、锰、锌、铜等矿物质元素。

6. 性味归经

味甘，性凉；归肺经、肝经、肾经、膀胱经。

7. 功能与主治

具有清热凉血、除湿解毒的功效，主治肺热咳血、肺结核咯血、尿血、小儿惊风、破伤风、肾炎水肿、风湿痹痛、跌仆损伤等症。

8. 药理作用

具有保肝、抗炎、镇静、镇痛等作用。

9. 常见食用方式

全草可用来泡茶或炖汤。

花叶开唇兰鸡汤

【用料】鸡腿 2 只、鸡翅 2 只、黄蓍 30 ～ 35 g、黑枣 10 个、枸杞子 30 ～ 35 g、当归 3 片、参须 3 g、米酒 1/2 杯、冷开水 3000 mL、花叶开唇兰茶包 4 包、海盐 1 ～ 2 小匙。

【制法】鸡腿及鸡翅开水中氽烫，去除血水。将所有的中药材略微冲洗（除茶包外），放入中药袋中。汤锅加水、米酒，放入已氽烫好的鸡肉、中药材（除枸杞子外）及茶包，煮沸，文火续煮 1.5 h，加入枸杞子及海盐调味即可。

黄花倒水莲

拉丁学名：*Polygala fallax* Hemsl.。

科　　属：远志科（Polygalaceae）远志属（*Polygala*）。

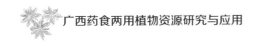

食用部位：根、花、叶。

1. 植物形态

灌木或小乔木，高 1 ～ 3 m；根粗壮，多分枝，表皮淡黄色。枝灰绿色，密被长而平展的短柔毛。单叶互生，叶片膜质，披针形至椭圆状披针形，长 8 ～ 20 cm，宽 4.0 ～ 6.5 cm，先端渐尖，基部楔形至钝圆，全缘，上面深绿色，下面淡绿色，两面均被短柔毛，主脉上面凹陷，下面隆起，侧脉 8 ～ 9 对，下面突起，于边缘网结，细脉网状，明显；叶柄长 9 ～ 14 mm，上面具槽，被短柔毛。总状花序顶生或腋生，长 10 ～ 15 cm，直立，花后延长达 30 cm，下垂，被短柔毛；花梗基部具线状长圆形小苞片，早落；萼片 5 枚，早落，具缘毛，外面 3 枚小，不等大，上面 1 枚盔状，长 6 ～ 7 mm，其余 2 枚卵形至椭圆形，长 3 mm，里面 2 枚大，花瓣状，斜倒卵形，长 1.5 cm，宽 7 ～ 8 mm，先端圆形，基部渐狭；花瓣正黄色，3 枚，侧生花瓣长圆形，长约 10 mm，2/3 以上与龙骨瓣合生，先端几截形，基部向上盔状延长，内侧无毛，龙骨瓣盔状，长约 12 mm，鸡冠状附属物具柄，流苏状，长约 3 mm；雄蕊 8 枚，长 10 ～ 11 mm，花丝 2/3 以下连合成鞘，花药卵形；子房圆形，压扁状，直径 3 ～ 4 mm，具缘毛，基部具环状花盘，花柱细，长 8 ～ 9 mm，先端略呈 2 浅裂的喇叭形，柱头具短柄。蒴果阔倒心形至圆形，绿黄色，直径 10 ～ 14 mm，具半同心圆状凸起的棱，无翅及缘毛，顶端具喙状短尖头，具短柄。种子圆形，直径约 4 mm，棕黑色至黑色，密被白色短柔毛，种阜盔状，顶端突起。花期 5—8 月，果期 8—10 月。

2. 生长习性

黄花倒水莲生于海拔 360 ～ 1650 m 的山谷林下、水旁阴湿处。喜亚热带温暖湿润气候，忌干旱及强光。

3. 繁殖技术

（1）种子繁殖

采摘完全成熟的种子，阴干，沙藏。3 月下旬在整好的平畦上按行距 20 ～ 30 cm 开约 2 cm 的浅沟进行条播，将种子均匀撒于沟内，或按行距 20 cm、株距 15 cm 开穴点播，覆厚 1 cm 的细土。

（2）扦插繁殖

10 月至翌年 3 月选取茎外皮黄白色、粗壮的 1 ～ 3 年生木质化枝条，剪成长 6 ～ 8 cm、含 1 ～ 2 个腋芽的插穗，下端斜切，上端平切，用 2% 的高锰酸钾溶液消毒 5 s，生根剂溶液浸泡 4 ～ 6 h，扦插于基质中。插后及时浇水、遮阴、除草。

（3）组织培养

选取生长健壮植株的嫩芽茎作外植体，洗净，消毒，接种于培养基 MS+2.0 mg/L 6–BA+0.1 mg/L NAA 进行外植体诱导培养，接种于 MS+1.5 mg/L 6–BA+0.1 mg/L NAA 培养基中进行增殖培养，接种于 MS+0.5 mg/L IBA+0.2 mg/L NAA 培养基中进行生根培养。

4. 栽培技术

（1）选地

宜选择海拔 300 ～ 1000 m，腐殖质层厚、有机质含量高、空气湿度大的林下种植。

（2）整地

清除林下矮灌木及草本。按株行距 180 cm × 180 cm 或 160 cm × 200 cm 挖定植穴。定植穴长、宽、深为 0.4 m × 0.3 m × 0.3 m。结合挖穴施 200 g 有机肥料与土壤拌匀作基肥。

（3）移栽

选取根系发育较好、顶芽饱和、无损伤、无病虫害的苗木移植，密度为 200 株 / 亩。

（4）田间管理

①水肥管理

春、夏季各追肥 1 次，每株穴施尿素或复合肥料 50 ～ 100 g。冬季结合培土施肥 1 次，每株施有机肥料 250 ～ 300 g。移栽后保持土壤湿润，干旱季适当浇水，雨季及时排水。

②除草

每年 3—8 月人工除草 2 ～ 3 次，深度 5 ～ 10 cm。

③病害

病害主要有猝倒病和根腐病等。

（5）采收

立秋后采摘叶片，经杀青、揉捻、发酵、炒干等工序制茶。种植 3 年后可采收根茎，茎于春、夏季采收，切段，晒干；根于秋冬季采挖，切片，晒干。

5. 成分

黄花倒水莲主要含有矿物质、皂苷、黄酮类、多糖及有机酸等成分。

6. 性味归经

味甘、微苦，性平；归肝经、肾经、脾经。

7. 功能与主治

具有补虚健脾、散瘀通络的功效，主治劳倦乏力、子宫脱垂、小儿疳积、脾虚水肿、带下清稀、风湿痹痛、腰痛、月经不调、痛经、跌仆损伤等症。

8. 药理作用

具有降血脂、抗疲劳、抗氧化、抗衰老、改善心肌缺血、抗炎、抗病毒等作用。

9. 常见食用方式

叶可泡茶，根可用来煲汤。

黄花倒水莲猪尾汤

【用料】猪尾 2 根，黄花倒水莲 50 g，料酒 2 汤匙，食盐 2 茶匙，姜片、葱片各适量。

【制法】将猪尾洗净剁块，放入锅中，加姜片、葱片、料酒，武火煮开，撇去浮沫，捞出，过凉水，控干备用。将猪尾放入高压锅，加入黄花倒水莲和 3 倍的清水，煲 30 min，加食盐调味即可。

黄牛木

拉丁学名： *Cratoxylum cochinchinense*（Lour.）Bl.。

科　　属： 金丝桃科（Hypericaceae）黄牛木属（*Cratoxylum*）。

食用部位： 幼果、根、树皮、嫩叶。

1. 植物形态

落叶灌木或乔木，高 1.5 ～ 18.0（～ 25.0）m，全体无毛，树干下部有簇生的长枝刺；树皮灰黄色或灰褐色，平滑或有细条纹。枝条对生，幼枝略扁，无毛，淡红色，节上叶柄间线痕连续或间有中断。叶片椭圆形至长椭圆形或披针形，长 3.0 ～ 10.5 cm，宽 1 ～ 4 cm，先端骤然锐尖或渐尖，基部钝形至楔形，坚纸质，两面无毛，上面绿色，下面粉绿色，有透明腺点及黑点，中脉在上面凹陷，下面凸起，侧脉每边 8 ～ 12 条，两面均凸起，斜展，末端不呈弧形闭合，小脉网状，两面凸起；叶柄长 2 ～ 3 mm，无毛。聚伞花序腋生或腋外生及顶生，有花（1 ～）2 ～ 3 朵，具梗；总梗长 3 ～ 10 mm 或以上。花直径 1.0 ～ 1.5 cm；花梗长 2 ～ 3 mm；萼片椭圆形，长 5 ～ 7 mm，宽 2 ～ 5 mm，先端圆形，全面有黑色纵腺条，果时增大；花瓣粉红色、深红色至红黄色，倒卵形，长 5 ～ 10 mm，宽 2.5 ～ 5.0 mm，先端圆形，基部楔形，脉间有黑腺纹，无鳞片；雄蕊束 3 个，长 4 ～ 8 mm，柄宽扁至细长；下位肉质腺体长圆形至倒卵形，盔状，长达 3 mm，宽 1.0 ～ 1.5 mm，顶端增厚反曲；子房圆锥形，长 3 mm，无毛，3 室；花柱 3 个，线形，自基部叉开，长 2 mm。蒴果椭圆形，长 8 ～ 12 mm，宽 4 ～ 5 mm，棕色，无毛，被宿存的花萼包被达 2/3 以上。种子每室（5 ～）6 ～ 8 粒，倒卵形，长 6 ～ 8 mm，宽 2 ～ 3 mm，基部具爪，不对称，一侧具翅。花期 4—5 月，果期 6 月以后。

2. 生长习性

黄牛木喜湿润、酸性土壤；生于海拔 1240 m 以下的丘陵或山地的干燥阳坡上的次生林或灌木丛中。

3. 繁殖技术

（1）种子繁殖

8—9 月蒴果由绿色变为褐色时采摘。采回后晾晒数天，让种子自然脱出，除去杂物后随即播种。播种后覆薄土、盖薄草。

（2）扦插繁殖

选取 1 ～ 2 年生无病虫害枝上端部位，剪成长 7 cm 的插穗，下端剪斜，上端平剪，用 40 mg/kg 的生根粉溶液浸泡 4 h，扦插于苗床，扦插深度为穗长的 1/3，插后浇足水。

4. 栽培技术

（1）选地

选择天然分布区年平均气温 19 ～ 24 ℃、年降水量 950 ～ 2500 mm 的向阳石山坡地中下部地块种植最佳。

（2）整地

栽植前先除杂，以 1 m × 2 m 株行距进行穴状整地。

（3）移栽

裸根苗造林起苗时适当修剪枝叶及过长的根，并及时浆根。容器苗造林栽植前应去除塑料容器。

（4）田间管理

5 年生前生长较慢，幼树冠小，应加强抚育。定植当年雨季末砍草松土 1 次，以后 3 年内每年在雨季前后结合松土进行砍杂，直至幼林郁闭。尽可能结合松土进行林木施肥。

（5）采收

幼果采收，去杂晾干或烘干。选择无病虫害的叶片做茶。选取5年以上成年植株，整株挖出，取其树皮和根部。

5. 成分

黄牛木主要含有黄酮类、蒽醌类和萜类等化合物，还含有多糖、酮、酚羧酸、鞣质、植物甾醇、类胡萝卜素等营养物质。

6. 性味归经

味甘、微苦，性凉；归肺经、胃经、大肠经。

7. 功能与主治

具有清热解毒、化湿消滞、祛瘀消肿的功效，主治感冒、中暑发热、泄泻、黄疸、跌仆损伤、痈肿疮疖等症。

8. 药理作用

具有抗癌、抗菌、抗氧化、抗疟疾等作用。

9. 常见食用方式

嫩叶可泡茶。

黄杞

拉丁学名：*Engelhardia roxburghiana* Wall.。

科　　属：胡桃科（Juglandaceae）青钱柳属（*Cyclocarya*）。

食用部位：树皮、叶。

1. 植物形态

半常绿乔木，高达10余米，全体无毛，被有橙黄色盾状着生的圆形腺体；枝条细瘦，老后暗褐色，干时黑褐色，皮孔不明显。偶数羽状复叶长12～25 cm，叶柄长3～8 cm，小叶3～5对，稀同一枝条上亦有少数2对，近于对生，具长0.6～1.5 cm的小叶柄，叶革质，长6～14 cm，宽2～5 cm，长椭圆状披针形至长椭圆形，全缘，顶端渐尖或短渐尖，基部歪斜，两面均具光泽，侧脉10～13对。雌雄同株或稀异株；雌花序1条及雄花序数条长而俯垂，生疏散的花，常形成一顶生的圆锥状花序束，顶端为雌花序，下方为雄花序，或雌雄花序分开则雌花序单独顶生；雄花无柄或近无柄，花被片 4 枚，兜状，雄蕊 10 ～ 12 枚，几乎无花丝；雌花约有 1 mm 的花柄，苞片 3 裂而不贴于子房，花被片 4 枚，贴生于子房，子房近球形，无花柱，柱头 4 裂；果序长 15 ～ 25 cm；果实坚果状，球形，直径约 4 mm，外果皮膜质，内果皮骨质，3 裂的苞片托于果实基部；苞片的中间裂片长约为两侧裂片长的 2 倍，中间的裂片长 3 ～ 5 cm，宽 0.7 ～ 1.2 cm，长矩圆形，顶端钝圆。5—6 月开花，8—9 月果实成熟。

2. 生长习性

黄杞生于海拔 200 ～ 1500 m 的林中，常与壳斗科、樟科、茶科、金缕梅科等高大乔木树种混生。中性喜光，不耐阴，适生于温暖湿润的气候。对土壤要求不严，耐干旱瘠薄，在土层深厚肥沃的酸性土壤上生长较好。

3. 繁殖技术

主要采用种子繁殖。每年 6—8 月果实变为浅黄色至暗褐色时采收。带回晾干，清除苞翅杂物，置于布袋冷藏于冰柜中，翌年春季播种。播前用清水浸泡 24 h，播种后经 2 周左右开始发芽，再经 2 周左右发芽完毕。

4. 栽培技术

（1）选地

选择病虫害少、排水性良好、地形平坦、光照充足的水田或旱地，以沙质壤土最佳。

（2）栽植

种植地深翻 25 cm 以上，整细，施复合肥料 750 kg/hm² 作基肥。幼苗出现 2 ～ 3 片真叶后进行芽苗移栽，移苗时截去主根的 1/4 ～ 1/3，以促进根系的生长。

（3）田间管理

①水肥管理

幼苗出现真叶后施高磷低氮的混合肥，苗木进入速生期（6—8 月）施速效高氮肥，速生期后期（9—10 月上旬）施钾肥。注意排水、适时适度浇水，保持土壤湿润。

②抚育

种植后前 4 年每年抚育 2 ～ 3 次，5 年后每年抚育 1 ～ 2 次。

（4）虫害

虫害主要有蚜虫、夜蛾，主要为害嫩叶及顶芽。

5. 成分

黄杞主要含有黄酮类、多酚类和皂苷类成分，还含有丰富的矿物质元素、维生素

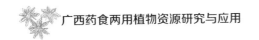

及氨基酸。

6. 性味归经

味微苦，性凉；归肺经。

7. 功能与主治

具有清热解毒、生津止渴、解暑利湿的功效，主治脾胃湿滞、胸腹胀闷、感冒发烧等症。

8. 药理作用

具有降血糖、降血脂、抗凝血、抗血小板凝结、抗血栓形成、抗炎、抗癌、增强机体免疫力等作用。

9. 常见食用方式

叶可泡茶，根皮可炖汤、煮粥。

黄杞大豆炖猪脚

【用料】猪脚、大豆、黄杞、葱、姜、食盐、鸡精、料酒各适量。

【制法】猪脚洗净剁块，大豆洗净泡好，葱、姜洗净，葱打成结，姜切块。猪脚用开水烫一会捞出，冷水洗去血沫。黄杞装入袋中包好，与猪脚、大豆、葱、姜一起放入砂锅中，武火烧开后改文火炖至熟烂，加入鸡精、食盐调味即可。

鸡足葡萄

拉丁学名：*Vitis lanceolatifoliosa* C. L. Li。

科　　属：葡萄科（Vitaceae）葡萄属（*Vitis*）。

食用部位：果实。

1. 植物形态

木质藤本。小枝圆柱形，有纵棱纹，密被锈色蛛丝状茸毛。卷须2叉分枝，每隔2节间断与叶对生。叶为掌状3～5片小叶，中央小叶带状披针形，稀长椭圆形或倒卵状披针形，长3.5～9.0 cm，宽1.5～2.5 cm，顶端渐尖，基部楔形，边缘每侧有5～6个波状细锯齿，侧生小叶卵状披针形，长3～8 cm，宽1.2～3.0 cm，顶端渐尖，基部不对称，斜楔形或斜圆形，外侧有6～11个细锯齿，不分裂或基部2裂，上面深绿色，初时疏被蛛丝状茸毛，以后脱落，仅中脉被极短的柔毛，下面密被褐色蛛丝状茸毛；侧脉 3 ～ 5 对，网脉不明显；叶柄长 3 ～ 5 cm，密被褐色蛛状丝茸毛；托叶近膜质，深褐色，椭圆形，长 1.8 ～ 2.5 mm，宽 1.0 ～ 1.3 mm，顶端急尖，全缘，无毛或近无毛。圆锥花序疏散，与叶对生，分枝发达，花序梗长 4 ～ 8 cm，密被锈色蛛丝状茸毛；花梗长 1.0 ～ 1.3 mm，几无毛；花蕾倒卵圆形，高 1.7 ～ 2.8 mm，顶端圆形；萼碟形，萼齿不明显；花瓣 5 枚，呈帽状黏合脱落；雄蕊 5 枚，花盘发达，5 裂；雌蕊 1 枚，子房卵圆形，花柱短，柱头微扩大。果实球形，直径 0.8 ～ 1.0 cm；种子倒卵圆形，顶端近圆形，基部有短喙，种脐在种子背面中部呈椭圆形，种脊突出，腹面中棱脊突起，两侧洼穴均呈宽沟状，向上达种子 1/3 处。花期 5 月，果期 8—9 月。

2. 生长习性

鸡足葡萄多生于海拔 600 ～ 800 m 的山坡、溪边灌木丛或疏林中。

3. 繁殖技术

（1）扦插繁殖

春萌芽前 20 d 左右进行硬枝扦插。选取生长健壮、芽眼饱满、节间短、髓部小、色泽正常、无病虫害的一年生成熟枝蔓，剪成长 15 ～ 20 cm（带 2 ～ 3 个芽）的插穗，上端于距芽 1.5 ～ 2.0 cm 处平剪，下端在节下 1 cm 处斜剪，用 500 ～ 1000 mg/L 吲哚乙酸溶液速浸 3 ～ 5 s 或 20 ～ 150 mg/L 吲哚丁酸溶液浸泡 12 ～ 24 h，插于基质中。

（2）嫁接繁殖

近年来多采用嫁接育苗。主要采用绿枝嫁接，嫁接适期为 5—6 月，当砧木和接穗新梢均已半木质化时进行。

（3）组织培养

取当年生新梢，去叶后剪成单节茎段，洗净，消毒，接种于培养基中。培养基为附加 0.2 mg/L IBA 的 GS 培养基。

4. 栽培技术

（1）选地

选择排灌条件好、土层深厚、土壤通透性好、有机质含量丰富的地块进行种植。

（2）整地

定植前挖栽植沟，同时备好厩肥。栽植沟一般宽度为 100 cm，深度为 80 cm，每亩至少施厩肥 4000 kg。

（3）定植

一般是春季定植。定植前将植株的根用萘乙酸或吲哚丁酸溶液浸泡处理，以提高植株成活率及生长量。定植的行距根据实际情况确定，通常每亩栽植 200 ～ 250 株。

（4）田间管理

①水肥管理

基肥通常用腐熟的有机肥料（厩肥、堆肥等），并加入一些速效性化肥。可在萌芽、果实膨大、果实采收前适当追肥，追肥原则是前氮中磷后钾。重点在萌芽期、花期前后、浆果膨大期和采收后 4 个时期进行灌水 5 ～ 7 次。

②中耕除草

全年中耕除草 6 ～ 8 次即可。多在灌水或降水后进行，深 3 ～ 4 cm。

③花序修剪

花序展现后根据植株的负载状况及时疏除过多或过弱的花序，在花序展开而尚未开花时剪去花序上的副穗和花序前端 1/4 的小花穗。

④病害防治

病害主要有炭疽病、白腐病、黑痘病、褐斑病、扇叶病、黑腐病和白粉病等。管理时应彻底清除病穗、病蔓和病叶等，以减少菌源。

（5）采收

按成熟度分批采收。用剪刀把果实成串完整剪下，去掉病果、虫果和伤果。

5. 成分

鸡足葡萄含有多种果酸、矿物质元素（钙、钾、磷、铁）以及维生素 B_1、维生素 B_2、维生素 B_6、维生素 C 和维生素 P 等，还含有多种人体必需的氨基酸。

6. 性味归经

味甘、酸，性平；入肺经、脾经、肾经。

7. 功能与主治

具有补气血、益肝肾、生津液、强筋骨、止咳除烦、补益气血、通利小便的功效，主治气血虚弱、肺虚咳嗽、心悸盗汗、烦渴、风湿痹痛、淋病、水肿、痘疹不透等症。

8. 药理作用

具有改善心脑血管循环、抗氧化、抗衰老、抗病毒、保肝、抗癌、抗细菌与真菌等作用。

9. 常见食用方式

果实可生食或晒干后煲汤和煮粥。

鸡足葡萄粥

【用料】鸡足葡萄干 30 g、白砂糖 5 g、粳米 50 g。

【制法】将鸡足葡萄干及粳米洗净，加入适量清水，熬成粥，放入白砂糖调味即可。

积雪草

拉丁学名： *Centella asiatica*（L.）Urban。

科　　属： 伞形科（Apiaceae）积雪草属（*Centella*）。

食用部位： 全草。

1. 植物形态

多年生草本，茎匍匐，细长，节上生根。叶片膜质至草质，圆形、肾形或马蹄形，长 1.0 ～ 2.8 cm，宽 1.5 ～ 5.0 cm，边缘有钝锯齿，基部阔心形，两面均无毛或在下面脉上疏生柔毛；掌状脉 5 ～ 7 条，两面均隆起，脉上部分叉；叶柄长 1.5 ～ 27.0 cm，无毛或上部有柔毛，基部叶鞘透明，膜质。伞形花序梗 2 ～ 4 个，聚生于叶腋，长 0.2 ～ 1.5 cm，有或无毛；苞片通常 2 枚，很少 3 枚，卵形，膜质，长 3 ～ 4 mm，宽 2.1 ～ 3.0 mm；每一伞形花序有花 3 ～ 4 朵，聚集呈头状，花无柄或有 1 mm 长的短柄；花瓣卵形，紫红色或乳白色，膜质，长 1.2 ～ 1.5 mm，宽 1.1 ～ 1.2 mm；花柱长约 0.6 mm；花丝短于花瓣，与花柱等长。果实两侧压扁状，圆球形，基部心形至平截形，长 2.1 ～ 3.0 mm，宽 2.2 ～ 3.6 mm，每侧有纵棱数条，棱间有明显的小横脉，网状，表面有毛或平滑。花果期 4—10 月。

2. 生长习性

积雪草生于海拔 200 ～ 1900 m 的阴湿草地或水沟边。喜温暖潮湿环境，栽培处以半日照或遮阴处为佳。栽培土不拘，以松软排水性良好的栽培土为佳。

3. 繁殖技术

（1）扦插繁殖

选取生长健壮植株作为母株，剪取健壮枝条作为插穗。扦插后 1 ～ 2 周即可生根。生产中常用该法进行繁殖。

（2）分株繁殖

将生长过密的母株的根系挖出，切成数丛，分别栽培。

（3）组织培养

以带节茎段为外植体，洗净，消毒，切成小节接种于 MT+0.5 mg/L BA 及 MT+0.5 mg/L TDZ 培养基中诱导不定芽分化，接种于 MT+0.2 mg/L IAA 培养基诱导根的分化。

4. 栽培技术

（1）选地

选择土质疏松肥沃、排水性良好的腐殖质土壤种植。

（2）移栽

早春季节，选取生长健壮植株移栽至土壤肥沃的地块，同时清除田间杂草。

（3）田间管理

①水肥管理

生长期每隔 15～20 d 施用 1 次有机肥料，以促进根部吸收养分，加快植株生长。对水分的需求较高，需多浇水保持环境湿润。

②光照

适合生长在半阴处，不适合强光照射，光照强时注意遮阴。

③修剪

及时清理枯枝烂叶，清理的枝叶要进行掩埋处理。

④病虫害防治

病虫害极少，平时注意防治即可。

（4）采收

夏季采收全草，晒干或鲜用。

5. 成分

积雪草主要含有三萜及其苷类、多炔类、挥发油、黄酮类、生物碱、氨基酸等成分，三萜类的积雪草苷被认为是其主要有效成分。此外，还含有脂肪酸、甾醇、糖、鞣质等成分。

6. 性味归经

味苦、辛，性寒；归肝经、脾经、肾经。

7. 功能与主治

具有清热利湿、解毒消肿的功效，主治湿热黄疸、中暑腹泻、石淋血淋、痈肿疮毒、跌仆损伤等症。

8. 药理作用

具有抗癌、抗抑郁、抗菌消炎、促进创伤愈合和增强机体免疫力等作用。

9. 常见食用方式

全草可泡水、煲汤喝，或与豆干等做成凉拌菜。

积雪草茶

【用料】积雪草 30 g。

【制法】将积雪草制成粗末，水煎，取汁，代茶饮。

戟叶蓼

拉丁学名：*Potygonum thunbergii* Sieb. et Zucc.。

科　　属：蓼科（Polygonaceae）蓼属（*Polygonum*）。

食用部位：果实。

1. 植物形态

1 年生草本。茎直立或上升，具纵棱，沿棱具倒生皮刺，基部外倾，节部生根，高 30 ～ 90 cm。叶戟形，长 4 ～ 8 cm，宽 2 ～ 4 cm，顶端渐尖，基部截形或近心形，两面均疏生刺毛，极少具稀疏的星状毛，边缘具短缘毛，中部裂片卵形或宽卵形，侧生裂片较小，卵形，叶柄长 2 ～ 5 cm，具倒生皮刺，通常具狭翅；托叶鞘膜质，边缘具叶状翅，翅近全缘，具粗缘毛。花序头状，顶生或腋生，分枝，花序梗具腺毛及短柔毛；苞片披针形，顶端渐尖，边缘具缘毛，每苞内具 2 ～ 3 朵花；花梗无毛，比苞片短，花被 5 深裂，淡红色或白色，花被片椭圆形，长 3 ～ 4 mm；雄蕊 8 枚，排列成 2 轮，比花被短；花柱 3 裂，中下部合生，柱头头状。瘦果宽卵形，具 3 棱，黄褐色，无光泽，长 3.0 ～ 3.5 mm，包于宿存花被内。花期 7—9 月，果期 8—10 月。

2. 生长习性

戟叶蓼生于海拔 90 ～ 2400 m 的山谷湿地、山坡草丛。喜凉爽湿润环境，不耐高温干旱，畏霜冻。

3. 繁殖技术

主要采用种子繁殖。8—10月种子成熟时及时采收，去杂。播种前浸种1 h左右。播种方式有条播、点播、开厢匀播和撒播。播种时用药剂拌种可减少病虫害发生。

4. 栽培技术

（1）选茬

为获得高产，最佳的轮作作物是豆类、马铃薯，其次是玉米、小麦、蔬菜。

（2）选地

戟叶蓼对土壤的适应性较强，只要气候适宜，任何土壤均可种植。

（3）整地

根系发育要求土壤有良好的结构，播种前需对土地进行深耕。

（4）田间管理

①水肥管理

需肥量大，根据戟叶蓼生长和需肥情况进行施肥。一般施用优质有机肥30 t/hm^2，结合翻地或耙地一次性施入。抗旱性弱，生长过程中需及时补充水分，特别是开花期、结实期、灌浆期。

②除草

长出2～3片真叶时结合追肥进行中耕除草。及时间苗。分枝前若长势较弱，可结合追肥进行第2次中耕除草。

③辅助授粉

为两性花的异花授粉作物，结实率较低。可通过养蜂、放蜂等方法提高授粉率。

④虫害

虫害主要有蚜虫、草地螟、瓢虫等。

（5）采收

当全株2/3籽粒成熟（即籽粒变为褐色、银灰色）时收获。轻割轻放，收获后及时脱粒晾晒。

5. 成分

戟叶蓼富含氨基酸、有机酸、维生素E、脂肪、淀粉、膳食纤维和矿物质等。

6. 性味归经

味苦、辛，性寒；归胃经。

7. 功能与主治

具有理气止痛、健脾利湿的功效，主治胃痛、消化不良、腰腿疼痛、跌仆损伤等症。

8. 药理作用

具有防治心脑血管疾病、抗糖尿病、抗乙肝表面抗原、抗菌、降血糖、降血脂、抗衰老、抗疲劳、抗缺血和保肝等作用。

9. 常见食用方式

可炒食或煮蔬菜粥。

戟叶蓼粥

【用料】戟叶蓼 30 g、大米 50 g。

【制法】将戟叶蓼、大米洗净，放入锅中，加适量水，煮约 1 h 即可。

剑叶耳草

拉丁学名： *Hedyotis caudatifolia* Merr. et F. P. Metcalf。

科　　属： 茜草科（Rubiaceae）耳草属（*Hedyotis*）。

食用部位： 全草。

1. 植物形态

直立灌木，全株无毛，高 30～90 cm，基部木质；老枝干后灰色或灰白色，圆柱形，嫩枝绿色，具浅纵纹。叶对生，革质，通常披针形，上面绿色，下面灰白色，长 6～13 cm，宽 1.5～3.0 cm，顶部尾状渐尖，基部楔形或下延；叶柄长 10～15 mm；侧脉每边 4 条，纤细，不明显；托叶阔卵形，短尖，长 2～3 mm，全缘或具腺齿。聚伞花序排成疏散的圆锥花序式；苞片披针形或线状披针形，短尖；花 4 数，具短梗；萼管陀螺形，长约 3 mm，萼檐裂片卵状三角形，与萼等长，短尖；花冠白色或粉红色，长 6～10 mm，里面被长柔毛，冠管管形，喉部略扩大，长 4～8 mm，裂片披针形，无毛或里面被硬毛；花柱与花冠等长或稍长，伸出或内藏，无毛，柱头 2 裂，略被细小硬毛。蒴果长圆形或椭圆形，连宿存萼檐裂片长 4 mm，直径约 2 mm，光滑无毛，成熟时开裂为 2 果爿，果爿腹部直裂，内有种子数粒；种子小，近三角形，干后黑色。花期 5—6 月。

2. 生长习性

剑叶耳草常见于丛林下比较干旱的沙质土壤上或悬崖石壁上，有时也见于黏质土壤的草地上。

3. 繁殖技术

主要采用种子繁殖。当蒴果由青色变为黄色时采收，揉搓出棕黄色种子，除杂，晒干，装入布袋，置于阴凉处贮藏。3月上中旬，在做好的畦上按行距 10 cm 开沟条播，播种前将种子与细沙混合均匀，撒入沟内。也可撒播。播种后覆盖薄层过筛细土，用细喷壶浇水。覆盖塑料薄膜或草帘保温保湿。

4. 栽培技术

（1）选地

选择土层深厚、土质疏松肥沃的沙质土，地形背风向阳、地势高且具有良好的排水条件。

（2）整地

每亩施土杂肥 3000 kg、尿素 10 kg、磷钾肥 50 kg，深翻，使基肥与土壤充分混匀，整平，耙细，做畦。

（3）移栽

幼苗高 8～10 cm 时带土挖取移栽。按行距 20～25 cm、沟深 5～7 cm 开沟，按株距 10～15 cm 定植。

（4）田间管理

①中耕除草和施肥

苗移栽成活后浅松土除草 1 次。松土后施稀薄的人畜粪水 1 次，施肥量为 1500 kg/亩。后期按时除草，保持田间无杂草。苗期每 2 个月追施稀薄的人畜粪水 1 次，直至植株封行。

②水分管理

播种后要保持土壤湿润，以利出苗。雨季及每次灌水后要及时排除积水。

（5）采收

于秋季果实成熟后齐地面割取地上茎叶，除去杂质及泥土，晒至半干，捆扎成小把，晒至全干。

5. 成分

剑叶耳草主要含有环烯醚萜类、三萜类、黄酮类、生物碱类、蒽醌类、甾醇及其苷类等多种化合物,其中三萜类化合物为其主要活性成分。此外,还含有有机酸、多糖、胡萝卜苷等多种成分。

6. 性味归经

味甘,性平;归肺经、肝经、脾经。

7. 功能与主治

具有止咳、消积、止血的功效,主治支气管炎哮喘、痨病、咯血、小儿疳积等症。

8. 药理作用

具有免疫调节、保肝、抗肿瘤、抗炎、抗菌等作用。

9. 常见食用方式

鲜草可用于炖汤,干叶可泡茶。

剑叶耳草汤

【用料】剑叶耳草鲜叶 50 g、瘦猪肉 100 g。

【制法】将剑叶耳草鲜叶和瘦猪肉洗净,加水,置于锅内,炖熟即可。

绞股蓝

拉丁学名:*Gynostemma pentaphyllum*(Thunb.)Makino。

科　　属:葫芦科(Cucurbitaceae)绞股蓝属(*Gynostemma*)。

食用部位:全草。

1. 植物形态

草本攀缘植物;茎细弱,具分枝,具纵棱及槽,无毛或疏被短柔毛。叶膜质或纸质,鸟足状,具 3 ~ 9 片小叶,通常 5 ~ 7 片小叶,叶柄长 3 ~ 7 cm,被短柔毛或无毛;小叶片卵状长圆形或披针形,中央小叶长 3 ~ 12 cm,宽 1.5 ~ 4.0 cm,侧生小叶较小,先端急尖或短渐尖,基部渐狭,边缘具波状锯齿或圆齿状齿,上面深绿色,下面淡绿色,两面均疏被短硬毛,侧脉 6 ~ 8 对,上面平坦,下面凸起,细脉网状;小叶柄略叉开,长 1 ~ 5 mm。卷须纤细,2 歧,稀单一,无毛或基部被短柔毛。花雌雄异株;雄花圆锥花序,花序轴纤细,多分枝,长 10 ~ 15(~ 30)cm,分枝广展,长 3 ~

4（～ 15）cm，有时基部具小叶，被短柔毛；花梗丝状，长 1 ～ 4 mm，基部具钻状小苞片；花萼筒极短，5 裂，裂片三角形，长约 0.7 mm，先端急尖；花冠淡绿色或白色，5 深裂，裂片卵状披针形，长 2.5 ～ 3.0 mm，宽约 1 mm，先端长渐尖，具 1 脉，边缘具缘毛状小齿；雄蕊 5 枚，花丝短，联合成柱，花药着生于柱之顶端。雌花圆锥花序远较雄花之短小，花萼及花冠似雄花；子房球形，2 ～ 3 室，花柱 3 枚，短而叉开，柱头 2 裂；具短小的退化雄蕊 5 枚。果实肉质不裂，球形，直径 5 ～ 6 mm，成熟后黑色，光滑无毛，内含倒垂种子 2 粒。种子卵状心形，直径约 4 mm，灰褐色或深褐色，顶端钝，基部心形，压扁状，两面均具乳突状凸起。花期 3—11 月，果期 4—12 月。

2. 生长习性

绞股蓝生于海拔 300 ～ 3200 m 的山谷密林中、山坡疏林、灌木丛中或路边草丛中。喜荫蔽环境。中性、微酸性或微碱性土壤均能生长，以富含腐殖质壤土的沙地、沙壤土或瓦砾处为佳。

3. 繁殖技术

（1）种子繁殖

10—11 月采收成熟果实，去掉果皮，将种子洗净，晾去表面水分，置于沙床贮藏。翌年春天温度达 25 ～ 28 ℃时播种。播种前用温水浸种 8 ～ 10 h。可大田直播，也可育苗移栽。

（2）扦插繁殖

3—10 月选取生长健壮茎蔓，剪成具有 2 ～ 3 个节的小段，留上端 1 ～ 2 节叶片，将 1 ～ 2 节插入株行距 10 cm×10 cm 的苗床中，浇水保湿并进行适当遮阴。

（3）根茎繁殖

春季 2—3 月或秋季 9—10 月将根茎挖出，剪成长 5 cm 并含有 1 ～ 2 个节的小段，平铺在株行距 30 cm×50 cm 的浅穴中，覆土厚 3 cm。

4. 栽培技术

（1）选地

宜选择山谷两旁、山谷底的山地及具有良好遮阴条件的疏林地块，也可在葡萄园、果园和瓜棚下套种。

（2）整地

冬季前翻耕 1 次，风化土壤。春季每亩施腐熟的农家肥 2000 kg 进行深翻，耙细，开塝做畦，畦面宽 120 cm，畦高 10 ～ 15 cm，畦间走道宽 30 cm。

（3）移栽

5—9 月进行移栽。移栽前按行距 50 cm、穴距 40 cm 做畦。间隔 10 cm 将 2 株幼苗栽入 15 cm×15 cm 的方穴中，覆土后浇足定根水。

（4）田间管理

①铺蔓压土

藤蔓长 30 cm 时牵拉，使其平铺于地面，间隔 2 ～ 3 节藤蔓压一把泥土在节上，以促进节部产生不定根。封垄前需铺蔓压土 2 ～ 3 次。

②水肥管理

定植后 15 ～ 20 d 开始施肥。肥料应以氮肥为主，配施少量磷钾肥。藤蔓封垄前施在根部附近，封垄后采用泼施，每隔 15 d 施肥 1 次。每次收割或采收嫩茎叶后均要追肥 1 次。越冬肥以腐熟厩肥为主。注意浇水保湿，使土层 10 cm 深处保持湿润。

③越冬管理

霜冻前进行培土或用稻草、麦秸等遮盖过冬。

④除草松土

幼苗生长期要及时除草，确保田间无杂草。

（5）采收

4 月中下旬至 5 月上旬，植株长到 2 m 以上时进行第 1 次采收，留茬 15 ～ 20 cm，此后每隔 25 ～ 30 d 收割 1 次。收后洗净，切成 15 cm 长的段，扎成小捆，阴干或风干。

5. 成分

绞股蓝含有皂苷、多糖、维生素、无机元素和黄酮类化合物，还含有有机酸、维生素、磷脂等物质。

6. 性味归经

味苦，性寒；归肺经、脾经、肾经。

7. 功能与主治

具有清肺化痰、补气养阴、养心安神的功效，主治体虚乏力、咳喘痰稠、阴伤口渴、虚劳失精、心悸失眠等症。

8. 药理作用

具有抗肿瘤、抗心脑血管疾病、护肝等作用。

9. 常见食用方式

嫩叶可凉拌或清炒，干叶可泡茶。

（1）绞股蓝拌菜

【用料】绞股蓝嫩叶 250 g，粉丝 100 g，熟芝麻 30 g，蒜蓉、醋、食盐、味精、香油各适量。

【制法】将绞股蓝嫩叶洗净，用盐水焯过。粉丝用开水泡发，过凉水，切断，加蒜蓉、醋、熟芝麻、食盐、味精、香油拌匀即可。

（2）绞股蓝炒鸡肉

【用料】绞股蓝嫩叶 250 g，鸡肉 250 g，香菇 100 g，酒、食盐各适量。

【制法】洗净绞股蓝，用热水焯过。鸡肉洗净切片，加少量酒、食盐腌制。香菇洗净切片。将鸡肉、香菇片一起放入锅中翻炒至熟即可。

金樱子

拉丁学名：*Rosa laevigata* Michx.。

科　　属：蔷薇科（Rosaceae）蔷薇属（*Rosa*）。

食用部位：根、茎、叶、果实。

1. 植物形态

常绿攀缘灌木，高可达 5 m；小枝粗壮，散生扁弯皮刺，无毛，幼时被腺毛，老时逐渐脱落减少。小叶革质，通常 3 片，稀 5 片，连叶柄长 5 ～ 10 cm；小叶片椭圆状卵形、倒卵形或披针状卵形，长 2 ～ 6 cm，宽 1.2 ～ 3.5 cm，先端急尖或圆钝，稀尾状渐尖，边缘有锐锯齿，上面亮绿色，无毛，下面黄绿色，幼时沿中肋有腺毛，老时逐渐脱落无毛；小叶柄和叶轴均有皮刺和腺毛；托叶离生或基部与叶柄合生，披针形，边缘有细齿，齿尖有腺体，早落。花单生于叶腋，直径 5 ～ 7 cm；花梗长 1.8 ～ 2.5 cm，偶有达 3 cm 者，花梗和萼筒密被腺毛，随果实成长变为针刺；萼片卵状披针形，先端呈叶状，边缘羽状浅裂或全缘，常有刺毛和腺毛，内面密被柔毛，比花瓣稍短；花瓣白色，宽倒卵形，先端微凹；雄蕊多数；心皮多数，花柱离生，有毛，比雄蕊短很多。果梨形、倒卵形，稀近球形，紫褐色，外面密被刺毛，果梗长约

3 cm，萼片宿存。花期 4—6 月，果期 7—11 月。

2. 生长习性

金樱子生于海拔 200 ～ 1600 m 的向阳山野、田边、溪畔灌木丛中。

3. 繁殖技术

（1）种子繁殖

种子正常条件下难以萌发，先用机械破皮法解除休眠，再用 150 mg/L NAA+ 100 mg/L GA$_3$+0.3% CuSO$_4$ 溶液浸种 36 h，可显著提高种子萌发率。

（2）扦插繁殖

春季发芽前选取生长健壮母株，剪取 1 ～ 2 年生枝条，剪成长 12 ～ 15 cm 的插穗，斜插于沙床中，压实，浇水，保持土壤湿润。

（3）组织培养

以带腋芽的一年生幼嫩茎段作外植体，消毒，用培养基 MS+1 mg/L 6–BA+0.1 mg/L NAA+1mg/L KT 进行增殖培养，用培养基 B5+0.2 mg/L 6–BA+0.1 mg/L NAA+0.3 mg/L KT 进行继代培养。

（4）分株繁殖

将植株的根、茎基部长出的小分枝与母株切断，分株移栽。

（5）压条

将枝、蔓压埋于湿润的基质中，待其生根后与母株割离，形成新植株。

4. 栽培技术

（1）选地

选择土层深厚、土质疏松肥沃的沙质土，地形需背风向阳、地势高且具有良好的排水条件。

（2）整地

每亩施土杂肥 3000 kg、尿素 10 kg、磷钾肥 50 kg，深翻，使基肥与土壤充分混匀，做畦。

（3）移栽

待金樱子幼苗稳定成活后，即可移栽至株行距 1 m×1 m 的畦面上。

（4）田间管理

①水肥管理

不同季节施肥方式不同，高温干旱季节薄施，雨季可适当多施，花谢后追施速效肥1～2次。孕蕾期和花期对水分要求量大，确保提供足够的水。

②病虫害

常见的病害主要有焦叶病、溃疡病、黑斑病等，虫害主要有锯蜂、蔷薇叶蜂、介壳虫、蚜虫等。

（5）采收

定植后2～3年开始采摘果实。9—11月当果皮变为黄红色时采收，晾晒，晒到半干时用木板搓擦或放入竹筐中撞去毛刺，晒干或烘干。

5. 成分

金樱子主要含有酚酸、甾体、三萜、苯丙素等化学成分，还富含蛋白质、多种氨基酸、脂肪、纤维、碳水化合物等营养成分。

6. 性味归经

味酸、甘、涩，性平；归肾经、膀胱经、大肠经。

7. 功能与主治

具有固精缩尿、涩肠止泻的功效，主治遗精滑精、遗尿尿频、崩漏带下、久泻久痢等症。

8. 药理作用

具有抗氧化、增强机体免疫力、抑菌消炎、降糖降脂、保护肝肾及心血管等作用。

9. 常见食用方式

果实可生食、搭配粳米熬粥或泡水饮用。

金樱子粥

【用料】粳米100 g、金樱子30 g、白砂糖30 g。

【制法】将金樱子洗净，加水煮汁约30 min，去渣取汁备用。再将金樱子汁与淘洗干净的粳米一同煮粥，粥熟时加入白砂糖即可。

茎花山柚

拉丁学名： *Champereia manillana*（Blume）Merr. var. *longistaminea*（W. Z. Li）H. S. Kiu。

科　　属： 山柚子科（Opiliaceae）台湾山柚属（*Champeria*）。

食用部位： 嫩叶、芽。

1. 植物形态

灌木或小乔木，高 2～10 m，小枝光滑。叶互生，全缘，纸质，披针状长圆形或卵形，长 8～13 cm，宽 3～6 cm，侧脉每边 5～9 条。花小，杂性异株（两性花、雌花），圆锥花序、开展，着生于老茎或主干上。雌花花序密集，主轴有时被微柔毛，圆锥花序长 8～20 cm；苞片披针形，长 0.5 mm。花 4～6 朵，通常 5 朵；苞片小，早落。两性花：花梗长 1～2 mm；花被片长 1.5～1.7 mm，常反折；花丝长、丝状，子房半下位，生于一个肉质、环状的花盘上；柱头无柄。雌花：具有退化雄蕊，雄蕊长 1.5～1.7 mm，花盘分裂。核果具短梗，椭圆形，外果皮薄，内果皮肉质，中果皮木质；胚根小，核果橙黄色，长 2.2～2.5 cm，直径 1.5～1.7 cm。花期 4 月，果期 6—7 月。

2. 生长习性

茎花山柚分布于海拔 800～1700 m 的云南高原及广西石灰岩地区常绿林内或干旱的热带丛林中。

3. 繁殖技术

育苗的关键是及时清除外果皮及中果皮，确保内果皮不变质腐烂，保证种子活力。当天采收的种子需经 7～8 d 堆捂，然后漂洗，去除果肉，层积催芽 15～20 d（20～21 ℃），待种子露白（胚根长 0.3～0.5 cm）时即可上袋育苗。

4. 栽培技术

（1）选地

重点考虑遮阴环境及林地土壤类型，海拔 1500 m 以下、降水量 750 m 以上，以沙壤土或紫色土（潮湿）的疏林地种植为宜。

（2）整地

整地造林时根据茎花山柚主根发达的特点深挖种植。

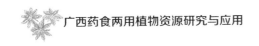

（3）田间管理

生长过程中需一定的散射光，强光照对其生长不利。人工栽培过程中宜选择具备林下遮阴条件的疏林地或进行适度的遮阴。注重施肥以促进其营养生长。进行园艺化修剪控制树形，以增加嫩芽的采摘量。

（4）采收

6月中下旬至7月上旬果实由绿色变为黄色、有香味时即可采摘。嫩芽萌发的时间长达8个月，可多次采摘。

5. 成分

嫩芽含有丰富维生素、脂肪、纤维素以及锌、钙、铁、磷等矿物质元素，还含有种类齐全的人体必需氨基酸以及多种药效氨基酸。

6. 药理作用

茎花山柚总黄酮具有较强的体外抗氧化活性。

7. 常见食用方式

嫩叶芽可炒食、做汤或腌制。

素炒茎花山柚

【用料】茎花山柚嫩叶 500 g，食盐、油各适量。

【制法】将茎花山柚嫩叶洗净，锅中放入油热锅，放入茎花山柚炒熟，加入适量食盐调味即可。

苣荬菜

拉丁学名：*Sonchus wightianus* DC.。

科　　属：菊科（Asteraceae）苦苣菜属（*Sonchus*）。

食用部位：全草。

1. 植物形态

多年生草本。根垂直直伸，多少有根状茎。茎直立，高 30 ～ 150 cm，有细条纹，上部或顶部有伞房状花序分枝，花序分枝与花序梗被稠密的头状具柄的腺毛。基生叶多数，与中下部茎叶全形倒披针形或长椭圆形，羽状或倒向羽状深裂、半裂或浅裂，全长 6 ～ 24 cm，高 1.5 ～ 6.0 cm，侧裂片 2 ～ 5 对，偏斜半椭圆形、椭圆形、卵形、偏斜卵形、偏斜三角形、半圆形或耳状，顶裂片稍大，长卵形、椭圆形或长卵状椭圆形；全部叶裂片边缘有小锯齿或无锯齿而有小尖头；上部茎叶及接花序分枝下部的叶披针形或线钻形，小或极小；全部叶基部渐窄成长或短翼柄，但中部以上茎叶无柄，基部圆耳状扩大半抱茎，顶端急尖、短渐尖或钝，两面均光滑无毛。头状花序在茎枝顶端排成伞房状花序；总苞钟状，长 1.0 ～ 1.5 cm，宽 0.8 ～ 1.0 cm，基部有稀疏或稍稠密的长或短茸毛；总苞片 3 层，外层披针形，长 4 ～ 6 mm，宽 1.0 ～ 1.5 mm，中内层披针形，长达 1.5 cm，宽 3 mm；全部总苞片顶端长渐尖，外面沿中脉有 1 行头状具柄的腺毛；舌状小花多数，黄色。瘦果稍压扁状，长椭圆形，长 3.7 ～ 4.0 mm，宽 0.8 ～ 1.0 mm，每面有 5 条细肋，肋间有横皱纹。冠毛白色，长 1.5 cm，柔软，彼此纠缠，基部连合成环。花果期 1—9 月。

2. 生长习性

苣荬菜生于海拔 300 ～ 2300 m 的山坡草地、林间草地、潮湿地或近水边、村边或河边砾石滩。

3. 繁殖技术

（1）种子繁殖

9 月上旬采种，晾干，除去杂质，存放于阴凉干燥处，翌年春季或秋季进行播种。将种子置于底部打有大小刚好能通过种子的眼孔的塑料矿泉水瓶，有规律地敲打瓶子使种子均匀掉落在行距 40 cm、深 4 cm 的条沟中，覆土，压实，浇透水。

（2）扦插繁殖

6 月中旬选取 2 年生以上苣荬菜叶腋处抽生出的新枝，按照 10 cm×40 cm 株行距扦插于事先做好的平畦上，浇透水。

4. 栽培技术

（1）选地

选择地势高、阳光充足，土质疏松、腐殖质含量丰富的壤土或沙壤土地种植。

（2）整地

深翻，施入有机肥料 5 kg/m^2，耙平后做成宽 1.0 ～ 1.2 m 的平畦。

（3）田间管理

①水肥管理

整地时施入有机肥料 5 kg/m^2，9 月下旬结合灌水追施有机肥料 1.5 kg/m^2，2 ～ 3

片真叶时喷施 0.5%～1.0% 的尿素溶液，每次采摘后追施氮肥 25～30 g/m²。幼苗破土后需常喷水保持土壤湿润，返青后 3～5 d 灌透水 1 次。后期根据田间土壤湿度到收获前灌水 2～3 次。

②除草

及时松土除草，宜浅除，避免伤害根系。

③虫害

虫害主要有蚜虫。

（4）采收

长出 2～3 片真叶时间苗食用，同时保持株距 4 cm 便于后续采摘。当苗高 6～8 cm、8 片真叶时采收茎叶，25～30 d 采 1 次，收 4～5 茬。采后 10 d 内不宜浇水，以防烂根。

5. 成分

苣荬菜富含人体必需氨基酸、维生素和无机盐等营养物质，还含有脂类和烷烃类、萜类和甾体类、黄酮类、香豆素类等化学成分。

6. 性味归经

味苦，性寒；归肺经、大肠经。

7. 功能与主治

具有清热解毒、凉血利湿的功效，主治急性咽炎、急性细菌性痢疾、吐血、尿血、痔疮肿痛等症。

8. 药理作用

具有保肝、降血压、降胆固醇、抗菌、抗心律失常、抗肿瘤、抗烟毒等作用。

9. 常见食用方式

嫩茎叶可凉拌、做汤、蘸酱、炒食、做馅、拌面蒸食。

苣荬菜鸡蛋饼

【用料】苣荬菜 15 g，面粉 30 g，鸡蛋 45 g，小葱 5 g，水、油、食盐各适量。

【制法】面粉中打入鸡蛋，放适量食盐、油、水，搅匀成面液，静置 20 min。苣荬菜洗净，沥干，切成碎末。小葱洗净，切段。苣荬菜和葱段放入面液中，搅拌均匀。煎锅烧热，倒适量油，将面液倒入锅中煎至两面金黄即可。

宽叶紫萁

拉丁学名：*Osmunda javanica* Blume。

科　　属：紫萁科（Osmundaceae）紫萁属（*Osmunda*）。

食用部位：根茎。

1. 植物形态

大型陆生蕨类植物，植株高达 2 m。叶一型，但羽片为二型；羽片厚革质，光滑；叶柄长约 60 cm，坚硬，有光泽，下部粗达 1.5 cm；叶片长约 80 cm，宽约 50 cm，长圆形；羽片 25 ～ 30 对，下部的对生，长约 22 cm，宽 2.0 ～ 2.5 cm，上部的互生，斜向上，长披针形，上部渐尖头，边缘全缘或波状，多少反卷，稍有锯齿，基部针形，具 2 ～ 5 mm 的短柄；叶脉粗糙，二至三回分歧；中部或中部以上的数对羽片能育，长 5 ～ 12 cm，宽不到 1 cm，线形，有时仅羽片上部能育，基部阔而不育；主脉两侧羽裂成多数卵圆形或长圆形的孢子囊小穗，下面布满暗棕色的孢子囊群。

2. 生长习性

宽叶紫萁常生于海拔 1600 m 的常绿混交林下。

3. 繁殖技术

（1）孢子繁殖

5 月下旬至 6 月初采集孢子，置于阴凉通风处，2 ～ 3 d 孢子可散开。将孢子用 20×10^{-6} 的赤霉素溶液浸泡 1 h，然后均匀散播在由泥炭或草炭与土壤混合的基质中，覆盖塑料薄膜，保持土壤湿度。

（2）根茎繁殖

5 月挖取野生茎粗约 10 mm、高约 20 cm 的单株为种苗。将种苗带土栽植于畦内，每 2 m 长约栽 9 株，栽后浇透定植水。

4. 栽培技术

（1）选地

选择中性或微酸性土壤种植。

（2）整地

施腐熟的有机肥料作基肥，将地整成宽约 1 m 的平畦。

（3）移栽

幼苗长出 4～5 片叶子、株高 15 cm 时移栽至畦内，栽培密度为每 2 m 长栽植 9 株，栽后浇透定植水。

（4）田间管理

苗高 50 cm 时追施 1 次稀薄的人畜粪水，每亩施 1000 kg 左右。灌溉增产效果非常显著，在苗高 25 cm、50 cm、70 cm 时各浇水 1 次，保持田间土壤含水量在 80% 左右。

（5）采收

当年不采收，翌年采收 1 次，第 3 年采收 2 次，以后每年可采收 2 次。第 1 茬出土后的 6～9 d 即可采收，第 1 茬采收后第 2 茬幼叶达 20 cm 以上即可采收。

5. 成分

宽叶紫萁主要活性成分是多糖类、黄酮类、多酚类和脱皮幽酮类等物质，还富含蛋白质、脂肪、碳水化合物、钠、维生素、膳食纤维、氨基酸等营养元素。

6. 性味归经

味苦，性微寒，有小毒；归脾经、胃经。

7. 功能与主治

具有清热解毒、祛瘀止血、杀虫的功效，主治流感、流行性脑脊髓膜炎、流行性乙型脑炎、腮腺炎、痈疮肿毒、麻疹、水痘、痢疾、吐血、衄血、便血、崩漏、带下及蛲虫、绦虫、钩虫等肠道寄生虫病。

8. 药理作用

主要具有抗病毒、抑菌消炎、修补细胞、强身滋补和增强机体免疫力等作用。

9. 常见食用方式

嫩叶可水煮或凉拌食用。

炒宽叶紫萁

【用料】宽叶紫萁 200 g、胡萝卜半个、油豆皮 1 片、酱油 2 大勺、白砂糖 2 大勺、料酒 1 大勺。

【制法】将水煮过的宽叶紫萁洗净，沥干，切段。胡萝卜切成薄片。油豆皮用热水烫过，去油，切片备用。将酱油 2 大勺、白砂糖 2 大勺、料酒 1 大勺调入碗里，搅拌均匀。将备好的材料和调料入锅，文火炒至半熟，中火收汁即可。

黧豆

拉丁学名： *Mucuna pruriens* var. *utilis*（Wall. ex Wight）Baker ex Burck。

科　　属： 豆科（Fabaceae）油麻藤属（*Mucuna*）。

食用部位： 嫩荚、种子。

1. 植物形态

1 年生缠绕藤本。枝略被开展的疏柔毛。羽状复叶具 3 小叶；小叶长 6～15 cm 或过之，宽 4.5～10.0 cm，长度少有超过宽度的一半，顶生小叶明显地比侧生小叶小，卵圆形或长椭圆状卵形，基部菱形，先端具细尖头，侧生小叶极偏斜，斜卵形至卵状披针形，先端具细尖头，基部浅心形或近截形，两面均薄被白色疏毛；侧脉通常每边 5 条，近对生，凸起；小托叶线状，长 4～5 mm；小叶柄长 4～9 mm，密被长硬毛。总状花序下垂，长 12～30 cm，有花 10 朵至 20 多朵；苞片小，线状披针形；花萼阔钟状，密被灰白色小柔毛和疏刺毛，上部裂片极阔，下部中间 1 枚裂片线状披针形，长约 8 mm；花冠深紫色或带白色，常较短，旗瓣长 1.6～1.8 cm，翼瓣长 2.0～3.5 cm，龙骨瓣长 2.8～4.0 cm。荚果长 8～12 cm，宽 18～20 mm，嫩果膨胀，绿色，密被灰色或浅褐色短毛，成熟时稍扁，黑色，有隆起的纵棱 1～2 条；种子 6～8 粒，长圆状，长约 1.5 cm，宽约 1 cm，厚 5～6 mm，灰白色，淡黄褐色，浅橙色或黑色，有时带条纹或斑点，种脐长约 7 mm，浅黄白色。花期 10 月，果期 11 月。

2. 生长习性

黧豆生于亚热带石山区，喜温暖湿润气候。对土壤要求不严，多生长在裸露石山、石缝以及石山坡底的砾石层中。

3. 繁殖技术

（1）种子繁殖

筛选饱满种子，用 50% 福美双可湿性粉和 50% 辛硫磷可湿性粉与种子按 1∶1∶200 拌种。穴播，穴距 60 cm×60 cm，每穴播 2～3 粒。

（2）组织培养

将种子作为外植体，基本培养基为 MS，种子萌发及壮苗培养基为 MS+0.5 mg/L VC+ 活性炭 0.1%，诱导丛芽培养基为 MS+l.0 mg/L 6−BA+0.1 mg/L NAA+0.5 mg/L VC，诱导愈伤组织培养基为 MS+0.5 mg/L 6−BA+0.05 mg/L NAA、0.5 mg/L MS+2,4−D、MS+1.0 mg/L 2,4−D、MS+2.0 mg/L 2,4−D，分化培养基为 MS+3.0 mg/L 6−A +0.5 mg/L

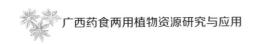

VC+0.05 mg/L NAA，芽体生长及诱导生根培养基为 MS+0.1 mg/L NAA+0.1% 活性炭。

4. 栽培技术

（1）选地

选择凉爽干燥、阳光充足、排水性良好、富含腐殖质、微酸性的土壤为好。

（2）播种

松土后挖穴，穴宽 10 ～ 15 cm、深 3.5 ～ 5.0 cm。施草木灰、厩肥作基肥。每穴播 2 ～ 3 粒、覆盖薄土即可。栽培时搭支架，株行距 1 m×1 m。

（3）田间管理

①水肥管理

施足基肥，特别是磷钾肥、草木灰，一般每亩施农家肥混草木灰 1000 ～ 1500 kg、复合肥料 50 kg。开花结荚期及时施重肥，每亩可追施复合肥料 30 kg、过磷酸钙 10 kg、氯化钾 5 kg。生长盛期后再追施 1 次磷肥，每亩施过磷酸钙 10 kg。黧豆怕涝，雨季注意排水。

②除草

每年需除草 2 ～ 3 次。

③引蔓、整枝和摘心

幼苗开始抽蔓时搭架，搭架后要经常引蔓，按逆时针方向将豆藤绕在竹竿上，主蔓第一花序以上的侧蔓摘掉。盛花期及时进行摘心，摘心后每亩用 0.2 kg 磷酸二氢钾兑水 50 kg 喷施。

④病虫害

病害主要有根腐病、叶斑病等，虫害主要有黑跳甲、蚜虫和红蜘蛛等。

（4）采收

生长期为 180 ～ 240 d，一般在农历 11—12 月采收。植株衰老、豆荚充分长成后一次性采收，及时晒干。

5. 成分

黧豆含有左旋多巴、黧豆素、喹啉类生物碱等化学成分，还富含粗蛋白、粗脂肪、粗纤维、无氮浸出物等营养成分。

6. 性味归经

味甘、微苦，性温；有小毒；归脾经、胃经、肝经、肾经。

7. 功能与主治

具有温中益气的功效，主治腰脊酸痛等症。

8. 药理作用

具有刺激平滑肌和兴奋子宫、舒张心血管等作用。

9. 常见食用方式

黧豆嫩荚和种子有毒，需经水煮或置于水中浸泡一昼夜后方可食用，可直接炒食或与肉类蒸、煮、炒食。

黧豆炒五花肉

【用料】黧豆 350 g、五花肉 200 g、菜籽油 10 g、洋葱 15 g、蒜瓣 15 g、生抽 3 g、食盐 0.5 g、小米椒适量。

【制法】黧豆煮熟捞出来用冷水浸泡 1 d，直到水清亮，洋葱、蒜瓣切小粒，黧豆切粗条。锅中油热，爆香洋葱和蒜瓣，加入小米椒，炒出香味，倒入黧豆，加入食盐、生抽，炒匀即可。

鳢肠

拉丁学名：*Eclipta prostrata*（L.）L.。

科　　属：菊科（Asteraceae）鳢肠属（*Eclipta*）。

食用部位：全草。

1. 植物形态

1 年生草本。茎直立，斜升或平卧，高达 60 cm，通常自基部分枝，被贴生糙毛。叶长圆状披针形或披针形，无柄或有极短的柄，长 3 ~ 10 cm，宽 0.5 ~ 2.5 cm，顶端尖或渐尖，边缘有细锯齿或有时仅波状，两面均被密硬糙毛。头状花序径 6 ~ 8 mm，有长 2 ~ 4 cm 的细花序梗；总苞球状钟形，总苞片绿色，草质，5 ~ 6 个排成 2 层，长圆形或长圆状披针形，外层较内层稍短，背面及边缘被白色短伏毛；外围的雌花 2 层，舌状，长 2 ~ 3 mm，舌片短，顶端 2 浅裂或全缘，中央的两性花多数，花冠管状，白色，长约 1.5 mm，顶端 4 齿裂；花柱分枝钝，有乳头状突起；花托凸，有披针形或线形的托片；托片中部以上有微毛。瘦果暗褐色，长 2.8 mm，雌花的瘦果三棱形，两性花的瘦果扁四棱形，顶端截形，具 1 ~ 3 个细齿，基部稍缩小，边缘具白色的肋，表面有小瘤状突起，无毛。花期 6—9 月。

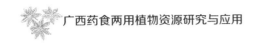

2. 生长习性

鳢肠生于河边、田边或路边。喜湿润气候，耐阴湿。以潮湿、土质疏松肥沃、富含腐殖质的沙质壤土或壤土栽培为宜。

3. 繁殖技术

（1）种子繁殖

春季 4 月按行距 30 cm、深 2 ～ 3 cm 开条沟，将种子均匀播入沟内，覆薄细土，浇水。

（2）组织培养

以嫩茎为外植体，消毒后接种于培养基 1/2MS+0.1 mg/L BA+10 mg/L CH+1.8 mg/L 2,4-D 诱导产生愈伤组织，移至培养基 MS+0.2mg/L AgNO$_3$+0.3 mg/L ZA+0.2 mg/L BA+0.1 mg/L NAA 诱导愈伤组织分化，再接入培养基 White+0.1 mg/L NAA+0.4 mg/L IAA 进行生根培养和生根继代培养。

4. 栽培技术

（1）选地

选择湿润、松软、肥力充足的沙质土壤种植。

（2）整地

深翻 30 cm，整平，挖排水沟。将农家肥与复合肥料混匀后作为基肥施入土中。

（3）移栽

幼苗高 4 cm 左右时间苗。将间出的苗进行移栽，株距以保证每株幼苗都有充分的空间为度。

（4）田间管理

①水肥管理

勤浇水，保持土壤湿润。出苗后可施稀薄的人畜粪水，5—6 月追施人畜粪水 1 次，生长旺盛期增施过磷酸钙。

②病虫害防治

鳢肠抗病虫害能力强，生产中以预防为主。

（5）采收

夏、秋季割取全草，洗净，去除杂质，阴干或晒干。

5. 成分

鳢肠含有三萜皂苷类、黄酮类、噻吩类、香豆草醚类、生物碱等化学成分，还含有丰富的大量元素钙、镁及微量元素锰、铁、锌、铜。

6. 性味归经

味甘、酸，性凉；归肾经、肝经。

7. 功能与主治

具有凉血、止血、消肿的功效，主治各种吐血、鼻出血、咳血、肠出血、尿血、痔疮出血、血崩等症。

8. 药理作用

具有抑菌、保肝、抗诱变、止血等作用。

9. 常见食用方式

可直接煮食或煲汤。

鳢肠藕节萝卜饮

【**用料**】鳢肠、白萝卜、藕节各 500 g，冰糖适量。

【**制法**】将鳢肠、白萝卜、藕节洗净，放入盆中捣烂，直至汁液充分溢出。将汁液倒入杯中，加适量冰糖，搅拌均匀后即可。

落葵

拉丁学名：*Basella alba* L.。

科　　属：落葵科（Basellaceae）落葵属（*Basella*）。

食用部位：全草。

1. 植物形态

1 年生缠绕草本。茎长可达数米，无毛，肉质，绿色或略带紫红色。叶片卵形或近圆形，长 3 ～ 9 cm，宽 2 ～ 8 cm，顶端渐尖，基部微心形或圆形，下延成柄，全缘，下面叶脉微凸起；叶柄长 1 ～ 3 cm，上有凹槽。穗状花序腋生，长 3 ～ 15（～ 20）cm；苞片极小，早落；小苞片 2 枚，萼状，长圆形，宿存；花被片淡红色或淡紫色，卵状长圆形，全缘，顶端钝圆，内摺，下部白色，连合成筒；雄蕊着生于花被筒口，花丝短，基部扁宽，白色，花药淡黄色；柱头椭圆形。果实球形，直径

5～6 mm，红色至深红色或黑色，多汁液，外包宿存小苞片及花被。花期5—9月，果期7—10月。

2. 生长习性

落葵常生于海拔2000 m以下地区。耐高温高湿，适生于土质疏松肥沃的沙壤土。

3. 繁殖技术

（1）种子繁殖

种皮坚硬，播种前先用35℃的温水浸种1～2 d，捞出放在30℃的恒温箱中催芽，4 d左右种子即露白。采收嫩稍或幼苗的撒播或条播，采收嫩叶为主的条播或穴播。

（2）扦插繁殖

选取主枝或侧枝无病害的健壮枝条，剪成具2～3个节的插穗，扦插于基质中。露地定植可在春夏两季扦插。

（3）组织培养

采摘生长旺盛的植株，剪成长4～5 cm的茎段，洗净，消毒。MS+0.6 mg/L BA+1.2 mg/L 2,4–D为诱导嫩茎愈伤组织的理想培养基，MS+0.6 mg/L BA+0.1 mg/L NAA为嫩茎再生体系的理想培养基，1/2 MS+0.6 mg/L NAA为生根试管苗的理想培养基。

4. 栽培技术

（1）选地

选择排灌方便、土层深厚、土质疏松肥沃的沙质壤土地块。

（2）整地

播种前每亩施腐熟有机肥料2000 kg、过磷酸钙20 kg，深耕细耙，做成平畦或垄，畦宽1.5 m。

（3）移栽

开沟栽苗，将带土坨的苗栽在沟内，栽后培土，再顺沟灌水。一般株行距为20 cm×25 cm，每穴栽1～3株。

（4）田间管理

①水肥管理

缓苗后每亩施尿素或复合肥料15 kg，植株旺长期每亩施尿素20 kg。以后每采收1次均需适当施肥。施肥原则是前轻、中多、后重。落葵生长前期需肥、水量较少，应该小水勤浇。生长后期可适当增加浇水量。

②中耕除草与培土

移栽缓苗后及时中耕，上架前进行最后 1 次中耕，并适当培土。

③病虫害

病害主要有褐斑病、苗腐病、叶斑病，虫害主要有小地老虎与蛴螬。

（5）采收

株高 20 ～ 25 cm 时采收嫩茎叶，留茎基部 3 片叶。一般每隔 10 ～ 15 d 采收 1 次，或每次采大留小，实施连续采收。

5. 成分

落葵富含多糖、胡萝卜素、有机酸、维生素 C、氨基酸、蛋白质以及钙、磷、铁等元素。

6. 性味归经

味甘、酸，性寒；归肝经。

7. 功能与主治

具有滑肠通便、清热利湿、凉血解毒、活血的功效，主治大便秘结、小便短涩、痢疾、热毒疮疡、跌仆损伤等症。

8. 药理作用

具有解热、抗炎、抗病毒等作用。

9. 常见食用方式

幼苗、嫩茎、嫩叶芽可用于炒食、烫食、凉拌。

清炒落葵

【用料】落葵适量、蒜 1 粒、食盐适量、鸡精少许、橄榄油少许。

【制法】落葵去老梗，洗净，蒜切末。加热炒锅内橄榄油，爆香蒜末，放入落葵武火快速翻炒（以颜色变深绿为宜），加入食盐、鸡精翻炒均匀即可。

马槟榔

拉丁学名：*Capparis masaikai* H. Levl。

科　　属：山柑科（Capparineae）山柑属（*Capparis*）。

食用部位：果实。

1. 植物形态

灌木或攀缘植物，高达 7.5 m。新生枝略扁平，带红色，密被锈色短茸毛，有纵行的棱与凹陷的槽纹；刺粗壮，长达 5 mm，基部膨大，尖利，外弯，花枝上常无刺。叶椭圆形或长圆形，有时椭圆状倒卵形，长 7 ～ 20 cm，宽 3.5 ～ 9.0 cm，顶端圆形或钝形，有时急尖或渐尖，基部圆形或宽楔形，近革质，干后常呈暗红褐色，上面近无毛，下面密被脱落较迟的锈色短茸毛，中脉稍宽阔，上面微凹，下面淡紫色，凸起，侧脉 6 ～ 10 对，下面微凸起，与中脉同色，网状脉不明显；叶柄粗壮，长 12 ～ 21 mm，直径约 2 mm，被毛与枝相同。亚伞形花序腋生或在枝端再组成 10 ～ 20 cm 长的圆锥花序，花序中常有不正常发育的小叶，各部均密被锈色短茸毛；亚伞形花序有花 3 ～ 8 朵，总花梗长 1 ～ 5 cm；花中等大小，白色或粉红色；萼片长 8 ～ 12 mm，宽 5 ～ 8 mm，外面密被锈色短茸毛，内面无毛，外轮内凹成半球形，革质，内轮稍内凹，质薄；花瓣长 12 ～ 15 mm，两面均被茸毛，上面 2 个较宽，长圆状倒卵形，基部包着花盘，下面 2 个较狭，长圆形；雄蕊 45 ～ 50 枚；雌蕊柄长 2 ～ 3 cm，无毛；子房卵球形，表面有数条纵向的棱与沟，长 2 ～ 3 mm，直径 1.0 ～ 1.5 mm，无毛，胎座 3 ～ 4 个，每胎座有 7 ～ 9 个胚珠，胚珠弯生，珠柄长。果实球形至近椭圆形，长 4 ～ 6 cm，直径 4 ～ 5 cm，成熟及干后紫红褐色，表面有 4 ～ 8 条纵行鸡冠状高 3 ～ 6 mm 的肋棱，顶端有数至 15 mm 长的喙；花梗及雌蕊柄果时木化增粗，全长 4.5 ～ 7.0 cm，直径 3 ～ 5 mm；果皮硬革质，厚约 5 mm，紫红色。种子数粒至 10 余粒，长约 1.8 cm，宽约 1.5 cm，高约 1 cm，种皮紫红褐色。花期 5—6 月，果期 11—12 月。

2. 生长习性

马槟榔性喜荫蔽环境，生于海拔 1600 m 以下的沟谷或山坡密林中，常见于山坡道旁及石灰岩山上。

3. 繁殖技术

（1）种子繁殖

从新鲜果实中取出种子，与河沙混合搓洗，去除内果皮，放入 65 ℃热水中浸种，待水自然冷却后用水清洗 1 遍，播种于 1/2 椰糠 +1/2 红壤配成的土基质中。

（2）扦插繁殖

采集半年至 1 年生的老熟健壮枝，剪成长 15 ～ 20 cm、有 2 ～ 3 个芽的插穗，用 200 ～ 500 mg/kg 吲哚丁酸或萘乙酸水溶液浸泡 12 h，取出晾干表面水分，扦插于基质中。

（3）压条繁殖

常用空中压条技术。选取生长优良的一年生以上休眠芽较多的枝条，将韧皮部绕枝条割 2 ～ 4 条半环状的缺刻，伤部包在营养基质（椰糠与火烧土 1 ∶ 1 混合）中固定，将枝条顶部去梢。3 个月后剪下枝条，埋于营养土中即可成苗。

（4）组织培养

以 1 年生的幼嫩茎段及幼苗作外植体，洗净，消毒，接种于诱导培养基中。芽的最佳诱导培养基为 MS+1.0 mg/L 6–BA+0.5mg/L NAA，芽增殖的最佳培养基为 MS+0.5 mg/L 6–BA+1.0 mg/L NAA，最佳生根培养基为 MS+0.5 mg/L NAA+3% 蔗糖 +7.0 g/L 琼脂 +0.1% 活性炭。

4. 栽培技术

（1）选地

优先选择遮阴条件较好的环境，也可定植于房前屋后或沟旁疏林下土壤湿度较大的地方。

（2）整地

整地造林时根据马槟榔主根发达的特点深挖种植。

（3）田间管理

生长过程中需一定的散射光，强光照对其生长不利。人工栽培过程中需注重施肥以促进其营养生长。进行园艺化修剪控制树形，以增加结果量。阴暗潮湿的环境还易滋生煤烟病等病害，种植中需做好预防工作。

（4）采收

冬季采收成熟果实，敲破硬壳，取出种子，晒干。

5. 成分

马槟榔是中国唯一产甜蛋白的植物，种子中的马槟榔甜蛋白甜度是蔗糖的 400 倍。此外，还含有棕榈酸、亚麻酸、豆甾醇、β–谷甾醇和维生素 E 等。

6. 性味归经

味甘，性寒；归脾经、胃经、肺经。

7. 功能与主治

具有清热解毒、生津止渴、催产及避孕的功效，主治伤寒热病、暑热口渴、喉炎喉痛、食滞胀满、麻疹肿毒等症。

8. 药理作用

具有抗炎、抗癌、抗氧化、滋肤养颜、防治高血压和冠心病等作用。

9. 常见食用方式

种子可生食，还可用于提取甜味剂。

毛花猕猴桃

拉丁学名：*Actinidia eriantha* Benth.。
科　　属：猕猴桃科（Actinidiaceae）猕猴桃属（*Actinidia*）。
食用部位：果实。

1. 植物形态

大型落叶藤本；小枝、叶柄、花序和萼片密被乳白色或淡污黄色直展的茸毛或交织压紧的绵毛；小枝往往在当年一再分枝，着花小枝长 10～15 cm，直径 4～7 mm，大枝可达 40 mm 以上；隔年枝大多或厚或薄地残存皮屑状的毛被，皮孔大小不等，茎皮常从皮孔的两端向两方裂开；髓白色，片层状。叶软纸质，卵形至阔卵形，长 8～16 cm，宽 6～11 cm，顶端短尖至短渐尖，基部圆形、截形或浅心形，边缘具硬尖小齿，上面草绿色，幼嫩时散被糙伏毛，成熟后很快秃净，仅余中脉和侧脉上有少数糙毛，下面粉绿色，密被乳白色或淡污黄色星状茸毛，侧脉 7～8（～10）对，横脉发达，显著可见，网状小脉较疏，较难观察；叶柄短且粗，长 1.5～3.0 cm，被与小枝上同样的毛。聚伞花序简单，1～3 朵花，被与小枝上相同但较蓬松的毛被，花序柄长 5～10 mm，花柄长 3～5 mm；苞片钻形，长 3～4 mm；花直径 2～3 cm；萼片 2～3 枚，淡绿色，瓢状阔卵形，长约 9 mm，两面密被茸毛，外面毛被松而厚，内面毛被紧而薄；花瓣顶端和边缘橙黄色，中央和基部桃红色，倒卵形，长约 14 mm，边缘常呈餐蚀状；雄蕊极多，可达 240 枚（雄花），花丝纤细，浅红色，长 5～7 mm，花药黄色，长圆形，长约 1 mm；子房球形，密被白色茸毛，花柱长 3～4 mm。果柱状卵珠形，长 3.5～4.5 cm，直径 2.5～3.0 cm，密被不脱落的乳白色茸毛，宿存萼片反折，果柄长达 15 mm；种子纵径 2 mm。花期 5 月上旬至 6 月上旬，果熟期 11 月。

2. 生长习性

毛花猕猴桃生于海拔 250～1000 m 山地上的高草灌木丛或灌木丛林中，或阴坡的针叶、阔叶混交林和杂木林中。喜凉爽湿润气候。

3. 繁殖技术

（1）播种繁殖

入冬前采收成熟果实，洗出种子，沙藏。翌年 1—2 月进行播种。播于细沙土的苗床基质中，行距 20 cm，播种后覆盖厚 2 cm 的细土，浇透水。

（2）嫁接繁殖

春季选取藤条粗壮、无病虫害、根系发达的优质实生猕猴桃苗作为砧木，选取种质优良的健壮枝条作接穗，用嫁接刀在砧木顶部沿着腋芽周围处开刀剜取腋芽，用同样的方法剜取同样大小的接穗腋芽，然后将接穗轻轻放在砧木凹处，对准周围皮层，绑扎严密。

4. 栽培技术

（1）园地选择

猕猴桃有"四喜"（喜温暖、喜湿润、喜肥沃、喜光照）、"四怕"（怕干旱、怕水涝、怕强风、怕霜冻）的特性，需要较好的气候、土壤条件。建园时选择土层深厚肥沃、背风向阳、排灌方便地带为宜。

（2）整地

全园深翻改土完后，将肥料均匀地撒于全园地面，浅翻 15～20 cm。

（3）移栽

待种苗长出 4～5 片真叶时进行移栽。种植坑不必太深，但应大些。栽前进行修根（剪去受伤、劈裂等残根）。栽种时把苗木扶直、摆正，使根系舒展，回土踩实。

（4）田间管理

①水肥管理

施肥以氮肥为主，搭配磷钾肥。全年施肥一般 5 次左右，追肥 4 次左右。生长过

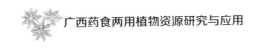

程注意适度浇水，保持土壤湿度为 70% 左右。

②修剪

4—6 月对植株进行抹芽和疏剪，除去弱小和过于浓密的芽，保留壮芽。冬剪于落叶后 1 个月内完成，去除病枝等。雄株的修剪于花期后进行，剪掉过于浓密以及较弱的树枝，促进雄株良好发育。

③配植和授粉

建园时搭配适宜的雄本作授粉树，雌雄比例以 8∶1 或 10∶1 为好，成园后可适当提高雌雄比例，可对部分雄株高接换种成雌株。需通过采取人工或虫媒授粉等措施提高授粉率。

④病害

病害主要有根腐病、软腐病、炭疽病以及根结线虫病等。

（5）采收

10 月下旬至 11 月上旬成熟。可通过手持折光仪测定果肉汁液中可溶性固形物含量 > 6%，由此来确定果实成熟度。

5. 成分

果实营养极为丰富，维生素的含量很高，并含有 15 种氨基酸（其中 6 种是人体必需的氨基酸，5 种是人体半必需的氨基酸），还含有钙、镁、铁、锌等多种人体必需的矿物质。

6. 性味归经

味甘、酸，性寒；归脾经、胃经。

7. 功能与主治

具有解热、止渴、健胃、通淋的功效，主治烦热、消渴、肺热干咳、消化不良、湿热黄疸、石淋、痔疮等症。

8. 药理作用

具有防癌、抗衰老、镇静、降胆固醇、助消化等作用。

9. 常见食用方式

果实可直接食用、榨汁、泡酒，或与苹果、香蕉等做成三杯羹，其叶还可泡茶饮用。

毛葡萄

拉丁学名：*Vitis heyneana* Roem. et Schult。

科　　属：葡萄科（Vitaceae）葡萄属（*Vitis*）。

食用部位：果实。

1. 植物形态

木质藤本。小枝圆柱形，有纵棱纹，被灰色或褐色蛛丝状茸毛。卷须 2 叉分枝，密被茸毛，每隔 2 节间断与叶对生。叶卵圆形、长卵状椭圆形或卵状五角形，长 4 ～ 12 cm，宽 3 ～ 8 cm，顶端急尖或渐尖，基部心形或微心形，基缺顶端凹成钝角，稀成锐角，边缘每侧有 9 ～ 19 个尖锐锯齿，上面绿色，初时疏被蛛丝状茸毛，以后脱落无毛，下面密被灰色或褐色茸毛，稀脱落变稀疏，基生脉 3 ～ 5 出，中脉有侧脉 4 ～ 6 对，上面脉上无毛或有时疏被短柔毛，下面脉上密被茸毛，有时被短柔毛或稀茸毛状柔毛；叶柄长 2.5 ～ 6.0 cm，密被蛛丝状茸毛；托叶膜质，褐色，卵披针形，长 3 ～ 5 mm，宽 2 ～ 3 mm，顶端渐尖，稀钝，边缘全缘，无毛。花杂性异株；圆锥花序疏散，与叶对生，分枝发达，长 4 ～ 14 cm；花序梗长 1 ～ 2 cm，被灰色或褐色蛛丝状茸毛；花梗长 1 ～ 3 mm，无毛；花蕾倒卵圆形或椭圆形，高 1.5 ～ 2.0 mm，顶端圆形；萼碟形，边缘近全缘，高约 1 mm；花瓣 5 枚，呈帽状黏合脱落；雄蕊 5 枚，花丝丝状，长 1.0 ～ 1.2 mm，花药黄色，椭圆形或阔椭圆形，长约 0.5 mm，在雌花内雄蕊显著短，败育；花盘发达，5 裂；雌蕊 1 枚，子房卵圆形，花柱短，柱头微扩大。果实圆球形，成熟时紫黑色，直径 1.0 ～ 1.3 cm；种子倒卵形，顶端圆形，基部有短喙，种脐在背面中部呈圆形，腹面中棱脊突起，两侧洼穴狭窄呈条形，向上达种子 1/4 处。花期 4—6 月，果期 6—10 月。

2. 生长习性

毛葡萄生于海拔 100 ～ 3200 m 的山坡、沟谷灌木丛、林缘或林中。喜光、忌涝、对土壤适应性强。以有机质丰富、pH 值 5.5 ～ 7.0 的微酸性土为宜。

3. 繁殖技术

（1）种子繁殖

采摘成熟的毛葡萄果实，放入纱布口袋在流水中反复搓洗，收集种子，晒干后装入布袋置于通风透光处。春季取出撒播在沙床上，撒种后覆盖 1 cm 厚的细沙。

（2）扦插繁殖

硬枝扦插在立春前 20 ～ 40 d 为宜。结合冬季修剪，选取一年生健壮枝，剪成带 3 个节的插穗，用 0.5% 萘乙酸或 0.1% ABT 1 号生根粉溶液浸泡 1 h，插在沙床上。

（3）嫁接繁殖

芽接在端午节前后进行。砧木离地面 5 ～ 10 cm 处截断，用新品种留 1 ～ 2 个饱满芽的枝条作接穗，用劈接或嵌芽接等方法嫁接。

4. 栽培技术

（1）选地

对土壤、气候等生态条件适应性强，除在严重积水和盐碱性强的土壤生长不良外，一般都可正常生长。

（2）整地

挖坑种植的，坑深 60 ～ 80 cm、宽 80 ～ 100 cm。

（3）种植密度

在坡地、平地人工搭架种植，每公顷种 750 ～ 1200 株。

（4）种植架式

坡地或平地可建设篱架，株行距为 2（～ 4）m×4（～ 5）m，以钢筋水泥作立柱，柱长 2.3 ～ 2.5 m，粗 10 cm×12 cm，埋土深 40 ～ 50 cm，柱距 5 ～ 6 m，柱间拉 1 ～ 2 道镀锌铁线即可。棚架仍以水泥柱支撑，棚顶用竹木或铁丝连成格子状。

（5）基肥

基肥以腐熟的农家肥为好，定植时每株放基肥 10 ～ 20 kg。

（6）定植

3—5 月定植。定植时先放基肥，再回土填平种植坑，然后在中间开一个 15 ～ 20 cm 深的小种植坑，除去营养袋，把苗放到小坑中，回细土轻轻压紧，再淋足定根水。

（7）田间管理

①水肥管理

定植后第 2 ～ 3 个月，每株追施尿素 50 g+复合肥料 50 ～ 100 g，第 5 ～ 6 个月和第 7 ～ 8 个月后分别再追施 1 次。第 2 年适当加大施肥量。第 3 ～ 4 年开始控制营养生长。开花前 10 d 和开花期间，各喷施 0.2% ～ 0.3% 的硼砂水溶液 1 次，促进坐果。

果实采收后每株追施 10 ～ 20 kg 农家肥或 250 g 复合肥料 1 次。幼果期喷施 0.3% 的磷酸二氢钾和 0.1% 尿素 1 次。开花及幼果期如雨水过多，易发生霜霉病，要及时做好排水工作。

②整形修剪

毛葡萄具有非常显著的顶端优势，应根据其结果及生长情况，做好整形工作。冬剪在落叶后至有伤流前进行，果母枝应留以中、长梢为主，同时将过密枝、细弱枝、病虫枝、未老熟枝一律疏剪清除。

③病虫害

幼龄树和每年春、夏季易发生霜霉病；叶蝉 7 月开始发生，秋季严重。

（8）采收

果穗有 90% 果粒变为紫黑色即可分批采收。有条件的可用手持测糖计每 2 ～ 3 d 测定可溶性固形物，当可溶性固形物含量稳定时即可采收。

5. 成分

毛葡萄含有丰富的维生素、氨基酸、不饱和脂肪酸、矿物质、双糖苷花色苷、超氧化物歧化酶、白藜芦醇等成分。

6. 性味归经

味苦、酸，性平；归肝经、脾经。

7. 功能与主治

具有活血舒筋的功效，主治月经不调、带下、风湿骨痛、跌仆损伤等症。

8. 药理作用

具有护肝、解肝毒、降转氨酶、降血糖、降血脂、抗炎抗病毒、抗突变、抗癌等作用。

9. 常见食用方式

果实可直接食用或用于泡酒。

毛葡萄酒

【用料】成熟毛葡萄 300 g、冰糖 150 g、白酒 1 L。

【制法】将成熟毛葡萄摘下洗净，沥干水分，放入玻璃瓶中，放入适量冰糖，再倒入适量白酒浸泡，密封保存一个多月即可。

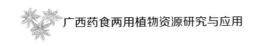

玫瑰茄

拉丁学名：*Hibiscus sabdariffa* L.。

科　　属：锦葵科（Malvaceae）木槿属（*Hibiscus*）。

食用部位：花萼、果实。

1. 植物形态

1 年生直立草本，高达 2 m，茎淡紫色，无毛。叶异型，下部的叶卵形，不分裂，上部的叶掌状 3 深裂，裂片披针形，长 2 ～ 8 cm，宽 5 ～ 15 mm，具锯齿，先端钝或渐尖，基部圆形至宽楔形，两面均无毛，主脉 3 ～ 5 条，下面中肋具腺；叶柄长 2 ～ 8 cm，疏被长柔毛；托叶线形，长约 1 cm，疏被长柔毛。花单，生于叶腋，近无梗；小苞片 8 ～ 12 枚，红色，肉质，披针形，长 5 ～ 10 mm，宽 2 ～ 3 mm，疏被长硬毛，近顶端具刺状附属物，基部与萼合生；花萼杯状，淡紫色，直径约 1 cm，疏被刺和粗毛，基部 1/3 处合生，裂片 5 枚，三角状渐尖形，长 1 ～ 2 cm；花黄色，内面基部深红色，直径 6 ～ 7 cm。蒴果卵球形，直径约 1.5 cm，密被粗毛，果爿 5；种子肾形，无毛。花期夏秋间。

2. 生长习性

玫瑰茄耐旱粗生，适应性强，喜温暖，畏寒冷，怕旱霜。生于北纬 30° 以南、海拔 600 m 以下的丘陵与平地。对土壤要求不严，除黏土与碱性土外，一般土壤均可生长。

3. 繁殖技术

主要采用种子进行繁殖。4 月下旬至 5 月上中旬播种，按株行距 1 m×1 m 开穴，宽 10 ～ 15 cm、深 10 cm 左右，每穴点播种子 4 ～ 5 粒，播种深度 3 cm，覆土厚 0.5 ～ 1.0 cm。播种后约 7 d 出苗。

4. 栽培技术

（1）选地

房前屋后、田边路边、山坡荒地或全作、间作、果园套种均可栽培。宜在向阳、土层深厚、排水性良好的沙质壤土上栽培。

（2）整地

每亩施腐熟的农家肥 2500 kg 作基肥，与土壤混匀，做畦床宽 1.3 ～ 1.6 m、高

25 ～ 30 cm。

（3）移栽

苗高 15 ～ 25 cm 时进行移栽。种植穴深 30 cm，株行距 1 m×1 m，每穴栽 1 株。

（4）田间管理

①水肥管理

耐肥，除施足基肥，还应适时追肥。苗期以氮肥为主，现蕾期至花萼期、果实增大期以磷钾肥为主。干旱时期及时浇水灌溉。雨季注意排涝，慎防烂种。

②病害

根颈腐病为成株期主要病害。

（5）采收

11 月中下旬叶变为黄紫黑色时将果枝剪下，花萼连同果实一起摘取，晒 1 d，待缩水后脱出花萼，置于干净草席或竹笋上晒干。

5. 成分

玫瑰茄含有丰富的蛋白质、有机酸、维生素 C 和人体所需的铁、磷等矿物质，还含有人体所必需的冬氨酸、谷氨酸、脯氨酸等 17 种氨基酸以及抗氧化功能显著的花青素、多元酚、呋喃醛等。

6. 性味归经

味酸，性凉；归肾经。

7. 功能与主治

具有敛肺止咳、降血压、解酒的功效，主治肺虚咳嗽、高血压、醉酒等症。

8. 药理作用

具有消除疲劳、清热解暑、降血压、降血脂、抗肥胖、保肝、抗糖尿病并发症等作用。

9. 常见食用方式

花可做花茶、果冻、饼，还可用于炖汤。

玫瑰茄茶

【用料】玫瑰茄 3 ～ 5 g、冰糖（蜂蜜）适量。

【制法】温开水冲泡，加适量的冰糖或蜂蜜。

木姜子

拉丁学名：*Litsea pungens* Hemsl.。

科　　属：樟科（Lauraceae）木姜子属（*Litsea*）。

食用部位：花、果实。

1. 植物形态

落叶小乔木，高 3 ～ 10 m；树皮灰白色。幼枝黄绿色，被柔毛，老枝黑褐色，无毛。顶芽圆锥形，鳞片无毛。叶互生，常聚生于枝顶，披针形或倒卵状披针形，长 4 ～ 15 cm，宽 2.0 ～ 5.5 cm，先端短尖，基部楔形，膜质，幼叶下面具绢状柔毛，后脱落渐变无毛或沿中脉有稀疏毛，羽状脉，侧脉每边 5 ～ 7 条，叶脉在两面均突起；叶柄纤细，长 1 ～ 2 cm，初时有柔毛，后脱落渐变无毛。伞形花序腋生；总花梗长 5 ～ 8 mm，无毛；每一花序有雄花 8 ～ 12 朵，先叶开放；花梗长 5 ～ 6 mm，被丝状柔毛；花被裂片 6 枚，黄色，倒卵形，长 2.5 mm，外面有稀疏柔毛；能育雄蕊 9 枚，花丝仅基部有柔毛，第 3 轮基部有黄色腺体，圆形；退化雌蕊细小，无毛。果实球形，直径 7 ～ 10 mm，成熟时蓝黑色；果梗长 1.0 ～ 2.5 cm，先端略增粗。花期 3—5 月，果期 7—9 月。

2. 生长习性

木姜子常生于海拔 800 ～ 2300 m 的溪边和山地阳坡杂木林中或林缘。

3. 繁殖技术

（1）种子繁殖

8 月底至 9 月初，采摘成熟果实，浸泡，取出种子，洗净蜡质层，以沙藏法贮藏过冬。春季 2 月进行播种，每公顷条播种子 60 ～ 75 kg。

（2）扦插繁殖

春季选取健壮母株上的 1 年生枝条，按株距 5 cm、行距 15 cm 扦插。1 年生苗高 0.5 ～ 0.6 m 时便可出圃移栽。

4. 栽培技术

（1）选地

选择向阳的土层深厚、排水性良好的红壤、黄壤以及棕壤的平地或坡地，pH 值为 4.0 ～ 6.5，海拔 500 ～ 3200 m。

（2）整地

整地时每亩施腐熟的农家肥 2000 ～ 2500 kg。

（3）移栽

2—3 月按株行距 1.5 m×1.5 m 或 1.5 m×2.0 m 开行，苗高 50 ～ 60 cm 时移栽。

（4）田间管理

①中耕除草与施肥

移栽后前 2 年每年中耕、除草、追肥 2 ～ 3 次，第 3 年后视情况每年至少松土 1 次。

②摘顶

于栽后 1 ～ 2 年晚秋或冬季在 0.8 ～ 1.2 m 高处剪截主干顶部，促进侧枝生长。花期时间隔一定距离每公顷保留 120 ～ 150 株雄株作授粉树，其余植株逐步疏伐。

③虫害

虫害主要是红蜘蛛、卷叶虫等。

（5）采收

3—5 月采收花，7—9 月采收果实，阴干。

5. 成分

木姜子的活性成分为挥发油类物质，主要成分为柠檬醛、牻牛儿醇、柠檬烯等。

6. 性味归经

味辛，性温；归脾经、胃经。

7. 功能与主治

具有温中行气、燥湿健脾、解毒消肿的功效，主治胃寒腹痛、暑湿吐泻、食滞饱胀、痛经、疝痛、疟疾、疮疡肿痛等症。

8. 药理作用

具有抗菌、平喘、抗肿瘤、抗过敏及抗胃溃疡等作用。

9. 常见食用方式

可与鸡肉等炒食。

木姜子香鸡

【用料】鸡 1250 g，鲜木姜子 25 g，姜、蒜、葱、料酒、米水酸汤、糟辣酱、青红尖椒、食盐、味精各适量。

【**制法**】姜、葱、青红尖椒洗净，姜切块，葱打结，蒜切末，青红尖椒切圈。鸡宰杀洗净，加食盐、姜块、葱节、料酒内外擦匀，腌渍 25 min。将鸡在锅内文火煮 15 min，关火后浸泡 15 min，捞出控水放凉，切块。锅内放入米水酸汤、姜块、蒜米、糟辣酱、木姜子、青红尖椒圈文火烧开，用食盐、味精调味后出锅，浇在鸡块上即可。

木竹子

拉丁学名：*Garcinia multiflora* Champ. ex Benth.。

科　　属：藤黄科（Guttiferae）藤黄属（*Garcinia*）。

食用部位：果实。

1. 植物形态

乔木，稀灌木，高（3～）5～15 m，胸径 20～40 cm；树皮灰白色，粗糙；小枝绿色，具纵槽纹。叶片革质，卵形、长圆状卵形或长圆状倒卵形，长 7～16（～20）cm，宽 3～6（～8）cm，顶端急尖，渐尖或钝，基部楔形或宽楔形，边缘微反卷，干时下面苍绿色或褐色，中脉在上面下陷，下面隆起，侧脉纤细，10～15 对，至近边缘处网结，网脉在上面不明显；叶柄长 0.6～1.2 cm。花杂性，同株。雄花序成聚伞状圆锥花序式，长 5～7 cm，有时单生，总梗和花梗具关节，雄花直径 2～3 cm，花梗长 0.8～1.5 cm；萼片 2 枚大 2 枚小，花瓣橙黄色，倒卵形，长为萼片的 1.5 倍，花丝合生成 4 束，高出于退化雌蕊，束柄长 2～3 mm，每束约有花药 50 枚，聚合成头状，有时部分花药成分枝状，花药 2 室；退化雌蕊柱状，具明显的盾状柱头，4 裂。雌花序有雌花 1～5 朵，退化雄蕊束短，束柄长约 1.5 mm，短于雌蕊；子房长圆形，上半部略宽，2 室，无花柱，柱头大而厚，盾形。果实卵圆形至倒卵圆形，长 3～5 cm，直径 2.5～3.0 cm，成熟时黄色，盾状柱头宿存。种子 1～2 粒，椭圆形，长 2.0～2.5 cm。花期 6—8 月，果期 11—12 月，偶有花果同时并存。

2. 生长习性

木竹子分布于云南、广西等省区海拔 2000 m 以下的山区，在天然林中居第二、第三层，属伴生树种。适应性强，人工移栽后在水肥条件较好的地段生长迅速。

3. 繁殖技术

（1）种子繁殖

种子有生理后熟特性，采收后需沙藏，第 3 年春季进行播种。2—3 月选取成熟饱满的种子，用 0.2% 高锰酸钾溶液浸泡 30 min 后播种。

（2）扦插繁殖

选取生长健壮植株上的枝条,截成长 10～15 cm 小段作插穗,留 3～4 片叶,用 0.1% 硫酸铁浸泡 4 h, 再用清水浸泡 2 h, 在大田中以 7 cm×7 cm 规格扦插。

（3）组织培养

以 2 年生植株上的茎尖及其苗木中上部腋芽饱满、节间较短的枝条作外植体, 去除叶片, 保留长 10 cm, 洗净, 消毒。用常规培养基诱导产生愈伤组织,用培养基 MS+1.6 mg/L 6–BA+0.6 mg/L NAA 诱导产生不定芽。

4. 栽培技术

（1）选地

选择避风背阳、排灌方便、土层深厚、土质肥沃的地块。

（2）整地

常规方法整地, 每亩施菜籽饼 300 kg 和复合肥料 50 kg 作底肥。

（3）移栽

秋冬至初春时在移栽穴中施足基肥, 带土移栽, 并适量修剪枝叶。

（4）田间管理

①水肥管理

6—9 月生长较为迅速, 需加强水肥管理。10 月后生长减缓, 增施钾肥, 以备越冬。

②病虫害防治

木竹子抗病虫害能力较强, 种植过程中当种子萌芽出土时要注意防治地下害虫咬食幼苗根茎部。

（5）采收

11—12 月果实成熟即可采摘。

5. 成分

木竹子富含 6 种人体必需氨基酸和多种药效氨基酸以及铁、铜、锌等人体必需的微量元素和丰富的维生素 C。

6. 性味归经

味甘, 性凉；归脾经。

7. 功能与主治

具有清热、生津的功效，主治胃热津伤、呕吐、口渴、肺热气逆、咳嗽等症。

8. 药理作用

具有抗肿瘤、抗病毒、抗炎、抗氧化等作用。

9. 常见食用方式

果实可直接食用，也可加入适量水和蜂蜜打成果汁饮用。由于果实黄色胶质较多，过多食用会导致人体产生一定的不适感，故不宜过多食用。

南烛

拉丁学名：*Vaccinium bracteatum* Thunb.。

科　　属：杜鹃花科（Ericaceae）越橘属（*Vaccinium*）。

食用部位：果实。

1. 植物形态

常绿灌木或小乔木，高 2 ～ 6（～ 9）m；分枝多，幼枝被短柔毛或无毛，老枝紫褐色，无毛。叶片薄革质，椭圆形、菱状椭圆形、披针状椭圆形至披针形，长 4 ～ 9 cm，宽 2 ～ 4 cm，顶端锐尖、渐尖，稀长渐尖，基部楔形、宽楔形，稀钝圆，边缘有细锯齿，表面平坦有光泽，两面无毛，侧脉 5 ～ 7 对，斜伸至边缘以内网结，与中脉、网脉在上面和下面均稍微突起；叶柄长 2 ～ 8 mm，通常无毛或被微毛。总状花序顶生和腋生，长 4 ～ 10 cm，有多数花，序轴密被短柔毛稀无毛；苞片叶状，披针形，长 0.5 ～ 2.0 cm，两面沿脉被微毛或两面近无毛，边缘有锯齿，宿存或脱落，小苞片 2 枚，线形或卵形，长 1 ～ 3 mm，密被微毛或无毛；花梗短，长 1 ～ 4 mm，密被短毛或近无毛；萼筒密被短柔毛或茸毛，稀近无毛，萼齿短小，三角形，长 1 mm 左右，密被短毛或无毛；花冠白色，筒状，有时略呈坛状，长 5 ～ 7 mm，外面密被短柔毛，稀近无毛，内面有疏柔毛，口部裂片短小，三角形，外折；雄蕊内藏，长 4 ～ 5 mm，花丝细长，长 2.0 ～ 2.5 mm，密被疏柔毛，药室背部无距，药管长为药室的 2.0 ～ 2.5 倍；花盘密生短柔毛。浆果直径 5 ～ 8 mm，成熟时紫黑色，外面通常被短柔毛，稀无毛。花期 6—7 月，果期 8—10 月。

2. 生长习性

南烛生于丘陵地带或海拔 400 ~ 1400 m 的山地。喜光耐旱、耐瘠薄，常见于山坡林内或灌木丛中，土壤以富含有机质、土质疏松、排水性能好的酸性土质为宜。

3. 繁殖技术

（1）种子繁殖

秋季采收果实，翌年早春用 0.3% 高锰酸钾溶液浸种后直接撒播于基质中，覆薄细土，少量多次灌水。出苗后每周喷 0.5% ~ 1.0% 的波尔多液 1 次。

（2）嫁接繁殖

选取茎干粗 0.5 cm 以上的树作砧木，选取优良种植的发育枝为接穗，随采随用。嫁接方法有带木质部嵌芽接和枝接。

（3）扦插繁殖

选取成年苗的半木质化嫩枝，去掉顶梢，剪成含 2 ~ 3 个茎节的插穗，上端切口离节 1.5 ~ 2.0 cm 处直切，下端离节 0.5 ~ 1.0 cm 处斜切，上端 2 片叶剪成半叶，扦插于基质中。

（4）组织培养

以单芽茎段和幼嫩叶为外植体，洗净，消毒，接种于 MS+3 mg/L ZT 培养基诱导愈伤组织，用 MS+0.7 mg/L 6–BA+5 mg/L ZT+3% 蔗糖 +0.66% 琼脂糖培养基增殖培养，在生根培养基内添加 4 mg/L 多效唑可培育壮苗。

4. 栽培技术

（1）选地
选择富含有机质、土质疏松、排水性能好的土壤种植。

（2）移栽
2—3 月幼苗长出 2 ~ 3 片真叶时进行穴栽。

（3）田间管理
①施肥
春季每月追施磷肥 1 次，花后施以氮磷为主的混合肥料，果实膨大期追施氮肥、磷肥。

②修剪
早春或冬季整形修剪，剪去枯枝、斜枝、徒长枝、病虫枝及部分交叉枝。

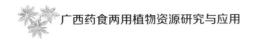

③病虫害

病害主要有褐斑病，虫害主要有红蜘蛛。

（4）采收

8—10月浆果颜色呈紫黑色时采摘。

5. 成分

南烛含有花青素类、黄酮类、单宁类、三萜类等化合物以及各种有机酸和肌醇、维生素。矿物质元素也较为丰富，其中钙、钾、锌、铁、锰、铜、锶含量较高。

6. 性味归经

味甘、酸，性温；归肾经、肝经。

7. 功能与主治

具有安神、止咳、益肾固精、强筋明目的功效，主治心悸、夜不安眠、久咳、久泄、梦遗、久痢久泻、赤白带下等症。

8. 药理作用

具有抗贫血、增强机体免疫力等作用。

9. 常见食用方式

叶可用于泡水喝，也可以用来做乌米饭或做成糕点。

南烛糕

【用料】南烛叶200 g，糯米、砂糖、桂圆干和枸杞子各适量。

【制法】南烛叶洗净，加入水，榨汁机榨汁并滤出纯汁。将糯米与汁按1∶0.75的比例混合，浸泡3 h以上。冷水上锅，蒸30 min，焖10 min，趁热拌入砂糖、桂圆干、枸杞子，装盒压实，冷藏，切开即可。

牛尾菜

拉丁学名：*Smilax riparia* A. DC.。

科　　属：菝葜科（Smilacaceae）菝葜属（*Smilax*）。

食用部位：嫩叶、根、茎。

1. 植物形态

多年生草质藤本。茎长 1 ～ 2 m，中空，有少量髓，干后凹瘪并具槽。叶稍厚，形状变化较大，长 7 ～ 15 cm，宽 2.5 ～ 11.0 cm，下面绿色，无毛；叶柄长 7 ～ 20 mm，通常在中部以下有卷须。伞形花序总花梗较纤细，长 3 ～ 5（～ 10）cm；小苞片长 1 ～ 2 mm，在花期一般不落；雌花比雄花略小，不具或具钻形退化雄蕊。浆果直径 7 ～ 9 mm。花期 6—7 月，果期 10 月。

2. 生长习性

牛尾菜主要生于林下、阴湿谷地和平原，常在油松、山里红、辽东栎等树木周围或灌木丛中呈片状分布，在林间空地、草丛偶有生长。喜有机质丰富的腐殖质土壤。

3. 繁殖技术

（1）种子繁殖

9—10 月采集果实阴干，搓掉果皮即得种子。选取红色、成熟而饱满的种子采用赤霉素处理后低温层积沙藏，翌年 3—4 月即可发芽。

（2）扦插繁殖

选取生长健壮植株上具有 2 ～ 3 个节的一段茎蔓，将基部多余叶片摘除，在 1.8 mg/L 赤霉素与 13 mg/L 萘乙酸水溶液中浸泡 8 ～ 10 min，扦插于基质中。

4. 栽培技术

（1）选地

选择排水方便、土壤较湿润的山地、撂荒地、山脚地、平肥地。土壤宜选 pH 值为 5.5 ～ 6.5 的微酸性土壤。

（2）整地

以 4000 kg/ 亩为标准撒施腐熟的农家肥，然后以 30 cm 深度为标准进行深翻。耙细整平做畦，畦宽 60 cm、高 10 cm、间距 30 cm。

（3）移栽

可秋栽或春栽。栽植行距 35 cm，穴距 10 ～ 15 cm。刨坑植苗每穴 1 棵，植苗后覆土压实，厚度约 3 cm。

（4）田间管理

①水肥管理

地上部长至 5 cm 时每隔 25 d 喷洒 0.3% 磷酸二氢钾溶液。翌年追施复合肥料（N：P_2O_5：K_2O=5：3：1）200 kg/ 亩。干旱及时灌溉，雨季及时排水。采收期每隔 10 d 浇 1 次水。

②中耕培土

每年结合施肥进行中耕培土。采收后进行培土并清除枯茎叶。

③病害防治

6 月下旬易发斑点落叶病。发病初期可喷施 10% 甲基多抗霉素溶液，每周 1 次，喷施 3 次。

（5）采收

定植后第 3 年开始采收，采收期为每年 5—6 月。当苗高 25 ～ 40 cm 时，采收未展开或刚展开叶片的嫩茎叶。一般当季采收 3 ～ 4 次为宜。

5. 成分

牛尾菜含有酚类、甾体皂苷等活性成分，且其维生素类、含氮物质、矿物质含量丰富而优质，还含有 17 种氨基酸。

6. 性味归经

味甘、微苦，性温；归肝经、肺经。

7. 功能与主治

具有补气活血、舒筋通络的功效，主治气虚浮肿、筋骨疼痛、偏瘫、头晕头痛、咳嗽吐血、骨结核、白带等症。

8. 药理作用

具有抗肿瘤、抗炎等作用。

9. 常见食用方式

茎叶用沸水焯过后可蘸酱食用，可凉拌、炒食、炖肉、做汤，或做什锦咸菜。

（1）牛尾菜炖肉

【用料】牛尾菜 100 g，熟猪肉 200 g，姜片、葱段、料酒、油、食盐、味精、蒜泥各适量。

【制法】牛尾菜洗净，切段，熟猪肉切块。锅中放油烧热，放葱段、姜片、蒜泥，放料酒、食盐，放牛尾菜、熟猪肉，除沫，放味精调味即可。

（2）牛尾菜粉丝汤

【用料】牛尾菜嫩叶 100 g，细粉丝 50 g，熟猪肉 25 g，清汤 1000 mL，猪油、香油、酱油、食盐、味精、水淀粉、葱末、姜汁各适量。

【制法】牛尾菜嫩叶洗净，开水焯后冷水冲洗，捞出挤去水分，切成 3 cm 长的段。细粉丝开水泡发，切成 15 cm 长的段。熟猪肉切成细丝。汤锅加入猪油，加热后下葱末炝锅，加清汤、粉丝、熟猪肉、牛尾菜嫩叶、酱油、食盐、味精、姜汁，烧开后撇去浮沫，水淀粉勾芡，略烧，淋入香油即可。

披针叶杜英

拉丁学名：*Elaeocarpus lanceaefolius* Roxb.。

科　　属：杜英科（Elaeocarpaceae）杜英属（*Elaeocarpus*）。

食用部位：果实可食用，根可入药。

1. 植物形态

乔木，高 20 m，树皮灰黑色，顶芽有灰色柔毛；嫩枝有微毛，很快变秃净，干后黑褐色。叶薄革质，披针形或倒披针形，长 9～14 cm，宽 3～4 cm，先端渐尖或尾状渐尖，尾部长 1.5～2.0 mm，基部楔形，多少下延，上面干后暗褐色，不发亮，下面淡褐色，无毛，侧脉 10～11 对，在上面明显，在下面突起，网脉在上下两面均可见，边缘有明显钝齿；叶柄长 1.5～2.5 cm，多少有微毛，上部肿大，干后黑色。总状花序长 7～10 cm，生于无叶的去年老枝上，花序轴有毛；花柄长 6～7 mm；萼片 5 片，披针形；花瓣比萼片稍短，边缘有睫毛；雄蕊 15 枚，花药顶端无附属物；花盘有腺体 5 个，每个 2 裂，被毛；子房被毛，3 室，有时 2 室。核果卵圆形，长 3.0～3.5 cm，宽 2.5 cm，内果皮坚骨质，表面多沟纹，1 室，种子长 2 cm。花期 6—7 月。

2. 生长习性

披针叶杜英适宜在温暖湿润的亚热带生长，生于海拔 700～2600 m 的山坡、山谷、山凹间，常与其他阔叶树种伴生。喜光植物。以土层深厚、土质肥沃、pH 值为 6～7 的黄壤土为宜。

3. 繁殖技术

（1）种子繁殖

10月至翌年3月播种。将苗床按15 cm的沟距开深5 cm的播种沟，用0.5％高锰酸钾溶液浸种1 h，清水洗净，点播。播种时需注意种子的缝合线向上，播种后覆土并浇透水。

（2）扦插繁殖

夏初选取当年生半木质化的嫩枝，剪成长10～12 cm的插穗，将下部叶剪除，上部保留2～3片叶，每片叶剪去一半，用50 mg/kg的ABT生根粉溶液浸泡2～4 h，扦插于用蛭石或河沙做的基质中。

4. 栽培技术

（1）选地

选择水源方便、排水性良好、光照充足的平地或缓坡地，土壤为疏松肥沃、深厚的黄壤土。

（2）整地

坡度较大的山坡地采用条垦挖穴，缓坡地可进行全刈穴垦整地，清除杂草和石块等杂物，施足基肥。一年生苗定植穴长、宽、深为0.4 m×0.4 m×0.3 m。

（3）移栽

翌年春季，苗高40～50 cm、根径1 cm以上时即可出圃。栽植时掌握苗正、根舒、深栽、打紧等技术要点。同时，剪去2/3以上的枝、叶。

（4）田间管理

①水肥管理

幼苗移植10 d后即可施清肥水1次，之后结合除草进行施肥。幼苗移植后1周内浇水2～3次，之后视天气情况进行浇水。

②除草

4—8月每月除草1次，之后视杂草生长情况进行除草，以不影响苗木生长为宜。

③间苗

6月中旬生长盛期分批间苗。

④病虫害

病害主要有日灼病、猝倒病，虫害主要有尺蠖、蝼蛄和地老虎等。

（5）采收

10—11月，当外种皮由绿色变为黄色，果柄有准备脱落的迹象时，用力晃动树干，果实若部分脱落，表示果实已成熟，可进行采收。

5. 成分

果实中含有还原糖、非还原糖、粗蛋白以及较多的维生素 C 和维生素 B_2 等营养成分。

6. 性味归经

味辛，性温；归肝经、肾经。

7. 功能与主治

具有散瘀、消肿的功效，主治跌仆瘀肿疼痛。

8. 药理作用

具有散瘀、消炎、止咳、消肿等作用。

9. 常见食用方式

果实可直接食用或做成果脯。

披针叶杜英果脯

【用料】披针叶杜英果 500 g，糖或蜂蜜 60 g。

【制法】披针叶杜英果去皮，取核。糖水煮制，浸泡，烘干，包装。

荠菜

拉丁学名：*Capsella bursa-pastoris*（L.）Medic.。

科　　属：十字花科（Brassicaceae）荠属（*Capsella*）。

食用部位：嫩茎叶。

1. 植物形态

1 年或 2 年生草本，高（7 ～）10 ～ 50 cm，无毛、有单毛或分叉毛；茎直立，单一或从下部分枝。基生叶丛生呈莲座状，大头羽状分裂，长可达 12 cm，宽可达 2.5 cm，顶裂片卵形至长圆形，长 5 ～ 30 mm，宽 2 ～ 20 mm，侧裂片 3 ～ 8 对，长圆形至卵形，长 5 ～ 15 mm，顶端渐尖，浅裂或有不规则粗锯齿或近全缘，叶柄长 5 ～ 40 mm；茎生叶窄披针形或披针形，长 5.0 ～ 6.5 mm，宽 2 ～ 15 mm，基部箭形，抱茎，边缘有缺刻或锯齿。总状花序顶生及腋生，果期延长达 20 cm；花梗长 3 ～ 8 mm；萼片长圆形，长 1.5 ～ 2.0 mm；花瓣白色，卵形，长 2 ～ 3 mm，有短爪。短角果倒三角形或倒心状三角形，长 5 ～ 8 mm，宽 4 ～ 7 mm，扁平，无毛，顶端微凹，裂瓣具网脉；花柱长约 0.5 mm；果梗长 5 ～ 15 mm。种子 2 行，长椭圆形，长约 1 mm，浅褐色。花果期 4—6 月。

2. 生长习性

野生，偶有栽培。生于山坡、田边及路边。

3. 繁殖技术

（1）种子繁殖

当年采收的种子进行 2 ～ 7 ℃低温处理 7 ～ 9 d 解除休眠后采用悬喷法进行均匀播种。陈年种子无须进行低温催芽，可直接播种。

（2）嫁接繁殖

选取抽薹长约 5 cm 的一株荠菜，切取 2 cm 茎尖作砧木，在接穗植株上取长约 3 cm 的茎尖进行嫁接。也可选取茎秆长约 5 cm 的油菜作砧木，长约 3 cm 的荠菜茎尖作接穗。常采用劈接法进行嫁接。

4. 栽培技术

（1）选地

选择土壤肥力较好、排灌便利、杂草较少的地块种植，尽量避免重茬。

（2）整地

播种前进精细耙地，除杂，起深沟高畦。做畦时畦面宽为 1.5 m，畦沟深 10 ～ 15 cm。

（3）田间管理

①水肥管理

每公顷施腐熟的有机肥料 45000 kg 和施硫酸钾复合肥料 750 kg 作基肥。春播和夏播的一般追肥 2 次，第 1 次在出现 2 片真叶时，第 2 次在相隔 15 ～ 20 d 后，追肥量为每次每公顷施人畜粪水 22500 kg 或尿素 150 kg。生长全过程需要保持土壤湿润。秋播荠菜在入冬前适当控水，以利越冬。

②中耕除草

经常中耕除草，见草即拔，防止草害发生。

③病虫害防治

霜霉病为主要病害，多发于夏、秋两季。蚜虫为主要虫害，可采用10%吡虫啉5000倍稀释液防治。

（4）采收

秋播荠菜10月下旬进行首次采收，后每隔1个月采收1次，总共可采收5次。春播和夏播则分2次进行采收。

5. 成分

荠菜富含生物碱、植物多糖等生命活性物质，还含有蛋白质、氨基酸、多种维生素和钙、镁、铁等元素以及大量的粗纤维。

6. 性味归经

味甘、淡，性凉；归肝经、胃经、小肠经。

7. 功能与主治

具有凉血止血、清热利尿的功效，主治肾结核尿血、产后子宫出血、月经过多、肺结核咯血、高血压病、感冒发热、肾炎水肿、泌尿系结石、乳糜尿、肠炎等症。

8. 药理作用

具有止血、降血压、抑制溃疡、利尿等作用。

9. 常见食用方式

可作为蔬菜直接炒食、煮汤，或用作饺子馅。

荠菜豆腐羹

【用料】荠菜75 g，嫩豆腐200 g，香菇25 g，竹笋25 g，水面筋50 g，胡萝卜25 g，淀粉5 g，食盐、味精、姜、香油各适量。

【制法】嫩豆腐切丁；香菇水发切丁；胡萝卜洗净，开水汆熟，切丁；荠菜洗净，去杂，切碎；竹笋煮熟，和水面筋切丁；姜洗净切丁。油烧至七成热时加鸡汤、食盐、豆腐丁、香菇丁、胡萝卜丁、熟笋丁、水面筋丁、荠菜，再加入姜末、味精。烧开后用水淀粉10 g勾芡，淋上香油即可。

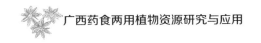

三白草

拉丁学名：*Saururus chinensis*（Lour.）Baill.。

科　　属：三白草科（Saururaceae）三白草属（*Saururus*）。

食用部位：全草。

1. 植物形态

湿生草本，高 1 m 余；茎粗壮，有纵长粗棱和沟槽，下部伏地，常带白色，上部直立，绿色。叶纸质，密生腺点，阔卵形至卵状披针形，长 10～20 cm，宽 5～10 cm，顶端短尖或渐尖，基部心形或斜心形，两面均无毛，上部的叶较小，茎顶端的 2～3 片于花期常为白色，呈花瓣状；叶脉 5～7 条，均自基部发出，如为 7 脉时，则最外 1 对纤细，斜升 2.0～2.5 cm 即弯拱网结，网状脉明显；叶柄长 1～3 cm，无毛，基部与托叶合生成鞘状，略抱茎。花序白色，长 12～20 cm；总花梗长 3.0～4.5 cm，无毛，但花序轴密被短柔毛；苞片近匙形，上部圆，无毛或有疏缘毛，下部线形，被柔毛，且贴生于花梗上；雄蕊 6 枚，花药长圆形，纵裂，花丝比花药略长。果实近球形，直径约 3 mm，表面多疣状凸起。花期 4—6 月。

2. 生长习性

三白草喜温暖湿润气候，耐阴。生于低湿沟边，塘边或溪边。

3. 繁殖技术

（1）种子繁殖

秋季果实成熟开裂尚未脱落时采摘，搓出种子，除杂。整地，开浅沟条播，覆盖厚 1.0～1.5 cm 的细土。

（2）分株繁殖

4 月采挖地下茎，切成具有 2～3 个芽眼的小段，挖穴，按株行距 30 cm×30 cm 栽下，每穴栽 1 株。

（3）组织培养

选用嫩茎作外植体，洗净，消毒，接种于 MS+0.2 mg/mL NAA+1.0 mg/mL BA 培养基中诱导产生愈伤组织，用 MS+2.0 mg/mL BA+1.5 mg/mL 2,4-D 培养基进行细胞悬浮培养。

4. 栽培技术

（1）选地

对土壤要求不严，在塘边、沟边、溪边等浅水处或低洼地均可栽培。

（2）整地

将杂草除净后，对土壤进行消毒。根据土壤肥力施适量底肥，底肥以有机肥料为主。

（3）移栽

夏季幼苗叶尖开始发白时移栽至大田。

（4）田间管理

①水肥管理

结合中耕锄草进行追肥。每亩施尿素 8 ～ 10 kg，可将肥料溶于水中浇施。需经常浇水保持土壤湿润。

②间苗

幼苗高 3 ～ 5 cm 时进行间苗。

③除草

出苗后及时清除杂草，以防杂草争抢养分，影响三白草正常生长。

④病虫害防治

较少发生病虫害，以预防为主。

（5）采收

全年均可采收，以夏、秋季采收为宜，洗净，晒干。

5. 成分

三白草含有木脂素类、黄酮类、挥发油类和多糖类等成分以及丰富的有机酸、多糖、氨基酸等营养成分。

6. 性味归经

味甘、辛，性寒；归肺经、膀胱经。

7. 功能与主治

具有利尿消肿、清热解毒的功效，主治水肿、小便不利、淋沥涩痛、带下等症。

8. 药理作用

具有保肝、抑制中枢神经、抗炎、抗肿瘤、降血糖、抗氧化、抗病毒等作用。

9. 常见食用方式

全草可泡茶或与猪脚等炖汤食用。

三白草茶

【用料】三白草 25 g、郁李仁 14 g、葫芦巴 15 g、吴茱萸 15 g、大腹皮 14 g。

【制法】取上述材料洗净，杀青，烘干，粉碎，混匀，分装成小袋，泡饮。

三枝九叶草

拉丁学名：*Epimedium sagittatum*（Sieb. et Zucc.）Maxim.。

科　　属：小檗科（Berberidaceae）淫羊藿属（*Epimedium*）。

食用部位：全草。

1. 植物形态

多年生草本，植株高 30～50 cm。根状茎粗短，节结状，质硬，多须根。一回三出复叶基生和茎生，小叶 3 枚；小叶革质，卵形至卵状披针形，长 5～19 cm，宽 3～8 cm，但叶片大小变化大，先端急尖或渐尖，基部心形，顶生小叶基部两侧裂片近相等，圆形，侧生小叶基部高度偏斜，外裂片远较内裂片大，三角形，急尖，内裂片圆形，上面无毛，背面疏被粗短伏毛或无毛，叶缘具刺齿；花茎具对生叶 2 枚。圆锥花序长 10～20（～30）cm，宽 2～4 cm，具花 200 朵，通常无毛，偶被少数腺毛；花梗长约 1 cm，无毛；花较小，直径约 8 mm，白色；萼片 2 轮，外萼片 4 枚，先端钝圆，具紫色斑点，其中 1 对狭卵形，长约 3.5 mm，宽 1.5 mm，另 1 对长圆状卵形，长约 4.5 mm，宽约 2 mm，内萼片卵状三角形，先端急尖，长约 4 mm，宽约 2 mm，白色；花瓣囊状，淡棕黄色，先端钝圆，长 1.5～2.0 mm；雄蕊长 3～5 mm，花药长 2～3 mm；雌蕊长约 3 mm，花柱长于子房。蒴果长约 1 cm，宿存花柱长约 6 mm。花期 4—5 月，果期 5—7 月。

2. 生长习性

三枝九叶草常生于海拔 200～1750 m 的山坡草丛中、林下、灌木丛中、水沟边或岩边石缝中。

3. 繁殖技术

（1）种子繁殖

采收成熟种子，15～20 ℃沙藏 3 个月，然后 1～4 ℃低温沙藏 1～2 个月，直接播于适当遮阴的腐殖土苗床上，覆盖厚 1.0 ～ 1.5 cm 的细土。

（2）分株繁殖

4 月中旬，从生长健壮的母株中分成长 5 ～ 10 cm 含 1 ～ 2 株苗或 1 ～ 2 个芽的块状茎，在株行距 20 cm×20 cm、深 5 ～ 10 cm 的穴中种植。

4. 栽培技术

（1）选地

必须选择阴坡、半阴半阳坡或林下。土壤以微酸性的树叶腐殖土、黑壤土，黑沙壤土为宜。

（2）整地

顺坡开深度 6 ～ 10 cm、宽 120 ～ 140 cm、高 12 ～ 15 cm 的条沟。

（3）移栽

6—8 月高温多雨时将生长旺盛植株带土移栽至株行距为 25 cm×20 cm 林中，覆土踩实，覆盖湿树叶。

（4）田间管理

①补苗

翌年春季 2—3 月出苗后及时检查补苗。

②中耕除草

生长旺季每 10 d 除草 1 次，秋冬季可 30 d 左右除草 1 次。

③灌溉与保墒

生长全期需提供湿润环境。

④合理施肥

整地开畦时施 1000 ～ 3000 kg/ 亩肥料作底肥。3 月底至 6 月追施有机复合肥料 1 ～ 2 次，施肥量为 10 ～ 30 kg/ 亩。10—11 月施促芽肥 1 次，施肥量为农家肥 1000 kg/ 亩。每次采收后及时补充肥料，一般施腐熟的农家肥 1000 ～ 2000 kg/ 亩。

⑤病虫害

较少发生病虫害，偶见煤烟病等病害及小甲虫、蛾类等虫害。

（5）采收

种植 2 年即可采收。8 月采收地上茎叶，捆成小把，阴干。连续采收 3 ～ 4 年后轮息 2 ～ 3 年。

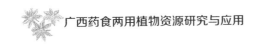

5. 成分

淫羊藿苷为其主要有效成分，还含有黄酮类化合物、木脂素、生物碱、挥发油等成分。

6. 性味归经

味辛、甘，性温；归肝经、肾经。

7. 功能与主治

具有镇咳、祛痰、平喘的功效，主治阳痿早泄、腰酸腿痛、四肢麻木、半身不遂、神经衰弱、健忘、耳鸣、目眩等症。

8. 药理作用

具有抗菌、抗病毒、抑制中枢神经、镇咳祛痰、平喘、降血脂、保护肝细胞、降血糖、降血压、抗血小板聚集等作用。

9. 常见食用方式

全草可用于泡茶或炖汤。

三枝九叶草牡蛎汤

【用料】三枝九叶草 5 g，牡蛎 10 g，太子参 24 g，大枣 20 个，姜、食盐各适量。

【制法】三枝九叶草、牡蛎、太子参、大枣、姜洗净放入锅内，加适量清水，武火煮沸后改文火煮 2 h，加食盐调味即可。

石油菜

拉丁学名：*Pilea cavaleriei* Lévl.。

科　　属：荨麻科（Urticaceae）冷水花属（*Pilea*）。

食用部位：全草。

1. 植物形态

草本，无毛。根状茎匍匐，地上茎直立，多分枝，高 5～30 cm，粗 1.5～2.5 mm，下部裸露，节间较长，上部节间密集，干时变为蓝绿色，密布杆状钟乳体。叶集生于枝顶部，同对的常不等大，多汁，宽卵形、菱状卵形或近圆形，长 8～20 mm，宽 6～18 mm，先端钝、近圆形或锐尖，基部宽楔形、近圆形或近截形，在近叶柄处常有不对称的小耳突，边缘全缘，稀波状，上面绿色，下面灰绿色，呈蜂巢状，钟乳体仅分布于叶上面，条形，纤细，长约 0.3 mm，在边缘常整齐纵行排列一圈，基出脉 3 条，不明显，有时在下面稍隆起，其侧出的一对达中部边缘，侧脉 2～4 对，斜伸出，常不明显，细脉末端在下面常膨大呈腺点状；叶柄纤细，长 5～20 mm；托叶小，三角形，长约 1 mm，宿存。雌雄同株；聚伞花序常密集成近头状，有时具少数分枝，雄花序梗纤细，长 1～2 cm，雌花序梗长 0.2～1.0 cm，稀近无梗；苞片三角状卵形，长约 0.4 mm；雄花具短梗或无梗，淡黄色，在芽时长约 1.8 mm，花被片 4 枚，倒卵状长圆形，内弯，外面近先端几乎无短角突起，雄蕊 4 枚，花丝下部贴生于花被，退化雌蕊小，长圆锥形；雌花近无梗或具短梗，长约 0.5 mm，花被片 3 枚，不等大，果时中间 1 枚长圆状船形，边缘薄，干时带紫褐色，中央增厚，淡绿色，长及果的一半，侧生 2 枚较薄，卵形，比长的 1 枚短约 1 倍，退化雄蕊不明显。瘦果卵形，稍扁，顶端稍歪斜，边缘变薄，长约 0.7 mm，光滑。花期 5—8 月，果期 8—10 月。

2. 生长习性

石油菜生于石山阴处，多见于海拔 300～1500 m 的山坡林下石上。分布于广西、广东、贵州、湖南等地。

3. 繁殖技术

（1）种子繁殖

5—6 月采集成熟的种子。种子细小而坚硬，一般春季播种，夏播也可。种子适宜发芽温度一般在 23 ℃以上。播种前，精细整地并施足基肥，然后将种子与细土拌匀进行撒播，可不覆土。

（2）扦插繁殖

剪取向阳方向的植株中上部分枝条，截取前枝保留 3～4 个节、剪去底下 1 对叶片后使用 75% 酒精进行消毒杀菌。置于阴凉处待截口略干后，速蘸吲哚丁酸 1500 倍稀释液进行扦插。

4. 栽培技术

（1）选地

选择海拔为 300～1300 m 的石灰岩或阴地岩石地区种植。

（2）田间管理

①水分管理

水分宜保持在 50%～70%，空气相对湿度保持在 80%～90%。

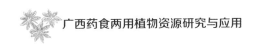

②病虫害

病害主要有叶斑病，虫害主要有介壳虫、蚜虫。

（3）采收

全年均可采收，洗净，鲜用或晒干。

5. 成分

石油菜化学成分复杂，结构多样，目前已知的化学成分按其结构分类主要有倍半萜类、酚酸类、木脂素类等。此外，还含有蛋白质、维生素 B、维生素 E、胡萝卜素、不饱和脂肪酸、硫胺素、核黄素等营养成分及钾、铁、碘、钙、镁、硒等元素。

6. 性味归经

味微苦，性凉；归肺经、脾经。

7. 功能与主治

具有清热解毒、润肺止咳、消肿止痛的功效，主治肺热咳嗽、肺结核病、肾炎水肿等症。

8. 药理作用

具有抗菌、抗氧化、抗糖尿病、抗炎镇痛、抗肿瘤等作用。

9. 常见食用方式

可作新鲜蔬菜炒食，或用于熬汤，也可晒干做菜干食用。

石油菜熬猪骨

【用料】猪骨适量、石油菜 100 g、水 600 mL。

【制法】将上述食材放入锅中熬熟即可。

守宫木

拉丁学名：*Sauropus androgynus*（L.）Merr.。

科　　属：大戟科（Euphorbiaceae）守宫木属（*Sauropus*）。

食用部位：嫩枝、嫩叶。

1. 植物形态

灌木，高 1～3 m；小枝绿色，长而细，幼时上部具棱，老渐圆柱状；全株均无毛。叶片近膜质或薄纸质，卵状披针形、长圆状披针形或披针形，长 3～10 cm，宽 1.5～3.5 cm，顶端渐尖，基部楔形、圆或截形；侧脉每边 5～7 条，上面扁平，下面凸起，网脉不明显；叶柄长 2～4 mm；托叶 2 枚，着生于叶柄基部两侧，长三角形或线状披针形，长 1.5～3.0 mm。雄花：1～2 朵腋生，或几朵与雌花簇生于叶腋，直径 2～10 mm；花梗纤细，长 5.0～7.5 mm；花盘浅盘状，直径 5～12 mm，6 浅裂，裂片倒卵形，覆瓦状排列，无退化雌蕊；雄花 3 朵，花丝合生呈短柱状，花药外向，2 室，纵裂；花盘腺体 6 条，与萼片对生，上部向内弯而将花药包围；雌花：通常单生于叶腋；花梗长 6～8 mm；花萼 6 深裂，裂片红色，倒卵形或倒卵状三角形，长 5～6 mm，宽 3.0～5.5 mm，顶端钝或圆，基部渐狭而成短爪，覆瓦状排列；无花盘；雌蕊扁球状，直径约 1.5 mm，高约 0.7 mm，子房 3 室，每室 2 颗胚珠，花柱 3 枚，顶端 2 裂。蒴果扁球状或圆球状，直径约 1.7 cm，高 1.2 cm，乳白色，宿存花萼红色；果梗长 5～10 mm；种子三棱状，长约 7 mm，宽约 5 mm，黑色。花期 4—7 月，果期 7—12 月。

2. 生长习性

守宫木生于林下和山脚草丛中。耐旱耐湿能力强，能耐较高的温度。对土壤适应性较好，pH 值在 5.5～8.0 范围内均能生长。

3. 繁殖技术

（1）种子繁殖

可用种子繁殖，但由于其自然结实率低、采种难度大，生产上很少使用该法。

（2）扦插繁殖

选取生长健壮的 1 年生枝条，剪成长 15 cm 左右、具 2～3 个节的插穗，插入土中即可。

4. 栽培技术

（1）选地

适应能力强，能在贫瘠的土壤中生长，荒山坡缘、地头屋边等地均能种植。

（2）整地

每亩施厩肥 3000 kg 作底肥，深翻，耕耙。

（3）移栽

单线条栽培时行距 1.0～1.2 m、株距 45～50 cm，定植沟宽 30 cm、深 40 cm，

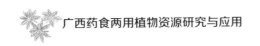

每亩定植 1200 ～ 1500 株。

（4）田间管理

①水肥管理

每年至少追肥 3 次，第 1 次在 2—3 月，第 2 次在 6 月，第 3 次在 8 月，每次施尿素 30 kg/ 亩、复合肥料 50 kg/ 亩。另外，采收期每隔 7 d 用 0.1% ～ 0.3% 的尿素加 0.1% ～ 0.3% 的磷酸二氢钾进行叶面喷施。整个生长期对水分需求量较大，追肥结合浇水。

②中耕培土

采收期每个月结合除草等进行培土。停止采收后要结合剪除施肥培土。

③打顶

植株高 20 ～ 30 cm 时摘除顶芽诱导侧芽萌生，待侧芽长 10 cm 以上时摘去其顶芽，如此反复摘顶 2 ～ 3 次。

④整枝

第 1 次整枝，植株控制在 30 cm 的高度，封行后再调整至 40 cm，采收 3 个月后高度控制在 50 cm 以内。

⑤修剪

开春后对枯枝残叶进行全面修剪。

⑥病虫害

易发生茎腐病，偶见害虫一般有尺蠖、斜纹夜蛾、毒蛾、蜗牛、粉蚧等。

（5）采收

可连续采收 5 ～ 6 年，每年 3—11 月为采收季。及时采收 15 cm 左右长的嫩茎。

5. 成分

守宫木中含有有机酸、挥发油、核苷类、黄酮类等。此外，还含有丰富的粗蛋白、粗脂肪、粗纤维、维生素 C 及矿物质元素（尤以镁、钙含量最高）。

6. 性味归经

味甘、淡，性平；归肺经、胃经。

7. 功能与主治

具有清凉去热、消除头痛、降血压等功效，主治痢疾便血、腹痛经久不愈、淋巴结炎、扁桃体炎、咽喉炎、上呼吸道感染等症。

8. 药理作用

具有抗菌、抗过敏、镇咳祛痰等作用。

9. 常见食用方式

嫩叶可做汤菜、炒食、凉拌，也可白灼、打火锅、烧烤，甚至生食。

清炒守宫木

【用料】守宫木嫩叶、油和食盐各适量。

【制法】嫩叶洗净，加入食盐、油等调料进行炒食（守宫木可能具有蓄积毒性，不适宜长期食用）。

鼠麴草

拉丁学名：*Pseudognaphalium affine* D. Don。

科　　属：菊科（Asteraceae）鼠麴草属（*Gnaphalium*）。

食用部位：全草。

1. 植物形态

1年生草本。茎直立或基部发出的枝下部斜升，高 10～40 cm 或更高，基部直径约 3 mm，上部不分枝，有沟纹，被白色厚棉毛，节间长 8～20 mm，上部节间罕有达 5 cm。叶无柄，匙状倒披针形或倒卵状匙形，长 5～7 cm，宽 11～14 mm，上部叶长 15～20 mm，宽 2～5 mm，基部渐狭，稍下延，顶端圆，具刺尖头，两面被白色棉毛，上面常较薄，叶脉 1 条，在下面不明显。头状花序较多或较少数，直径 2～3 mm，近无柄，在枝顶密集成伞房花序，花黄色至淡黄色；总苞钟形，直径 2～3 mm；总苞片 2～3 层，金黄色或柠檬黄色，膜质，有光泽，外层倒卵形或匙状倒卵形，背面基部被棉毛，顶端圆，基部渐狭，长约 2 mm，内层长匙形，背面通常无毛，顶端钝，长 2.5～3.0 mm；花托中央稍凹入，无毛。雌花多数，花冠细管状，长约 2 mm，花冠顶端扩大，3 齿裂，裂片无毛。两性花较少，管状，长约 3 mm，向上渐扩大，檐部 5 浅裂，裂片三角状渐尖，无毛。瘦果倒卵形或倒卵状圆柱形，长约 0.5 mm，有乳头状突起。冠毛粗糙，污白色，易脱落，长约 1.5 mm，基部联合成 2 束。花期 1—4 月，8—11 月。

2. 生长习性

鼠麴草适生于湿润的丘陵和山坡草地、河湖滩地、溪沟岸边、路边、田埂、林缘、疏林下、无积水的水田中。多星散布，常成优势群落。土壤的适应范围广，光照要求不严。

3. 繁殖方法

主要采用种子繁殖。2月下旬至4月中旬选择晴天进行播种，将种子与细沙混合后按行距10 cm进行条播，覆土，浇水，盖塑料薄膜保湿。

4. 栽培技术

（1）选地

选择土层深厚、土质疏松湿润、有机质丰富、排灌方便、保水保肥能力良好的土壤。

（2）整地

深翻，每亩施腐熟的人畜粪肥1000 kg。做宽为1.5 m的高厢，沟深20～25 cm。播种前整细耙平。

（3）间苗与移栽

幼苗长出2～3片真叶时进行间苗，以3～6 cm见方留壮苗，间出的苗可进行移栽。

（4）田间管理

播种后至幼苗出土前经常浇水保持土壤湿润，出苗后适当控水。及时拔除杂草。肥以腐熟的人畜粪水为主，配施适量氮肥。

（5）采收

植株长至20 cm左右时采收嫩茎。

5. 成分

全草含黄酮苷、挥发油、微量生物碱和甾醇、非皂化物、维生素B、胡萝卜素、叶绿素、树脂、脂肪等。

6. 性味归经

鼠麴草味甘，性平；归肺经。

7. 功能与主治

具有止咳平喘、降血压、祛风湿的功效，主治感冒咳嗽、支气管炎、哮喘、高血压、蚕豆病、风湿腰腿痛、跌仆损伤、毒蛇咬伤等症。

8. 药理作用

具有镇咳、祛痰、降血压等作用。

9. 常见食用方式

地上部分洗净可直接煮水喝，或拌上玉米面、白面蒸煮，或混入糯米粉做成青团食用。

鼠麴草青团

【用料】鼠麴草 500 g、水磨糯米粉 400 g、澄粉 120 g、猪油 20 g、糖 60 g、蛋黄 16 个、肉松 360 g、水适量。

【制法】鼠麴草焯水后加水煮开，打成汁。盆内放入糯米粉、澄粉、猪油、糖，加适量鼠麴草汁，揉成面团。蛋黄烤熟，加肉松跟猪油，拌匀，搓成 30 g 1 个的肉松团，用小面团将肉松团包起来，蒸熟即可。

水蕨

拉丁学名：*Ceratopteris thalictroides*（L.）Brongn.。

科　　属：水蕨科（Parkeriaceae）水蕨属（*Ceratopteris*）。

食用部位：全草。

1. 植物形态

1 年生水生草本，高 30 ～ 80 cm，绿色，多汁。根茎短而直立，以须根固着于淤泥中。叶 2 型，无毛，不育叶的柄长 10 ～ 40 cm，圆柱形，肉质，叶片直立或漂浮，狭矩圆形，长 10 ～ 30 cm，宽 5 ～ 15 cm，二至四回深羽裂，末回裂片披针形，宽约 6 mm；能育叶较大，矩圆形或卵状三角形，长 15 ～ 40 cm，宽 10 ～ 22 cm，二至三回羽状深裂，末回裂片条形，角果状，宽约 2 mm。边缘薄而透明，反卷达于主脉，主脉两侧的小脉联结成网，无内藏小脉。孢子囊沿能育叶裂片的网脉着生，稀疏，棕色，幼时为反卷的叶缘覆盖，成熟后多少张开。

2. 生长习性

水蕨属水生植物，喜阳亦耐半阴。生于池沼、水田或水沟的淤泥中，有时漂浮于深水面上，也能在潮湿地上生长，水稻土和中性、微酸性园土均适生。

3. 繁殖技术

营养繁殖是水蕨最简易便捷的繁殖方式。剪下由老株芽苞发育而成的、长出 3～4 片叶的新植株，将根部埋入泥中，少量施肥，注入一层浅水。

4. 栽培技术

（1）选地

在池沼、水田、水沟的淤泥中和深水中均可种植。

（2）移栽

老株发芽产生新植株时将其移栽至含有淤泥的池沼地或水田中，移栽前期可用石头压住植株底部防止植株倒斜，保证有 1/2 以上的部位露出地面或水面。

（3）田间管理

病害发生较少，虫害主要是蜗牛、福寿螺啃食植物幼叶。

（4）采收

4—6 月嫩薹高 20～25 cm、叶苞未展开时采摘地上或水上部分。

5. 成分

水蕨含有蛋白质、脂肪、碳水化合物、钠、维生素、膳食纤维等营养成分。

6. 性味归经

味苦，性寒；归脾经、胃经、大肠经。

7. 功能与主治

具有活血、解毒的功效，主治腹中痞块、痢疾、小儿胎毒、疮疖、跌仆损伤、外伤出血等。

8. 药理作用

具有明目、镇咳、化痰等作用。

9. 常见食用方式

水蕨多作为热菜食用，可清炒或与肉丝一起炒食。

炒水蕨

【用料】水蕨 400 g、大蒜 5 粒、开洋 10 g、福菜 80 g、食盐 1 茶匙、味精 1 茶匙。

【制法】摘取水蕨嫩叶，折成段，于沸水中快速汆烫，冲冷水备用。大蒜切末，备用。炒香蒜末、开洋、福菜，加入食盐、味精，倒入备好的水蕨，武火翻炒 10 s 即可。

水苦荬

拉丁学名： *Veronica undulata* Wall.。

科　　属： 玄参科（Scrophulariaceae）婆婆纳属（*Veronica*）。

食用部位： 全草。

1. 植物形态

植株稍矮些；叶片有时为条状披针形，通常叶缘有尖锯齿；茎、花序轴、花萼和蒴果上多少有大头针状腺毛；花梗在果期挺直，横叉开，与花序轴几乎成直角，因而花序宽过 1 cm，可达 1.5 cm；花柱也较短，长 1.0 ～ 1.5 mm。

2. 生长习性

水苦荬生于水田或溪边，分布于长江以北及西南各地。

3. 繁殖技术

（1）种子繁殖

4 月中旬选取长势较好、无病虫害的植株作种株，种株开花时采下种子晾干。采用撒播法进行播种，播种后覆厚 1.0 ～ 1.5 cm 细土，压实。

（2）组织培养

选用生长旺盛的植株作外植体，洗净，消毒，接种于 MS+0.3 mg/L NAA+0.5 mg/L 6–BA+0.6% 琼脂 +3% 蔗糖培养基中诱导愈伤组织，转移至 MS+0.5 mg/L 6–BA+0.6% 琼脂 +3% 蔗糖培养基中诱导产生不定芽。

4. 栽培技术

（1）整地

播种前将土地整平耙碎，施足底肥。

（2）田间管理

①水肥管理

结合追肥、灌水，每公顷泼施人畜粪水 25000 kg 或施复合肥料 250 kg。

②中耕除草

移栽后株高 30 cm 时及时中耕除草。

③虫害

虫害主要有蚜虫。

（3）采收

株高 50 cm 时自下而上剥掉植株上的小部分叶，之后每天剥叶 1 次，剥叶时尽量多保留上半部叶片。株龄 90 d 左右时砍下植株，剥皮，焯水后上市。

5. 成分

水苦荬主要含有木犀草素及原儿茶酸等化学成分，还富含铜、锌、铬、镉、锰等元素。

6. 性味归经

味苦，性平；归肺经、肝经、肾经。

7. 功能与主治

具有活血止血、解毒消肿的功效，主治咽喉肿痛、肺结核咯血、风湿疼痛、月经不调、血小板减少性紫癜、跌仆损伤等症。

8. 药理作用

具有抗炎、镇痛等作用。

9. 常见食用方式

嫩茎叶可炒食或凉拌。

凉拌水苦荬

【用料】水苦荬嫩叶 250 g，香油 3 mL，食盐 3 g。

【制法】水苦荬嫩叶洗净，沸水焯熟，凉水浸洗干净，加香油、食盐拌匀即可。

水芹

拉丁学名：*Oenanthe javanica*（Bl.）DC.。

科　　属：伞形科（Apiaceae）水芹属（*Oenanthe*）。

食用部位：茎、叶柄。

1. 植物形态

多年生草本，高 15 ～ 80 cm，茎直立或基部匍匐。基生叶有柄，柄长达 10 cm，基部有叶鞘；叶片轮廓三角形，一至二回羽状分裂，末回裂片卵形至菱状披针形，长 2 ～ 5 cm，宽 1 ～ 2 cm，边缘有锯齿或圆齿状锯齿；茎上部叶无柄，裂片和基生叶的裂片相似，较小。复伞形花序顶生，花序梗长 2 ～ 16 cm；无总苞；伞辐 6 ～ 16 个，不等长，长 1 ～ 3 cm，直立和展开；小总苞片 2 ～ 8 枚，线形，长 2 ～ 4 mm；小伞形花序有花 20 余朵，花柄长 2 ～ 4 mm；萼齿线状披针形，长与花柱基相等；花瓣白色，倒卵形，长 1 mm，宽 0.7 mm，有一长而内折的小舌片；花柱基圆锥形，花柱直立或两侧分开，长 2 mm。果实近于四角状椭圆形或筒状长圆形，长 2.5 ～ 3.0 mm，宽 2 mm，侧棱较背棱和中棱隆起，木栓质，分生果横剖面近于五边状的半圆形；每棱槽内有油管 1 条，合生面有油管 2 条。花期 6—7 月，果期 8—9 月。

2. 生长习性

水芹喜湿润、肥沃土壤。耐涝及耐寒性强。适宜生长温度 15 ～ 20 ℃，能耐 0 ℃以下的低温。一般生于低湿地、浅水沼泽、河流岸边，或生于水田中。

3. 繁殖技术

（1）种子繁殖

选取生长健壮、无病虫害植株作留种植株，通过肥水促控、植株调整，辅以人工授粉等技术措施，及时采收成熟种子，进行催芽处理后播于育苗基地中。然后采用沙藏层积处理解除种子休眠（即在 20 ～ 30 ℃条件下沙藏 30 d），播于育苗基地中。

（2）根茎繁殖

根茎繁殖最佳时间为 8 月下旬至 9 月中旬。从成熟母株基部将茎割下，切成 20 ～ 30 cm 长，捆成直径 15 cm 的小把，交错堆码，高度以 50 ～ 80 cm 为宜。上盖一层稻草，用水浇透，后每天早晨浇透水 1 次，每隔 2 d 翻堆 1 次。

4. 栽培技术

（1）选地

适应性较强，可选择土层深厚、富含有机质的洼地、水田和水源充足且地势不高的旱地栽植。

（2）整地

栽植前施足基肥，深耕细耙，做好排水沟。

（3）移栽

老茎节部长出 5 cm 左右的新芽并长有新根即可移栽至大田。

（4）田间管理

①水肥管理

新田栽植前 2 年每亩需施 1000 ～ 1500 kg 腐熟的猪粪作基肥，栽种 2 ～ 3 年后无须再施肥。

栽种后灌浅水，使母茎一半在水中、一半露出水面。苗高 4 ～ 5 cm 时，搁田 4 ～ 5 d。匀苗前后，田中保持水深 2 ～ 3 cm。秋分至寒露期间田中保持水深 3 ～ 4 cm。

②病虫害

病害主要有锈病、病毒病和斑枯病，虫害主要有蚜虫和凤蝶幼虫。

（5）采收

栽后 80 ～ 90 d、约在 12 月上旬开始采收，持续到翌年 4 月。采收根茎，除去烂叶。

5. 成分

水芹可食用部分含蛋白质、脂肪、碳水化合物、粗纤维、钙、磷、铁等，还含有芸香苷、水芹素和槲皮素等。

6. 性味归经

味辛、甘，性凉；归肺经、肝经、膀胱经。

7. 功能与主治

具有清热解毒、利尿、止血的功效，主治感冒、暴热烦渴、吐泻、浮肿、小便不利、淋痛、尿血、经多、目赤、咽痛、喉肿、口疮、跌仆伤肿等症。

8. 药理作用

具有保肝、退黄、降酶、抗心律失常、降血脂、抗过敏等作用。

9. 常见食用方式

可炒、拌、炝、做汤或作配料，也可作馅心，基部叶片辛辣，可用于沙拉或当作香料与食品装饰物。

酸藤子

拉丁学名：*Embelia laeta*（L.）Mez。

科　　属：紫金牛科（Myrsinaceae）酸藤子属（*Embelia*）。

食用部位：果实。

1. 植物形态

攀缘灌木或藤本，稀小灌木，长 1 ～ 3 m；幼枝无毛，老枝具皮孔。叶片坚纸质，倒卵形或长圆状倒卵形，顶端圆形、钝或微凹，基部楔形，长 3 ～ 4 cm，宽 1.0 ～ 1.5 cm，稀长达 7 cm，宽 2.5 cm，全缘，两面均无毛，无腺点，上面中脉微凹，下面常被薄白粉，中脉隆起，侧脉不明显；叶柄长 5 ～ 8 mm。总状花序，腋生或侧生，生于前年无叶枝上，长 3 ～ 8 mm，被细微柔毛，有花 3 ～ 8 朵，基部具 1 ～ 2 轮苞片；花梗长约 1.5 mm，无毛或有时被微柔毛，小苞片钻形或长圆形，具缘毛，通常无腺点；花 4 数，长约 2 mm，花萼基部连合达 1/2 或 1/3，萼片卵形或三角形，顶端急尖，无毛，具腺点；花瓣白色或带黄色，分离，卵形或长圆形，顶端圆形或钝，长约 2 mm，具缘毛，外面无毛，里面密被乳头状突起，具腺点，开花时强烈展开；雄蕊在雌花中退化，长达花瓣的 2/3，在雄花中略超出花瓣，基部与花瓣合生，花丝挺直，花药背部具腺点；雌蕊在雄花中退化或几无，在雌花中较花瓣略长，子房瓶形，无毛，花柱细长，柱头扁平或几成盾状。果实球形，直径约 5 mm，腺点不明显。花期 12 月至翌年 3 月，果期 4—6 月。

2. 生长习性

酸藤子生于海拔 100 ～ 1500（～ 1850）m 的山坡疏、密林下或疏林缘或开阔的草坡、灌木丛中。

3. 繁殖技术

（1）种子繁殖

4—6 月采集成熟的果实，洗出种子，晾干后 4 ℃储藏。翌年春播，播种后覆土厚 1 cm，盖草保湿。

（2）组织培养

选取生长健壮植株的茎，切取长约 5 cm、含 3 个芽的茎段作为外植体，洗净，消毒，接种于 Ne+5 mg/L 6–BA+0.5 mg/L GA$_3$+30 g/L 蔗糖 +6.5 g/L 琼脂诱导产生腋芽，芽苗长到 3 cm 左右接至 Ne+2,4–D 2 mg/L+30 g/L 蔗糖 +6.5 g/L 琼脂的培养基诱导产生

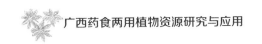

丛生芽，最后接种于 MS+0.5 mg/L IBA+0.5 mg/L IAA 培养基中进行生根诱导。

4. 栽培技术

（1）选地

选择地势平坦、背风向阳、供水充足的地块进行种植。

（2）整地

将坡度大的造林地改成水平带，在带面上挖长、宽、深为 30 cm×30 cm×40 cm 的穴，施腐熟的厩肥或堆肥 10 kg 左右。

（3）移栽

12 月至翌年 3 月完成移栽。选取生长良好的健壮植株进行移栽。

（4）田间管理

①水肥管理

整地时施足基肥，在春秋 2 个生长旺季追肥 2 次，每次追肥 150 ～ 200 g/ 株。雨季注意使排水沟通畅，防止植株长期被雨水浸泡导致根系腐烂。

②整形修剪

一年修剪 1 次即可。秋冬季进行修剪，剪除基生枝、枯枝、交叉枝、病虫枝及膛枝。

③病虫害

病害主要有枯叶病，虫害主要有卷叶虫、红蜘蛛等。

（5）采收

4—6 月果实随熟随采。

5. 成分

果实可生食，富含维生素 C。全株含挥发油，可作为提取香精的原料。

6. 性味

根、叶：味酸，性平。果实：味甘、酸，性平。

7. 功能与主治

具有强壮、补血的功效，主治闭经、贫血、胃酸缺乏等症。

8. 药理作用

具有抗炎、抑菌、补血等作用。

9. 常见食用方式

果实可直接食用。

台湾海棠

拉丁学名： *Malus doumeri*（Bois）A. Chev.。

科　　属： 蔷薇科（Rosaceae）苹果属（*Malus*）。

食用部位： 果实。

1. 植物形态

乔木，高达 15 m；小枝圆柱形，嫩枝被长柔毛，老枝暗灰褐色或紫褐色，无毛，具稀疏纵裂皮孔；冬芽卵形，先端急尖，被柔毛或仅在鳞片边缘有柔毛，红紫色。叶片长椭卵形至卵状披针形，长 9 ～ 15 cm，宽 4.0 ～ 6.5 cm，先端渐尖，基部圆形或楔形，边缘有不整齐尖锐锯齿，嫩时两面均有白色茸毛，成熟时脱落；叶柄长 1.5 ～ 3.0 cm，嫩时被茸毛，以后脱落无毛；托叶膜质，线状披针形，先端渐尖，全缘，无毛，早落。花序近似伞形，有花 4 ～ 5 朵，花梗长 1.5 ～ 3.0 cm，有白色茸毛；苞片膜质，线状披针形，先端钝，全缘，无毛；花直径 2.5 ～ 3.0 cm；萼筒倒钟形，外面有茸毛；萼片卵状披针形，先端渐尖，全缘，长约 8 mm，内面密被白色茸毛，与萼筒等长或稍长；花瓣卵形，基部有短爪，黄白色；雄蕊约 30 枚，花药黄色；花柱 4 ～ 5 枚，基部有长茸毛，较雄蕊长，柱头半圆形。果实球形，直径 4.0 ～ 5.5 cm，黄红色。宿萼有短筒，萼片反折，先端隆起，果心分离，外面有点，果梗长 1 ～ 3 cm。

2. 生长习性

台湾海棠常见于海拔 1000 ～ 2000 m 的山地混交林、丘陵或山谷中。适应性较强，可生长在红壤、黄红壤和黄壤中。

3. 繁殖技术

主要采用种子繁殖。选择成熟后自然脱落的果实堆积成堆，保湿，待果实软化、种子无黏液时取出，湿沙贮藏。当年 12 月至翌年 1 月播种。播种前先用 50 ℃ 左右的热水浸种，然后置于温湿条件下催芽，待种子露白时播种，种子间距 7 ～ 9 cm，行距 13 ～ 17 cm，覆土厚约 2 cm。

4. 栽培技术

（1）选地

选择土壤肥沃、土质疏松、排水性良好、地势平缓的向阳地块种植。

（2）整地

施腐熟的农家肥或有机肥料作底肥，细致整理后撒施 5% 的多菌灵等广谱性杀菌剂。

（3）移栽

栽植密度以 5 m×5 m 为宜，贫瘠地可 4 m×5 m。

（4）田间管理

①水肥管理

除施基肥外，幼苗长至 4～5 片真叶时需追施尿素和有机肥料。

幼苗对湿度和温度比较敏感，不耐干旱和水涝。

②中耕除草

栽植后及时清除杂草，同时及时中耕松土，提高土壤透气性。

③病虫害

主要病害有煤烟病、裂皮病、锈病等，主要虫害有天牛、小食心虫和蚜虫等。

（5）采收

夏、秋季采收叶子，晒干保存。果实自发育至成熟历时 200 余天，直径 2～4 cm、橙黄色时采收。

5. 成分

台湾海棠含有黄酮类、苹果酸等有机酸类、苷类和萜类等成分。

6. 性味归经

味甘、酸、涩，性温；归脾经、胃经。

7. 功能与主治

具有健脾开胃的功效，主治脾虚所致的食积停滞、脘腹胀满、腹痛等症。

8. 药理作用

具有降血压、降血脂、抗氧化、防癌等作用。

9. 常见食用方式

果实可直接食用或拌沙拉，也可做成罐头、干果、果酱；叶可用于泡茶。

桃金娘

拉丁学名： *Rhodomyrtus tomentosa*（Ait.）Hassk.。
科　　属： 桃金娘科（Myrtaceae）桃金娘属（*Rhodomyrtus*）。
食用部位： 果实。

1. 植物形态

灌木，高 1～2 m；嫩枝有灰白色柔毛。叶对生，革质，叶片椭圆形或倒卵形，长 3～8 cm，宽 1～4 cm，先端圆或钝，常微凹入，有时稍尖，基部阔楔形，上面初时有毛，以后变无毛，发亮，下面有灰色茸毛，离基三出脉，直达先端且相结合，边脉离边缘 3～4 mm，中脉有侧脉 4～6 对，网脉明显；叶柄长 4～7 mm。花有长梗，常单生，紫红色，直径 2～4 cm；萼管倒卵形，长 6 mm，有灰茸毛，萼裂片 5枚，近圆形，长 4～5 mm，宿存；花瓣 5 枚，倒卵形，长 1.3～2.0 cm；雄蕊红色，长 7～8 mm；子房下位，3 室，花柱长 1 cm。浆果卵状壶形，长 1.5～2.0 cm，宽1.0～1.5 cm，成熟时紫黑色；种子每室 2 列。花期 4—5 月。

2. 生长习性

桃金娘喜温暖湿润的气候，较耐旱，忌积水。常生于丘陵坡地，为酸性土指示植物。

3. 繁殖技术

（1）种子繁殖

7—9 月果皮呈黑紫色时采摘无病虫害的果实，将其与细沙混合搓去果肉，用水漂洗，收集饱满种子，晾干，播种于育种苗床中。

（2）扦插繁殖

选取头年生秋梢，剪成长 8～10 cm 的插穗，将下部的 2～3 节叶片剪去，上部 2～3节的叶片剪去 1/2，用 300 mg/L 6–ABT 生根粉溶液浸泡 2 h，斜插于荫蔽度为 70% 的苗床中。

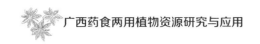

4. 栽培技术

（1）选地

选择地势稍高、排灌良好、四周通风、透光性好的地块，土壤以微酸性沙壤土或红壤土为宜。

（2）整地

用旋耕机耕地耙碎，拣出杂物，施足有机肥料，耙平。

（3）移栽

春季移栽。按 150 ～ 200 cm 行间距，移栽于长、宽、深为 40 cm × 40 cm × 30 cm 的种植穴中，栽后淋透水。

（4）田间管理

①水肥管理

耐寒性强，自然降水即可满足植株生长需求。

②病虫害防治

基本无病虫害，偶有蛞蝓，可在早晨用新鲜石灰粉防治。

（5）采收

果实呈紫黑色时采摘。

5. 成分

桃金娘成熟果实富含黄酮苷、酚类化合物，根和树皮含有鞣质、生物碱等化合物，叶的主要成分为桃金娘油，同时富含黄酮苷、水解鞣质等化合物。

6. 性味归经

味甘、涩，性平；归肝经、脾经。

7. 功能与主治

具有养血止血、涩肠固精、安胎补肾，乌发明目的功效，主治血虚体弱、吐血、鼻衄、劳伤咳血、便血、崩漏、遗精、带下、痢疾、脱肛、烫伤、外伤出血等症。

8. 药理作用

具有抗氧化、抗菌、抗病毒、保肝、降血糖等作用。

9. 常见食用方式

成熟果实可直接食用，或与猪肚等食材炖汤。

桃金娘炖猪肚

【用料】桃金娘 200 g，猪肚 200 g，料酒、食盐、味精、葱段、姜片各适量。

【制法】桃金娘去杂洗净。猪肚洗净，沸水焯烫，捞出切条。锅内加猪肚和适量水，烧沸，撇去浮沫，加料酒、食盐、味精、葱段、姜片，炖至猪肚熟烂，加桃金娘炖至入味即可。

天门冬

拉丁学名：*Asparagus cochinchinensis*（Lour.）Merr.。

科　　属：百合科（Liliaceae）天门冬属（*Asparagus*）。

食用部位：块根。

1. 植物形态

攀缘植物。根在中部或近末端呈纺锤状膨大，膨大部分长 3～5 cm，粗 1～2 cm。茎平滑，常弯曲或扭曲，长可达 1～2 m，分枝具棱或狭翅。叶状枝通常每 3 枚成簇，扁平或由于中脉龙骨状而略呈锐三棱形，稍镰刀状，长 0.5～8.0 cm，宽 1～2 mm；茎上的鳞片状叶基部延伸为长 2.5～3.5 mm 的硬刺，在分枝上的刺较短或不明显。花通常每 2 朵腋生，淡绿色；花梗长 2～6 mm，关节一般位于中部，有时位置有变化；雄花：花被长 2.5～3.0 mm；花丝不贴生于花被片上；雌花大小和雄花相似。浆果直径 6～7 mm，成熟时红色，有 1 粒种子。花期 5—6 月，果期 8—10 月。

2. 生长习性

天门冬喜温暖，不耐严寒，忌高温。常分布于海拔 1000 m 以下山区。块根发达，入土深达 50 cm，适宜在土层深厚、土质疏松肥沃、湿润且排水性良好的沙壤土（黑沙土）或腐殖质丰富的土中生长。

3. 繁殖技术

（1）种子繁殖

采种后选取饱满的种子直接进行播种，不进行晒干或风干，用种量 5～6 kg/ 亩，

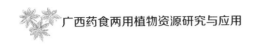

播后覆盖细土厚 2 ～ 3 cm，盖稻草保温保湿。

（2）小块根繁殖

采挖时预留带有根蒂的小块根进行繁殖。种时开沟，行距约 30 cm、深约 15 cm，将小块根按 10 cm 株距放入沟中，盖土。

（3）组织培养

用嫩芽作外植体，1/2 MS 培养基添加适量生长调节剂后用于诱导愈伤组织及根的形成，MS 培养基用来诱导愈伤组织及丛生芽的形成。

4. 栽培技术

（1）选地

选择海拔 254 ～ 1465 m 的地势平坦、土层深厚的中上等肥力地块种植。

（2）整地

结合施基肥深翻土地，翻地深度 20 cm 以上，施腐熟的农家肥 20000 ～ 30000 kg/hm²、复合肥料 450 ～ 600 kg/hm²，整平后起高畦，畦宽 80 cm。

（3）移栽

移栽时根据不同方法对 1 年生小苗和小块根繁殖苗进行栽培。

（4）田间管理

①水肥管理

苗期宜施用氮肥及复合肥料，利于出苗且植株长势旺盛。6—8 月宜施复合肥料。块根形成期适宜施用复合肥料及磷肥、钾肥。种植后第 1 个月，应保持土壤湿润，以提高成活率。种植后期根据天气情况适当灌溉。

②病虫害

病害主要有根腐病、茎枯病，虫害主要有蚜虫、红蜘蛛。

（5）采收

以 2 ～ 3 年采收为宜。割去藤茎，挖起全株，将大块根剪下，留下小块根，以每株有芽 2 个以上、小块根 3 个以上为宜，对植株进行分割，作为繁殖材料。

5. 成分

天门冬富含淀粉、多糖、氨基酸及其他多种营养成分。

6. 性味归经

味甘、苦，性寒；归肺经、肾经。

7. 功能与主治

具有滋阴、润燥、清肺、降火的功效，主治阴虚发热、咳嗽吐血、肺痿、肺痈、咽喉肿痛、消渴、便秘、小便不利等症。

8. 药理作用

具有抗氧化、延缓衰老、降血糖、抗菌、抗肿瘤以及镇咳祛痰等作用。

9. 常见食用方式

块根可煮粥、泡酒或与阿胶、杏仁、川贝母、茯苓等中药材制成药膏食用。

天门冬炖鸡

【用料】新鲜天门冬 1 条，生姜 4 ～ 5 片，清酒 1 瓶，鸡肉、食盐、葱花、开水各适量。

【制法】干煎鸡肉，逼出油脂，将两面煎香。加入清酒和姜片，加适量开水，将天门冬加入锅中一起炖煮，武火煮沸约 5 min 后改文火炖煮 30 min 即可。

田七

拉丁学名：*Panax notoginseng*（Burkill）F. H. Chen ex C. H. Chow。

科　　属：五加科（Araliaceae）人参属（*Panax*）。

食用部位：根、茎。

1. 植物形态

多年生草本；根状茎短，竹鞭状，横生，有 2 条至几条肉质根；肉质根圆柱形，长 2 ～ 4 cm，直径约 1 cm，干时有纵皱纹。地上茎单生，高约 40 cm，有纵纹，无毛，基部有宿存鳞片。叶为掌状复叶，4 枚轮生于茎顶；叶柄长 4 ～ 5 cm，有纵纹，无毛；托叶小，披针形，长 5 ～ 6 mm；小叶片 3 ～ 4 枚，薄膜质，透明，倒卵状椭圆形至倒卵状长圆形，中央的长 9 ～ 10 cm，宽 3.5 ～ 4.0 cm，侧生的较小，先端长渐尖，基部渐狭，下延，边缘有重锯齿，锯齿有刺尖，上面脉上密生刚毛，刚毛长 1.5 ～ 2.0 mm，下面无毛，侧脉 8 ～ 10 对，两面均明显，网脉明显；小叶柄长 2 ～ 10 mm，与叶柄顶端连接处簇生刚毛。伞形花序单个顶生，直径约 3.5 cm，有花

20～50朵；总花梗长约12 cm，有纵纹，无毛；花梗纤细，无毛，长约1 cm；苞片不明显；花黄绿色；萼杯状（雄花的萼为陀螺形），边缘有5个三角形的齿；花瓣5枚；雄蕊5枚；子房2室；花柱2条（雄花中的退化雌蕊上为1条），离生，反曲。果扁球状肾形，径约1 cm，鲜红色。种子2粒，白色，三角状卵形，稍3棱，厚5～6 mm。

2. 生长习性

田七多栽培于海拔800～1000 m的山脚斜坡、土丘缓坡上或人工遮阴棚下。喜温暖稍阴湿的环境，忌严寒和酷暑。

3. 繁殖技术

一般采用种子繁殖。10—11月采摘成熟饱满果实，除去果皮，洗净，晾干，消毒。放入含水量为30%的湿沙中保存45～60 d催芽。点播，株行距5 cm×6 cm，播后撒一层混合肥（腐熟的农家肥或与其他肥料混合）。

4. 栽培技术

（1）选地

选择地势较高、排水性良好且背风向阳的缓坡地，土壤宜选择土质疏松、富含有机质、中偏微酸性的腐殖质土或沙质壤土。

（2）整地

翻地前施石灰100 kg/亩进行消毒。亩施腐熟的厩肥5000 kg加饼肥50 kg作底肥，深翻，整平后做畦，畦宽1.5 m，畦高20～35 cm，畦间距30～50 cm。

（3）移栽

选取无病虫害的一年生优质苗作种苗，经切根和消毒处理后带药液移栽。定植后覆盖种肥厚3 cm左右。

（4）田间管理

①水肥管理

通常追肥3次，第1次追肥在3月苗出齐后进行，后2次为现蕾期（6月）及开花期（9月）。天气干旱时应经常浇水，雨后及时通沟排水。

②摘蕾、疏花

以生产块根为主要目标时，当花基长到3～5 cm时将其摘除。

③病害

病害主要有圆斑病、炭疽病、黑斑病、疫霉病和根腐病等。

（5）采收

不留种的在 9—10 月采收，留种的在 12 月至翌年 1 月采收。挖取时要防止损坏主根。

5. 成分

田七含有皂苷、黄酮、挥发油、氨基酸、多糖、淀粉、蛋白质、三七素以及氮、磷、钾等大量元素和钴、钼、铯等多种微量元素。

6. 性味归经

味甘、微苦，性温；归肝经、胃经。

7. 功能与主治

具有散瘀止血、消肿定痛的功效，主治咯血、吐血、衄血、便血、崩漏、外伤出血、胸腹刺痛、跌仆肿痛等症。

8. 药理作用

具有抗炎、抗肿瘤、提高机体免疫力、保护心血管等作用。

9. 常见食用方式

可打成粉用温水冲服或泡酒喝，也可与其他药物或食物做药膳食用。

三七杞子炖乌鸡

【用料】乌鸡 350 g、三七 8 g、大枣 10 g、枸杞子 10 g、生姜 10 g、清水 1000 g、食盐 5 g、鸡精 3 g、糖 1 g、胡椒粉 1 g。

【制法】乌鸡斩块焯水，三七、大枣、枸杞子洗净，姜切片。净锅上火，加入清水、乌鸡、姜片、三七、大枣、枸杞子，武火烧开后改文火炖 50 min，加入食盐、鸡精、糖、胡椒粉调味即可。

头序楤木

拉丁学名：*Aralia dasyphlla* Miq.。

科　　属：五加科（Araliaceae）楤木属（*Aralia*）。

食用部位：嫩芽。

1. 植物形态

灌木或小乔木，高 2～10 m；小枝有刺；刺短而直，基部粗壮，长在 6 mm 以下；新枝密生淡黄棕色茸毛。叶为二回羽状复叶；叶柄长 30 cm 以上，有刺或无刺；托叶和叶柄基部合生，先端离生部分三角形，长 5～8 mm，有刺尖；叶轴和羽片轴均密生黄棕色茸毛，有刺或无刺；羽片有小叶 7～9 枚；小叶片薄革质，卵形至长圆状卵形，长 5.5～11.0 cm，先端渐尖，基部圆形至心形，侧生小叶片基部歪斜，上面粗糙，下面密生棕色茸毛，边缘有细锯齿，锯齿有小尖头，侧脉 7～9 对，上面不及下面明显，网脉明显；小叶无柄或有长达 5 mm 的柄，顶生小叶柄长达 4 cm，密生黄棕色茸毛。圆锥花序大，长达 50 cm；一级分枝长达 20 cm，密生黄棕色茸毛；三级分枝长 2～3 cm，有数个宿存苞片；苞片长圆形，先端钝圆，长约 3 mm，密生短柔毛；小苞片长圆形，长 1～2 mm；花无梗，聚生为直径约 5 mm 的头状花序；总花梗长 0.5～1.5 cm，密生黄棕色茸毛；萼无毛，长约 2 mm，边缘有 5 个三角形小齿；花瓣 5 枚，长圆状卵形，长约 3 mm，开花时反曲；雄蕊 5 枚，花丝长约 2 mm；子房 5 室；花柱 5 条，离生。果实球形，紫黑色，直径约 3.5 mm，有 5 棱。花期 8—10 月，果期 10—12 月。

2. 生长习性

头序楤木生于海拔数十米至 1000 m 的林中、林缘和向阳山坡。对土壤要求不严。

3. 繁殖技术

（1）种子繁殖

采收新鲜种子，阴干，洗净，吸干水分后置于 200 mg /L 的 GA_3 溶液浸泡 12 h，均匀点播于湿润的栽培基质中，盖一层细沙，保持湿润。

（2）根段繁殖

取生长良好植株上的根茎，剪成 10 cm 左右的小段进行栽植。

4. 栽培技术

（1）选地

适应性强，对地形和土壤无严格要求，山地、坡地、荒地均可栽植。

（2）整地

深翻田地，耕作层深 30～35 cm，碎土并做垄（畦）。

（3）移栽

垄栽或畦栽，垄面宽 40 cm，沟宽 30 cm，每垄种 1 行，株距 25 cm；畦面宽 1 m，沟宽 30 cm，畦面上种 3 行，株行距 25 cm × 50 cm。将种苗根部埋入土中压实，栽后浇水，覆草帘保湿。

（4）田间管理

①水肥管理

种苗成活半个月后开沟施腐熟的有机厩肥作底肥，每亩 3000 ～ 4000 kg。幼芽高 2 ～ 5 cm 时每亩追施 45 ～ 50 kg 复合肥料。

定植初期土壤湿度保持在 60% 左右。夏季干旱时每隔 15 d 喷水 1 次，秋、冬季干旱时每月浇水 1 次。

②病虫害

病害主要有斑枯病和白粉病，虫害主要有蚜虫。

（5）采收

栽后 2 ～ 3 年主茎横径 4 ～ 5 cm，芽苞外层苞片紧抱基部、尖端微开口时，割下茎秆顶端萌发粗壮肥嫩的芽苞。

5. 成分

头序楤木主要含有皂苷类、黄酮类、多糖类、挥发油类以及微量元素等活性成分。

6. 性味归经

味淡，性平；归肺经。

7. 功能与主治

具有润肺止咳的功效，主治咳嗽。

8. 药理作用

具有抗氧化、降血糖、降血脂、抗衰老、抗菌、抗病毒等作用。

9. 常见食用方式

嫩芽和嫩叶可作为蔬菜凉拌食用。

凉拌头序楤木芽

【用料】头序楤木芽、调料各适量。

【制法】头序楤木芽洗净，沸水中焯 30 s，冷水中冲凉，加入调料拌匀即可。

食用土当归

拉丁学名：*Aralia cordata* Thunb.。

科　　属：五加科（Araliaceae）楤木属（*Aralia*）。

食用部位：嫩叶、根。

1. 植物形态

多年生草本，地下有长圆柱状根茎；地上茎高 0.5 ～ 3.0 m，粗壮，基部直径可达 2 cm。叶为二回或三回羽状复叶；叶柄长 15 ～ 30 cm，无毛或疏生短柔毛；托叶和叶柄基部合生，先端离生部分锥形，长约 3 mm，边缘有纤毛；羽片有小叶 3 ～ 5 片；小叶片膜质或薄纸质，长卵形至长圆状卵形，长 4 ～ 15 cm，宽 3 ～ 7 cm，先端突尖，基部圆形至心形，侧生小叶片基部歪斜，上面无毛，下面脉上疏生短柔毛，边缘有粗锯齿，基部有放射状脉 3 条，中脉有侧脉 6 ～ 8 对，上面不甚明显，下面隆起而明显，网脉在上面不明显，下面明显；小叶柄长达 2.5 cm，顶生的长可达 5 cm。圆锥花序大，顶生或腋生，长达 50 cm，稀疏；分枝少，着生数个总状排列的伞形花序；伞形花序直径 1.5 ～ 2.5 cm，有花多数或少数；总花梗长 1 ～ 5 cm，有短柔毛；苞片线形，长 3 ～ 5 mm；花梗通常丝状，长 10 ～ 12 mm，有短柔毛；小苞片长约 2 mm；花白色；萼无毛，长 1.2 ～ 1.5 mm，边缘有三角形尖齿 5 个；花瓣 5 枚，卵状三角形，长约 1.5 mm，开花时反曲；雄蕊 5 枚，长约 2 mm；子房 5 室；花柱 5 条，离生。果实球形，紫黑色，直径约 3 mm，有 5 棱；宿存花柱长约 2 mm，离生或仅基部合生。花期 7—8 月，果期 9—10 月。

2. 生长习性

食用土当归生于海拔 1300 ～ 1600 m 的林荫下或山坡草丛中。

3. 繁殖技术

（1）种子繁殖

10 月左右及时采收成熟种子。播种前先对种子进行催芽处理，条播或撒播。小面积播种可在室内采用疏松的腐殖土育苗，将播种地浇透水后把发芽的种子撒播于容器中，覆薄土厚 2 ～ 5 mm，用塑料薄膜封口。大面积播种可直接将发芽种子播于苗床上。

（2）分株繁殖

秋季挖出用于分株的植株，沙藏或埋于 80 cm 的深沟内贮藏。翌年春季 4 月下旬至 5 月初，取多年生宿根分割成带 1 个顶芽的根，用垄作方式栽植于田间。

4. 栽培技术

（1）选地

选择海拔高度为 1300 ～ 1600 m、土层深厚、土质肥沃、排水性良好的地块。

（2）整地

结合施肥整地，深翻，整平。

（3）移栽

待小苗长出两片真叶时进行分苗移栽。

（4）田间管理

①水肥管理

初春施磷酸二铵 300 kg/hm^2、厩肥 45000 kg/hm^2、尿素 225 kg/hm^2 以及适量钾肥。视天气情况，每隔 2 ～ 3 d 浇水 1 次。

②病害

病害主要有根腐病和麻口病。

（5）采收

5 月中旬，当嫩芽高 20 ～ 30 cm、有嫩绿复叶 3 ～ 5 片时，在距根茎 1 cm 处采割芽和茎。果实完全变为紫黑色时采收，置于阴凉干燥处贮藏。

5. 成分

食用土当归含有氨基酸、蛋白质、多肽、脂肪油、鞣质、香豆素、三萜、甾体、皂苷等成分。

6. 性味归经

味辛，性温；归肝经、肾经。

7. 功能与主治

具有祛风活血的功效，主治关节痛、闪挫等症。

8. 药理作用

具有镇痛、抗炎、解热、镇静、抗惊厥、促进造血等作用。

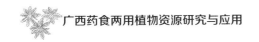

9. 常见食用方式

嫩叶可用于蒸煮或做菜时提味，根可用于炖汤。

食用土当归生姜羊肉汤

【用料】食用土当归 15 g，生姜 15 g，羊肉 200 g，葱花、胡椒粉、猪油、味精、食盐各适量。

【制法】将生姜切片、羊肉切小块、食用土当归切薄片，同放锅内加适量清水煮汤，待羊肉熟烂后再放葱花、胡椒粉、猪油、味精、食盐调味即可。

土茯苓

拉丁学名：*Smilax glabra* Roxb。

科　　属：菝葜科（Smilacaceae）菝葜属（*Smilax*）。

食用部位：根茎。

1. 植物形态

攀缘灌木；根状茎粗厚，块状，常由匍匐茎相连接，粗 2～5 cm。茎长 1～4 m，枝条光滑，无刺。叶薄革质，狭椭圆状披针形至狭卵状披针形，长 6～12（15）cm，宽 1～4（～7）cm，先端渐尖，下面通常绿色，有时带苍白色；叶柄长 5～15（～20）mm，约占全长的 3/5 至 1/4，具狭鞘，有卷须，脱落点位于近顶端。伞形花序通常具花 10 余朵；总花梗长 1～5（～8）mm，通常明显短于叶柄，极少与叶柄近等长；在总花梗与叶柄之间有一芽；花序托膨大，连同多数宿存的小苞片多少呈莲座状，宽 2～5 mm；花绿白色，六棱状球形，直径约 3 mm；雄花外花被片近扁圆形，宽约 2 mm，兜状，背面中央具纵槽；内花被片近圆形，宽约 1 mm，边缘有不规则的锯齿；雄蕊靠合，与内花被片近等长，花丝极短；雌花外形与雄花相似，但内花被片边缘无齿，具 3 枚退化雄蕊。浆果直径 7～10 mm，成熟时紫黑色，具粉霜。花期 7—11 月，果期 11 月至翌年 4 月。

2. 生长习性

土茯苓生于海拔 1800 m 以下的林下、灌木丛中、河岸或山谷中，也见于林缘与疏林中。喜温暖湿润气候，耐干旱和荫蔽。沙质壤土或黏壤土均可栽培。

3. 繁殖技术

（1）种子繁殖

3月下旬至4月上旬在畦面开沟进行条播，行距20 cm，将种子均匀撒入沟内，覆土厚约1 cm。

（2）组织培养

以根状茎作外植体，洗净，消毒，以 MS+2.0 mg/L 6-BA+0.05 mg/L NAA 为启动培养基诱导出芽，以 MS+2.0 mg/L 6-BA+0.5 mg/L NAA 培养基进行继代培养。

4. 栽培技术

（1）选地

适应力强，山地和平地均可种植，但不宜连作。

（2）整地

种植前10 d翻耕整地1次，四周挖"人"字形排水沟。

（3）移栽

移栽时开穴，株行距25 cm×25 cm，每穴栽1株，栽后浇透水1次。根据幼苗生长状况适量施肥，一般每亩施稀薄的人畜粪水1000 kg。苗高约30 cm时搭架引藤上架。

（4）田间管理

①水肥管理

苗期要注意保持土壤湿润，干旱时适量浇水。一年追肥1～2次，可喷施0.1%～0.2%的磷酸二氢钾溶液。

②修剪

植株生长枝叶繁茂时及时修剪过密枝叶、病虫枝叶。

③病虫害防治

病害有多种，其病原菌主要有青霉、木霉和曲霉等。最大天敌是白蚁，可用白蚁粉、设诱蚁坑等进行防治。

（5）采收

一般4～5年可进行采收。将块茎挖出，洗净，放于通风处晾干。

5. 成分

土茯苓含有生物碱、挥发油、糖、鞣质、树脂、甾醇、淀粉等成分。

6. 性味归经

味甘、淡，性平；归肝经、胃经。

7. 功能与主治

具有除湿、解毒、通利关节等功效，主治湿热淋浊、带下、痈肿、疥癣等症。

8. 药理作用

具有利尿、镇痛、护肝、抗肿瘤、抗胃溃疡等作用。

9. 常见食用方式

可与车前草等药材一起煮水服用，也可煮粥、泡酒或制成茯苓膏。

土茯苓炖乌鸡

【用料】土茯苓 50 g，生地黄 50 g，薏米 50 g，蜜枣 2 个，乌鸡 500 g，食盐适量。

【制法】将汤料（土茯苓、生地黄、薏米、蜜枣）于清水中浸泡 15 ～ 20 min，滤水待用。主料（乌鸡）放沸水中煮 8 ～ 10 min，捞起待用。将汤料、主料放入汤煲，加 2 L 水，武火煮沸后改文火慢煲 90 ～ 120 min，熄火前 5 min 加食盐调味即可。

弯曲碎米荠

拉丁学名：*Cardamine flexuosa* With.。

科　　属：十字花科（Brassicaceae）碎米荠属（*Cardamine*）。

食用部位：全草。

1. 植物形态

1 年生或 2 年生草本，高达 30 cm。茎自基部多分枝，斜升呈铺散状，表面疏生柔毛。基生叶有叶柄，小叶 3 ～ 7 对，顶生小叶卵形、倒卵形或长圆形，长与宽各 2 ～ 5 mm、顶端 3 齿裂，基部宽楔形，有小叶柄，侧生小叶卵形，较顶生的形小，1 ～ 3 齿裂，有小叶柄；茎生叶有小叶 3 ～ 5 对，小叶多为长卵形或线形，1 ～ 3 裂或全缘，小叶柄有或无，全部小叶近于无毛。总状花序多数，生于枝顶，花小，花梗纤细，长 2 ～ 4 mm；萼片长椭圆形，长约 2.5 mm，边缘膜质；花瓣白色，倒卵状楔形，长约 3.5 mm；花丝不扩大；雌蕊柱状，花柱极短，柱头扁球状。长角果线形，扁平，长 12 ～ 20 mm，宽约 1 mm，与果序轴近于平行排列，果序轴左右弯曲，果梗直立开展，长 3 ～ 9 mm。种子长圆形而扁，长约 1 mm，黄绿色，顶端有极窄的翅。花期 3—

5 月，果期 4—6 月。

2. 生长习性

弯曲碎米荠生于海拔 200 ～ 3600 m 的地区，分布几遍全国。常生于田边、路边及草地。

3. 繁殖技术

6 月下旬采摘成熟的果实，脱粒，净选留种，低温冷藏。7 月上旬至 8 月播种。将种子播于穴盘，每穴 2 ～ 3 粒，覆盖厚 0.2 ～ 0.3 cm 的薄层基质，淋水，遮阴。

4. 栽培技术

（1）选地

选择土质疏松、土壤湿润、较平整的土地。

（2）整地

整地前需施肥，翻匀，然后按厢面带沟 1.5 m 起畦，沟宽 30 cm，厢高 15 cm 左右。

（3）移栽

10 月下旬至 11 月上中旬起苗移栽，按株行距 20 cm×20 cm 定植，栽后淋定根水。

（4）田间管理

①水肥管理

整地前每亩施复合肥料 30 kg、尿素 10 kg，移栽后 10 ～ 15 d 淋施 1 次提苗肥，每亩施尿素 5 kg。2 个月后每亩撒施尿素 10 kg。移栽后保持土壤湿润，干旱时及时浇水，雨季注意排水防涝。

②除草

采取人工除草，禁用除草剂。

③病虫害防治

病虫害较少发生，以预防为主。

（5）采收

移栽翌年 3 月上中旬现蕾时收割地上茎叶，保留地下根茎。6 月下旬至 7 月上旬收割第 2 季植株。

5. 成分

弯曲碎米荠含有还原糖、粗脂肪、粗纤维、蛋白质、氨基酸等化合物，并富含钾、钙、镁等营养元素和铁、铜、锌、锰、硒等人体必需的微量元素。

6. 性味归经

味甘，性平；归大肠经、膀胱经、胃经、心经。

7. 功能与主治

具有清热、利湿、健胃、止泻的功效，主治尿道炎、膀胱炎、痢疾等症。

8. 药理作用

具有抗氧化、抗炎镇痛、抑菌、润肠通便、调节血糖浓度、降血脂等作用。

9. 常见食用方式

嫩叶可鲜食或凉拌。

凉拌弯曲碎米荠

【用料】弯曲碎米荠嫩茎叶、橄榄油、食盐、味精等各适量。

【制法】将弯曲碎米荠嫩茎叶去杂洗净，开水焯熟，捞出沥水，拌入橄榄油、食盐、味精即可。

尾叶那藤

拉丁学名：*Stauntonia obovatifoliola* subsp. *urophylla*（Hand.-Mazz.）H. N. Qin。

科　　属：木通科（Lardizabalaceae）野木瓜属（*Stauntonia*）。

食用部位：果实可食用，全株可药用。

1. 植物形态

木质藤本。茎、枝和叶柄均具细线纹。掌状复叶有小叶 5 ～ 7 片；叶柄纤细，长 3 ～ 8 cm；小叶革质，倒卵形或阔匙形，长 4 ～ 10 cm，宽 2.0 ～ 4.5 cm，基部 1 ～ 2 片小叶较小，先端猝然收缩为一狭而弯的长尾尖，尾尖长可达小叶长的 1/4（1/5），基部狭圆或阔楔形；侧脉每边 6 ～ 9 条，与网脉同于两面略凸起或有时在上面凹入；小叶柄长 1 ～ 3 cm。总状花序数个簇生于叶腋，每个花序有淡黄绿色的花 3 ～ 5 朵。雄花：花梗长 1 ～ 2 cm，外轮萼片卵状披针形，长 10 ～ 12 mm，内轮萼片披针形，无花瓣；雄蕊花丝合生为管状，药室顶端具长约 1 mm、锥尖的附属体；雌花未见。果实长圆形或椭圆形，长 4 ～ 6 cm，直径 3.0 ～ 3.5 cm；种子三角形，压扁状，基部稍呈心形，长约 1 cm，宽约 7 mm，种皮深褐色，有光泽。花期 4 月，果期 6—7 月。

2. 生长习性

尾叶那藤常见于海拔 300 ～ 1200 m 山谷林缘灌木丛、山坡林缘、山坡路边。适应性强，对土壤要求不严苛，在一般土壤上都能生长，但在土质疏松肥沃、排水性良好的微酸性至中性沙壤土和壤土上栽培最好。

3. 繁殖技术

（1）种子繁殖

3 月中旬，于播种前半月取出沙藏种子，用水洗净，放入布袋或瓦盆中，上盖湿纱布，置于塑料大棚内，每天用温水冲洗 1 次，至种子露白后播种。

（2）扦插繁殖

剪取生长健壮的枝条，剪成长 33 ～ 66 cm 的插穗，按 15 cm × 15 cm 株行距进行扦插，浇水，用稻草覆盖。

（3）组织培养

选取枝条接近顶芽的 2 ～ 4 cm 的带节嫩茎作外植体，利用诱导培养基（MS+1 ～ 2 mg/L 6–苄氨基腺嘌呤 +0.5 ～ 1.5 mg/L 吲哚丁酸）培养；利用增殖培养基（MS+0.3 ～ 0.6 mg/L 萘乙酸 +1.5 ～ 2.5 mg/L TDZ 植物生长调节剂 +50 ～ 100 mg/L 半胱氨酸）培养腋芽，得到丛生芽；利用壮苗培养基（MS+0.1 ～ 0.5 mg/L 萘乙酸 +0.1 ～ 0.5 mg/L 吲哚丁酸 +0.1 ～ 0.5 g/L 活性炭）培养丛生芽，得到幼苗；接种至生根培养基（MS+0.3 ～ 1.3 mg/L 吲哚丁酸 +0.1 ～ 0.5 g/L 的活性炭）诱导生根。

4. 栽培技术

（1）选地
选择土壤肥沃、土层疏松深厚、向阳、灌溉和排水方便的地块。

（2）移栽
初春进行栽植。一般亩栽 80 ～ 110 株，株行距 2 m×3（～ 4）m。按 0.7 m× 0.7 m × 0.7 m 的规格挖种植穴，每穴施有机肥料 10 ～ 15 kg。

（3）田间管理
①水肥管理

施肥一般分 3 次，第 1 次基肥占年施肥量的 50%，于秋末冬初施；第 2 次于开花前施，占年施肥量的 30%；第 3 次于果实生长后期施，占年施肥量的 20%。干旱时注意进行浇水，雨季注意排水。

②中耕除草与培土

可间作矮秆作物，如蔬菜、绿肥、薯类作物等。

③整形修剪

主干高 40 ~ 80 cm 时整形，留中心干，在中心干上直接培养大、中、小枝组。树高可控制在 2.5 m 左右，冠径 2 m 左右。从幼树结果开始修剪，适当重剪去基部萌蘗、枯枝、病虫枝、中心枝、纤弱枝、衰老枝、生长内堂横穿枝、徒长枝。

④病虫害

常见的病害有叶枯病、皮枯病、干腐病等，虫害主要有天牛、蚜虫。

（4）采收

果皮开始开裂时采摘果实，夏、秋季采收藤茎。

5. 成分

尾叶那藤含有齐墩果酸等多种有机酸及超氧化物歧化酶。

6. 性味归经

味苦，性凉；归肝经、膀胱经。

7. 功能与主治

具有祛风止痛、化瘀消肿以及利水消肿的功效，主治风湿骨痛、跌仆肿痛以及多种神经性疼痛等。

8. 药理作用

具有抗衰老、美容养颜、护肝、防辐射等作用。

9. 常见食用方式

果实可直接食用。

吴茱萸

拉丁学名：*Tetradium ruticarpum*（A. Jussieu）Hartley。

科　　属：芸香科（Rutaceae）吴茱萸属（*Tetradium*）。

食用部位：果实。

1. 植物形态

小乔木或灌木，高 3～5 m，嫩枝暗紫红色，与嫩芽同被灰黄色或红锈色茸毛，或疏短毛。有小叶 5～11 片，小叶薄至厚纸质，卵形、椭圆形或披针形，长6～18 cm，宽 3～7 cm，叶轴下部的较小，两侧对称或一侧的基部稍偏斜，边全缘或浅波浪状，小叶两面及叶轴均被长柔毛，毛密如毡状，或仅中脉两侧被短毛，油点大且多。花序顶生；雄花序的花彼此疏离，雌花序的花密集或疏离；萼片及花瓣均 5 枚，偶有 4 枚，镊合排列；雄花花瓣长 3～4 mm，腹面被疏长毛，退化雌蕊 4～5 深裂，下部及花丝均被白色长柔毛，雄蕊伸出花瓣之上；雌花花瓣长 4～5 mm，腹面被毛，退化雄蕊鳞片状或短线状或兼有细小的不育花药，子房及花柱下部被疏长毛。果序宽3～12 cm，果实密集或疏离，暗紫红色，有大油点，每分果瓣有 1 粒种子；种子近圆球形，一端钝尖，腹面略平坦，长 4～5 mm，褐黑色，有光泽。花期 4—6 月，果期 8—11 月。

2. 生长习性

吴茱萸产于秦岭以南各地，海南未见有自然分布。生于平地至海拔 1500 m 的山地疏林或灌木丛中，多见于向阳坡地。

3. 繁殖技术

种子活性较差，以扦插繁殖为主。春、秋季选取生长良好、健壮的枝条，剪成长15 cm 左右的插穗，在上、下切口约 0.5 cm 处留芽，下切口斜剪，上切口平剪，扦插于基质中。

4. 栽培技术

（1）选地

可在平缓的山坡、丘陵、平原、房前屋后、道路两旁种植。

（2）整地

亩施农家肥 1500～3000 kg、钙镁磷肥 50 kg、硫酸钾 13 kg、腐熟的饼肥20 kg、生石灰 50 kg，深翻 30 cm 以上，挖宽 60 cm、深 50 cm 的穴用于定植。

（3）移栽

按株行距 3 m×3 m 进行移栽。移栽时覆土一半后将种苗轻轻上提，便于根系舒展，后覆土压实。

（4）田间管理

①水肥管理

早春萌芽前施 1 次腐熟的人畜粪水。开花前后每株增施过磷酸钙 1.0 ～ 1.5 kg、草木灰 2 kg 左右。冬季落叶后追施 15 ～ 20 kg 堆肥。雨季及时清沟排水，旱季每隔 8 ～ 12 d 采取畦面浅沟或畦沟灌水 1 次。

②中耕除草

定植后的 1 ～ 4 年每年除草 3 ～ 4 次。

③整形和修剪

于幼树时期进行整形，新梢长到 45 ～ 50 cm 时，留 1 个直立、粗壮的枝条为主枝，从基部剪除其他枝条，剪去主枝顶端促进新梢产生，3 ～ 4 年使植株形成自然开心形树形。冬季修剪以疏枝和回缩短截为主，夏、秋修剪主要是抹芽和摘心。

④病虫害

病害主要有霉病、锈病等，虫害主要有褐天牛和风蝶。

（5）采收

定植后 2 ～ 3 年的 8—9 月果实心皮由绿色转为橙黄色、尚未开裂时分批采摘，轻轻将果穗成串剪下。

5. 成分

吴茱萸主要有效成分为生物碱和苦味素。

6. 性味归经

味辛、苦，性热；有小毒；归肝经、脾经、胃经、肾经。

7. 功能与主治

具有散寒止痛、降逆止呕、助阳止泻的功效，主治心脏病、胃肠疾病、高脂血症、痛风、高血压引起的头痛和眩晕等。

8. 药理作用

具有抗肿瘤、抗菌、抗炎、镇痛、改善心脏功能等作用。

9. 常见食用方式

煮粥、煲汤或泡酒食用。

（1）猪脾馄饨

【用料】小麦面粉 500 g、猪脾 300 g、吴茱萸 6 g、高良姜 6 g、胡椒 6 g。

【制法】将吴茱萸、高良姜、胡椒烘干，共研为末。将猪脾洗净，切碎，炒熟后，一半研为末，另一半作馅，与末搅拌均匀，包馄饨。

（2）药汁猪胰羹

【用料】猪胰子 300 g、吴茱萸 6 g、高良姜 6 g、胡椒 6 g、食盐 1 g。

【制法】将猪胰切为细丝煮烂，将吴茱萸、胡椒、高良姜共研为细末，与猪胰一同蒸为羹，加食盐调味即可。

五月艾

拉丁学名：*Artemisia indica* Willd.。

科　　属：菊科（Asteraceae）蒿属（*Artemisia*）。

食用部位：叶。

1. 植物形态

半灌木状草本，植株具浓烈的香气。主根明显，侧根多；根状茎稍粗短，直立或斜向上，直径 3 ～ 7 mm，常有短匍匐茎。茎单生或少数，高 80 ～ 150 cm，褐色或上部微带红色，纵棱明显，分枝多，开展或稍开展，枝长 10 ～ 25 cm；茎、枝初时微有短柔毛，后脱落。叶上面初时被灰白色或淡灰黄色茸毛，后渐稀疏或无毛，下面密被灰白色蛛丝状茸毛；基生叶与茎下部叶卵形或长卵形，（一至）二回羽状分裂或近于大头羽状深裂，通常第一回全裂或深裂，每侧裂片 3 ～ 4 枚，裂片椭圆形，上半部裂片大，基部裂片渐小，第二回为深或浅裂齿或为粗锯齿，或基生叶不分裂，有时中轴有狭翅，具短叶柄，花期叶均萎谢；中部叶卵形、长卵形或椭圆形，长 5 ～ 8 cm，宽 3 ～ 5 cm，一（至二）回羽状全裂或为大头羽状深裂，每侧裂片 3（～ 4）枚，裂片椭圆状披针形、线状披针形或线形，长 1 ～ 2 cm，宽 3 ～ 5 mm，不再分裂或有 1 ～ 2 枚深或浅裂齿，边不反卷或微反卷，近无柄，具小型假托叶；上部叶羽状全裂，每侧裂片 2（～ 3）枚；苞片叶 3 全裂或不分裂，裂片或不分裂的苞片叶披针形或线状披针形。头状花序卵形、长卵形或宽卵形，多数，直径 2.0 ～ 2.5 mm，具短梗及小苞叶，直立，花后斜展或下垂，在分枝上排成穗状花序式的总状花序或复总状花序，而在茎上再组成开展或中等开展的圆锥花序；总苞片 3 ～ 4 层，外层总苞片略小，背面初时微被灰白色茸毛，后渐脱落无毛，有绿色中肋，边缘膜质，中、内层总苞片椭圆形或长卵形，背面近无毛，边宽膜质或全为半膜质；花序托小，凸起；雌花 4 ～ 8 朵，花冠狭管状，檐部紫红色，具 2 ～ 3 枚裂齿，外面具小腺点，花柱伸出花冠外，先端2 叉，叉端尖；两性花 8 ～ 12 朵，花冠管状，外面具小腺点，檐部紫色；花药线形，先端附属物尖，长三角形，基部圆钝，花柱略比花冠长，先端 2 叉，花后反卷，叉端扁，扇形，并有睫毛。瘦果长圆形或倒卵形。花果期 8—10 月。

2. 生长习性

五月艾多生于低海拔或中海拔湿润地区的路边、林缘、坡地及灌木丛中。

3. 繁殖技术

（1）种子繁殖

早春 3—4 月直播，行距 40 ～ 50 cm，播种后覆土，以盖严种子为宜。

（2）分株繁殖

由根茎生长出的幼苗高 15 ～ 20 cm 时，挖取全株按照株行距 30 cm×45 cm 进行分株繁殖。

4. 栽培技术

（1）选地

选择丘陵等地区的荒地、路边、河边、山坡和平地种植，也可以在房前屋后、田间边角地种植。

（2）整地

深耕整地，耕深 30 cm 以上，做畦（厢），并将畦（厢）面整成龟背形，开排水沟。

（3）移栽

苗高 10 ～ 15 cm 时挖穴移栽，每穴 1 株。普通种植株行距为 30 cm×45 cm。

（4）田间管理

整地时施足基肥，以农家肥为主，施肥量为 30 ～ 45 t/hm²。苗高 80 cm 以下时采用叶面喷灌，苗高 80 cm 以上则可全园漫灌。

（5）采收

6 月初至 7 月中上旬收割。割取地上带有叶片的茎枝，将茎叶进行分离，晒干，打包存放。

5. 成分

五月艾主要有效成分为挥发油，含量约为 0.75%。此外，还含有少量的微量元素和脂肪酸。

6. 性味归经

味苦、辛，性温；归脾经、肝经、肾经。

7. 功能与主治

具有祛风消肿、止痛止痒、调经止血等功效，主治吐血、衄血、崩漏、月经过多、胎漏下血、经寒不调、宫冷不孕等症。

8. 药理作用

具有抗菌、抗过敏、平喘、利胆、止血、抑制血小板凝集等作用。

9. 常见食用方式

嫩苗可作蔬菜、腌制酱菜，或做成糍粑。

五月艾糍

【用料】五月艾叶 500 g，糯米粉 400 g，粘米粉 200 g，澄面粉 50 g，糖 200 g，生粉 2 勺，花生米、芝麻各适量。

【制法】将五月艾叶洗干净焯水打烂，加糖、糯米粉、粘米粉、澄面粉、生粉、花生米，和成面团，裹上馅放入模型成形后取出，上笼蒸煮 20 min 即可。

细叶黄皮

拉丁学名：*Clausena anisum-olens*（Blanco）Merr.。

科　　属：芸香科（Rutaceae）黄皮属（*Clausena*）。

食用部位：果实、枝、叶。

1. 植物形态

小乔木，高 3～6 m。当年生枝、叶柄及叶轴均被纤细而弯钩的短柔毛，各部密生半透明油点。有小叶 5～11 片，小叶镰刀状披针形或斜卵形，长 5～12 cm，宽 2～4 cm，顶部渐狭尖，略钝头，有时微凹，两侧明显不对称，叶缘波浪状或上半段有浅钝裂齿，嫩叶下面中脉常被短柔毛；小叶柄长 2～4 mm。花序顶生，花白色，略芳香；花蕾圆球形；萼裂片卵形，长约 1 mm；花瓣长圆形，长约 3 mm；雄蕊 10 枚，有时兼有 8 枚，略不等长，花丝中部以下增宽且呈曲膝状；花柱比子房稍短，柱头不增大。果实圆球形，偶有阔卵形，直径 1～2 cm，淡黄色，偶有淡朱红色，半透明，果皮有多数肉眼可见的半透明油点，果肉味甜或偏酸，有种子 1～2 粒，稀更多；种皮膜质，基部褐色。花期 4—5 月，果期 7—8 月。

2. 生长习性

细叶黄皮喜温暖、湿润、阳光充足的环境。对土壤要求不严，以土质疏松肥沃的壤土种植为佳，在低洼或排水性不良、土壤黏重、霜冻地不宜种植。

3. 繁殖技术

（1）种子繁殖

种子顶土能力弱，播种前需先浇水，待可耕时立即下种。穴播，每穴放种子 2～3 粒，覆土厚 0.6～1.0 cm。株行距 45 cm×（30～60）cm。

（2）嫁接繁殖

嫁接时多采用切接法，其优点是成活率高，且成活后抽芽成苗快。但技术要求高，砧木和接穗的切面要平滑才能接合良好，须待接穗老化后定植才易成活。

4. 栽培技术

（1）选地

适宜在土质疏松肥沃、土层厚度 1.0 m 以上，含有适量砾质的沙壤土的地方建园。

（2）整地

株行距（3～4）m×（4～5）m，定植前 2～3 个月按长 0.8 m、宽 0.8 m、深 0.6 m 的规格挖种植坑。

（3）选种

选取本地适栽、抗逆性强、高产优质品种的嫁接苗，需生长健壮、根系发达。

（4）移栽

袋苗全年均可种植。在定植坑中挖小坑，除去营养袋，扶正苗木，纵横成行，填细土至土团上方 3～5 cm，适当压紧。

（5）田间管理

①水肥管理

幼龄树宜勤施薄施，以水肥的方式淋施为佳。一般以"一梢二肥"较合理，即促梢肥和壮梢肥。结果树 4 月初株施复合肥料 0.2 kg、钾肥 0.3 kg，5 月下旬株施钾肥 0.2 kg、牛粪 0.5 kg，7 月下旬株施复合肥料 0.4 kg、尿素 0.2 kg，10 月下旬株施羊粪 10 kg、磷肥 0.5 kg。

②虫害

虫害主要有星天牛和根结线虫等。

（6）采收

8—9 月果实成熟时采收。

5. 成分

细叶黄皮含有生物碱类化合物、香豆素类化合物、甾醇类化合物、黄酮苷类和挥发性成分等，还含有有机酸、膳食纤维、维生素、18 种氨基酸和钾、镁、锰、硒等多种矿物质元素。

6. 性味归经

味甘、酸，性温；归肺经、胃经。

7. 功能与主治

具有行气、消食、化痰的功效，主治食积胀满、脘腹疼痛、疝痛、痰饮咳喘等症。

8. 药理作用

具有开胃、消食、解油腻、松弛肌肉等作用。

9. 常见食用方式

果实可生食，也可晒干泡酒等。

细叶黄皮蜜饯

【材料】细叶黄皮 250 g，白砂糖 75 g。

【制作方法】细叶黄皮洗净，切去枝，挤出籽。黄皮上洒白砂糖放入砂锅中文火慢煮至皮透明，收汁即可。

显齿蛇葡萄

拉丁学名： *Ampelopsis grossedentata*（Hand.-Mazz.）W. T. Wang。

科　　属： 葡萄科（Vitaceae）蛇葡萄属（*Ampelopsis*）。

食用部位： 叶、茎。

1. 植物形态

木质藤本。小枝圆柱形，有显著的纵棱纹，无毛。卷须2叉分枝，相隔2节间断与叶对生。叶为一至二回羽状复叶，二回羽状复叶者基部一对为3小叶，小叶卵圆形、卵椭圆形或长椭圆形，长2～5 cm，宽1.0～2.5 cm，顶端急尖或渐尖，基部阔楔形或近圆形，边缘每侧有2～5个锯齿，上面绿色，下面浅绿色，两面均无毛；侧脉3～5对，网脉微凸出，最后一级网脉不明显；叶柄长1～2 cm，无毛；托叶早落。花序为伞房状多歧聚伞花序，与叶对生；花序梗长1.5～3.5 cm，无毛；花梗长1.5～2.0 mm，无毛；花蕾卵圆形，高1.5～2.0 mm，顶端圆形，无毛；萼碟形，边缘波状浅裂，无毛；花瓣5枚，卵椭圆形，高1.2～1.7 mm，无毛，雄蕊5枚，花药卵圆形，长略甚于宽，花盘发达，波状浅裂；子房下部与花盘合生，花柱钻形，柱头不明显扩大。果实近球形，直径0.6～1.0 cm，有种子2～4粒；种子倒卵圆形，顶端圆形，基部有短喙，种脐在种子背面中部呈椭圆形，上部棱脊凸出，表面有钝肋纹突起，腹部中棱脊凸出，两侧洼穴均呈倒卵形，从基部向上达种子近中部。花期5—8月，果期8—12月。

2. 生长习性

显齿蛇葡萄生于海拔1300～1950 m的山坡灌木丛中或山谷疏林中。

3. 繁殖技术

（1）种子繁殖

10月底左右收集成熟浆果，晒干备用。播前用35 ℃左右的25%多菌灵800倍稀释液浸种4 h，撒播于土畦表面，沙土覆盖。

（2）扦插繁殖

11月底采集成熟的木质化枝条，用25%多菌灵800倍稀释液浸泡处理，扦插于含水量55%左右的细沙中，株行距5 cm×6 cm，保持土壤湿度为80%左右。

4. 栽培技术

（1）整地

翻耕，深度 20 ～ 30 cm。按 7500 kg/hm² 施有机肥料作为基肥。起垄，垄高 25 ～ 30 cm。

（2）覆膜

起垄浇水后使用 0.12 mm 以上厚度的黑色薄膜或双色薄膜覆垄。

（3）移栽

待扦插苗高 10 cm 时即可移栽，一般在秋末冬初或春初进行。定植多采用单行种植，株行距 0.5 m × 1.0 m。

（4）田间管理

①搭架

及时进行棚架式搭架，搭架材料宜选择楠竹等。搭架时竹条间距 1 m，架两侧离地 20 cm 和正中处用木质或竹制材料固定。

②水肥管理

全年施肥 2 ～ 3 次。冬剪后施基肥，每亩施 1500 ～ 3000 kg 腐熟的有机肥料。6 月第 1 次修剪后进行第 2 次施肥，施肥量比第 1 次稍少。第 2 次修剪时可再施肥 1 次。整个生长期内保持土壤湿润，注意防涝抗旱。

③打顶

幼苗新梢生长至 20 ～ 30 cm 时打顶 1 次。

④除草

适时人工除草，7—8 月停止除草。

⑤修剪

早春适时轻修剪，除去多余枝条，每株留 3 ～ 4 个向上生长且长势良好的主枝。5 月底至 6 月初进行第 2 次修剪，在主蔓留 8 ～ 10 片叶子短截。7 月下旬进行第 3 次修剪。11 月最后 1 次采收后及时进行修剪。

⑥病虫害防治

抗病虫害能力强，以预防为主。

（5）采收

4—8 月采摘嫩茎叶，9—10 月叶片普采。采摘长度 3 ～ 8 cm，每隔 10 ～ 12 d 采摘 1 次。

5. 成分

显齿蛇葡萄主要有效成分为黄酮类物质、二氢杨梅素。维生素 C 和蛋白质的含量也较高。

6. 性味归经

味苦、微涩，性凉；归肺经、肝经、胃经。

7. 功能与主治

具有平肝、降血压、祛瘀止痛、清热解毒等功效，主治肾炎水肿、小便不利、风湿痹痛等症。

8. 药理作用

具有抗菌消炎、降血压、降血脂、改善胰岛素抵抗作用、抗肿瘤、抗血栓等作用。

9. 常见食用方式

嫩叶可泡茶。

显齿蛇葡萄茶

【用料】显齿蛇葡萄嫩叶适量。

【制法】显齿蛇葡萄嫩叶在沸水中稍微焯烫，捞起沥干，置于通风处晾干，至表面现有星点白霜时即可泡茶饮用。

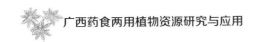

香椿

拉丁学名：*Toona sinensis*（A. Juss.）Roem.。

科　　属：楝科（Meliaceae）香椿属（*Toona*）。

食用部位：芽。

1. 植物形态

乔木；树皮粗糙，深褐色，片状脱落。叶具长柄，偶数羽状复叶，长 30 ～ 50 cm 或更长；小叶 16 ～ 20 片，对生或互生，纸质，卵状披针形或卵状长椭圆形，长 9 ～ 15 cm，宽 2.5 ～ 4.0 cm，先端尾尖，基部一侧圆形，另一侧楔形，不对称，全缘或有疏离的小锯齿，两面均无毛，无斑点，下面常呈粉绿色，侧脉每边 18 ～ 24 条，平展，与中脉几成直角开出，下面略凸起；小叶柄长 5 ～ 10 mm。圆锥花序与叶等长或更长，被稀疏的锈色短柔毛或有时近无毛，小聚伞花序生于短的小枝上，多花；花长 4～5 mm，具短花梗；花萼 5 齿裂或浅波状，外面被柔毛，且有睫毛；花瓣 5 枚，白色，长圆形，先端钝，长 4～5 mm，宽 2～3 mm，无毛；雄蕊 10 枚，其中 5 枚能育，5 枚退化；花盘无毛，近念珠状；子房圆锥形，有 5 条细沟纹，无毛，每室有胚珠 8 颗，花柱比子房长，柱头盘状。蒴果狭椭圆形，长 2.0～3.5 cm，深褐色，有小而苍白色的皮孔，果瓣薄；种子基部通常钝，上端有膜质的长翅，下端无翅。花期 6—8 月，果期 10—12 月。

2. 生长习性

香椿喜温，喜光，较耐湿。适宜生长于河边、宅院周围肥沃湿润的土壤中，一般以沙壤土为好。产于陕西、贵州和云南。

3. 繁殖技术

（1）种子繁殖

播种前将种子置于 30～35 ℃温水中浸泡 24 h 进行催芽，胚根露出米粒大小时播种。

（2）分株繁殖

早春挖取成年植株根部幼苗，移栽至苗地上，翌年苗长至 2 m 左右时定植；也可于冬末春初在成树周围挖 60 cm 深的圆形沟，切断部分侧根，翌年断根处长出新苗时进行移栽。

（3）组织培养

以当年生嫩枝茎段为外植体，洗净，消毒，用培养基 MS+0.6 mg/L BA+0.2 mg/L NAA 诱导愈伤组织，用培养基 MS+1.0 mg/L BA+0.5 mg/L NAA 进行增殖，用培养基 1/2 MS+1.0 mg/L IAA 进行生根培养。

4. 栽培技术

（1）选地

选择交通便利、肥沃湿润、土壤含盐量较低的地块或山坡。

（2）整地

播种前先整好育苗地，做成 1.0～1.2 m 宽的平畦，畦间留 45～50 cm 宽的过道。

（3）移栽

从畦内挖出 20～30 cm 深表土，将苗木按株行距 8 cm×10 cm 紧密栽于畦内，回土，浇透水。

（4）田间管理

①水肥管理

幼苗期结合浇水每次每亩追施磷酸二铵或复合肥料 20 ～ 25 kg，一般追肥 1 ～ 2 次。天气干旱及时浇水，多雨季节及时排水，入秋后减少浇水量。

②病虫害

病害主要有叶锈病、白粉病等，虫害主要有香椿毛虫、云斑天牛、草履介壳虫等。

（5）采收

谷雨前后第 1 次采摘顶芽，隔 15 ～ 20 d 采摘第 2 次。前 2 年每年采摘 2 次，3 年后可每年采摘 2 ～ 3 次。

5. 成分

香椿含有酚类、鞣质、生物碱、皂苷、甾体、萜类、挥发油及油脂等活性成分。除富含蛋白质、脂肪、碳水化合物外，钾、钙、镁元素及维生素 B 族的含量在蔬菜中名列前茅。

6. 性味归经

味苦、涩，性温；归肝经、肾经、胃经。

7. 功能与主治

具有清热解毒、健胃理气、润肤明目、杀虫的功效，主治痢疾、肠炎、泌尿系统感染、便血、血崩、白带、风湿腰腿痛等症。

8. 药理作用

具有抗凝血、抗氧化、降血糖、保护心脏等作用。

9. 常见食用方式

香椿炒鸡蛋

【用料】香椿 250 g、鸡蛋 5 个、食盐适量。

【制法】香椿洗净，下沸水稍微焯水，捞出切碎。鸡蛋磕入碗内搅匀。油锅烧热，倒入鸡蛋炒至成块，投入香椿炒匀，加食盐调味即可。

香港四照花

拉丁学名：*Cornus hongkongensis* Hemsley。

科　　属：山茱萸科（Cornaceae）山茱萸属（*Cornus*）。

食用部位：果实。

1. 植物形态

常绿乔木或灌木，高 5 ～ 15 m，稀达 25 m；树皮深灰色或黑褐色，平滑；幼枝绿色，疏被褐色贴生短柔毛，老枝浅灰色或褐色，无毛，有多数皮孔。冬芽小，圆锥形，被褐色细毛。叶对生，薄革质至厚革质，椭圆形至长椭圆形，稀倒卵状椭圆形，长 6.2 ～ 13.0 cm，宽 3.0 ～ 6.3 cm，先端短渐尖或短尾状，基部宽楔形或钝尖形，上面深绿色，有光泽，下面淡绿色，嫩时两面均被白色及褐色贴生短柔毛，渐老则变为无毛而仅在下面多少有散生褐色残点，中脉在上面明显，下面凸出，侧脉（3 ～）4 对，弓形内弯，在上面不明显或微下凹，下面凸出；叶柄细圆柱形，长 0.8 ～ 1.2 cm，嫩时被褐色短柔毛，老后无毛。头状花序球形，由 50 ～ 70 朵花聚集而成，直径 1 cm；总苞片 4 枚，白色，宽椭圆形至倒卵状宽椭圆形，长 2.8 ～ 4.0 cm，宽 1.7 ～ 3.5 cm，先端钝圆有突尖头，基部狭窄，两面均近于无毛；总花梗纤细，长 3.5 ～ 10.0 cm，密被淡褐色贴生短柔毛；花小，有香味，花萼管状，绿色，长 0.7 ～ 0.9 mm，基部有褐色毛，上部 4 裂，裂片不明显或为截形，外侧被白色细毛，内侧于近缘处被褐色细毛；花瓣 4 枚，长圆状椭圆形，长 2.2 ～ 2.4 mm，宽 1.0 ～ 1.2 mm，淡黄色，先端钝尖，基部渐狭；雄蕊 4 枚，花丝长 1.9 ～ 2.1 mm，花药椭圆形，深褐色；花盘盘状，略有浅裂，厚 0.3 ～ 0.5 mm；子房下位，花柱圆柱形，长约 1 mm，微被白色细伏毛，柱头小，淡绿色。果序球形，直径 2.5 cm，被白色细毛，成熟时黄色或红色；总果梗绿色，长 3.5 ～ 10.0 cm，近于无毛。花期 5—6 月，果期 11—12 月。

2. 生长习性

香港四照花常生于海拔 350 ～ 1700 m 湿润山谷的密林或混交林中。喜光、喜温暖气候和阴湿环境。适应性强，能耐一定程度的干旱和瘠薄，耐 –15 ℃低温。对土壤要求不严，在中性、酸性土壤及石灰性土壤中均能生长。

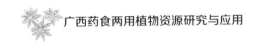

3. 繁殖技术

（1）种子繁殖

10—11 月采集成熟种子，先堆沤，然后用水浸泡，淘洗干净，沙藏。播种前用清水冲洗 2 次，然后用 50 ℃左右的热水浸种 36 h，捞出置于室温 25 ℃催芽。一般采用条播，按行距 15 ～ 20 cm，开宽 5 ～ 10 cm、深 2 ～ 3 cm 的沟，将种子均匀撒入沟内。

（2）分蘖繁殖和扦插繁殖

分蘖繁殖是于春季未萌芽或冬季落叶之后，将大植株下的小植株分蘖开，移栽定植。扦插繁殖是 3—4 月间，选取 1 ～ 2 年生枝条，剪成 5 ～ 6 cm 长，插于纯沙或沙质土壤中。

（3）组织培养

带芽茎段诱导的最佳组合为 WPM+2.0 mg/L 6–BA+0.5 mg/L 2,4–D，嫩叶诱导愈伤组织的最佳培养基为 WPM+1.0 mg/L 6–BA+0.2 mg/L NAA+0.1 mg/L 2,4–D，茎段的最佳诱导培养基为 WPM+2.0 mg/L 6–BA+0.5 mg/L 2,4–D，最佳分化培养基为 WPM+2.0 mg/L 6–BA+0.2 mg/L NAA，最佳增殖培养基为 WPM+1.0 mg/L 6–BA+0.5 mg/L NAA。

4. 栽培技术

（1）选地

宜选择背风、向阳、地下水位高、土质肥沃的微酸性或中性土壤。

（2）整地

细致整地，清除石头杂草，对土壤进行消毒，施有机底肥。

（3）移栽定植

初植密度以 660 株 / 亩为宜，株行距 1 m×1 m。用 3 年生苗移植，采用穴状整地方式，穴的长、宽、深为 40 cm×40 cm×30 cm。

（4）田间管理

①水肥管理

前 5 年每年施肥 1 次，每株施尿素和过磷酸钙混合肥 0.1 kg，促进幼树生长。夏季梅雨季节要注意排水和灌溉。

②整形修剪

在生长过程中要逐渐剪去基部枝条，对中心主枝经短截提高向上生长能力。香港四照花萌枝力差，不宜重剪。

③病虫害

病害主要有角斑病，虫害主要有蚜虫类。

（5）采收

全年均可采收叶。夏季采收花，去除枝梗，鲜用或晒干。秋季采收果实，晒干。

5. 成分

香港四照花含有菲醇–30 半乳糖苷和栎皮酮–3– 半乳糖苷等成分，还含有脂肪、可吸收钙等营养物质。

6. 性味归经

味甘、苦，性温；归肝经。

7. 功能与主治

具有驱蛔虫、收敛止血等功效，主治蛔虫病、外伤出血。

8. 药理作用

香港四照花各部分均可入药，果实入药有暖胃通经活血的作用；鲜叶敷伤口可消肿；根及种子煎水服用可补血，治月经不调和腹痛。

9. 常见食用方式

果实可生食、酿酒和做醋。

小果蔷薇

拉丁学名：*Rosa cymosa* Tratt.。

科　　属：蔷薇科（Rosaceae）蔷薇属（*Rosa*）。

食用部位：果实、根、嫩叶。

1. 植物形态

攀缘灌木，高 2～5 m；小枝圆柱形，无毛或稍有柔毛，有钩状皮刺。小叶 3～5 片，稀 7 片；连叶柄长 5～10 cm；小叶片卵状披针形或椭圆形，稀长圆状披针形，长 2.5～6.0 cm，宽 8～25 mm，先端渐尖，基部近圆形，边缘有紧贴或尖锐细锯齿，两面均无毛，上面亮绿色，下面颜色较淡，中脉凸起，沿脉有稀疏长柔毛；小叶柄和叶轴无毛或有柔毛，有稀疏皮刺和腺毛；托叶膜质，离生，线形，早落。花多朵聚集成复伞房花序；花直径 2.0 ～ 2.5 cm，花梗长约 1.5 cm，幼时密被长柔毛，老时逐渐脱落近于无毛；萼片卵形，先端渐尖，常有羽状裂片，外面近无毛，稀有刺毛，内面被稀疏白色茸毛，沿边缘较密；花瓣白色，倒卵形，先端凹，基部楔形；花柱离生，稍伸出花托口外，与雄蕊近等长，密被白色柔毛。果实球形，直径 4 ～ 7 mm，红色至黑褐色，萼片脱落。花期 5—6 月，果期 7—11 月。

2. 生长习性

小果蔷薇多生于海拔 250 ～ 1300 m 的向阳山坡、路边、溪边或丘陵地。

3. 繁殖技术

（1）压条繁殖

选取生长健壮的老枝，将其剪成带芽的小段压入泥土中，芽口朝上。

（2）扦插繁殖

取当年生嫩枝作插穗，插穗的下切口沾草木灰防止腐烂，扦插于基质中，浇水，覆膜保湿。

4. 栽培技术

（1）整地

冬耕施人畜粪水或撒上腐熟的有机肥料，然后翻入土中。

（2）田间管理

①施肥

生长期勤施肥，花谢后追施速效肥 1 ～ 2 次，入冬前施最后 1 次肥。

②病虫害

病害主要有焦叶病、溃疡病、黑斑病，虫害主要有锯蜂、蔷薇叶蜂、介壳虫、蚜虫等。

5. 成分

根皮含鞣质约 57.3%，还含有有机酸、皂苷、树脂、糖类、淀粉、蛋白质、无机盐等。花含丰富的氨基酸和微量元素。

6. 性味归经

味苦，性平；归心经、肝经、肺经。

7. 功能与主治

具有消肿止痛、祛风除湿、止血解毒、补脾固涩的功效，主治风湿关节病、跌仆损伤、阴挺、脱肛等症。

8. 药理作用

具有止血、凝血、抑菌等作用。

9. 常见食用方式

小果蔷薇根常用于煲汤。

小果蔷薇炖鸡

【用料】鸡半只，大枣 2 个，姜、小果蔷薇干燥根、食盐、枸杞子各适量。

【制法】姜洗净切片；鸡洗净切块，焯水去血沫，放入炖锅，加清水，放入姜片、大枣、小果蔷薇根，炖 1 h 后放入枸杞子，加食盐调味即可。

萱草

拉丁学名：*Hemerocallis fulva*（L.）L.。

科　　属：百合科（Liliaceae）萱草属（*Hemerocallis*）。

食用部位：根、嫩苗。

1. 植物形态

多年生草本，根状茎粗短，具肉质纤维根，多数膨大呈窄长纺锤形。叶基生成丛，条状披针形，长 30 ～ 60 cm，宽约 2.5 cm，下面被白粉。夏季开橘黄色大花，花葶长于叶，高达 1 m 以上；圆锥花序顶生，有花 6 ～ 12 朵，花梗长约 1 cm，有小的披针形苞片；花长 7 ～ 12 cm，花被基部粗短漏斗状，长达 2.5 cm，花被 6 片，开展，向外反卷，外轮 3 片，宽 1 ～ 2 cm，内轮 3 片宽达 2.5 cm，边缘稍呈波状；雄蕊 6 枚，花丝长，着生于花被喉部；子房上位，花柱细长。

2. 生长习性

萱草常生于海拔 300 ～ 2500 m 的山坡、山谷、阴湿草地或林下。适应性强，喜湿润也耐旱，喜阳光又耐半阴，耐寒。对土壤要求不严，以富含腐殖质、排水性良好的湿润土壤为宜。

3. 繁殖技术

（1）种子繁殖

夏、秋季果实成熟时采收果实，取出种子即可播种，条播或撒播，20 d 左右出苗。

（2）分株繁殖

分株繁殖在定植 2 年后植株抽薹前或落花后进行。挖取生长健壮的母株丛，将丛分成多个生长点完整并带 1～2 个芽的小株，移栽至大田。

（3）组织培养

选取幼嫩花梗分蘖的结节处为外植体，洗净，消毒，接种于 MS+1 mg/L 6-BA+0.1 mg/L NAA 培养基诱导产生愈伤组织和萌芽，接种于 MS+2.0 mg/L 6-BA+0.2 mg/L NAA 培养基进行增殖培养，接种于 1/2 MS+0.1 mg/L NAA+0.1 mg/L IBA 培养基进行生根培养。

4. 栽培技术

（1）选地

选择富含腐殖质、排水性良好的土壤种植，可选择靠近小河、溪边、林中等地块。

（2）整地

整地前先对土壤进行消毒，深翻，细碎土块，撒施腐熟的有机肥料，按间距 30 cm 的标准南北向做垄。

（3）移栽

4 月末或 5 月初植株成活稳定后将小苗按株距 20～25 cm 定植于垄上。

（4）田间管理

①水肥管理

移栽后尚未现蕾时结合浇水施尿素、钾肥 1 次。耐旱性强，一般不需要人工浇水。

②病虫害

病害主要有锈病、叶斑病、叶枯病，虫害主要有蛴螬、红蜘蛛、蚜虫。

（5）采收

当花蕾发育饱满，花蕾中部金黄色、两端均呈绿色、顶端紫色退去时即可采收。从上到下、从外到里循序采收。

5. 成分

萱草含有天门冬素、秋水仙碱等多种化学成分，还含有丰富的蛋白质、脂肪、钙、磷以及多种维生素，其中胡萝卜素的含量最为丰富。

6. 性味归经

味甘，性凉；归心经、肾经。

7. 功能与主治

具有清热利尿、凉血止血的功效，主治腮腺炎、黄疸、膀胱炎、尿血、小便不利、乳汁缺乏等症。

8. 药理作用

具有抗氧化、抗肿瘤、抗抑郁、护肝等作用。

9. 常见食用方式

需先将萱草制成干品，然后可炒食或煮汤。

萱草炒肉丝

【用料】萱草嫩苗 200 g、猪里脊肉 150 g、红尖椒 10 g、植物油 500 g、食盐 4 g、味精 2 g、嫩肉粉 3 g、蚝油 1 g、酱油 1 g、葱 5 g、水淀粉 10 g。

【制法】猪里脊肉切丝，用食盐、嫩肉粉、浓水淀粉、植物油上浆抓匀，红尖椒切丝，葱切段；锅内放油，下红尖椒炒香，再放入萱草、食盐、蚝油、酱油、味精炒拌入味，下入肉丝，用水淀粉勾芡，撒上葱段，翻拌均匀，出锅装盘即可。

沿阶草

拉丁学名：*Ophiopogon bodinieri* Levl.。

科　　属：百合科（Liliaceae）沿阶草属（*Ophiopogon*）。

食用部位：块根。

1. 植物形态

根纤细，近末端处有时具膨大成纺锤形的小块根；地下走茎长，直径 1 ～ 2 mm，节上具膜质的鞘。茎很短。叶基生成丛，禾叶状，长 20 ～ 40 cm，宽 2 ～ 4 mm，先端渐尖，具 3 ～ 5 条脉，边缘具细锯齿。花葶较叶稍短或几等长，总状花序长 1 ～ 7 cm，具几朵至十几朵花；花常单生或 2 朵簇生于苞片腋内；苞片条形或披针形，少数呈针形，稍带黄色，半透明，最下面的长约 7 mm，少数更长些；花梗长 5 ～ 8 mm，关节位于中部；花被片卵状披针形、披针形或近矩圆形，长 4 ～ 6 mm，内轮三片宽于外轮三片，白色或稍带紫色；花丝很短，长不及 1 mm；花药狭披针形，长约 2.5 mm，常呈绿黄色；花柱细，长 4 ～ 5 mm。种子近球形或椭圆形，直径 5 ～ 6 mm。花期 6—8 月，果期 8—10 月。

2. 生长习性

沿阶草生于海拔 600 ～ 3400 m 的山坡、山谷潮湿处、沟边、灌木丛下或林下。喜温暖湿润、较荫蔽的环境。耐寒、耐湿、耐肥，怕旱，忌强光和高温。土质以疏松肥沃、排水性良好的沙质壤土较好，在过沙、过黏或酸性土壤上生长不良。

3. 繁殖技术

生产中常采用分株繁殖。每 1 母株可分种苗 1 ～ 4 株。选取生长旺盛的高壮苗，剪去块根、须根、叶尖和老根茎，拍松茎基部，使其分成单株，剪去残留的老茎节。

4. 栽培技术

（1）选地

选择地势高，疏松肥沃、土层深厚、排水性良好的中性或微碱性沙质壤土种植。

（2）整地

每亩施农家肥 4000 kg，配施 100 kg 过磷酸钙和 100 kg 腐熟的饼肥作基肥。深耕 25 cm，整细耙平，耙匀起畦，畦宽 1.0 ～ 1.2 m，高约 20 cm。

（3）播种方式

按行距 10 ～ 13 cm 开沟，沟深 5 ～ 6 cm，在沟内每隔 6 ～ 8 cm 放种苗 2 ～ 4 株，覆土压紧。

（4）田间管理

①水肥管理

需肥较多，除施足基肥外，还需及时追肥。栽种后 1 个月结合浇水每亩追施人畜粪水 750 kg 以提苗促壮。7—8 月追施 100 kg 腐熟的饼肥以利块根迅速膨大。11 月每亩撒 2000 ～ 2500 kg 牛马粪以增强抗寒性。栽种后，需保持土壤湿润。7—8 月可灌水降温保根，但不宜积水。冬春干旱时需灌水 1 ～ 2 次。

②中耕除草

一般每年进行 3 ～ 4 次中耕除草。

③病虫害

病害主要有黑斑病和根结线虫病，虫害主要有蛴螬、蝼蛄、地老虎、金针虫等。

（5）采收

栽后2～3年收获，收获期4月中旬至5月上旬。将全株刨出，抖去泥土，摘下块根，洗净加工。

5. 成分

目前，已从沿阶草中分离得到甾体皂苷、高异黄酮、多糖等多种化学成分，其中甾体皂苷和高异黄酮被认为是沿阶草的主要活性成分。

6. 性味

味甘、微苦，性微寒。

7. 功能与主治

具有滋阴生津、润肺止咳、清心除烦的功效，主治热病伤津、肺热燥咳、肺结核咯血等症。

8. 药理作用

具有抗炎、抗血栓、抗氧化、降血糖、提高机体免疫力等作用。

9. 常见食用方式

可直接洗净后捣碎压扁入药食用，也可取干燥的根放入白酒中泡酒。

沿阶草蛤蜊

【用料】蛤蜊 1000 g、沿阶草 30 g、小麦 20 g、地骨皮 20 g、食盐适量。

【制法】蛤蜊洗净，沿阶草、小麦、地骨皮洗净泡软。将蛤蜊、沿阶草、地骨皮、小麦放入锅中，加适量水共煮，至蛤蜊熟时加入食盐调味即可。

羊乳

拉丁学名：*Codonopsis lanceolata*（Sieb. et Zucc.）Trautv.。

科　　属：桔梗科（Campanulaceae）党参属（*Codonopsis*）。

食用部位：根。

1. 植物形态

植株全体光滑无毛或茎叶偶疏生柔毛。茎基略近于圆锥状或圆柱状，表面有多数瘤状茎痕，根常肥大呈纺锤状而有少数细小侧根，长 10 ～ 20 cm，直径 1 ～ 6 cm，表面灰黄色，近上部有稀疏环纹，而下部则疏生横长皮孔。茎缠绕，长约 1 m，直径 3 ～ 4 mm，常有多数短细分枝，黄绿色而微带紫色。叶在主茎上的互生，披针形或菱状狭卵形，细小，长 0.8 ～ 1.4 cm，宽 3 ～ 7 mm；在小枝顶端通常 2 ～ 4 片叶簇生，而近于对生或轮生状，叶柄短小，长 1 ～ 5 mm，叶片菱状卵形、狭卵形或椭圆形，长 3 ～ 10 cm，宽 1.3 ～ 4.5 cm，顶端尖或钝，基部渐狭，通常全缘或有疏波状锯齿，上面绿色，下面灰绿色，叶脉明显。花单生或对生于小枝顶端；花梗长 1 ～ 9 cm；花萼贴生至子房中部，筒部半球状，裂片湾缺尖狭，或开花后渐变宽钝，裂片卵状三角形，长 1.3 ～ 3.0 cm，宽 0.5 ～ 1.0 cm，端尖，全缘；花冠阔钟状，长 2 ～ 4 cm，直径 2.0 ～ 3.5 cm，浅裂，裂片三角状，反卷，长 0.5 ～ 1.0 cm，黄绿色或乳白色内有紫色斑；花盘肉质，深绿色；花丝钻状，基部微扩大，长 4 ～ 6 mm，花药 3 ～ 5 mm；子房下位。蒴果下部半球状，上部有喙，直径 2.0 ～ 2.5 cm。种子多数，卵形，有翼，细小，棕色。花果期 7—8 月。

2. 生长习性

羊乳喜温湿，生于山地灌木林下沟边阴湿地或阔叶林内。以富含腐殖质、土质肥沃的沙质壤土最好。

3. 繁殖技术

春播于 4 月中旬至 5 月上旬进行。用 50 ℃热水浸种 6 ～ 7 h，捞出用消过毒的毛巾或纱布包好放在 25 ℃恒温箱里催芽，出芽率达 50% 以上时播种。

4. 栽培技术

（1）选地

选择排水性较好、土壤肥沃、透风透光条件较好的地段，坡度较小的退耕还林地、疏林地、荒山肥沃地进行栽培。

（2）整地

播种前翻耕，深 30 ～ 35 cm，施优质猪圈肥 35000 ～ 55000 kg/hm^2，整平耙细。

（3）田间管理

①水肥管理

整地时 1 次性施足基肥，如出现脱肥现象可结合浇水施液体有机肥料。干旱时及时浇水，雨季及时排出田间积水。

②病虫害

病害主要有斑枯病和锈病，虫害主要有蚜虫病等。

（4）采收

食用的 2 年采收，药用的则 3 年后采收。春、秋两季均可采挖，采挖时要深挖，避免伤根。

5. 成分

羊乳块根主要含三萜皂苷、糖类、维生素 B_1、维生素 B_2、生物碱、挥发油、蛋白质等。

6. 性味归经

味甘、辛，性平；归脾经、肺经。

7. 功能与主治

具有消食健胃、行气散瘀、补气养血、消肿解毒、催乳等功效，主治肺痈、乳痈、肿毒、乳少、白带等症。

8. 药理作用

具有抗突变、抗氧化、抗衰老、提高机体免疫力、镇静、镇痛、降血压、升血糖等作用。

9. 保健食谱

可熬汤、煎膏滋，也可在煮粥、饭、菜肴时加入。

羊乳猪蹄汤

【用料】羊乳根 30 ～ 60 g、猪蹄半只。

【制法】将羊乳根和猪蹄放入锅中，加入适量清水，武火煮沸后改中火煮 30 min 即可。

野蕉

拉丁学名：*Musa balbisiana* Colla。

科　　属：芭蕉科（Musaceae）芭蕉属（*Musa*）。

食用部位：果实。

1. 植物形态

假茎丛生，高约 6 m，黄绿色，有大块黑斑，具匍匐茎。叶片卵状长圆形，长约 2.9 m，宽约 90 cm，基部耳形，两侧不对称，上面绿色，微被蜡粉；叶柄长约 75 cm，叶翼张开约 2 cm，但幼时常闭合。花序长 2.5 m，雌花的苞片脱落，中性花及雄花的苞片宿存，苞片卵形至披针形，外面暗紫红色，被白粉，内面紫红色，开放后反卷；合生花被片具条纹，外面淡紫白色，内面淡紫色；离生花被片乳白色，透明，倒卵形，基部圆形，先端内凹，在凹陷处有一小尖头。果丛共 8 段，每段有果实 2 列，15 ～ 16 个。浆果倒卵形，长约 13 cm，直径 4 cm，灰绿色，棱角明显，先端收缩成一具棱角、长约 2 cm 的柱状体，基部渐狭成长 2.5 cm 的柄，果实内具多数种子；种子扁球形，褐色，具疣。

2. 生长习性

野蕉产于云南西部、广西、广东，生于沟谷坡地的湿润常绿林中。

3. 繁殖技术

（1）吸芽繁殖

用野蕉的剑芽（红笋）和褛衣进行繁殖。

（2）块茎繁殖

采集尚未开花结果的植株或大吸芽的地下茎（10—11 月萌芽），11 月至翌年 1 月进行切块，催芽，4—6 月苗高 40 ～ 50 cm 即可栽植。

（3）分株繁殖

分株时先将吸芽旁的土壤掘开，用铲将母株与吸芽切开，剪去过长和受伤的根，将切口阴干或用草木灰涂抹后栽植。

（4）组织培养

选取茎尖或花轴序作外植体，洗净，消毒，外植体诱导最佳培养基为 MS+3 mg/L 6–BA+0.3 mg/L NAA，不定芽增殖最佳培养基为 MS+3 mg/L 6–BA+0.3 mg/L NAA，生根培养基为 1/2 MS+0.2 mg/L IBA+0.1 mg/L NAA+0.5% 活性炭。

4. 栽培技术

（1）选地

种植范围较广，房前屋后、沟谷边，路边均可种植。

（2）整地

对种植地进行二犁二耙，疏松土壤。种植前按 2 m×2 m 的定植行距进行定点拉线，挖长、宽、深各 0.4 m 的定植坑，将 10 kg 腐熟的基肥放在坑底，拌匀后盖土。每公顷种植 2400 株左右。

（3）田间管理

①水肥管理

3—4 月第 1 次施肥，每株施农家肥 3 ~ 5 kg、磷肥 0.2 kg。6—7 月第 2 次施肥，每株施土杂肥 50 kg、花生麸 0.2 kg、复合肥料 0.1 kg。8 月上中旬第 3 次施肥，每株施土杂肥 25 kg、农家肥 5 kg、麸肥 0.2 kg。蕉田要高畦深沟，以利排水，又能灌溉。

②除草

除草时尽量用手拔除，禁止踩上畦面或锄伤根群。

③留芽除芽

割除头路吸芽，待二路或三路吸芽抽生后留用 1 ~ 2 个吸芽，其余去除。

④断蕾

当蕉轴顶端 1 ~ 2 梳不结实时于晴天下午进行断蕾。

⑤病虫害

病害主要有叶斑病、花叶心腐病、束顶病，虫害主要有弄蝶、蝗虫、卷叶虫、象鼻虫等。

（4）采收

接近完全成熟时采收，适宜近距离、短时间贮运，此时的品质也最好。采收后注意留袋保存，避免野蕉受损。

5. 成分

野蕉几乎含有所有的维生素和矿物质，还含有丰富的膳食纤维和果胶。

6. 性味归经

味甘，性凉；归三焦经、胆经。

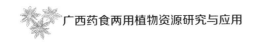

7. 功能与主治

具有清热利湿、活血通脉、行气止痛的功效，主治小便短赤、淋浊，水肿，风湿痹痛，跌仆损伤，乳汁不通等症。

8. 药理作用

具有降血脂、抗癌、抗肿瘤、抗氧化、降血压、防止脑出血等作用。

9. 常见食用方式

可生食、凉拌、做菜或煮汤。

野蕉茶

【用料】野蕉皮适量。

【制法】野蕉皮洗净后切割成丝，晾干或风干，存储于密封性的铁罐中作养生茶冲泡饮用。

野菊

拉丁学名：*Chrysanthemum indicum* Linnaeus。

科　　属：菊科（Asteraceae）茼蒿属（*Chrysanthemum*）。

食用部位：花、全草。

1. 植物形态

多年生草本，高 0.25 ～ 1.00 m，有地下长或短匍匐茎。茎直立或铺散，分枝或仅在茎顶有伞房状花序分枝。茎枝被稀疏的毛，上部及花序枝上的毛稍多或较多。基生叶和下部叶花期脱落。中部茎叶卵形、长卵形或椭圆状卵形，长 3 ～ 7（10）cm，宽 2 ～ 4（7）cm，羽状半裂、浅裂或分裂不明显而边缘有浅锯齿。基部截形或稍心形或宽楔形，叶柄长 1 ～ 2 cm，柄基无耳或有分裂的叶耳。两面同色或几同色，淡绿色，或干后两面呈橄榄色，有稀疏的短柔毛，或下面的毛稍多。头状花序直径 1.5 ～ 2.5 cm，多数在茎枝顶端排成疏松的伞房圆锥花序或少数在茎顶排成伞房花序。总苞片约 5 层，外层卵形或卵状三角形，长 2.5 ～ 3.0 mm，中层卵形，内层长椭圆形，长 11 mm。全部苞片边缘白色或褐色宽膜质，顶端钝或圆。舌状花黄色，舌片长 10 ～ 13 mm，顶端全缘或 2 ～ 3 齿。瘦果长 1.5 ～ 1.8 mm。花期 6—11 月。

2. 生长习性

野菊广泛分布于东北、华北、华中、华南及西南各地。生于山坡草地、灌木丛、河边水湿地、滨海盐渍地、田边及路边。喜温暖干燥的环境，耐寒，不耐高温。

3. 繁殖技术

（1）种子繁殖

将健壮无病虫害的野菊植株作为留种植株，不采集花蕾和果实，翌年 3 月下旬至 4 月上旬，浇水促进落地种子萌发。

（2）扦插繁殖

5—9 月采集母株上的当年生枝条，剪取顶枝，剪成 8 ～ 10 cm 长、带 2 ～ 3 个芽的插穗，上端离最上芽 0.5 cm 处剪成平口，下端剪成斜口，去掉基部叶片，扦插于细河沙、珍珠岩、蛭石等基质中。

（3）组织培养

以叶为外植体，用培养基 MS+2.0 mg/L 6–BA+1.0 mg/L NAA 诱导产生愈伤组织，用培养基 MS+3.0 mg/L 6–BA+0.5 mg/L NAA 进行丛生芽继代培养，用培养基 1/2 MS+0.5 mg/L IBA 诱导生根。

4. 栽培技术

（1）选地

不耐涝，选择地势高、干燥且排灌方便的地块。土壤以疏松肥沃的沙质土壤为宜。

（2）整地

播种前将地深翻、耙平，做成宽 60 ～ 80 cm 的苗床，苗床面积与大田面积为 1 ∶ 15。

（3）移栽

幼苗高 10 ～ 15 cm、长出 4 片真叶时进行移栽，行距 50 cm×50 cm，穴栽 1 ～ 2 株。

（4）田间管理

浇定根水时每亩施 1500 kg 稀薄的人畜粪水，促进成活。采收后浇水并追施腐熟的人畜粪水 2000 kg。冬季霜冻前割去茎秆并重施冬肥和光合营养肥，培土 5 cm。

（5）采收

夏、秋季采收叶和全草，去杂，鲜用或晒干。秋末开花时采收花和花蕾，阴干或蒸干。

5. 成分

野菊含有黄酮类、萜类、挥发油类、叶绿素和野菊花黄色素等成分。

6. 性味归经

味苦、辛，微寒；归肝经、心经。

7. 功能与主治

具有清热解毒、泻火平肝的功效，主治疔疮痈肿、目赤肿痛、头痛眩晕等症。

8. 药理作用

具有抑菌、抗病毒、抗氧化、降血压、抗炎、抑制血小板凝聚等作用。

9. 常见食用方式

可用来泡茶、酿酒或制作菊花糕。

（1）野菊花芦根水

【用料】野菊花 20 g、鲜芦根 150 g、冰糖 50 g。

【制法】鲜芦根洗净，切段，拍碎。野菊花用纱布包裹。沸水中加入鲜芦根和野菊花，一并煮约 30 min，加入冰糖即可。

（2）凉拌野菊花

【用料】野菊花嫩茎叶、食盐、味精、猪油各适量。

【制法】将野菊花嫩茎叶去杂，洗净，沸水中烫一下，捞出，洗去苦味，挤干水，切成段，备用。锅烧热，放入猪油，将油烧至五六成热，投入野菊花嫩茎叶煸炒，加盐、味精翻炒均匀即可。

野茼蒿

拉丁学名：*Crassocephalum crepidioides*（Benth.）S. Moore。

科　　属：菊科（Asteraceae）野茼蒿属（*Crassocephalum*）。

食用部位：嫩叶。

1. 植物形态

直立草本，高 20 ～ 120 cm，茎有纵条棱，无毛叶膜质，椭圆形或长圆状椭圆形，长 7 ～ 12 cm，宽 4 ～ 5 cm，顶端渐尖，基部楔形，边缘有不规则锯齿或重锯齿，或有时基部羽状分裂，两面均无毛或近无毛；叶柄长 2.0 ～ 2.5 cm。头状花序数个在茎端排成伞房状，直径约 3 cm，总苞钟状，长 1.0 ～ 1.2 cm，基部截形，有数枚不等长的线形小苞片；总苞片 1 层，线状披针形，等长，宽约 1.5 mm，具狭膜质边缘，顶端有簇状毛，小花全部管状，两性，花冠红褐色或橙红色，檐部 5 齿裂，花柱基部呈小球状，分枝，顶端尖，被乳头状毛。瘦果狭圆柱形，赤红色，有肋，被毛；冠毛极多数，白色，绢毛状，易脱落。花期 7—12 月。

2. 生长习性

野茼蒿适应能力强，繁殖快，常生于海拔 400 ～ 900 m 的山坡或沟边。

3. 繁殖技术

野茼蒿以种子繁殖为主。9—10 月采种，去杂，晾干，储藏于干燥、通风、凉爽的地方，翌年春季播种。播种前做宽 1 m、长 6 ～ 10 m 的畦，畦面土耙细、整平，将种子均匀撒播于土壤表面，上面覆薄层细土，用洒水壶浇透，搭塑料小拱棚保湿、保温。

4. 栽培技术

（1）选地

选择土层深厚、土壤肥沃、灌溉方便的黄壤土和沙壤土进行栽植。

（2）整地

每亩施腐熟的农家肥 2000 ～ 2500 kg 作基肥，深翻，整成宽 1 m、长 7 ～ 10 m 的平畦。

（3）移栽

4 月上中旬，按株行距 25 cm×35 cm 定穴，每穴种 1 株，压实后覆厚约 1.5 cm 的浮土，浇定根水。

（4）田间管理

①水肥管理

移栽 7 d 后用 25% 沼液水施提苗肥 1 次，之后隔 20 ～ 25 d，每亩施有机肥料 75 ～ 100 kg 或腐熟的饼肥 50 kg。采收前后各追肥 1 次，用量同上。尽可能保持土壤湿润，旱季多浇水。

②整形修剪

及时摘除花蕾。

③病虫害

病虫害较少，偶见白翅叶蝉虫为害。

（5）采收

苗高20～25 cm时第1次采收，之后每隔15～20 d、侧枝长15～20 cm时采收1次。每年可采收6～8次。

5. 成分

野茼蒿富含多种维生素、矿物质、膳食纤维、胆碱、挥发油等营养成分。

6. 性味归经

味辛、微甘，性平；归脾经、胃经。

7. 功能与主治

具有健脾消肿、清热解毒、行气、利尿的功效，主治感冒发热、痢疾、肠炎、尿路感染、乳腺炎、支气管炎等症。

8. 药理作用

具有抗氧化、保肝等作用。

9. 常见食用方式

凉拌或炒食。

凉拌野茼蒿

【用料】野茼蒿嫩茎叶350 g，食盐、味精、芝麻油各适量。

【制法】野茼蒿去杂洗净，沸水焯透，捞出洗净，挤干，切碎，加入食盐、味精、芝麻油，拌匀即可。

一点红

拉丁学名：*Emilia sonchifolia*（L.）DC.。

科　　属：菊科（Asteraceae）一点红属（*Emilia*）。

食用部位：全草。

1. 植物形态

1年生草本，根垂直。茎直立或斜升，高 25～40 cm，稍弯，通常自基部分枝，灰绿色，无毛或被疏短毛。叶质较厚，下部叶密集，大头羽状分裂，长 5～10 cm，宽 2.5～6.5 cm，顶生裂片大，宽卵状三角形，顶端钝或近圆形，具不规则的齿，侧生裂片通常 1 对，长圆形或长圆状披针形，顶端钝或尖，具波状齿，上面深绿色，下面常变为紫色，两面均被短卷毛；中部茎叶疏生，较小，卵状披针形或长圆状披针形，无柄，基部箭状抱茎，顶端急尖，全缘或有不规则细齿；上部叶少数，线形。头状花序长 8 mm，后伸长达 14 mm，在开花前下垂，花后直立，通常 2～5 个，在枝端排列成疏伞房状；花序梗细，长 2.5～5.0 cm，无苞片，总苞圆柱形，长 8～14 mm，宽 5～8 mm，基部无小苞片；总苞片 1 层，8～9 枚，长圆状线形或线形，黄绿色，约与小花等长，顶端渐尖，边缘窄膜质，背面无毛；小花粉红色或紫色，长约 9 mm，管部细长，檐部渐扩大，具 5 深裂。瘦果圆柱形，长 3～4 mm，具 5 棱，肋间被微毛；冠毛丰富，白色，细软。花果期 7—10 月。

2. 生长习性

一点红生于海拔 800～2100 m 的山野、路边、村边。耐旱、耐瘠，能在干燥坡上生长，不耐渍。对土壤要求不严，以土质疏松、稍肥沃、排水性良好的沙壤土为好。

3. 繁殖技术

一点红种子小，可与细沙土混匀，在无风的天气播种。春、夏季播种育苗，苗床施充分腐熟的有机肥料（每亩 1500～2000 kg）作基肥，育苗期间注意多淋水，保持苗床湿润，覆盖遮阳网有利于保湿。苗期视生长情况适当追肥。当幼苗具 3～5 叶时定植。

4. 栽培技术

（1）选地

对土壤要求不严，以土质疏松、稍肥沃的沙壤土种植为好。

（2）整地

选择排水性良好的沙壤土，施足基肥，每亩施腐熟的有机肥料 1500～2000 kg，耙碎，整平畦面，做成宽 1.0～1.5 m（包沟）的高畦。

（3）移栽

幼苗具有 3～5 叶时移栽。按株行距（15～20）cm × 20 cm 定植，浇足定根水。

（4）田间管理

①水肥管理

每采收 1 次采用水淋法追肥 1 次，复合肥料水溶液浓度为 0.5%。遇到雨水天气应及时排水，以免影响生长。

②病虫害

一般为害较多的病害有锈病，虫害只有蚜虫。

（5）采收

植株具 5～6 叶时采摘嫩梢做菜，留基部腋芽发梢，新梢具 4～5 叶时再次采摘，管理好的 4～5 d 即可采摘 1 次。

5. 成分

一点红富含人体必需的微量元素铁、锌、锰，粗纤维、粗脂肪含量远高于普通蔬菜。钙含量比菠菜高出 3 倍以上。氨基酸种类较齐全，谷氨酸、天冬氨酸、亮氨酸、苯丙氨酸、赖氨酸、甘氨酸等含量较高。

6. 性味归经

味微苦，性凉；归肝经、胃经、肺经、大肠经、膀胱经。

7. 功能与主治

具有清热解毒、散瘀消肿的功效，主治上呼吸道感染、口腔溃疡、肺炎、乳腺炎、肠炎、菌痢、尿路感染、疮疖痈肿、湿疹、跌打损伤等症。

8. 药理作用

具有抗肿瘤、抗炎镇痛、抗氧化、抗糖尿病等作用。

9. 常见食用方式

地上部可作为蔬菜食用。

一点红猪肉丸子汤

【用料】手拍猪肉丸 6 个，一点红 250 g，花生油 2 g，食盐 1 g，浓缩鸡汁 2 g，鸡粉 2 g，姜片少许，白砂糖、食盐各适量。

【制法】一点红洗净。锅中加适量水，倒入浓缩鸡汁和鸡粉，放入姜片、猪肉丸煮沸，加白砂糖、食盐调味，文火煮 5 min。另取一锅，将水煮沸，下少许花生油，将一点红焯水 40 秒。捞起，沥干，倒入做好的底汤中，煮沸即可。

异叶茴芹

拉丁学名：*Pimpinella diversifolia* DC.。

科　　属：伞形科（Apiaceae）茴芹属（*Pimpinella*）。

食用部位：全草。

1. 植物形态

多年生草本，高 0.3～2.0 m。通常为须根，稀为圆锥状根。茎直立，有条纹，被柔毛，中上部分枝。叶异形，基生叶有长柄，包括叶鞘长 2～13 cm；叶片三出分裂，裂片卵圆形，两侧的裂片基部偏斜，顶端裂片基部心形或楔形，长 1.5～4.0 cm，宽 1～3 cm，稀不分裂或羽状分裂，纸质；茎中、下部叶片三出分裂或羽状分裂；茎上部叶较小，有短柄或无柄，具叶鞘，叶片羽状分裂或 3 裂，裂片披针形，全部裂片边缘均有锯齿。通常无总苞片，稀 1～5 枚，披针形；伞辐 6～15（～30）个，长 1～4 cm；小总苞片 1～8 枚，短于花柄；小伞形花序有花 6～20 朵，花柄不等长；无萼齿；花瓣倒卵形，白色，基部楔形，顶端凹陷，小舌片内折，背面有毛；花柱基圆锥形，花柱长为花柱基的 2～3 倍，幼果期直立，以后向两侧弯曲。幼果卵形，有毛，成熟的果实卵球形，基部心形，近于无毛，果棱线形；每棱槽内有油管 2～3 条，合生面有油管 4～6 条；胚乳腹面平直。花果期 5—10 月。

2. 生长习性

异叶茴芹喜冷凉潮湿的半阴地。常生长于海拔 160～3300 m 的阴湿的山麓路边草丛中或山坡林下。

3. 繁殖技术

（1）种子繁殖

9—10 月采收成熟果实，晾干。将地整平并开成 133 cm 宽的厢，按行窝距各 26.6 cm、深约 3 cm 打窝，每窝撒一小把种子，覆盖厚 0.3～0.6 cm 的细土。

（2）分株繁殖

4 月上旬剪去母株距地面 5～6 cm 处的地上茎，连根挖起，分割成带有根系的单株，每穴定植 3～4 株。

4. 栽培技术

（1）选地

选择浅山丘陵的山沟或林下阴湿地块进行种植。

（2）整地

深翻土壤 20～25 cm，施腐熟的有机肥料 30 t/hm^2，整平，做成 80～100 cm 宽的畦。

（3）移栽

按株行距为 10 cm×20 cm 进行移栽，栽后浇透水。

（4）田间管理

①水肥管理

以基肥为主，中耕除草时可少量追肥。灌溉以不受旱为度，雨季及时排除积水。

②中耕除草

定植成活后至封行前，结合施肥中耕除草 2～3 次。

③遮阴

夏季高温时注意进行遮阴降温。

④虫害

虫害主要有蚜虫。

（5）采收

植株高 30 cm 左右时采收第 1 茬，用镰刀从基部割下，去杂，晒干或鲜用。清理畦面，及时追肥浇水。40 d 后可采收第 2 茬。

5. 成分

异叶茴芹含有挥发油类、黄酮类、多酚类等化合物，其中挥发油中主要成分是棕榈酸、亚油酸、吉马烯 D、姜烯、β- 红没药烯等。嫩茎叶中还含胡萝卜素、维生素 B$_2$、维生素 C 等。

6. 性味归经

味辛、苦、微甘，性微温；归肺经、胃经、肝经。

7. 功能与主治

具有散风宣肺、理气止痛、消积健脾、活血通经、活血散瘀、消肿止痛、除湿解毒的功效，主治感冒、咳嗽、百日咳、肺痨、头痛、牙痛、皮肤瘙痒、蛇虫咬伤等症。

8. 药理作用

具有抗炎、抗氧化、降血压、止血等作用。

9. 常见食用方式

凉拌鹅脚板

【用料】鹅脚板（异叶茴芹）、油辣子、蒜泥、花椒油、香油、食盐、醋、芝麻、酱油各适量。

【制法】鹅脚板洗净，置于开水中煮 2 min 左右，冷水漂一下，挤干水分，撒适量食盐，与准备好的作料拌匀即可。

益母草

拉丁学名：*Leonurus japonicus* Houttuyn。

科　　属：唇形科（Lamiaceae）益母草属（*Leonurus*）。

食用部位：全草。

1. 植物形态

1 年生或 2 年生草本，有于其上密生须根的主根。茎直立，通常高 30 ～ 120 cm，钝四棱形，微具槽，有倒向糙伏毛，在节及棱上尤为密集，在基部有时近于无毛，多分枝，或仅于茎中部以上有能育的小枝条。叶轮廓变化很大，茎下部叶轮廓为卵形，基部宽楔形，掌状 3 裂，裂片呈长圆状菱形至卵圆形，通常长 2.5 ～ 6.0 cm，宽 1.5 ～ 4.0 cm，裂片上再分裂，上面绿色，有糙伏毛，叶脉稍下陷，下面淡绿色，被疏柔毛及腺点，叶脉凸出，叶柄纤细，长 2 ～ 3 cm，由于叶基下延而在上部略具翅，上面具槽，下面圆形，被糙伏毛；茎中部叶轮廓为菱形，较小，通常分裂成 3 个或偶有多个长圆状线形的裂片，基部狭楔形，叶柄长 0.5 ～ 2.0 cm；花序最上部的苞叶近于无柄，线形或线状披针形，长 3 ～ 12 cm，宽 2 ～ 8 mm，全缘或具稀少的锯齿。轮伞花序腋生，具 8 ～ 15 朵花，轮廓为圆球形，直径 2.0 ～ 2.5 cm，多数远离而组成长穗状花序；小苞片刺状，向上伸出，基部略弯曲，比萼筒短，长约 5 mm，有贴生的微柔毛；花梗无。花萼管状钟形，长 6 ～ 8 mm，外面有贴生微柔毛，内面于离基部 1/3 以上被微柔毛，5 脉，显著，齿 5 枚，前 2 枚齿靠合，长约 3 mm，后 3 枚齿较短，等长，长约 2 mm，齿均为宽三角形，先端刺尖。花冠粉红色至淡紫红色，长 1.0 ～ 1.2 cm，外面于伸出萼筒部分被柔毛，冠筒长约 6 mm，等大，内面在离基部 1/3 处有近水平向的不明显鳞毛毛环，毛环在背面间断，其上部多少有鳞状毛，冠檐二唇形，上唇直伸，内凹，长圆形，长约 7 mm，宽 4 mm，全缘，内面无毛，边缘具纤毛，下唇略短于上唇，内面在基部疏被鳞状毛，3 裂，中裂片倒心形，先端微缺，边缘薄膜质，基部收缩，侧裂片卵圆形，细小；雄蕊 4 枚，均延伸至上唇片之下，平行，前对较长，花丝丝状，扁平，疏被鳞状毛，花药卵圆形，二室；花柱丝状，略超出于雄蕊而与上唇片等长，无毛，先端相等 2 浅裂，裂片钻形；花盘平顶；子房褐色，无毛。小坚果长圆状三棱形，长 2.5 mm，顶端截平而略宽大，基部楔形，淡褐色，光滑。花期通常在 6—9 月，果期 9—10 月。

2. 生长习性

益母草生于山野荒地、田埂、草地、溪边等处。全国大部分地区均有分布。

3. 繁殖技术

2 月上旬选取当年新鲜的种子进行播种。先将种子混入火灰或细土杂肥，再用人畜粪水和新高脂膜拌种，直播、穴播或条播，播种后淋透。

4. 栽培技术

（1）选地

选择向阳、土层深厚、富含腐殖质的土壤及排水性良好的沙质壤土。

（2）整地

每亩施堆肥或腐熟的农家肥 1500～2000 kg 作底肥，深翻，耙细整平做畦，畦高 20 cm，留 40 cm 排水沟。

（3）移栽

按株距 30 cm、行距 40 cm 挖定植穴，每穴施复合肥料 15 g 作底肥。苗高 10 cm 左右时移栽，每穴栽 2 株。

（4）田间管理

①水肥管理

结合中耕除草进行追肥，以氮肥为佳。旱季及时浇灌，雨后及时排水。

②留种

果实易脱落。收割后立即在田间脱粒，及时集中晾晒。

③病虫害

病害主要有白粉病、菌核病和花叶病等，虫害主要有蚜虫和小地老虎。

（5）采收

每株开花达三分之二时齐地割取全草。

5. 成分

迄今已从益母草中分离得到二萜类、黄酮类、苯乙醇苷类、酚酸类、单萜倍半萜类、环多肽类、生物碱类、环烯醚萜苷类、香豆素类、脂肪酸类、多糖类、己糖二酸类、甾体类、挥发油类等化学成分。益母草还含有锌、铜、锰、铁、镍、铅、砷、硒、铷等微量元素，其中铁、锰、锌、铷含量较高。

6. 性味归经

味苦、辛，微寒；归肝经、心包经。

7. 功能与主治

具有活血、祛瘀、调经、消水的功效，主治月经不调、胎漏难产、胞衣不下、产后血晕等症。

8. 药理作用

具有抗炎镇痛、利尿、保护心肌、养颜美容等作用，还对血小板凝聚、血栓形成以及红细胞聚集有抑制作用。

9. 常见食用方式

益母草最常见的食用方式是用清水煎煮药液服用，可加入鸡蛋或大枣等煮成汤、粥，或可以直接泡水代茶饮用。

益母草红枣瘦肉汤

【**用料**】大枣 6 个、瘦猪肉 200 g、益母草 75 g、水 4 碗、食盐半茶匙。

【**制法**】瘦猪肉洗净、切块，大枣去核、洗净，益母草洗净。将益母草、大枣、瘦猪肉放入煲内煮沸，文火煮 2 h，下食盐调味即可。

枳椇

拉丁学名：*Hovenia acerba* Lindl.。

科　　属：鼠李科（Rhamnaceae）枳椇属（*Hovenia*）。

食用部位：果实。

1. 植物形态

高大乔木，高 10 ～ 25 m；小枝褐色或黑紫色，被棕褐色短柔毛或无毛，有明显白色的皮孔。叶互生，厚纸质至纸质，宽卵形、椭圆状卵形或心形，长 8 ～ 17 cm，宽 6 ～ 12 cm，顶端长渐尖或短渐尖，基部截形或心形，稀近圆形或宽楔形，边缘常具整齐浅而钝的细锯齿，上部或近顶端的叶有不明显的锯齿，稀近全缘，上面无毛，下面沿脉或脉腋常被短柔毛或无毛；叶柄长 2 ～ 5 cm，无毛。二歧式聚伞圆锥花序，顶生和腋生，被棕色短柔毛；花两性，直径 5.0 ～ 6.5 mm；萼片具网状脉或纵条纹，无毛，长 1.9 ～ 2.2 mm，宽 1.3 ～ 2.0 mm；花瓣椭圆状匙形，长 2.0 ～ 2.2 mm，宽 1.6 ～ 2.0 mm，具短爪；花盘被柔毛；花柱半裂，稀浅裂或深裂，长 1.7 ～ 2.1 mm，无毛。浆果状核果近球形，直径 5.0 ～ 6.5 mm，无毛，成熟时黄褐色或棕褐色；果序轴明显膨大；种子暗褐色或黑紫色，直径 3.2 ～ 4.5 mm。花期 5—7 月，果期 8—10 月。

2. 生长习性

枳椇生于海拔 2100 m 以下的开阔地、山坡林缘或疏林中，庭院宅旁常有栽培。

3. 繁殖技术

（1）种子繁殖

采摘后晾晒 7 ～ 10 d，将种子进行脱粒，去杂，再晾 2 ～ 3 d，装入易通风的袋子中贮藏。播种前使用浓硫酸进行酸蚀，再在 400 mg/L 的赤霉素溶液中浸泡 24 h，条播于整好的苗床内。

（2）扦插繁殖

3—5 月选取生长健壮植株已完全木质化的枝条，剪成 15 ～ 20 cm 长的插穗，扦插于苗床中。

4. 栽培技术

（1）选地

选择海拔低于 1000 m 的向阳、背风、土层较厚、湿润的林地或山坎地、村旁、路边、房前屋后、公园等地。

（2）整地

冬季翻犁前撒施有机肥料而不耙，风化。早春粗耙一遍，然后均匀施有机肥料并翻犁，耙后备用。

（3）移栽

11 月幼苗落叶后选取一年生优质壮苗栽植。移栽前对幼苗进行修剪，去掉过长的独根，移栽后浇足定根水。

（4）田间管理

①水肥管理

秋季或春季结合施基肥深翻树盘，幼树施肥深度 20～40 cm，成年树 40～60 cm。萌芽前、果实膨大期、花芽分化期适量追肥，前期以氮肥为主，后期以复合肥料为主。花前、花后、果实膨大期和封冻前灌水可促进植株快速生长。

②中耕除草与培土

枳椇的松土与除草同步进行，一年需要进行 3 次左右。

③整形修剪

整修工作冬季进行，主要是针对过长枝、病虫枝及枯枝等进行修剪。

④病虫害

枳椇抗病能力较强，病虫害主要见于树苗期，且大多是叶枯病和蚜虫。

（5）采收

冬季 11 月霜降后经几次霜冻、果梗变为红褐色时采摘。

5. 成分

枳椇果富含蔗糖、果糖和葡萄糖，其中葡萄糖含量高达 45%，氨基酸总量达 2.41%，100 g 鲜重维生素 C 含量为 23 mg，还含有锌、铜、锰、镍等微量元素。

6. 性味归经

味甘、酸；归心经、脾经。

7. 功能与主治

具有健胃、补血的功效，主治热病烦渴、呃逆、呕吐、小便不利等症。

8. 药理作用

具有解酒、保肝、抗肿瘤、抗氧化、提高机体免疫力等作用。

9. 常见食用方式

枳椇果可生食，和猪肺或四莓煮汤，也可和鸡肝蒸煮或泡酒。

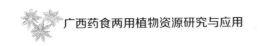

拐枣（枳椇）泡酒

【用料】成熟枳椇果实、白酒各适量。

【制法】成熟枳椇果实去杂，洗净，沥干水分，放入玻璃罐中，加白酒，密封储存 1 周即可。

皱果苋

拉丁学名：*Amaranthus lividus* L.。

科　　属：苋科（Amaranthaceae）苋属（*Amaranthus*）。

食用部位：全草或种子。

1. 植物形态

1 年生草本，高 10 ～ 80 cm。茎斜上，基部分枝，微具条棱，无毛，淡绿色至暗紫色。叶片卵形或菱状卵形，长 1.5 ～ 4.5 cm，宽 1 ～ 3 cm，顶端钝圆而有凹缺，基部阔楔形，全缘；叶柄长 1.0 ～ 3.5 cm。花簇生于叶腋，后期形成顶生穗状花序；苞片干膜质，矩圆形；花被片 3 枚，细长圆形，先端钝而有微尖，向内曲；雄蕊 3 枚；柱头 3 裂或 2 裂，线形。胞果球形或宽卵圆形，略扁，近平滑或略具皱纹，不开裂。花期 6—7 月。

2. 生长习性

皱果苋常见于田间、路边和山林荒野中。分布于东北、华北、西北及山东、台湾、河南等地。

3. 繁殖技术

2 月上中旬采收种子，将其放于 50 ℃的热水中浸泡 5 h，捞出晾开，用纱布包好，置于 30 ℃湿润条件下催芽。条播，将种子撒匀，覆盖厚 1.0 ～ 1.5 cm 的细土。

4. 栽培技术

（1）整地

每亩施腐熟的厩肥 4000 ～ 6000 kg、叶菜类专用肥 50 ～ 75 kg，深耕晒土，耙平做成宽 1.2 ～ 1.5 m 的畦。

（2）田间管理

①水肥管理

保持土壤湿润，及时灌水，同时每亩配施复合肥料 15 ～ 20 kg。移栽后每隔

10 ～ 15 d 喷 1 次磷酸二氢钾 400 ～ 500 倍的稀释液。

②病虫害防治

抗逆性强，全生育期很少有病虫为害，以预防为主。

（3）采收

早春栽培约 30 d 可采收。分批进行，采大留小，去强留弱。

5. 成分

皱果苋富含蛋白质、矿物质、维生素等成分。

6. 性味归经

味甘、淡，性微寒；归肺经、大肠经。

7. 功能与主治

具有清热解毒、利尿的功效，主治痢疾、腹泻、疔疮肿毒、毒蛇咬伤、蜂蜇伤、小便不利等症。

8. 药理作用

具有清热、止血、抗菌、消炎等作用。

9. 常见食用方式

春、夏季采其幼苗、嫩茎叶用开水稍烫，再置于清水中浸泡片刻，可炒食、凉拌、做汤或晒干菜。嫩茎叶可作蔬菜食用，稍老一些的亦可用于制作小豆腐。

苋菜粥

【用料】新鲜皱果苋 150 g、粳米 100 g。

【制法】将新鲜皱果苋去根，洗净，切细，与粳米同煮粥。

附录

广西药食两用植物名录及地理分布

序号	物种	科	属	地理分布
1	笔管草 *Equisetum ramosissimum* subsp. debile（Roxb. ex V auch.）Hauke	木贼科 Equisetaceae	木贼属 *Equisetum*	全区各地
2	节节草 *Equisetum ramosissimum* Desf.	木贼科 Equisetaceae	木贼属 *Equisetum*	全区各地
3	阴地蕨 *Botrychium ternatum*（Thunb.）Sw.	阴地蕨科 Botrychiaceae	阴地蕨属 *Botrychium*	河池、灌阳、恭城、龙胜、资源、天峨等
4	钝头瓶尔小草 *Ophioglossum petiolatum* Hook.	瓶尔小草科 Ophioglossaceae	瓶尔小草属 *Ophioglossum*	博白
5	心脏叶瓶尔小草 *Ophioglossum reticulatum* L.	瓶尔小草科 Ophioglossaceae	瓶尔小草属 *Ophioglossum*	南丹、田林、平南、武鸣、平乐、龙胜等
6	狭叶瓶尔小草 *Ophioglossum thermale* Kom.	瓶尔小草科 Ophioglossaceae	瓶尔小草属 *Ophioglossum*	德保、武鸣、灌阳、桂林、上林
7	福建观音座莲 *Angiopteris fokiensis* Hieron.	观音座莲科 Angiopteridaceae	观音座莲属 *Angiopteris*	全区各地
8	河口观音座莲 *Angiopteris hokouensis* Ching	观音座莲科 Angiopteridaceae	观音座莲属 *Angiopteris*	那坡
9	紫萁 *Osmunda japonica* Thunb.	紫萁科 Osmundaceae	紫萁属 *Osmunda*	全区各地
10	宽叶紫萁 *Osmunda javanica* Blume	紫萁科 Osmundaceae	紫萁属 *Osmunda*	那坡
11	海金沙 *Lygodium japonicum*（Thunb.）Sw.	海金沙科 Lygodiaceae	海金沙属 *Lygodium*	全区各地
12	金毛狗 *Cibotium baromez*（L.）J. Sm.	蚌壳蕨科 Dicksoniaceae	金毛狗属 *Cibotium*	龙胜、桂林、南宁、靖西、金秀等
13	大叶黑桫椤 *Alsophila gigantea* Wall. ex Hook.	桫椤科 Cyatheaceae	桫椤属 *Alsophila*	临桂、玉林、上思、北流、龙州、那坡等
14	阴生桫椤 *Alsophila latebrosa* Wall. ex Hook.	桫椤科 Cyatheaceae	桫椤属 *Alsophila*	临桂
15	桫椤 *Alsophila spinulosa*（Wall. ex Hook.）Tryon	桫椤科 Cyatheaceae	桫椤属 *Alsophila*	玉林、融水、蒙山、临桂、隆林、扶绥等
16	蕨 *Pteridium aquilinum* var. *latiusculum*（Desv.）Underw. ex A. Heller	蕨科 Pteridiaceae	蕨属 *Pteridium*	全区各地

续表

序号	物种	科	属	地理分布
17	食蕨 Pteridium esculentum (Forst.) Cokayne	蕨科 Pteridiaceae	蕨属 Pteridium	东兰、武鸣、乐业、罗城、东兰、龙州等
18	镶羽蕨 Pteridium falcatum Ching ex Ching et S. H. Wu	蕨科 Pteridiaceae	蕨属 Pteridium	贺州
19	凤尾蕨 Pteris cretica L. var. intermedia (Christ) C. Chr.	凤尾蕨科 Pteridaceae	凤尾蕨属 Pteris	桂林、南宁、融水、那坡、金秀、田林等
20	水蕨 Ceratopteris thalictroides (L.) Brongn.	水蕨科 Parkeriaceae	水蕨属 Ceratopteris	全区各地
21	普通凤丫蕨 Coniogramme intermedia Hieron.	裸子蕨科 Hemionitidaceae	凤丫蕨属 Coniogramme	龙胜、临桂、融水、容县、隆林等
22	菜蕨 Callipteris esculenta (Retz.) Sm.	蹄盖蕨科 Athyriaceae	菜蕨属 Callipteris	临桂、兴安、防城港、玉林、崇左等
23	毛轴菜蕨 Callipteris esculenta var. pubescens Tardeiu et C. Chr	蹄盖蕨科 Athyriaceae	菜蕨属 Callipteris	宜州
24	乌毛蕨 Blechnum orientale L.	乌毛蕨科 Blechnaceae	乌毛蕨属 Blechnum	全区各地
25	苏铁蕨 Brainea insignis (Hook.) J. Sm.	乌毛蕨科 Blechnaceae	苏铁蕨属 Brainea	桂林、柳州、平南、百色、北流、扶绥等
26	狗脊蕨 Woodwardia japonica (L. f.) Sm.	乌毛蕨科 Blechnaceae	狗脊属 Woodwardia	全区各地
27	贯众 Cyrtomium fortunei J. Sm.	鳞毛蕨科 Dryopteridaceae	贯众属 Cyrtomium	桂林、百色、德保、罗城、龙州等
28	槲蕨 Drynaria roosii Nakaik	槲蕨科 Drynariaceae	槲蕨属 Drynaria	全区各地
29	苏铁 Cycas revoluta Thunb.	苏铁科 Cycadaceae	苏铁属 Cycas	全区各地
30	宽叶苏铁 Cycas balansae Warburg	苏铁科 Cycadaceae	苏铁属 Cycas	桂林、南宁、防城港等
31	银杏 Ginkgo biloba L.	银杏科 Ginkgoaceae	银杏属 Ginkgo	桂林、三江、梧州、罗城、隆林等
32	油杉 Keteleeria fortunei (Murray) Carri.	松科 Pinaceae	油杉属 Keteleeria	田阳、恭城、平乐
33	华山松 Pinus armandii Franch.	松科 Pinaceae	松属 Pinus	德保、桂林
34	白皮松 Pinus bungeana Zucc. ex Endl.	松科 Pinaceae	松属 Pinus	桂林

续表

序号	物种	科	属	地理分布
35	海南五针松 Pinus fenzeliana Hand.-Mazz.	松科 Pinaceae	松属 Pinus	武鸣、融水、马山、全州、资源、上林等
36	马尾松 Pinus massoniana Lamb.	松科 Pinaceae	松属 Pinus	全区各地
37	油松 Pinus tabuliformis Carrière	松科 Pinaceae	松属 Pinus	桂林
38	侧柏 Platycladus orientalis (L.) Franco	杉科 Taxodiaceae	侧柏属 Platycladus	全区各地
39	竹柏 Nageia nagi (Thunb.) Kuntze	罗汉松科 Podocarpaceae	竹柏属 Nageia	阳朔、临桂、永福、武鸣、博白、扶绥等
40	三尖杉 Cephalotaxus fortunei Hooker	三尖杉科 Cephalotaxaceae	三尖杉属 Cephalotaxus	广西中部、北部、东北部、西北部
41	南方红豆杉 Taxus wallichiana var. mairei (Lemee & H. Léville) L. K. Fu & Nan Li	红豆杉科 Taxaceae	红豆杉属 Taxus	灵川、兴安、融水、凤山、环江等
42	买麻藤 Gnetum montanum Markgr.	买麻藤科 Gnetaceae	买麻藤属 Gnetum	宾阳、博白、南丹、巴马、象州、宁明等
43	小叶买麻藤 Gnetum parvifolium (Warb.) C. Y. Cheng ex Chun	买麻藤科 Gnetaceae	买麻藤属 Gnetum	永福、浦北、玉林、钟山、北流、陆川等
44	厚朴 Houpoea officinalis (Rehder et E. H. Wilson) N. H. Xia & C. Y. Wu	木兰科 Magnoliaceae	厚朴属 Houpoea	大瑶山、资源、贺州、灵川
45	玉兰 Yulania denudata (Desr.) D. L. Fu	木兰科 Magnoliaceae	玉兰属 Yulania	桂林、全州
46	紫玉兰 Yulania liliiflora (Desr.) D. C. Fu	木兰科 Magnoliaceae	玉兰属 Yulania	南宁、桂林、资源、兴安
47	八角 Illicium verum Hook. F.	木兰科 Magnoliaceae	八角属 Illicium	桂林、百色、南宁、钦州、玉林、柳州等
48	黑老虎 Kadsura coccinea (Lem.) A. C. Smith	五味子科 Schisandraceae	冷饭藤属 Kadsura	全区各地
49	异形南五味子 Kadsura heteroclita (Roxb.) Craib	五味子科 Schisandraceae	冷饭藤属 Kadsura	十万大山、大瑶山、恭城、靖西、田林等
50	毛南五味子 Kadsura induta A. C. Sm.	五味子科 Schisandraceae	冷饭藤属 Kadsura	田林、那坡

续表

序号	物种	科	属	地理分布
51	南五味子 Kadsura longipedunculata Finet et Gagnep.	五味子科 Schisandraceae	冷饭藤属 Kadsura	大瑶山、十万大山、大明山、全州、玉林等
52	冷饭藤 Kadsura oblongifolia Merr.	五味子科 Schisandraceae	冷饭藤属 Kadsura	桂林、玉林、柳州、梧州、那坡、临桂
53	华中五味子 Schisandra sphenanthera Rehd. et Wil.	五味子科 Schisandraceae	五味子属 Schisandra	广西西部、南部
54	番荔枝 Annona squamosa L.	番荔枝科 Annonaceae	番荔枝属 Annona	全区各地
55	瓜馥木 Fissistigma oldhamii (Hemsl.) Merr.	番荔枝科 Annonaceae	瓜馥木属 Fissistigma	十万大山、博白、龙州、河池、岑溪、藤县等
56	紫玉盘 Uvaria macrophylla Roxburgh	番荔枝科 Annonaceae	紫玉盘属 Uvaria	桂林、南宁、玉林、柳州、梧州
57	阴香 Cinnamomum burmannii (Nees et T. Nees) Blume	樟科 Lauraceae	樟属 Cinnamomum	大瑶山、南宁、梧州、钦州、玉林、桂林等
58	肉桂 Cinnamomum cassia Presl	樟科 Lauraceae	樟属 Cinnamomum	罗城、乐业、兴安、凌云、金秀、龙州等
59	川桂 Cinnamomum wilsonii Gamble	樟科 Lauraceae	樟属 Cinnamomum	
60	香叶树 Lindera communis Hemsl.	樟科 Lauraceae	山胡椒属 Lindera	桂林、柳州、马山、苍梧、贵港、上思等
61	山鸡椒 Litsea cubeba (Lour.) Pers.	樟科 Lauraceae	木姜子属 Litsea	全区各地
62	秃净木姜子 Litsea kingii Hook. f.	樟科 Lauraceae	木姜子属 Litsea	资源、兴安
63	木姜子 Litsea pungens Hemsl.	樟科 Lauraceae	木姜子属 Litsea	隆林、凌云
64	鳄梨 Persea americana Mill.	樟科 Lauraceae	鳄梨属 Persea	桂林、南宁
65	钝齿铁线莲 Clematis apiifolia var. argentilucida (H. Lév. et Vaniot) W. T. Wang	毛茛科 Ranunculaceae	铁线莲属 Clematis	桂林、蒙山、隆林、融水、罗城、昭平等
66	威灵仙 Clematis chinensis Osbeck	毛茛科 Ranunculaceae	铁线莲属 Clematis	全区各地
67	芡实 Euryale ferox Salisb. ex K. D. Koenig et Sims	睡莲科 Nymphaeaceae	芡属 Euryale	广西东南部
68	莲 Nelumbo nucifera Gaertn.	睡莲科 Nymphaeaceae	莲属 Nelumbo	全区各地

续表

序号	物种	科	属	地理分布
69	萍蓬草 Nuphar pumila (Timm) de Candolle	睡莲科 Nymphaeaceae	萍蓬草属 Nuphar	资源、临桂、龙胜
70	八角莲 Dysosma versipellis (Hance) M. Cheng ex Ying	小檗科 Berberidaceae	鬼臼属 Dysosma	梧州、金秀、桂林、凌云、乐业
71	三枝九叶草 Epimedium sagittatum (Sieb. et Zucc.) Maxim.	小檗科 Berberidaceae	淫羊藿属 Epimedium	龙胜、全州、资源、临桂
72	白木通 Akebia trifoliata subsp. australis (Diels) T. Shimizu	木通科 Lardizabalaceae	木通属 Akebia	桂林、南丹、金秀、隆林、凌云等、德保
73	三叶木通 Akebia trifoliata (Thunb.) Koidz.	木通科 Lardizabalaceae	木通属 Akebia	临桂、全州、资源、乐业、南丹、凌云等
74	猫儿屎 Decaisnea insignis (Griffith) J. O. Hooker et Thomson	木通科 Lardizabalaceae	猫儿屎属 Decaisnea	田林、乐业
75	野木瓜 Stauntonia chinensis DC.	木通科 Lardizabalaceae	野木瓜属 Stauntonia	桂林、恭城、兴安、融水、金秀等
76	尾叶那藤 Stauntonia obovatifoliola subsp. urophylla (Hand.-Mazz.) H. N. Qin	木通科 Lardizabalaceae	野木瓜属 Stauntonia	桂林、上林、隆安、融水、象州、博白等
77	木防己 Cocculus orbiculatus (L.) DC.	防己科 Menispermaceae	木防己属 Cocculus	全区各地
78	蒌叶 Piper betle L.	胡椒科 Piperaceae	胡椒属 Piper	全区各地
79	毛蒟 Piper hongkongense C. de Candolle	胡椒科 Piperaceae	胡椒属 Piper	龙州
80	荜茇 Piper longum L.	胡椒科 Piperaceae	胡椒属 Piper	全区各地
81	胡椒 Piper nigrum L.	胡椒科 Piperaceae	胡椒属 Piper	广西南部、西南部
82	假蒟 Piper sarmentosum Roxb.	胡椒科 Piperaceae	胡椒属 Piper	全区各地
83	三白草 Saururus chinensis (Lour.) Baill.	三白草科 Saururaceae	三白草属 Saururus	全区各地
84	蕺菜 Houttuynia cordata Thunb.	三白草科 Saururaceae	蕺菜属 Houttuynia	全区各地
85	金粟兰 Chloranthus spicatus (Thunb.) Makino	金粟兰科 Chloranthaceae	金粟兰属 Chloranthus	桂林、龙州、田林、靖西、凤山

续表

序号	物种	科	属	地理分布
86	草珊瑚 *Sarcandra glabra*（Thunb.）Nakai	金粟兰科 Chloranthaceae	草珊瑚属 *Sarcandra*	武鸣、横州、阳朔、藤县、百色、天峨等
87	马槟榔 *Capparis masaikai* H. Levl	山柑科 Capparaceae	山柑属 *Capparis*	柳州、乐业、平乐、隆林、龙州、那坡等
88	青皮刺 *Capparis sepiaria* L. Syst. Nat.	山柑科 Capparaceae	山柑属 *Capparis*	龙州
89	白花菜 *Gynandropsis gynandra*（Linnaeus）Briquet	白花菜科 Cleomaceae	白花菜属 *Gynandropsis*	南部
90	小白菜 *Brassica chinensis* L.	十字花科 Brassicaceae	芸苔属 *Brassica*	桂林、兴安、临桂、凌云
91	芥菜疙瘩 *Brassica juncea* var. *napiformis* Pailleux et Bois	十字花科 Brassicaceae	芸苔属 *Brassica*	全区各地
92	芥菜 *Brassica juncea*（Linnaeus）Czernajew	十字花科 Brassicaceae	芸苔属 *Brassica*	桂林、兴安、临桂
93	榨菜 *Brassica juncea* var. *tumida* Tsen & Lee	十字花科 Brassicaceae	芸苔属 *Brassica*	桂林、兴安、临桂
94	羽衣甘蓝 *Brassica oleracea* L. var. *acephala* & de Candolle	十字花科 Brassicaceae	芸苔属 *Brassica*	桂林、南宁
95	白花甘蓝 *Brassica oleracea* var. *albiflora* Kuntze	十字花科 Brassicaceae	芸苔属 *Brassica*	全区各地
96	花椰菜 *Brassica oleracea* var. *botrytis* Linnaeus	十字花科 Brassicaceae	芸苔属 *Brassica*	全区各地
97	甘蓝 *Brassica oleracea* var. *capitata* Linnaeus	十字花科 Brassicaceae	芸苔属 *Brassica*	全区各地
98	擘蓝 *Brassica oleracea* var. *gongylodes* Linnaeus	十字花科 Brassicaceae	芸苔属 *Brassica*	全区各地
99	野甘蓝 *Brassica oleracea* L.	十字花科 Brassicaceae	芸苔属 *Brassica*	桂林、兴安、临桂
100	青菜 *Brassica rapa* var. *chinensis*（Linnaeus）Kitamura	十字花科 Brassicaceae	芸苔属 *Brassica*	全区各地
101	白菜 *Brassica rapa* var. *glabra* Regel	十字花科 Brassicaceae	芸苔属 *Brassica*	全区各地
102	芸苔 *Brassica rapa* var. *oleifera* de Candolle	十字花科 Brassicaceae	芸苔属 *Brassica*	全区各地
103	蔓菁 *Brassica rapa* L.	十字花科 Brassicaceae	芸苔属 *Brassica*	全区各地
104	荠菜 *Capsella bursa-pastoris*（L.）Medic.	十字花科 Brassicaceae	荠属 *Capsella*	全区各地

续表

序号	物种	科	属	地理分布
105	弯曲碎米荠 Cardamine flexuosa With.	十字花科 Brassicaceae	碎米荠属 Cardamine	桂林、金秀、扶绥、百色、环江、靖西等
106	碎米荠 Cardamine occulta O. E. Schulz	十字花科 Brassicaceae	碎米荠属 Cardamine	桂林、南宁、灵山、东兰、平南、浦北等
107	播娘蒿 Descurainia sophia (L.) Webb ex Prantl	十字花科 Brassicaceae	播娘蒿属 Descurainia	全区各地
108	北美独行菜 Lepidium virginicum Linnaeus	十字花科 Brassicaceae	独行菜属 Lepidium	桂林、全州、临桂
109	豆瓣菜 Nasturtium officinale R. Br.	十字花科 Brassicaceae	豆瓣菜属 Nasturtium	桂林、南宁、柳州、梧州、来宾、南丹等
110	萝卜 Raphanus sativus L.	十字花科 Brassicaceae	萝卜属 Raphanus	全区各地
111	蔊菜 Rorippa indica (L.) Hiern	十字花科 Brassicaceae	蔊菜属 Rorippa	临桂、凤山、乐业、北流、平果等
112	菥蓂 Thlaspi arvense L.	十字花科 Brassicaceae	菥蓂属 Thlaspi	临桂
113	紫花地丁 Viola philippica Cav.	堇菜科 Violaceae	堇菜属 Viola	龙胜、南宁、忻城、龙州、东兰等
114	黄花倒水莲 Polygala fallax Hemsl.	远志科 Polygalaceae	远志属 Polygala	桂林、武鸣、玉林、融水、容县、环江等
115	宽叶费菜 Phedimus aizoon (Linnaeus)'t Hart	景天科 Crassulaceae	费菜属 Phedimus	隆林、全州
116	佛甲草 Sedum lineare Thunb.	景天科 Crassulaceae	景天属 Sedum	临桂、平南、融水、富川
117	垂盆草 Sedum sarmentosum Bunge	景天科 Crassulaceae	景天属 Sedum	桂林、金秀、钟山、富川、昭平等
118	扯根菜 Penthorum chinense Pursh	虎耳草科 Saxifragaceae	扯根菜属 Penthorum	恭城、临桂、南丹、隆林、富川
119	虎耳草 Saxifraga stolonifera Curt.	虎耳草科 Saxifragaceae	虎耳草属 Saxifraga	桂林、柳州、河池
120	鹅肠菜 Myosoton aquaticum (L.) Moench	石竹科 Caryophyllaceae	鹅肠菜属 Myosoton	恭城、融水、平果、乐业、扶绥、东兰等
121	繁缕 Stellaria media (L.) Villars	石竹科 Caryophyllaceae	繁缕属 Stellaria	全区各地

续表

序号	物种	科	属	地理分布
122	箐姑草 Stellaria vestita Kurz.	石竹科 Caryophyllaceae	繁缕属 Stellaria	临桂、隆林、南丹、龙胜
123	巫山繁缕 Stellaria wushanensis F. N. Williams	石竹科 Caryophyllaceae	繁缕属 Stellaria	临桂、融水、凌云、隆林、乐业、平南等
124	马齿苋 Portulaca oleracea L.	马齿苋科 Portulacaceae	马齿苋属 Portulaca	全区各地
125	土人参 Talinum paniculatum (Jacq.) Gaertn.	马齿苋科 Portulacaceae	土人参属 Talinum	全区各地
126	金荞麦 Fagopyrum dibotrys (D. Don) H. Hara	蓼科 Polygonaceae	荞麦属 Fagopyrum	兴安、南宁、容县、平南、金秀等
127	荞麦 Fagopyrum esculentum Moench	蓼科 Polygonaceae	荞麦属 Fagopyrum	全区各地
128	何首乌 Fallopia multiflora (Thunb.) Haraldson	蓼科 Polygonaceae	何首乌属 Fallopia	全区各地
129	萹蓄 Polygonum aviculare L.	蓼科 Polygonaceae	蓼属 Polygonum	桂林、全州、阳朔
130	火炭母 Polygonum chinense L. var. chinense	蓼科 Polygonaceae	蓼属 Polygonum	全区各地
131	水蓼 Polygonum hydropiper L.	蓼科 Polygonaceae	蓼属 Polygonum	全区各地
132	酸模叶蓼 Polygonum lapathifolium L. var. lapathifolium	蓼科 Polygonaceae	蓼属 Polygonum	桂林、百色、天峨、隆林、那坡、东兰等
133	芳香蓼 Polygonum odoratum Lour.	蓼科 Polygonaceae	蓼属 Polygonum	广西北部、南部、东部
134	戟叶蓼 Polygonum thunbergii Sieb. et Zucc.	蓼科 Polygonaceae	蓼属 Polygonum	资源、兴安、龙胜、凌云
135	虎杖 Reynoutria japonica Houtt.	蓼科 Polygonaceae	虎杖属 Reynoutria	全区各地
136	酸模 Rumex acetosa L.	蓼科 Polygonaceae	酸模属 Rumex	资源、全州、凌云
137	甜菜 Beta vulgaris L.	藜科 Chenopodiaceae	甜菜属 Beta	全区各地
138	藜 Chenopodium album L.	藜科 Chenopodiaceae	藜属 Chenopodium	全区各地
139	菠菜 Spinacia oleracea L.	藜科 Chenopodiaceae	菠菜属 Spinacia	全区各地
140	牛膝 Achyranthes bidentata Blume	苋科 Amaranthaceae	牛膝属 Achyranthes	全区各地
141	喜旱莲子草 Alternanthera philoxeroides (Mart.) Griseb.	苋科 Amaranthaceae	莲子草属 Alternanthera	桂林、南宁
142	莲子草 Alternanthera sessilis (L.) DC.	苋科 Amaranthaceae	莲子草属 Alternanthera	全区各地

续表

序号	物种	科	属	地理分布
143	反枝苋 Amaranthus retroflexus L.	苋科 Amaranthaceae	苋属 Amaranthus	梧州
144	刺苋 Amaranthus spinosus L.	苋科 Amaranthaceae	苋属 Amaranthus	全区各地
145	苋 Amaranthus tricolor L.	苋科 Amaranthaceae	苋属 Amaranthus	全区各地
146	皱果苋 Amaranthus viridis L.	苋科 Amaranthaceae	苋属 Amaranthus	全区各地
147	青葙 Celosia argentea L.	苋科 Amaranthaceae	青葙属 Celosia	全区各地
148	鸡冠花 Celosia cristata L.	苋科 Amaranthaceae	青葙属 Celosia	全区各地
149	千日红 Gomphrena globosa L.	苋科 Amaranthaceae	千日红属 Gomphrena	全区各地
150	落葵薯 Anredera cordifolia (Tenore) Steenis	落葵科 Basellaceae	落葵薯属 Anredera	全区各地
151	落葵 Basella alba L.	落葵科 Basellaceae	落葵属 Basella	桂林、梧州、百色、宁明、贵县、那坡等
152	亚麻 Linum usitatissimum L.	亚麻科 Linaceae	亚麻属 Linum	全区各地
153	阳桃 Averrhoa carambola L.	酢浆草科 Oxalidaceae	阳桃属 Averrhoa	桂林、梧州、百色、桂平、都安、田阳等
154	酢浆草 Oxalis corniculata L.	酢浆草科 Oxalidaceae	酢浆草属 Oxalis	全区各地
155	红花酢浆草 Oxalis corymbosa DC.	酢浆草科 Oxalidaceae	酢浆草属 Oxalis	全区各地
156	千屈菜 Lythrum salicaria L.	千屈菜科 Lythraceae	千屈菜属 Lythrum	桂林、临桂、阳朔、灵川
157	圆叶节节菜 Rotala rotundifolia (Buch.-Ham. ex Roxb.) Koehne	千屈菜科 Lythraceae	节节菜属 Rotala	全区各地
158	石榴 Punica granatum L.	安石榴科 Punicaceae	石榴属 Punica	全区各地
159	柳叶菜 Epilobium hirsutum L.	柳叶菜科 Onagraceae	柳叶菜属 Epilobium	兴安、灵川、灌阳、融水、东兰
160	细果野菱 Trapa incisa Sieb. et Zucc.	菱科 Trapaceae	菱属 Trapa	广西东南部
161	网脉山龙眼 Helicia reticulata W. T. Wang	山龙眼科 Proteaceae	山龙眼属 Helicia	全区各地
162	五桠果 Dillenia indica L.	五桠果科 Dichapetalaceae	五桠果属 Dillenia	那坡
163	大果刺篱木 Flacourtia ramontchii L'Hér.	大风子科 Flacourtiaceae	刺篱木属 Flacourtia	广西西南部

续表

序号	物种	科	属	地理分布
164	大叶刺篱木 *Flacourtia rukam* Zoll. et Mor.	大风子科 Flacourtiaceae	刺篱木属 *Flacourtia*	邕宁、百色、那坡、龙州、金秀、蒙山等
165	西番莲 *Passiflora caerulea* L.	西番莲科 Passifloraceae	西番莲属 *Passiflora*	南宁
166	鸡蛋果 *Passiflora edulis* Sims	西番莲科 Passifloraceae	西番莲属 *Passiflora*	南宁
167	龙珠果 *Passiflora foetida* L.	西番莲科 Passifloraceae	西番莲属 *Passiflora*	广西西部、南部、东南部
168	节瓜 *Benincasa hispida* (Thunb.) Cogn. var. *chieh-qua* F. C. How	葫芦科 Cucurbitaceae	冬瓜属 *Benincasa*	全区各地
169	冬瓜 *Benincasa hispida* (Thunb.) Cogn.	葫芦科 Cucurbitaceae	冬瓜属 *Benincasa*	全区各地
170	西瓜 *Citrullus lanatus* (Thunb.) Matsum. et Nakai	葫芦科 Cucurbitaceae	西瓜属 *Citrullus*	全区各地
171	马泡瓜 *Cucumis melo* L. var. *agrestis* Naudin	葫芦科 Cucurbitaceae	黄瓜属 *Cucumis*	桂林、南宁、柳州、梧州、融水等
172	菜瓜 *Cucumis melo* L. var. *conomon* (Thunb.) Makino	葫芦科 Cucurbitaceae	黄瓜属 *Cucumis*	全区各地
173	甜瓜 *Cucumis melo* L.	葫芦科 Cucurbitaceae	黄瓜属 *Cucumis*	全区各地
174	西南野黄瓜 *Cucumis sativus* L. var. *hardwickii* (Royle) Alef.	葫芦科 Cucurbitaceae	黄瓜属 *Cucumis*	那坡、兴安
175	黄瓜 *Cucumis sativus* L.	葫芦科 Cucurbitaceae	黄瓜属 *Cucumis*	全区各地
176	南瓜 *Cucurbita moschata* (Duch. ex Lam.) Duch. ex Poiret	葫芦科 Cucurbitaceae	南瓜属 *Cucurbita*	全区各地
177	西葫芦 *Cucurbita pepo* L.	葫芦科 Cucurbitaceae	南瓜属 *Cucurbita*	全区各地
178	老鼠瓜 *Gymnopetalum chinensis* (Lour.) Merr.	葫芦科 Cucurbitaceae	金瓜属 *Gymnopetalum*	博白、龙州、苍梧、凌云、都安等
179	绞股蓝 *Gynostemma pentaphyllum* (Thunb.) Makino	葫芦科 Cucurbitaceae	绞股蓝属 *Gynostemma*	临桂、都安、那坡、龙州、大新等
180	葫芦 *Lagenaria siceraria* (Molina) Standl.	葫芦科 Cucurbitaceae	葫芦属 *Lagenaria*	全区各地
181	丝瓜 *Luffa cylindrica* Miller	葫芦科 Cucurbitaceae	丝瓜属 *Luffa*	全区各地
182	苦瓜 *Momordica charantia* L.	葫芦科 Cucurbitaceae	苦瓜属 *Momordica*	全区各地

续表

序号	物种	科	属	地理分布
183	木鳖子 Momordica cochinchinensis（Lour.）Spreng.	葫芦科 Cucurbitaceae	苦瓜属 Momordica	荔浦、南宁、容县、大新、贵港、柳州等
184	佛手瓜 Sechium edule（Jacq.）Sw.	葫芦科 Cucurbitaceae	佛手瓜属 Sechium	全区各地
185	罗汉果 Siraitia grosvenorii（Swingle）C. Jeffrey ex Lu et Z. Y. Zhang	葫芦科 Cucurbitaceae	罗汉果属 Siraitia	桂林、永福、全州、资源、金秀、蒙山等
186	茅瓜 Solena heterophylla Lour.	葫芦科 Cucurbitaceae	茅瓜属 Solena	南宁、宾阳、柳州、大新、百色、隆林等
187	蛇瓜 Trichosanthes anguina L.	葫芦科 Cucurbitaceae	栝楼属 Trichosanthes	桂林、南宁
188	紫背天葵 Begonia fimbristipula Hance	秋海棠科 Begoniaceae	秋海棠属 Begonia	全区各地
189	番木瓜 Carica papaya L.	番木瓜科 Caricaceae	番木瓜属 Carica	广西南部
190	仙人掌 Opuntia stricta dillenii（Ker Gawl.）Haw.	仙人掌科 Cactaceae	仙人掌属 Opuntia	全区各地
191	亮叶杨桐 Adinandra nitida Merr. ex Li	山茶科 Theaceae	杨桐属 Adinandra	龙胜、上思、防城港
192	薄叶金花茶 Camellia chrysanthoides Chang	山茶科 Theaceae	山茶属 Camellia	凭祥、龙州
193	显脉金花茶 Camellia euphlebia Merr. ex Sealy	山茶科 Theaceae	山茶属 Camellia	防城港
194	多变淡黄金花茶 Camellia flavida（S. L. Mo et Y. C. Zhong）T. L.	山茶科 Theaceae	山茶属 Camellia	扶绥、武鸣
195	淡黄金花茶 Camellia flavida Chang	山茶科 Theaceae	山茶属 Camellia	龙州、扶绥、武鸣、凭祥、宁明、崇左等
196	贵州金花茶 Camellia huana T. L. Ming et W. J. Zhang	山茶科 Theaceae	山茶属 Camellia	天峨
197	凹脉金花茶 Camellia impressinervis Chang et S. Y. Liang	山茶科 Theaceae	山茶属 Camellia	大新、龙州
198	柠檬金花茶 Camellia indochinensis Merr. var. indochinensis	山茶科 Theaceae	山茶属 Camellia	凭祥、崇左、宁明、龙州、天峨等
199	东兴金花茶 Camellia indochinensis var. tunghinensis（Hung T. Chang）T. L. Ming & W. J. Zhang	山茶科 Theaceae	山茶属 Camellia	防城港

续表

序号	物种	科	属	地理分布
200	小花金花茶 Camellia micrantha S. Y. Liang et Y. C. Zhong et Liang et al.	山茶科 Theaceae	山茶属 Camellia	宁明
201	油茶 Camellia oleifera Abel	山茶科 Theaceae	山茶属 Camellia	全区各地
202	金花茶 Camellia petelotii（Merrill）Sealy	山茶科 Theaceae	山茶属 Camellia	邕宁、扶绥、防城港、隆安
203	平果金花茶 Camellia pingguoensis D. Fang var. pingguoensis	山茶科 Theaceae	山茶属 Camellia	平果
204	顶生金花茶 Camellia pingguoensis var. terminalis（J. Y. Liang & Z. M. Su）T. L. Ming & W. J. Zhang	山茶科 Theaceae	山茶属 Camellia	天等
205	多齿山茶 Camellia polyodonta How ex Hu	山茶科 Theaceae	山茶属 Camellia	临桂、龙胜、荔浦、兴安、融水、金秀等
206	大果南山茶 Camellia semiserrata var. magnocarpa Hu & T. C. Huang	山茶科 Theaceae	山茶属 Camellia	藤县、上思、苍梧
207	南山茶 Camellia semiserrata Chi	山茶科 Theaceae	山茶属 Camellia	藤县、上思、苍梧、防城港
208	普洱茶 Camellia sinensis（L.）Kuntze var. assamica（Mast.）Kitamura	山茶科 Theaceae	山茶属 Camellia	天峨、昭平、苍梧
209	白毛茶 Camellia sinensis var. pubilimba Chang	山茶科 Theaceae	山茶属 Camellia	龙胜、融水、凌云、贵港、乐业、扶绥等
210	茶 Camellia sinensis（L.）O. Ktze	山茶科 Theaceae	山茶属 Camellia	全区各地
211	软枣猕猴桃 Actinidia arguta（Sieb. et Zucc.）Planch. ex Miq.	猕猴桃科 Actinidiaceae	猕猴桃属 Actinidia	龙胜、融水
212	广西猕猴桃 Actinidia arguta（Sieb. et Zucc.）Planch. ex Miq. var. giraldii（Diels）Vorosch.	猕猴桃科 Actinidiaceae	猕猴桃属 Actinidia	罗城、融水
213	毛叶硬齿猕猴桃 Actinidia callosa var. strigillosa C. F. Liang	猕猴桃科 Actinidiaceae	猕猴桃属 Actinidia	融水
214	中华猕猴桃 Actinidia chinensis Planch.	猕猴桃科 Actinidiaceae	猕猴桃属 Actinidia	资源、全州、兴安

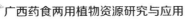

续表

序号	物种	科	属	地理分布
215	美味猕猴桃 Actinidia chinensis var. deliciosa (A. Chevalier) A. Chevalier	猕猴桃科 Actinidiaceae	猕猴桃属 Actinidia	资源、全州、三江
216	金花猕猴桃 Actinidia chrysantha C. F. Liang	猕猴桃科 Actinidiaceae	猕猴桃属 Actinidia	临桂、资源、兴安、龙胜、灵川、贺州
217	毛花猕猴桃 Actinidia eriantha Benth.	猕猴桃科 Actinidiaceae	猕猴桃属 Actinidia	临桂、永福、富川、三江、融水、罗城等
218	糙毛猕猴桃 Actinidia fulvicoma var. hirsuta Finet & Gagnepapain	猕猴桃科 Actinidiaceae	猕猴桃属 Actinidia	田林、隆林、凌云、天峨、南丹等
219	绵毛猕猴桃 Actinidia fulvicoma Hance var. lanata (Hemsl.) C. F. Liang form. lanata	猕猴桃科 Actinidiaceae	猕猴桃属 Actinidia	田林、凌云、天峨、南丹等
220	中越猕猴桃 Actinidia indochinensis Merr.	猕猴桃科 Actinidiaceae	猕猴桃属 Actinidia	武鸣、容县、那坡、上思、德保、龙州等
221	阔叶猕猴桃 Actinidia latifolia (Gardn. et Champ.) Merr.	猕猴桃科 Actinidiaceae	猕猴桃属 Actinidia	临桂、宾阳、容县、百色、龙州等
222	长果猕猴桃 Actinidia longicarpa R. G. Li & M. Y. Liang	猕猴桃科 Actinidiaceae	猕猴桃属 Actinidia	广西壮族自治区中国科学院广西植物研究所猕猴桃种质圃
223	尼泊尔水东哥 Saurauia napaulensis DC.	猕猴桃科 Actinidiaceae	水东哥属 Saurauia	靖西、那坡、德保、田林、隆林等
224	聚锥水东哥 Saurauia thyrsiflora C. F. Liang et Y. S. Wang	猕猴桃科 Actinidiaceae	水东哥属 Saurauia	武鸣、浦北、都安、隆林、平果、上林等
225	水东哥 Saurauia tristyla DC.	猕猴桃科 Actinidiaceae	水东哥属 Saurauia	广西南部、西南部
226	番石榴 Psidium guajava L.	桃金娘科 Myrtaceae	番石榴属 Psidium	广西南部
227	桃金娘 Rhodomyrtus tomentosa (Ait.) Hassk.	桃金娘科 Myrtaceae	桃金娘属 Rhodomyrtus	除广西西北部高寒山区及石灰岩山地外，全区均有分布

续表

序号	物种	科	属	地理分布
228	赤楠 Syzygium buxifolium Hook. et Arn.	桃金娘科 Myrtaceae	蒲桃属 Syzygium	桂林、融水、博白、金秀、藤县、贺州等
229	乌墨 Syzygium cumini (L.) Skeels	桃金娘科 Myrtaceae	蒲桃属 Syzygium	广西南部
230	蒲桃 Syzygium jambos (L.) Alston	桃金娘科 Myrtaceae	蒲桃属 Syzygium	广西南部、河池、金秀、百色
231	水翁蒲桃 Syzygium nervosum Candolle	桃金娘科 Myrtaceae	蒲桃属 Syzygium	广西东南部
232	洋蒲桃 Syzygium samarangense (Blume) Merr. et Perry	桃金娘科 Myrtaceae	蒲桃属 Syzygium	广西南部
233	北酸脚杆 Medinilla septentrionalis (W. W. Sm.) H. L. Li	野牡丹科 Melastomataceae	酸脚杆属 Medinilla	武鸣、桂平、隆安、龙州、上林、大新等
234	地枇杷 Melastoma dodecandrum Lour.	野牡丹科 Melastomataceae	野牡丹属 Melastoma	全区各地
235	野牡丹 Melastoma malabathricum L.	野牡丹科 Melastomataceae	野牡丹属 Melastoma	南宁、桂林、平果、钦州、合浦、防城港等
236	展毛野牡丹 Melastoma normale D. Don	野牡丹科 Melastomataceae	野牡丹属 Melastoma	南宁、桂林、梧州、钦州、德保、巴马等
237	黄牛木 Cratoxylum cochinchinense (Lour.) Bl.	金丝桃科 Hypericaceae	黄牛木属 Cratoxylum	南宁、玉林、河池、百色、梧州、柳州等
238	红芽木 Cratoxylum formosum (Jack.) Dyer subsp. pruniflorum (Kurz) Gogelin	金丝桃科 Hypericaceae	黄牛木属 Cratoxylum	崇左、上思、防城港、龙州
239	王不留行 Hypericum sampsonii Hance	金丝桃科 Hypericaceae	金丝桃属 Hypericum	桂林、南宁、百色、柳州
240	广西藤黄 Garcinia kwangsiensis Merr. ex F. N. Wei	藤黄科 Guttiferae	藤黄属 Garcinia	上思
241	木竹子 Garcinia multiflora Champ. ex Benth.	藤黄科 Guttiferae	藤黄属 Garcinia	全区各地
242	岭南山竹子 Garcinia oblongifolia Champ. ex Benth.	藤黄科 Guttiferae	藤黄属 Garcinia	桂林、合浦、钦州、防城港、北流、博白等
243	假黄麻 Corchorus aestuans L./Corchorus acutangulus Lam.	藤黄科 Guttiferae	黄麻属 Corchorus	全区各地
244	长蒴黄麻 Corchorus olitorius L.	藤黄科 Guttiferae	黄麻属 Corchorus	广西西部、南部

续表

序号	物种	科	属	地理分布
245	破布叶 *Microcos paniculata* L.	椴树科 Tiliaceae	破布叶属 *Microcos*	南宁、苍梧、东兴、西林、陆川、灵山等
246	褐毛杜英 *Elaeocarpus duclouxii* Gagnep.	杜英科 Elaeocarpaceae	杜英属 *Elaeocarpus*	阳朔、融水、容县、金秀、凌云、贺州等
247	披针叶杜英 *Elaeocarpus lanceaefolius* Roxb.	杜英科 Elaeocarpaceae	杜英属 *Elaeocarpus*	靖西、贺州、融水、百色、金秀、凌云
248	梧桐 *Firmiana simplex*（Linnaeus）W. Wight	梧桐科 Sterculiaceae	梧桐属 *Firmiana*	全区各地
249	假苹婆 *Sterculia lanceolata* Cav.	梧桐科 Sterculiaceae	苹婆属 *Sterculia*	广西南部
250	苹婆 *Sterculia monosperma* Ventenat	梧桐科 Sterculiaceae	苹婆属 *Sterculia*	上林、北流、百色、河池、天等、容县等
251	木棉 *Bombax ceiba* Linnaeus	木棉科 Bombacaceae	木棉属 *Bombax*	大新、龙州、靖西
252	咖啡黄葵 *Abelmoschus esculentus*（L.）Moench	锦葵科 Malvaceae	秋葵属 *Abelmoschus*	桂林、临桂、柳州、乐业、凌云
253	黄葵 *Abelmoschus moschatus* Medicus.	锦葵科 Malvaceae	秋葵属 *Abelmoschus*	南宁、梧州、贵港、博白、钟山、都安等
254	箭叶秋葵 *Abelmoschus sagittifolius*（Kurz）Merr.	锦葵科 Malvaceae	秋葵属 *Abelmoschus*	南宁、贺州、龙州、邕宁、岑溪、贵港等
255	木芙蓉 *Hibiscus mutabilis* L.	锦葵科 Malvaceae	木槿属 *Hibiscus*	桂林、南宁、陆川、河池、昭平等
256	朱槿 *Hibiscus rosa-sinensis* L.	锦葵科 Malvaceae	木槿属 *Hibiscus*	临桂、南宁、合浦、金秀、龙州、防城港等
257	玫瑰茄 *Hibiscus sabdariffa* L.	锦葵科 Malvaceae	木槿属 *Hibiscus*	南宁
258	木槿 *Hibiscus syriacus* L. var. *syriacus*	锦葵科 Malvaceae	木槿属 *Hibiscus*	桂林、南宁、梧州、凌云、罗城、宁明等
259	黄槿 *Hibiscus tiliaceus* L.	锦葵科 Malvaceae	木槿属 *Hibiscus*	玉林、博白、合浦、防城港、钦州、北海等

续表

序号	物种	科	属	地理分布
260	野葵 *Malva verticillata* L.	锦葵科 Malvaceae	锦葵属 *Malva*	全区各地
261	白脚桐棉 *Thespesia lampas* （Cavan.）Dalz. et Gibs.	锦葵科 Malvaceae	桐棉属 *Thespesia*	宁明、百色、龙州
262	铁苋菜 *Acalypha australis* L.	大戟科 Euphorbiaceae	铁苋菜属 *Acalypha*	全区各地
263	五月茶 *Antidesma bunius* （L.）Spreng.	大戟科 Euphorbiaceae	五月茶属 *Antidesma*	西林、隆林、隆安、天峨、南丹、龙州等
264	木奶果 *Baccaurea ramiflora* Loureiro	大戟科 Euphorbiaceae	木奶果属 *Baccaurea*	浦北、防城港、靖西、崇左、宁明、扶绥等
265	秋枫 *Bischofia javanica* Blume	大戟科 Euphorbiaceae	秋枫属 *Bischofia*	桂林、武鸣、融安、德保、河池、大新等
266	泽漆 *Euphorbia helioscopia* L.	大戟科 Euphorbiaceae	大戟属 *Euphorbia*	全州、那坡、田阳
267	地锦草 *Euphorbia humifusa* Willd.	大戟科 Euphorbiaceae	大戟属 *Euphorbia*	贵港、百色、梧州
268	木薯 *Manihot esculenta* Crantz	大戟科 Euphorbiaceae	木薯属 *Manihot*	全区各地
269	余甘子 *Phyllanthus emblica* L.	大戟科 Euphorbiaceae	叶下珠属 *Phyllanthus*	除广西东北部及北部少见外，其余各地常见
270	叶下珠 *Phyllanthus urinaria* L.	大戟科 Euphorbiaceae	叶下珠属 *Phyllanthus*	全区各地
271	守宫木 *Sauropus androgynus* （L.）Merr.	大戟科 Euphorbiaceae	守宫木属 *Sauropus*	那坡、融水、凌云、忻城、环江
272	桃 *Prunus persica* L.	蔷薇科 Rosaceae	李属 *Prunus*	全区各地
273	梅 *Armeniaca mume* Siebold & Zucc.	蔷薇科 Rosaceae	李属 *Prunus*	全区各地零星栽培
274	杏 *Armeniaca armeniaca* L.	蔷薇科 Rosaceae	李属 *Prunus*	南宁
275	假升麻 *Aruncus sylvester* Kostel.	蔷薇科 Rosaceae	假升麻属 *Aruncus*	资源、融水
276	樱桃 *Cerasus pseudocerasus* （Lindl.）G. Don	蔷薇科 Rosaceae	李属 *Prunus*	隆林、融水
277	木瓜 *Chaenomeles sinensis* （Thouin）Koehne	蔷薇科 Rosaceae	木瓜属 *Chaenomeles*	桂林、龙胜、全州
278	贴梗海棠 *Chaenomeles speciosa* （Sweet）Nakai	蔷薇科 Rosaceae	木瓜属 *Chaenomeles*	桂林、全州、龙胜、阳朔、兴安、乐业等

续表

序号	物种	科	属	地理分布
279	野山楂 Crataegus cuneata Sieb. et Zucc.	蔷薇科 Rosaceae	山楂属 Crataegus	桂林、全州、临桂
280	云南山楂 Crataegus scabrifolia（Franch.）Rehd.	蔷薇科 Rosaceae	山楂属 Crataegus	玉林、靖西、上思、隆林、宁明等
281	枇杷 Eriobotrya japonica（Thunb.）Lindl.	蔷薇科 Rosaceae	枇杷属 Eriobotrya	全区各地
282	柔毛路边青 Geum japonicum Thunb. var. chinense F. Bolle	蔷薇科 Rosaceae	路边青属 Geum	兴安、融水、凌云、环江、南丹等
283	花红 Malus asiatica Nakai	蔷薇科 Rosaceae	苹果属 Malus	凌云、三江、田林、隆林、乐业
284	台湾海棠 Malus doumeri（Bois）A. Chev	蔷薇科 Rosaceae	苹果属 Malus	全州、容县、靖西、田林、金秀、宁明等
285	湖北海棠 Malus hupehensis（Pamp.）Rehd.	蔷薇科 Rosaceae	苹果属 Malus	兴安、临桂、上思、防城港
286	苹果 Malus pumila Mill.	蔷薇科 Rosaceae	苹果属 Malus	桂林、柳州、乐业
287	石楠 Photinia serratifolia（Desfontaines）Kalkman	蔷薇科 Rosaceae	石楠属 Photinia	桂林、贵港、桂平、平乐、阳朔等
288	毛叶石楠 Photinia villosa（Thunb.）DC.	蔷薇科 Rosaceae	石楠属 Photinia	金秀、那坡
289	委陵菜 Potentilla chinensis Ser.	蔷薇科 Rosaceae	委陵菜属 Potentilla	广西西北部
290	翻白草 Potentilla discolor Bge.	蔷薇科 Rosaceae	委陵菜属 Potentilla	桂林、临桂、柳州
291	蛇含委陵菜 Potentilla kleiniana Wight et Arn.	蔷薇科 Rosaceae	委陵菜属 Potentilla	兴安、上林、隆林、龙州、凌云、那坡等
292	李 Prunus salicina Lindl.	蔷薇科 Rosaceae	李属 Prunus	全区各地
293	火棘 Pyracantha fortuneana（Maxim.）Li	蔷薇科 Rosaceae	火棘属 Pyracantha	桂林、隆林、乐业、南丹、天峨等
294	豆梨 Pyrus calleryana Decne.	蔷薇科 Rosaceae	梨属 Pyrus	桂林、南宁、藤县、苍梧、隆林、昭平等

续表

序号	物种	科	属	地理分布
295	楔叶豆梨 Pyrus calleryana var. koehnei（Schneid.）Yü	蔷薇科 Rosaceae	梨属 Pyrus	全区各地
296	沙梨 Pyrus pyrifolia（Burm. f.）Nakai	蔷薇科 Rosaceae	梨属 Pyrus	全区各地
297	石斑木 Rhaphiolepis indica（Linnaeus）Lindley	蔷薇科 Rosaceae	石斑木属 Rhaphiolepis	全区各地
298	月季花 Rosa chinensis Jacq.	蔷薇科 Rosaceae	蔷薇属 Rosa	全区各地
299	小果蔷薇 Rosa cymosa Tratt.	蔷薇科 Rosaceae	蔷薇属 Rosa	桂林、苍梧、东兰、金秀、乐业、龙州等
300	金樱子 Rosa laevigata Michx.	蔷薇科 Rosaceae	蔷薇属 Rosa	桂林、南宁、玉林、百色、平果、柳城等
301	野蔷薇 Rosa multiflora Thunb.	蔷薇科 Rosaceae	蔷薇属 Rosa	平南、梧州
302	单瓣缫丝花 Rosa roxburghii Tratt. f. normalis Rehd. et Wils.	蔷薇科 Rosaceae	蔷薇属 Rosa	那坡、隆林、天峨、南丹、凌云、兴安
303	单瓣缫丝花 Rosa roxburghii Tratt.	蔷薇科 Rosaceae	蔷薇属 Rosa	全区各地零星栽培
304	粗叶悬钩子 Rubus alceifolius Poiret	蔷薇科 Rosaceae	悬钩子属 Rubus	恭城、武鸣、三江、博白、贺州、金秀等
305	掌叶覆盆子 Rubus chingii Hu	蔷薇科 Rosaceae	悬钩子属 Rubus	桂平、金秀、蒙山
306	毛萼莓 Rubus chroosepalus Focke	蔷薇科 Rosaceae	悬钩子属 Rubus	广西北部
307	山莓 Rubus corchorifolius L. f.	蔷薇科 Rosaceae	悬钩子属 Rubus	桂林、梧州、平南、苍梧、象州、武鸣等
308	栽秧泡 Rubus ellipticus var. obcordatus（Franch.）Focke	蔷薇科 Rosaceae	悬钩子属 Rubus	河池、凤山、那坡、凌云、隆林
309	宜昌悬钩子 Rubus ichangensis Hemsl. et Ktze	蔷薇科 Rosaceae	悬钩子属 Rubus	凌云
310	高粱泡 Rubus lambertianus Ser.	蔷薇科 Rosaceae	悬钩子属 Rubus	临桂、灌阳、贺州、平南、昭平等
311	白花悬钩子 Rubus leucanthus Hance	蔷薇科 Rosaceae	悬钩子属 Rubus	扶绥、都安、上林、龙州

续表

序号	物种	科	属	地理分布
312	红泡刺藤 Rubus niveus Thunb.	蔷薇科 Rosaceae	悬钩子属 Rubus	西林、靖西、田林、天峨、都安、平果等
313	茅莓 Rubus parvifolius L.	蔷薇科 Rosaceae	悬钩子属 Rubus	临桂、南宁、柳州、玉林、百色、扶绥等
314	大乌泡 Rubus pluribracteatus L. T. Lu & Boufford	蔷薇科 Rosaceae	悬钩子属 Rubus	隆安、德保、东兰、河池、隆林、凌云等
315	地榆 Sanguisorba officinalis L.	蔷薇科 Rosaceae	地榆属 Sanguisorba	临桂、武鸣、柳州、贵港、百色、灵山等
316	大果花楸 Sorbus megalocarpa Rehd.	蔷薇科 Rosaceae	花楸属 Sorbus	龙胜、资源、全州
317	蜡梅 Chimonanthus praecox (L.) Link	蜡梅科 Calycanthaceae	蜡梅属 Chimonanthus	桂林、柳州、田阳
318	金合欢 Acacia farnesiana (L.) Willd.	蜡梅科 Calycanthaceae	金合欢属 Acacia	桂林、宁明、北流
319	合欢 Albizia julibrissin Durazz.	豆科 Fabaceae	合欢属 Albizia	桂林、南宁、玉林、梧州、凌云等
320	白花羊蹄甲 Bauhinia acuminata L.	豆科 Fabaceae	羊蹄甲属 Bauhinia	桂林、临桂
321	羊蹄甲 Bauhinia purpurea L.	豆科 Fabaceae	羊蹄甲属 Bauhinia	桂林、南宁、贺州、靖西、防城港、梧州
322	洋紫荆 Bauhinia variegata L.	豆科 Fabaceae	羊蹄甲属 Bauhinia	全区各地
323	皂荚 Gleditsia sinensis Lam.	豆科 Fabaceae	皂荚属 Gleditsia	桂林、融安、平南、那坡、龙州、博白等
324	望江南 Senna occidentalis (L.) Link	豆科 Fabaceae	决明属 Senna	全区各地
325	槐叶决明 Senna occidentalis (L.) Roxb.	豆科 Fabaceae	决明属 Senna	临桂、柳州、梧州、龙州、靖西
326	黄槐决明 Senna surattensis (N. L. Burman) H. S. Irwin & Barneby	豆科 Fabaceae	决明属 Senna	桂林、南宁、梧州、田东、宁明、百色等

续表

序号	物种	科	属	地理分布
327	决明 Senna tora (Linnaeus) Roxburgh	豆科 Fabaceae	决明属 Senna	全区各地
328	土圞儿 Apios fortunei Maxim.	豆科 Fabaceae	土圞儿属 Apios	全州、兴安、三江、贺州、西林
329	落花生 Arachis hypogaea L.	豆科 Fabaceae	落花生属 Arachis	全区各地
330	木豆 Cajanus cajan (L.) Millsp.	豆科 Fabaceae	木豆属 Cajanus	全区各地
331	美丽崖豆藤 Callerya speciosa (Champ. ex Benth.) J. Compton & Schrire	豆科 Fabaceae	昆明鸡血藤属 Callerya	南宁、玉林、河池、百色、钦州、梧州
332	直生刀豆 Canavalia ensiformis (L.) DC.	豆科 Fabaceae	刀豆属 Canavalia	广西南部
333	锦鸡儿 Caragana sinica (Buc'hoz) Rehd.	豆科 Fabaceae	锦鸡儿属 Caragana	桂林、龙胜、资源、临桂、兴安、富川
334	野百合 Crotalaria sessiliflora L.	豆科 Fabaceae	猪屎豆属 Crotalaria	桂林、南宁、蒙山、宜州、环江、玉林等
335	鸡头薯 Eriosema chinense Vog.	豆科 Fabaceae	鸡头薯属 Eriosema	全区各地
336	大叶千斤拔 Flemingia macrophylla (Willd.) Prain	豆科 Fabaceae	千斤拔属 Flemingia	全区各地
337	千斤拔 Flemingia prostrata C. Y. Wu	豆科 Fabaceae	千斤拔属 Flemingia	全区各地
338	大豆 Glycine max (L.) Merr.	豆科 Fabaceae	大豆属 Glycine	全州
339	扁豆 Lablab purpureus (L.) Sweet	豆科 Fabaceae	扁豆属 Lablab	全区各地
340	胡枝子 Lespedeza bicolor Turcz.	豆科 Fabaceae	胡枝子属 Lespedeza	桂林、南宁、梧州、贵港、昭平、贺州等
341	南苜蓿 Medicago polymorpha L.	豆科 Fabaceae	苜蓿属 Medicago	桂林、横州、武鸣
342	紫苜蓿 Medicago sativa L.	豆科 Fabaceae	苜蓿属 Medicago	桂林、柳州
343	黧豆 Mucuna pruriens var. utilis (Wall. ex Wight) Baker ex Burck	豆科 Fabaceae	油麻藤属 Mucuna	桂林、南宁、北海、容县、梧州

续表

序号	物种	科	属	地理分布
344	常春油麻藤 Mucuna sempervirens Hemsl.	豆科 Fabaceae	油麻藤属 Mucuna	南丹、那坡
345	豆薯 Pachyrhizus erosus (L.) Urb.	豆科 Fabaceae	豆薯属 Pachyrhizus	桂林、柳州、防城港、宁明、兴安、凌云
346	菜豆 Phaseolus vulgaris L.	豆科 Fabaceae	菜豆属 Phaseolus	隆林、凌云
347	豌豆 Pisum sativum L.	豆科 Fabaceae	豌豆属 Pisum	全区各地
348	补骨脂 Psoralea corylifolia (Linnaeus) Medikus	豆科 Fabaceae	补骨脂属 Cullen	桂林、桂平、岑溪
349	葛 Pueraria montana var. lobata (Willdenow) Maesen & S. M. Almeida ex Sanjappa & Predeep	豆科 Fabaceae	葛属 Pueraria	全区各地
350	三裂叶野葛 Pueraria montana (Lour.) Merr. var. montana	豆科 Fabaceae	葛属 Pueraria	兴安、横州、藤县、防城港、金秀、乐业等
351	粉葛 Pueraria montana var. thomsonii (Bentham) M. R Almeida	豆科 Fabaceae	葛属 Pueraria	南宁、百色、金秀、龙州、上思等
352	洋槐 Robinia pseudoacacia L.	豆科 Fabaceae	刺槐属 Robinia	桂林、全州、临桂
353	田菁 Sesbania cannabina (Retz.) Poir.	豆科 Fabaceae	田菁属 Sesbania	全区各地
354	苦参 Sophora flavescens Ait.	豆科 Fabaceae	苦参属 Sophora	桂林、罗城、隆林、东兰、天峨、梧州等
355	槐 Styphnolobium japonicum (L.) Schott	豆科 Fabaceae	槐属 Styphnolobium	桂林、南宁、百色、柳州、河池等
356	葫芦茶 Tadehagi triquetrum (L.) Ohashi	豆科 Fabaceae	葫芦茶属 Tadehagi	全区各地
357	广布野豌豆 Vicia cracca L.	豆科 Fabaceae	野豌豆属 Vicia	桂林、桂平、田东、百色、隆安等
358	蚕豆 Vicia faba L.	豆科 Fabaceae	野豌豆属 Vicia	全区各地
359	救荒野豌豆 Vicia sativa L.	豆科 Fabaceae	野豌豆属 Vicia	桂林、柳州、乐业、那坡、凤山、隆林等
360	赤豆 Vigna angularis (Willd.) Ohwi et H. Ohashi	豆科 Fabaceae	豇豆属 Vigna	桂林、南宁、靖西、浦北、龙州、金秀等

续表

序号	物种	科	属	地理分布
361	绿豆 *Vigna radiata*（L.）R. Wilczek	豆科 Fabaceae	豇豆属 *Vigna*	全区各地
362	短豇豆 *Vigna unguiculata*（L.）subsp. *cylindrica*（L.）Verdc.	豆科 Fabaceae	豇豆属 *Vigna*	全区各地
363	长豇豆 *Vigna unguiculata*（L.）subsp. *sesquipedalis*（L.）Verdc.	豆科 Fabaceae	豇豆属 *Vigna*	全区各地
364	紫藤 *Wisteria sinensis*（Sims）DC.	豆科 Fabaceae	紫藤属 *Wisteria*	桂林、柳州、临桂
365	枫香树 *Liquidambar formosana* Hance	金缕梅科 Hamamelidaceae	半枫荷属 *Semiliquidambar*	全区各地
366	半枫荷 *Semiliquidambar cathayensis* Chang	金缕梅科 Hamamelidaceae	杜仲属 *Eucommia*	广西北部、东北部
367	杜仲 *Eucommia ulmoides* Oliver	杜仲科 Eucommiaceae	杜仲属 *Eucommia*	桂林、龙胜、隆林、融水、乐业
368	青杨梅 *Myrica adenophora* Hance f. *adenophora*	杨梅科 Myricaceae	杨梅属 *Myrica*	桂林、南宁、横州、武鸣、灵山、合浦等
369	杨梅 *Myrica rubra* Lour.	杨梅科 Myricaceae	杨梅属 *Myrica*	全区各地
370	栗 *Castanea mollissima* Blume	壳斗科 Fagaceae	栗属 *Castanea*	全区各地
371	茅栗 *Castanea seguinii* Dode	壳斗科 Fagaceae	栗属 *Castanea*	临桂、龙胜、资源、全州、兴安
372	锥 *Castanopsis chinensis*（Sprengel）Hance	壳斗科 Fagaceae	锥属 *Castanopsis*	广西东北部、西北部、东南部
373	苦槠 *Castanopsis sclerophylla*（Lindl. et Paxton）Schottky	壳斗科 Fagaceae	锥属 *Castanopsis*	桂林、永福、全州
374	木姜叶柯 *Lithocarpus litseifolius*（Hance）Chun	壳斗科 Fagaceae	柯属 *Lithocarpus*	全区各地
375	厚鳞柯 *Lithocarpus pachylepis* A. Camus	壳斗科 Fagaceae	柯属 *Lithocarpus*	那坡、靖西
376	麻栎 *Quercus acutissima* Carr.	壳斗科 Fagaceae	栎属 *Quercus*	桂林、融水、苍梧、巴马、那坡、平果等

续表

序号	物种	科	属	地理分布
377	槲树 Quercus dentata Thunb.	壳斗科 Fagaceae	栎属 Quercus	隆林
378	栓皮栎 Quercus variabilis Blume	壳斗科 Fagaceae	栎属 Quercus	广西东北部、西北部
379	木波罗 Artocarpus heterophyllus Lam.	桑科 Moraceae	波罗蜜属 Artocarpus	南宁、玉林、梧州、龙州
380	白桂木 Artocarpus hypargyreus Hance	桑科 Moraceae	波罗蜜属 Artocarpus	容县、荔浦、龙州、乐业、贺州、苍梧等
381	桂木 Artocarpus nitidus Tréc subsp. lingnanensis （Merr.） F. M. Jarrett	桑科 Moraceae	波罗蜜属 Artocarpus	容县、博白、梧州
382	构树 Broussonetia papyrifera （Linnaeus） L'Heritier ex Ventenat	桑科 Moraceae	构属 Broussonetia	全区各地
383	无花果 Ficus carica L.	桑科 Moraceae	榕属 Ficus	全区各地
384	矮小天仙果 Ficus erecta Thunb.	桑科 Moraceae	榕属 Ficus	临桂、苍梧、龙州、贺州、乐业、上思等
385	金毛榕 Ficus fulva Reinwardt ex Blume	桑科 Moraceae	榕属 Ficus	全区各地
386	尖叶榕 Ficus henryi Warb. ex Diels	桑科 Moraceae	榕属 Ficus	凌云、乐业、那坡、南丹
387	粗叶榕 Ficus hirta Vahl	桑科 Moraceae	榕属 Ficus	恭城
388	对叶榕 Ficus hispida L. f.	桑科 Moraceae	榕属 Ficus	全区各地
389	薜荔 Ficus pumila L.	桑科 Moraceae	榕属 Ficus	全区各地
390	珍珠榕 Ficus sarmentosa Buch.-Ham. ex Sm. var. henryi （King ex Oliv.） Corner	桑科 Moraceae	榕属 Ficus	临桂、恭城、横州、宁明、凌云
391	鸡嗉子榕 Ficus semicordata Buch.-Ham. ex Sm.	桑科 Moraceae	榕属 Ficus	龙胜、田林、扶绥、靖西、凌云、那坡等
392	地果 Ficus tikoua Bur.	桑科 Moraceae	榕属 Ficus	柳城、马山、百色、贵港、东兰、乐业等
393	构棘 Maclura cochinchinensis （Lour.） Corner	桑科 Moraceae	柘属 Maclura	全区各地
394	柘 Maclura tricuspidata Carrière	桑科 Moraceae	柘属 Maclura	全区各地
395	桑 Morus alba L.	桑科 Moraceae	桑属 Morus	全区各地

续表

序号	物种	科	属	地理分布
396	鸡桑 *Morus australis* Poir.	桑科 Moraceae	桑属 *Morus*	全区各地
397	束序苎麻 *Boehmeria siamensis* Craib	荨麻科 Urticaceae	苎麻属 *Boehmeria*	平果、百色、东兰、大新、隆林、龙州等
398	珠芽艾麻 *Laportea bulbifera*（Sieb. et Zucc.）Wedd.	荨麻科 Urticaceae	艾麻属 *Laportea*	龙胜、融水、靖西、钟山、德保、那坡等
399	石油菜 *Pilea cavaleriei* Lévl.	荨麻科 Urticaceae	冷水花属 *Pilea*	桂林、柳城、上林、马山、北流、罗城等
400	红雾水葛 *Pouzolzia sanguinea*（Bl.）Merr.	荨麻科 Urticaceae	雾水葛属 *Pouzolzia*	武鸣、德保、大新、天等、天峨、西林等
401	大麻 *Cannabis sativa* L.	大麻科 Cannabinaceae	大麻属 *Cannabis*	全区各地
402	葎草 *Humulus scandens*（Lour.）Merr.	大麻科 Cannabinaceae	葎草属 *Humulus*	桂林、南宁、邕宁、富川、忻城、河池等
403	海南冬青 *Ilex hainanensis* Merr.	冬青科 Aquifoliaceae	冬青属 *Ilex*	广西北部、西部、东北部、东南部
404	扣树 *Ilex kaushue* S. Y. Hu	冬青科 Aquifoliaceae	冬青属 *Ilex*	武鸣、田林、上林、大新、龙州等
405	大叶冬青 *Ilex latifolia* Thunb.	冬青科 Aquifoliaceae	冬青属 *Ilex*	龙州
406	赤苍藤 *Erythropalum scandens* Bl.	铁青树科 Olacaceae	赤苍藤属 *Erythropalum*	广西南部、西部、北流、隆安、龙州
407	茎花山柚 *Champereia manillana*（Blume）Merr. var. *longistaminea*（W. Z. Li）H. S. Kiu	山柚子科 Opiliaceae	台湾山柚属 *Champereia*	扶绥、那坡、龙州
408	桑寄生 *Taxillus sutchuenensis*（Lecomte）Danser	桑寄生科 Loranthaceae	钝果寄生属 *Taxillus*	广西中部、北部
409	檀梨 *Pyrularia edulis*（Wall.）A. DC.	檀香科 Santalaceae	檀梨属 *Pyrularia*	龙胜、融水、隆林、金秀、平南等
410	枳椇 *Hovenia acerba* Lindl.	鼠李科 Rhamnaceae	枳椇属 *Hovenia*	全区各地
411	雀梅藤 *Sageretia thea*（Osbeck）Johnst.	鼠李科 Rhamnaceae	雀梅藤属 *Sageretia*	大新、龙州

续表

序号	物种	科	属	地理分布
412	枣 Ziziphus jujuba Mill.	鼠李科 Rhamnaceae	枣属 Ziziphus	桂林、隆林、西林、崇左、龙州、贺州等
413	蔓胡颓子 Elaeagnus glabra Thunb.	胡颓子科 Elaeagnaceae	胡颓子属 Elaeagnus	桂林、武鸣、柳州、昭平、蒙山、河池等
414	角花胡颓子 Elaeagnus gonyanthes Benth.	胡颓子科 Elaeagnaceae	胡颓子属 Elaeagnus	临桂、陆川、北流、田阳、岑溪、靖西等
415	宜昌胡颓子 Elaeagnus henryi Warb. Apucl. Diels	胡颓子科 Elaeagnaceae	胡颓子属 Elaeagnus	龙胜、金秀、临桂
416	胡颓子 Elaeagnus pungens Thunb.	胡颓子科 Elaeagnaceae	胡颓子属 Elaeagnus	桂林、三江、柳州、龙州、富川、平乐等
417	显齿蛇葡萄 Ampelopsis grossedentata (Hand.-Mazz.) W. T. Wang	葡萄科 Vitaceae	蛇葡萄属 Ampelopsis	南宁、东兴、平南、南丹、宜州、梧州等
418	白蔹 Ampelopsis japonica (Thunb.) Makino	葡萄科 Vitaceae	蛇葡萄属 Ampelopsis	临桂、灌阳、全州
419	毛葡萄 Vitis heyneana Roem. et Schult	葡萄科 Vitaceae	葡萄属 Vitis	龙胜、融水、乐业、那坡、象州、都安等
420	鸡足葡萄 Vitis lanceolatifoliosa C. L. Li	葡萄科 Vitaceae	葡萄属 Vitis	桂林、全州
421	绵毛葡萄 Vitis retordii Roman.	葡萄科 Vitaceae	葡萄属 Vitis	武鸣、都安、金秀、龙州、河池、苍梧等
422	葡萄 Vitis vinifera L.	葡萄科 Vitaceae	葡萄属 Vitis	全区各地
423	山油柑 Acronychia pedunculata (L.) Miq.	芸香科 Rutaceae	山油柑属 Acronychia	南宁、陆川、容县、防城港、上思等
424	宜昌橙 Citrus ichangensis H. Lév ex Cavalier	芸香科 Rutaceae	柑橘属 Citrus	广西东北部、金秀、融水
425	柠檬 Citrus limon (L.) Burm. f.	芸香科 Rutaceae	柑橘属 Citrus	全区各地
426	黎檬 Citrus limonia Osb.	芸香科 Rutaceae	柑橘属 Citrus	桂林、梧州、环江、东兰、那坡、防城港等
427	柚 Citrus maxima (Burm.) Merr.	芸香科 Rutaceae	柑橘属 Citrus	全区各地
428	香橼 Citrus medica L.	芸香科 Rutaceae	柑橘属 Citrus	全区各地均有零星栽培

续表

序号	物种	科	属	地理分布
429	佛手 Citrus medica L. var. sarcodactylis Swingle	芸香科 Rutaceae	柑橘属 Citrus	全区各地
430	柑橘 Citrus reticulata Blanco	芸香科 Rutaceae	柑橘属 Citrus	全区各地
431	甜橙 Citrus sinensis (L.) Osbeck	芸香科 Rutaceae	柑橘属 Citrus	全区各地
432	细叶黄皮 Clausena anisum-olens (Blanco) Merr.	芸香科 Rutaceae	黄皮属 Clausena	龙州、百色
433	齿叶黄皮 Clausena dunniana H. Lév.	芸香科 Rutaceae	黄皮属 Clausena	宁明、凭祥、龙州、隆林
434	黄皮 Clausena lansium (Lour.) Skeels	芸香科 Rutaceae	黄皮属 Clausena	全区各地均有零星栽培
435	金橘 Fortunella margarita (Lour.) Swingle cv. margarita	芸香科 Rutaceae	金橘属 Fortunella	临桂、罗城、上思、宁明、象州
436	秃叶黄檗 Phellodendron chinense var. glabriusculum C. K. Schneid.	芸香科 Rutaceae	黄檗属 Phellodendron	全州、兴安、龙胜、融水、罗城等
437	枳 Poncirus trifoliata L.	芸香科 Rutaceae	枳属 Poncirus	广西东北部
438	吴茱萸 Tetradium ruticarpum (A. Jussieu) T. G Hartley	芸香科 Rutaceae	吴茱萸属 Tetradium	临桂、资源、融水、金秀、凌云、那坡等
439	飞龙掌血 Toddalia asiatica (L.) Lam	芸香科 Rutaceae	飞龙掌血属 Toddalia	全区各地
440	竹叶花椒 Zanthoxylum armatum DC.	芸香科 Rutaceae	花椒属 Zanthoxylum	全区各地
441	花椒 Zanthoxylum bungeanum Maxim.	芸香科 Rutaceae	花椒属 Zanthoxylum	广西北部、东北部
442	野花椒 Zanthoxylum simulans Hance	芸香科 Rutaceae	花椒属 Zanthoxylum	广西北部
443	苦树 Picrasma quassioides (D. Don) Benn.	苦木科 Simaroubaceae	苦树属 Picrasma	桂林、容县、隆林、巴马、岑溪等
444	橄榄 Canarium album (Lour.) Raeuschel	橄榄科 Burseraceae	橄榄属 Canarium	临桂、南宁、梧州、苍梧、浦北、北流等
445	乌榄 Canarium pimela Leenh.	橄榄科 Burseraceae	橄榄属 Canarium	广西南部、西部、东南部、西南部
446	米仔兰 Aglaia odorata Lour.	楝科 Meliaceae	米仔兰属 Aglaia	武鸣、梧州、龙州、扶绥、靖西、柳州等
447	羽状地黄连 Munronia pinnata (Wallich) W. Theobald	楝科 Meliaceae	地黄连属 Munronia	广西西部、西北部

续表

序号	物种	科	属	地理分布
448	香椿 *Toona sinensis*（A. Juss.）Roem.	楝科 Meliaceae	香椿属 *Toona*	全区各地
449	龙眼 *Dimocarpus longan* Lour.	无患子科 Sapindaceae	龙眼属 *Dimocarpus*	广西东部、南部、西部、东南部
450	荔枝 *Litchi chinensis* Sonn.	无患子科 Sapindaceae	荔枝属 *Litchi*	广西东部、南部、西南部
451	韶子 *Nephelium chryseum* Bl.	无患子科 Sapindaceae	韶子属 *Nephelium*	广西南部
452	南酸枣 *Choerospondias axillaris*（Roxb.）B. L. Burtt & A. W. Hill	漆树科 Anacardiaceae	南酸枣属 *Choerospondias*	全区各地
453	人面子 *Dracontomelon duperreanum* Pierre	漆树科 Anacardiaceae	人面子属 *Dracontomelon*	武鸣、平南、陆川、龙州、那坡、宁明等
454	冬杧 *Mangifera hiemalis* J. Y. Liang	漆树科 Anacardiaceae	杧果属 *Mangifera*	德保、上思、隆安、靖西、龙州
455	杧果 *Mangifera indica* L.	漆树科 Anacardiaceae	杧果属 *Mangifera*	广西中部、东南部、西南部
456	扁桃 *Mangifera persiciformis* C. Y. Wu et T. L. Ming	漆树科 Anacardiaceae	杧果属 *Mangifera*	南宁、百色、平果、龙州、那坡、邕宁等
457	黄连木 *Pistacia chinensis* Bunge	漆树科 Anacardiaceae	黄连木属 *Pistacia*	全区各地
458	盐肤木 *Rhus chinensis* Mill. var. *chinensis*	漆树科 Anacardiaceae	盐肤木属 *Rhus*	全区各地
459	滨盐肤木 *Rhus chinensis* Mill. var. *roxburghii*（DC.）	漆树科 Anacardiaceae	盐肤木属 *Rhus*	全区各地
460	岭南酸枣 *Spondias lakonensis* Pierre var. *lakonensis*	漆树科 Anacardiaceae	槟榔青属 *Spondias*	武鸣、贺州、百色、那坡、都安、金秀等
461	槟榔青 *Spondias pinnata*（L. F.）Kurz	漆树科 Anacardiaceae	槟榔青属 *Spondias*	广西南部
462	山核桃 *Carya cathayensis* Sarg.	胡桃科 Juglandaceae	山核桃属 *Carya*	融水、隆林
463	青钱柳 *Cyclocarya paliurus*（Batalin）Iljinsk.	胡桃科 Juglandaceae	青钱柳属 *Cyclocarya*	永福、融水、东兰、乐业
464	黄杞 *Engelhardia roxburghiana* Wall.	胡桃科 Juglandaceae	黄杞属 *Engelhardia*	全区各地
465	胡桃楸 *Juglans mandshurica* Maxim.	胡桃科 Juglandaceae	胡桃属 *Juglans*	阳朔、凌云、隆林、乐业、龙胜

续表

序号	物种	科	属	地理分布
466	胡桃 *Juglans regia* L.	胡桃科 Juglandaceae	胡桃属 *Juglans*	桂林、柳州、田林、隆林、金秀、凌云等
467	头状四照花 *Cornus capitata* Wallich	山茱萸科 Cornaceae	山茱萸属 *Cornus*	桂林、融水、灌阳、资源、灵川等
468	香港四照花 *Cornus hongkongensis* Hemsley	山茱萸科 Cornaceae	山茱萸属 *Cornus*	兴安、融水、容县、上思、苍梧、钟山等
469	食用土当归 *Aralia cordata* Thunb.	五加科 Araliaceae	楤木属 *Aralia*	龙胜、资源、融水
470	楤木 *Aralia elata* (Miq.) Seem.	五加科 Araliaceae	楤木属 *Aralia*	广西东北部
471	细刺五加 *Eleutherococcus setulosus* (Franch.) S. Y. Hu	五加科 Araliaceae	刺五加属 *Eleutherococcus*	临桂、全州、三江、金秀、那坡
472	白簕 *Eleutherococcus trifoliatus* (Linnaeus) S. Y. Hu	五加科 Araliaceae	五加属 *Acanthopanax*	桂林、北流、平果、南丹、大新、靖西等
473	刺楸 *Kalopanax septemlobus* (Thunb.) Koidz.	五加科 Araliaceae	刺楸属 *Kalopanax*	广西东北部、乐业、昭平
474	异叶梁王茶 *Metapanax davidii* (Franchet) J. Wen & Frodin	五加科 Araliaceae	梁王茶属 *Metapanax*	南丹、隆林
475	狭叶竹节参 *Panax japonicus* (T. Nees) C. A. Mey. var. *angustifolius* (Burk.) C. Y. Cheng et Chu	五加科 Araliaceae	人参属 *Panax*	田林
476	竹节参 *Panax japonicus* (T. Nees) C. A. Mey. var. *japonicus*	五加科 Araliaceae	人参属 *Panax*	广西北部、东北部、西北部
477	田七 *Panax notoginseng* (Burkill) F. H. Chen ex C. H. Chow	五加科 Araliaceae	人参属 *Panax*	广西西部、西北部
478	刺通草 *Trevesia palmata* (DC.) Vis.	五加科 Araliaceae	刺通草属 *Trevesia*	武鸣、田东、天峨、巴马、上林、马山等
479	莳萝 *Anethum graveolens* L.	伞形科 Apiaceae	莳萝属 *Anethum*	南宁、来宾、凌云、罗城
480	当归 *Aralia sinenis* (Oliv.) Diels	伞形科 Apiaceae	当归属 *Angelica*	金秀
481	旱芹 *Apium graveolens* L.	伞形科 Apiaceae	芹属 *Apium*	全区各地

续表

序号	物种	科	属	地理分布
482	积雪草 Centella asiatica (L.) Urban	伞形科 Apiaceae	积雪草属 Centella	全区各地
483	芫荽 Coriandrum sativum L.	伞形科 Apiaceae	芫荽属 Coriandrum	全区各地
484	鸭儿芹 Cryptotaenia japonica Hassk.	伞形科 Apiaceae	鸭儿芹属 Cryptotaenia	全区各地
485	野胡萝卜 Daucus carota L.	伞形科 Apiaceae	胡萝卜属 Daucus	全州、马山
486	刺芹 Eryngium foetidum L.	伞形科 Apiaceae	刺芹属 Eryngium	南宁、桂平、隆安、灵山、玉林、横州等
487	茴香 Foeniculum vulgare Mill.	伞形科 Apiaceae	茴香属 Foeniculum	全区各地
488	珊瑚菜 Glehnia littoralis Fr. Schmidt ex Miq.	伞形科 Apiaceae	珊瑚菜属 Glehnia	合浦
489	川芎 Ligusticum sinense Oliv. cv. Chuanxiong S. H. Qiu et al.	伞形科 Apiaceae	藁本属 Ligusticum	融水、金秀、南丹、乐业
490	藁本 Ligusticum sinense Oliv. cv. sinense	伞形科 Apiaceae	藁本属 Ligusticum	资源、融水、那坡、乐业、金秀、凌云等
491	水芹 Oenanthe javanica (Bl.) DC.	伞形科 Apiaceae	水芹属 Oenanthe	全区各地
492	隔山香 Ostericum citriodorum (Hance) Yuan et Shan	伞形科 Apiaceae	山芹属 Ostericum	桂林、柳州、桂平、贵港、博白、平南等
493	异叶茴芹 Pimpinella diversifolia DC.	伞形科 Apiaceae	茴芹属 Pimpinella	全区各地
494	变豆菜 Sanicula chinensis Bunge	伞形科 Apiaceae	变豆菜属 Sanicula	全州、德保、南丹、环江、隆林、田阳等
495	杜鹃 Rhododendron simsii Planch.	杜鹃花科 Ericaceae	杜鹃花属 Rhododendron	全区各地
496	南烛 Vaccinium bracteatum Thunb.	杜鹃花科 Ericaceae	越橘属 Vaccinium	桂林、上林、上思、象州、贺州、东兴等
497	黄背越橘 Vaccinium iteophyllum Hance	乌饭树科 Vacciniaceae	越橘属 Vaccinium	临桂、上林、凤山、环江、凌云、苍梧等
498	海南柿 Diospyros hainanensis Merr.	柿科 Ebenaceae	柿属 Diospyros	龙州

续表

序号	物种	科	属	地理分布
499	柿 Diospyros kaki Thunb.	柿科 Ebenaceae	柿属 Diospyros	恭城、宾阳、贵港、隆林、宁明、融安等
500	野柿 Diospyros kaki var. silvestris Makino	柿科 Ebenaceae	柿属 Diospyros	桂林、武鸣、龙州、凭祥、田阳等
501	君迁子 Diospyros lotus L.	柿科 Ebenaceae	柿属 Diospyros	桂林、融水、藤县、龙州、防城港、金秀等
502	油柿 Diospyros oleifera Cheng	柿科 Ebenaceae	柿属 Diospyros	临桂、阳朔、恭城、平南、龙州等
503	金叶树 Chrysophyllum lanceolatum（Blume）A. DC. var. stellatocarpon P. Royen	山榄科 Sapotaceae	金叶树属 Chrysophyllum	上林、武鸣、合浦、防城港、崇左等
504	人心果 Manilkara zapota（L.）van Royen	山榄科 Sapotaceae	铁线子属 Manilkara	广西南部
505	桃榄 Pouteria annamensis（Pierre）Baehni	山榄科 Sapotaceae	桃榄属 Pouteria	龙州、宁明
506	块根紫金牛 Ardisia crenata Sims var. tuberifera C. Chen	紫金牛科 Myrsinaceae	紫金牛属 Ardisia	靖西、德保、大新、龙州、宁明
507	酸藤子 Embelia laeta（L.）Mez	紫金牛科 Myrsinaceae	酸藤子属 Embelia	广西南部
508	白花酸藤子 Embelia ribes Burm. f. subsp. ribes	紫金牛科 Myrsinaceae	酸藤子属 Embelia	全区各地
509	密齿酸藤子 Embelia vestita Roxb.	紫金牛科 Myrsinaceae	酸藤子属 Embelia	全区大部分地区
510	密蒙花 Buddleja officinalis Maxim.	马钱科 Loganiaceae	醉鱼草属 Buddleja	全区各地
511	茉莉花 Jasminum sambac（L.）Aiton	木犀科 Oleaceae	素馨属 Jasminum	全区各地
512	女贞 Ligustrum lucidum Ait.	木犀科 Oleaceae	女贞属 Ligustrum	桂林、蒙山、环江、罗城、南丹、富川等
513	光萼小蜡 Ligustrum sinense var. myrianthum（Diels）Hoefk.	木犀科 Oleaceae	女贞属 Ligustrum	广西北部
514	油橄榄 Olea europaea L.	木犀科 Oleaceae	木犀榄属 Olea	桂林、南宁、柳州
515	桂花 Osmanthus fragrans（Thunb.）Lour.	木犀科 Oleaceae	木犀榄属 Olea	桂林、永福、恭城、富川、平南、天峨等

续表

序号	物种	科	属	地理分布
516	小叶月桂 Osmanthus minor P. S. Green	木犀科 Oleaceae	木犀属 Osmanthus	广西东部
517	鸡蛋花 Plumeria rubra (Acutifolia)	夹竹桃科 Apocynaceae	鸡蛋花属 Plumeria	全区各地
518	润肺草 Brachystelma edule Collett et Hemsl.	萝摩科 Asclepiadaceae	润肺草属 Brachystelma	南宁
519	须药藤 Stelmocrypton khasianum (Kurz) Baill.	萝摩科 Asclepiadaceae	须药藤属 Stelmocrypton	隆林、那坡、百色
520	夜来香 Telosma cordata (Burm. F.) Merr.	萝摩科 Asclepiadaceae	夜来香属 Telosma	桂林、南宁、梧州、博白、合浦等
521	猪肚木 Canthium horridum Bl. Bijdr	茜草科 Rubiaceae	鱼骨木属 Canthium	梧州、上林、平南、田林、贵港等
522	小粒咖啡 Coffea arabica L.	茜草科 Rubiaceae	咖啡属 Coffea	宁明、灵山
523	中粒咖啡 Coffea canephora Pierre ex Froehner	茜草科 Rubiaceae	咖啡属 Coffea	龙州、合浦
524	栀子 Gardenia jasminoides Ellis	茜草科 Rubiaceae	栀子属 Gardenia	全区各地
525	剑叶耳草 Hedyotis caudatifolia Merr. et F. P. Metcalf	茜草科 Rubiaceae	耳草属 Hedyotis	阳朔、藤县、钦州、博白、金秀、上思等
526	白蔹巴戟 Morinda citrina var. chlorina Y. Z. Ruan	茜草科 Rubiaceae	巴戟天属 Morinda	广西东部、北部
527	巴戟天 Morinda officinalis F. C. How	茜草科 Rubiaceae	巴戟天属 Morinda	临桂、大新、靖西、贺州、苍梧等
528	玉叶金花 Mussaenda pubescens W. T. Aiton	茜草科 Rubiaceae	玉叶金花属 Mussaenda	全区各地
529	鸡矢藤 Paederia scandens (Lour.) Merr. var. scandens	茜草科 Rubiaceae	鸡矢属 Paederia	桂林、南宁、柳州、贵港、隆林、平果等
530	钩藤 Uncaria rhynchophylla (Miq.) Miq. ex Havil.	茜草科 Rubiaceae	钩藤属 Uncaria	防城港、邕宁、上思、博白、陆川、北流等
531	华南忍冬 Lonicera confusa (Sweet) DC.	忍冬科 Caprifoliaceae	忍冬属 Lonicera	全区各地
532	菰腺忍冬 Lonicera hypoglauca Miq.	忍冬科 Caprifoliaceae	忍冬属 Lonicera	全区各地
533	忍冬 Lonicera japonica Thunb.	忍冬科 Caprifoliaceae	忍冬属 Lonicera	桂林、全州、临桂、龙胜

续表

序号	物种	科	属	地理分布
534	灰毡毛忍冬 Lonicera macranthoides Hand.-Mazz.	忍冬科 Caprifoliaceae	忍冬属 Lonicera	兴安、灵川、融水、富川、乐业、罗城等
535	台湾败酱 Patrinia monandra C. B. Clarke var. formosana (Kitam.) H. J. Wa	败酱科 Valerianaceae	败酱属 Patrinia	桂林、恭城、北流、隆林、贺州、凤山等
536	败酱 Patrinia scabiosifolia Fisch. ex Trevir.	败酱科 Valerianaceae	败酱属 Patrinia	全区各地
537	白花败酱 Patrinia villosa (Thunb.) Juss.	败酱科 Valerianaceae	败酱属 Patrinia	全区各地
538	藿香蓟 Ageratum conyzoides L.	菊科 Asteraceae	藿香蓟属 Ageratum	全区各地
539	牛蒡 Arctium lappa L.	菊科 Asteraceae	牛蒡属 Arctium	兴安、资源、乐业、天峨、隆林等
540	艾 Artemisia argyi. Lévl et Van.	菊科 Asteraceae	蒿属 Artemisia	临桂、兴安、邕宁、龙胜等
541	茵陈蒿 Artemisia capillaris Thunb.	菊科 Asteraceae	蒿属 Artemisia	柳州、马山、平乐、防城港、蒙山、金秀等
542	青蒿 Artemisia carvifolia Buch.-Ham. ex Roxb.	菊科 Asteraceae	蒿属 Artemisia	南宁
543	五月艾 Artemisia indica Willd.	菊科 Asteraceae	蒿属 Artemisia	广西北部
544	牡蒿 Artemisia japonica Thunb.	菊科 Asteraceae	蒿属 Artemisia	灌阳、南宁、北流、岑溪、凌云、都安等
545	三脉紫菀 Aster ageratoides subsp. ageratoides (Turczaninow) Grierson	菊科 Asteraceae	紫菀属 Aster	阳朔、武鸣、融水、贵港、藤县、陆川等
546	钻形紫菀 Aster subulatus Michx	菊科 Asteraceae	紫菀属 Aster	全区各地
547	鬼针草 Bidens pilosa L. var. pilosa	菊科 Asteraceae	鬼针草属 Bidens	全区各地
548	金盏花 Calendula officinalis L.	菊科 Asteraceae	金盏花属 Calendula	全区各地
549	天名精 Carpesium abrotanoides L.	菊科 Asteraceae	天名精属 Carpesium	全区各地
550	红花 Carthamus tinctorius L.	菊科 Asteraceae	红花属 Carthamus	桂林、南宁、柳州
551	野菊 Chrysanthemum indicum Linnaeus	菊科 Asteraceae	蒿属 Chrysanthemum	全区各地

续表

序号	物种	科	属	地理分布
552	菊花 Chrysanthemum × morifolium (Ramat.) Hemsl.	菊科 Asteraceae	菊属 Chrysanthemum	全区各地
553	小蓟 Cirsium chinense Gardner et Champ.	菊科 Asteraceae	蓟属 Cirsium	邕宁、武鸣、南宁、金秀、贵港等
554	大蓟 Cirsium japonicum (Thunb.) Fisch. ex DC.	菊科 Asteraceae	蓟属 Cirsium	全区各地
555	刺儿菜 Cirsium arvense var. integrifolium C. Wimm.et Grabowski	菊科 Asteraceae	蓟属 Cirsium	隆林
556	野茼蒿 Crassocephalum crepidioides (Benth.) S. Moore	菊科 Asteraceae	野茼蒿属 Crassocephalum	全区各地
557	东风菜 Doellingeria scabra Thunb.	菊科 Asteraceae	紫菀属 Aster	贺州、资源
558	鳢肠 Eclipta prostrata (L.) L.	菊科 Asteraceae	鳢肠属 Eclipta	全区各地
559	一点红 Emilia sonchifolia (L.) DC.	菊科 Asteraceae	一点红属 Emilia	全区各地
560	毛大丁草 Gerbera piloselloides (L.) Cass.	菊科 Asteraceae	大丁草属 Gerbera	全区各地
561	鼠麴草 Pseudognaphalium affine D. Don	菊科 Asteraceae	鼠麴草属 Gnaphalium	龙胜、南宁、天峨、柳城、都安、百色等
562	田基黄 Grangea maderaspatana (L.) Poir.	菊科 Asteraceae	田基黄属 Grangea	合浦、南宁、田阳、百色、龙州、钦州等
563	红凤菜 Gynura bicolor (Willd.) DC.	菊科 Asteraceae	菊三七属 Gynura	桂林、南宁、蒙山、昭平、那坡、浦北等
564	白子菜 Gynura divaricata (L.) DC.	菊科 Asteraceae	菊三七属 Gynura	北海、南宁、东兴、陆川、田林等
565	向日葵 Helianthus annuus L.	菊科 Asteraceae	向日葵属 Helianthus	全区各地
566	菊芋 Helianthus tuberosus L.	菊科 Asteraceae	向日葵属 Helianthus	全区各地
567	泥胡菜 Hemistepta lyrata (Bunge) Bunge	菊科 Asteraceae	泥胡菜属 Hemistepta	桂林、南宁、田阳、那坡、德保、环江等
568	抱茎小苦荬 Ixeridium sonchifolium (Maxim.) C. Shih	菊科 Asteraceae	小苦荬属 Ixeridium	全区各地
569	苦荬菜 Ixeris polycephala Cass.	菊科 Asteraceae	苦荬菜属 Ixeris	广西中部、北部
570	马兰 Aster indicus L.	菊科 Asteraceae	紫菀属 Aster	全区各地

续表

序号	物种	科	属	地理分布
571	莴苣 *Lactuca sativa* L.	菊科 Asteraceae	莴苣属 *Lactuca*	全区各地
572	金光菊 *Rudbeckia laciniata* L.	菊科 Asteraceae	金光菊属 *Rudbeckia*	全区各地
573	苣荬菜 *Sonchus wightianus* DC.	菊科 Asteraceae	苦苣菜属 *Sonchus*	恭城、资源、靖西、南丹、钟山、那坡等
574	长裂苦苣菜 *Sonchus brachyotus* DC.	菊科 Asteraceae	苦苣菜属 *Sonchus*	全区各地
575	苦苣菜 *Sonchus oleraceus* L.	菊科 Asteraceae	苦苣菜属 *Sonchus*	全区各地
576	蒲公英 *Taraxacum mongolicum* Hand.-Mazz.	菊科 Asteraceae	蒲公英属 *Taraxacum*	全区各地
577	矮桃 *Lysimachia clethroides* Duby	报春花科 Primulaceae	珍珠菜属 *Lysimachia*	全州、灵川、龙胜、兴安、隆林
578	车前 *Plantago asiatica* L.	车前草科 Plantaginaceae	车前属 *Plantago*	全区各地
579	大车前 *Plantago major* L.	车前草科 Plantaginaceae	车前属 *Plantago*	全区各地
580	轮叶沙参 *Adenophora tetraphylla* (Thunb.) Fisch.	桔梗科 Campanulaceae	沙参属 *Adenophora*	南宁、柳城、蒙山、隆林、北流、金秀等
581	球果牧根草 *Asyneuma chinense* Hong	桔梗科 Campanulaceae	牧根草属 *Asyneuma*	平乐、武鸣、柳州、德保、都安等
582	金钱豹 *Campanumoea javanica* Bl.	桔梗科 Campanulaceae	金钱豹属 *Campanumoea*	临桂、龙胜、天峨、融水、南丹等
583	大花金钱豹 *Campanumoea javanica* Blume subsp. *javanica*	桔梗科 Campanulaceae	金钱豹属 *Campanumoea*	隆安、上林、岑溪、靖西、恭城、象州等
584	羊乳 *Codonopsis lanceolata* (Sieb. et Zucc.) Trautv.	桔梗科 Campanulaceae	党参属 *Codonopsis*	永福、桂平、苍梧、钟山、容县等
585	党参 *Codonopsis pilosula* (Franch.) Nannf.	桔梗科 Campanulaceae	党参属 *Codonopsis*	全区各地零星栽培
586	长叶轮钟草 *Cyclocodon lancifolius* (Roxb.) Kurz	桔梗科 Campanulaceae	土党参属 *Cyclocodon*	荔浦、富川、藤县、浦北、东兰、宜州等

续表

序号	物种	科	属	地理分布
587	桔梗 Platycodon grandiflorus (Jacq.) A. DC.	桔梗科 Campanulaceae	桔梗属 Platycodon	桂林、三江、平南、昭平、南丹、蒙山等
588	铜锤玉带草 Lobelia angulata Forst.	半边莲科 Lobeliaceae	半边莲属 Lobelia	全区各地
589	附地菜 Trigonotis peduncularis (Trev.) Benth. ex Baker et S. Moore	紫草科 Boraginaceae	附地菜属 Trigonotis	龙胜、柳州
590	辣椒 Capsicum annuum L.	茄科 Solanaceae	辣椒属 Capsicum	全区各地
591	枸杞 Lycium chinense Mille	茄科 Solanaceae	枸杞属 Lycium	全区各地
592	番茄 Lycopersicon esculentum Mill.	茄科 Solanaceae	番茄属 Lycopersicon	全区各地
593	挂金灯 Alkekengi officinarum var. franchetii (Mast.) R. J. Wang	茄科 Solanaceae	酸浆属 Alkekengi	兴安、三江、隆林、那坡、天峨等
594	少花龙葵 Solanum americanum Miller	茄科 Solanaceae	茄属 Solanum	平南、金秀、马山
595	茄 Solanum melongena L.	茄科 Solanaceae	茄属 Solanum	全区各地
596	龙葵 Solanum nigrum L.	茄科 Solanaceae	茄属 Solanum	全区各地
597	旋花茄 Solanum spirale Roxburgh	茄科 Solanaceae	茄属 Solanum	田东、田林、隆林、河池、凤山、南丹等
598	水茄 Solanum torvum Swartz	茄科 Solanaceae	茄属 Solanum	南宁、东业、东兰、宁明、玉林、梧州等
599	打碗花 Calystegia hederacea Wall.	旋花科 Convolvulaceae	打碗花属 Calystegia	全区各地
600	菟丝子 Cuscuta chinensis Lam.	旋花科 Convolvulaceae	菟丝子属 Cuscuta	全区各地
601	金灯藤 Cuscuta japonica Choisy	旋花科 Convolvulaceae	菟丝子属 Cuscuta	全区各地
602	月光花 Ipomoea alba Linnaeus	旋花科 Convolvulaceae	番薯属 Ipomoea	全区各地
603	蕹菜 Ipomoea aquatica Forssk.	旋花科 Convolvulaceae	番薯属 Ipomoea	全区各地
604	番薯 Ipomoea batatas (L.) Lamal	旋花科 Convolvulaceae	番薯属 Ipomoea	全区各地
605	大叶石龙尾 Limnophila rugosa (Roth) Merr.	玄参科 Scrophulariaceae	石龙尾属 Limnophila	临桂、柳州、资源、融水、德保等
606	尼泊尔沟酸浆 Mimulus tenellus Bunge var. nepalensis (Benth.) P. C. Tsoong	玄参科 Scrophulariaceae	通泉草属 Mazus	兴安、资源、融水、隆林、那坡等

续表

序号	物种	科	属	地理分布
607	地黄 Rehmannia glutinosa (Gaertn.) Libosch. ex Fisch. et Mey.	玄参科 Scrophulariaceae	地黄属 Rehmannia	桂林、南宁、柳州
608	野甘草 Scoparia dulcis L.	玄参科 Scrophulariaceae	野甘草属 Scoparia	临桂、南宁、北流、贵港、桂平、合浦等
609	玄参 Scrophularia ningpoensis Hemsl.	玄参科 Scrophulariaceae	玄参属 Scrophularia	桂林、马山、岑溪、北流、金秀、平南等
610	水苦荬 Veronica undulata Wall.	玄参科 Scrophulariaceae	婆婆纳属 Veronica	临桂、田阳、凌云、天峨、罗城、德保等
611	火烧花 Mayodendron igneum (Kurz) Kurz	紫葳科 Bignoniaceae	火烧花属 Mayodendron	隆林、靖西、田阳
612	芝麻 Sesamum indicum L.	胡麻科 Pedaliaceae	胡麻属 Sesamum	全区各地
613	穿心莲 Andrographis paniculata (Burm. F.) Nees	爵床科 Acanthaceae	穿心莲属 Andrographis	全区各地
614	鳄嘴花 Clinacanthus nutans (Burm. f.) Lindau	爵床科 Acanthaceae	鳄嘴花属 Clinacanthus	南宁、宁明、上思
615	狗肝菜 Dicliptera chinensis (L.) Juss.	爵床科 Acanthaceae	狗肝菜属 Dicliptera	全区各地
616	观音草 Peristrophe bivalvis (Linnaeus) Merrill	爵床科 Acanthaceae	观音草属 Peristrophe	全区各地
617	山牵牛 Thunbergia grandiflora (Rottl. ex Willd.) Roxb.	爵床科 Acanthaceae	山牵牛属 Thunbergia	全区各地
618	尖齿臭茉莉 Clerodendrum lindleyi Decne. ex Planch.	马鞭草科 Verbenaceae	大青属 Clerodendrum	桂林、柳州、隆林、河池、东兴、玉林等
619	豆腐柴 Premna microphylla Turcz.	马鞭草科 Verbenaceae	豆腐柴属 Premna	广西东部
620	马鞭草 Verbena officinalis L.	马鞭草科 Verbenaceae	马鞭草属 Verbena	全区各地
621	藿香 Agastache rugosa (Fisch. et Mey.) O. Ktze.	唇形科 Lamiaceae	藿香属 Agastache	灵川、恭城、融水、邕宁、都安、百色等
622	肾茶 Clerodendranthus spicatus (Thunb.) C. Y. Wu ex H. W. Li	唇形科 Lamiaceae	肾茶属 Clerodendranthus	全区各地

续表

序号	物种	科	属	地理分布
623	风轮菜 *Clinopodium chinense*（Benth.）O. Ktze.	唇形科 Lamiacea	风轮菜属 *Clinopodium*	桂林、柳州、凤山、阳朔、兴安等
624	益母草 *Leonurus japonicus* Houttuyn	唇形科 Lamiaceae	益母草属 *Leonurus*	全区各地
625	蜜蜂花 *Melissa axillaris*（Benth.）Bakh. F.	唇形科 Lamiaceae	蜜蜂花属 *Melissa*	全区各地
626	薄荷 *Mentha canadensis* Linnaeus	唇形科 Lamiaceae	薄荷属 *Mentha*	全区各地
627	留兰香 *Mentha canadensis* L.	唇形科 Lamiaceae	薄荷属 *Mentha*	广西西部、北部、西北部
628	凉粉草 *Mesona chinensis* Benth.	唇形科 Lamiaceae	凉粉草属 *Mesona*	容县、苍梧、岑溪、陆川、博白、贺州
629	石香薷 *Mosla chinensis* Maxim.	唇形科 Lamiaceae	石荠苎属 *Mosla*	全区各地
630	罗勒 *Ocimum basilicum* L.	唇形科 Lamiaceae	罗勒属 *Ocimum*	全区各地均有零星栽培
631	疏柔毛罗勒 *Ocimum basilicum var. pilosum*（Willd.）Benth.	唇形科 Lamiaceae	罗勒属 *Ocimum*	全区各地均有零星栽培
632	牛至 *Origanum vulgare* L.	唇形科 Lamiaceae	牛至属 *Origanum*	桂林、玉林、柳江、南丹、罗城寨
633	鸡脚参 *Orthosiphon wulfenioides*（Diels）Hand.-Mazz.	唇形科 Lamiaceae	鸡脚参属 *Orthosiphon*	鹿寨
634	回回苏 *Perilla frutescens*（L.）Britt. var. *crispa*（Benth.）Deane ex Bailey	唇形科 Lamiaceae	紫苏属 *Perilla*	全区各地
635	紫苏 *Perilla frutescens*（L.）Britt.	唇形科 Lamiaceae	紫苏属 *Perilla*	广西北部、西部
636	广藿香 *Pogostemon cablin*（Blanco）Benth.	唇形科 Lamiaceae	刺蕊草属 *Pogostemon*	全区各地
637	夏枯草 *Prunella vulgaris* L.	唇形科 Lamiaceae	夏枯草属 *Prunella*	全区各地
638	鼠尾草 *Salvia japonica* Thunb.	唇形科 Lamiaceae	鼠尾草属 *Salvia*	柳州、武鸣、乐业、贺州、河池、苍梧等
639	丹参 *Salvia miltiorrhiza* Bunge	唇形科 Lamiaceae	鼠尾草属 *Salvia*	桂林
640	海菜花 *Ottelia acuminata*（Lévl. et Vant）Dandy	水鳖科 Hydrocharitaceae	水车前属 *Ottelia*	广西西部、永福

续表

序号	物种	科	属	地理分布
641	饭包草 Commelina benghalensis Linnaeus	鸭跖草科 Commelinaceae	鸭跖草属 Commelina	平乐、苍梧、北海、玉林、龙州、昭平等
642	鸭跖草 Commelina communis L.	鸭跖草科 Commelinaceae	鸭跖草属 Commelina	恭城、柳州、北流、容县、钟山、金秀等
643	节节草 Commelina diffusa N. L. Burm.	鸭跖草科 Commelinaceae	鸭跖草属 Commelina	北流、龙州、容县、上思、昭平
644	慈姑 Sagittaria trifolia L. var. sinensis Sims	泽泻科 Alismataceae	慈姑属 Sagittaria	全区各地
645	凤梨 Ananas comosus（L.）Merr.	凤梨科 Bromeliaceae	凤梨属 Ananas	南宁、钦州、柳州
646	大蕉 Musa × paradisiaca L.	芭蕉科 Musaceae	芭蕉属 Musa	全区各地
647	野蕉 Musa balbisiana Colla	芭蕉科 Musaceae	芭蕉属 Musa	全区各地
648	香蕉 Musa nana Lour.	芭蕉科 Musaceae	芭蕉属 Musa	柳州以南地区
649	红豆蔻 Alpinia galanga（L.）Willd.	姜科 Zingiberaceae	山姜属 Alpinia	南宁、防城港、平南、田东、上林、藤县等
650	草豆蔻 Alpinia hainanensis K. Schum.	姜科 Zingiberaceae	山姜属 Alpinia	博白、北流、桂平、武鸣、容县等
651	高良姜 Alpinia officinarum Hance	姜科 Zingiberaceae	山姜属 Alpinia	广西东南部
652	益智 Alpinia oxyphylla Miq.	姜科 Zingiberaceae	山姜属 Alpinia	桂平、浦北、陆川
653	九翅豆蔻 Amomum maximum Roxb.	姜科 Zingiberaceae	豆蔻属 Amomum	隆安、南宁、凭祥、百色、防城港
654	草果 Amomum tsaoko Crevost et Lemarie	姜科 Zingiberaceae	豆蔻属 Amomum	都安、那坡
655	砂仁 Amomum villosum Lour.	姜科 Zingiberaceae	豆蔻属 Amomum	桂林、南宁、东兴、金秀、博白、德保等
656	绿壳砂仁 Amomum villosum Lour. var. xanthioides（Wall. ex Baker）T. L. Wu et S. J. Chen	姜科 Zingiberaceae	豆蔻属 Amomum	广西西南部
657	闭鞘姜 Costus speciosus（J. Koenig）S. R. Dutta	姜科 Zingiberaceae	闭鞘姜属 Costus	南宁、贺州、防城港、平南、梧州、龙州等

续表

序号	物种	科	属	地理分布
658	姜黄 Curcuma longa L.	姜科 Zingiberaceae	姜黄属 Curcuma	田林、上思、容县、龙州
659	姜花 Hedychium coronarium Koen.	姜科 Zingiberaceae	姜花属 Hedychium	桂林、南宁、梧州、柳州
660	舞花姜 Globba racemosa Smith	姜科 Zingiberaceae	舞花姜属 Globba	桂林、凌云、隆林、乐业、金秀、贺州等
661	海南三七 Kaempferia rotunda L.	姜科 Zingiberaceae	山柰属 Kaempferia	龙州、百色、那坡
662	蘘荷 Zingiber mioga (Thunb.) Rosc.	姜科 Zingiberaceae	姜属 Zingiber	南丹、隆林
663	姜 Zingiber officinale Roscoe	姜科 Zingiberaceae	姜属 Zingiber	全区各地
664	阳荷 Zingiber striolatum Diels	姜科 Zingiberaceae	姜属 Zingiber	隆林
665	洋葱 Allium cepa L.	百合科 Liliaceae	葱属 Allium	全区各地
666	藠头 Allium chinense G. Don	百合科 Liliaceae	葱属 Allium	临桂、博白、钟山、平南、南宁、那坡等
667	宽叶韭 Allium hookeri Thwaites	百合科 Liliaceae	葱属 Allium	龙胜、全州、金秀
668	薤白 Allium macrostemon Bunge	百合科 Liliaceae	葱属 Allium	富川
669	蒜 Allium sativum L.	百合科 Liliaceae	葱属 Allium	资源、阳朔、龙胜、玉林
670	韭 Allium tuberosum Rottler ex Spreng.	百合科 Liliaceae	葱属 Allium	全区各地
671	多星韭 Allium wallichii Kunth	百合科 Liliaceae	葱属 Allium	兴安、金秀、贺州、融水
672	芦荟 Aloe vera (L.) Burm. f.	百合科 Liliaceae	芦荟属 Aloe	全区各地
673	天门冬 Asparagus cochinchinensis (Lour.) Merr.	百合科 Liliaceae	天门冬属 Asparagus	桂林、邕宁、田林、凤山、富川、玉林等
674	羊齿天门冬 Asparagus filicinus D. Don	百合科 Liliaceae	天门冬属 Asparagus	环江
675	芦笋 Asparagus officinalis L.	百合科 Liliaceae	天门冬属 Asparagus	桂林
676	绵枣儿 Barnardia japonica (Thunberg) Schultes et Schultes & J. H. Schultes	百合科 Liliaceae	绵枣儿属 Barnardia	全州
677	大百合 Cardiocrinum giganteum (Wall.) Makino	百合科 Liliaceae	大百合属 Cardiocrinum	全州、融水、凌云、金秀、隆林等

续表

序号	物种	科	属	地理分布
678	黄花菜 Hemerocallis citrina Baroni	百合科 Liliaceae	萱草属 Hemerocallis	桂林、资源、龙胜、上林
679	萱草 Hemerocallis fulva（L.）L.	百合科 Liliaceae	萱草属 Hemerocallis	龙胜、南宁、融水、隆林、博白、昭平等
680	玉簪 Hosta plantaginea（Lam.）Aschers.	百合科 Liliaceae	玉簪属 Hosta	龙胜、兴安、凌云
681	百合 Lilium brownii var. viridulum Baker	百合科 Liliaceae	百合属 Lilium	桂林、兴安、资源、龙胜、临桂
682	野百合 Lilium brownii F. E. Brown ex Miellez	百合科 Liliaceae	百合属 Lilium	桂林、马山、贺州、河池、宁明、扶绥等
683	糙茎百合 Lilium longiflorum var. scabrum Masam.	百合科 Liliaceae	百合属 Lilium	龙胜、临桂
684	药百合 Lilium speciosum var. gloriosoides Baker	百合科 Liliaceae	百合属 Lilium	全州
685	卷丹 Lilium tigrinum Thunb.	百合科 Liliaceae	百合属 Lilium	桂林、兴安、资源、灵川、龙胜
686	阔叶山麦冬 Liriope muscari（Decne.）L. H. Bailey	天冬门科 Asparagaceae	山麦冬属 Liriope	桂林、灵山、龙州、天峨、凌云、融水等
687	山麦冬 Liriope spicata（Thunb.）Lour.	天冬门科 Asparagaceae	山麦冬属 Liriope	桂林、南宁、贵港、贺州、陆川、岑溪等
688	沿阶草 Ophiopogon bodinieri Levl.	天冬门科 Asparagaceae	沿阶草属 Ophiopogon	桂林、环江、融水、金秀、龙胜等
689	卷叶黄精 Polygonatum cirrhifolium（Wall.）Royle	天冬门科 Asparagaceae	黄精属 Polygonatum	隆林
690	多花黄精 Polygonatum cyrtonema Hua	天冬门科 Asparagaceae	黄精属 Polygonatum	桂林、恭城、象州、凌云、马山、融水等
691	滇黄精 Polygonatum kingianum Coll. et Hemsl.	天冬门科 Asparagaceae	黄精属 Polygonatum	隆林、都安、全州、德保、天峨等
692	玉竹 Polygonatum odoratum（Mill.）Druce	天冬门科 Asparagaceae	黄精属 Polygonatum	资源、全州、龙胜
693	点花黄精 Polygonatum punctatum Royle ex Kunth	天冬门科 Asparagaceae	黄精属 Polygonatum	资源、那坡、融水、百色、金秀等
694	湖北黄精 Polygonatum zanlanscianense Pamp.	天冬门科 Asparagaceae	黄精属 Polygonatum	资源、全州

续表

序号	物种	科	属	地理分布
695	万年青 Rohdea japonica (Thunb.) Roth	天冬门科 Asparagaceae	万年青属 Rohdea	全州、资源、临桂、贺州、凌云
696	鸭舌草 Monochoria vaginalis (Burm. F.) C. Presl ex Kunth	雨久花科 Pontederiaceae	雨久花属 Monochoria	全区各地
697	菝葜 Smilax china L.	菝葜科 Smilacaceae	菝葜属 Smilax	荔浦、上林、隆林、富川、南丹等
698	长托菝葜 Smilax ferox Wall. ex Kunth	菝葜科 Smilacaceae	菝葜属 Smilax	全州、灵川、资源、隆林、武鸣等
699	土茯苓 Smilax glabra Roxb.	菝葜科 Smilacaceae	菝葜属 Smilax	全区各地
700	黑果菝葜 Smilax glaucochina Warb	菝葜科 Smilacaceae	菝葜属 Smilax	桂林、柳州、苍梧、南丹、阳朔等
701	牛尾菜 Smilax riparia A. DC.	菝葜科 Smilacaceae	菝葜属 Smilax	桂林、容县、玉林、梧州、罗城、贺州等
702	茴香菖蒲 Acorus macrospadiceus F. N. Wei et Y. K. Li	天南星科 Araceae	菖蒲属 Acorus	横州、融水、武鸣、北流、德保、富川等
703	魔芋 Amorphophallus konjac K. Koch	天南星科 Araceae	魔芋属 Amorphophallus	全州、昭平、武鸣、靖西、隆林等
704	芋 Colocasia esculenta (L.) Schott	天南星科 Araceae	芋属 Colocasia	全区各地
705	野芋 Colocasia esculentum Schott	天南星科 Araceae	芋属 Colocasia	隆林、田林、天峨、凌云
706	参薯 Dioscorea alata L.	薯蓣科 Dioscoreaceae	薯蓣属 Dioscorea	全区各地
707	山薯 Dioscorea fordii Prain et Burkill	薯蓣科 Dioscoreaceae	薯蓣属 Dioscorea	恭城、玉林、百色、龙州、贺州、乐业等
708	光叶薯蓣 Dioscorea glabra Roxb.	薯蓣科 Dioscoreaceae	薯蓣属 Dioscorea	广西西部
709	日本薯蓣 Dioscorea japonica Thunb.	薯蓣科 Dioscoreaceae	薯蓣属 Dioscorea	灌阳、马山、三江、罗城、博白、象州等

续表

序号	物种	科	属	地理分布
710	毛藤日本薯蓣 Dioscorea japonica var. pilifera C. T. Ting et M. C. Chang	薯蓣科 Dioscoreaceae	薯蓣属 Dioscorea	广西东北部
711	五叶薯蓣 Dioscorea pentaphylla L.	薯蓣科 Dioscoreaceae	薯蓣属 Dioscorea	龙州
712	褐苞薯蓣 Dioscorea persimilis Prain et Burkill	薯蓣科 Dioscoreaceae	薯蓣属 Dioscorea	广西中部、南部、北部、西部、东北部
713	薯蓣 Dioscorea polystachya Turczaninow	薯蓣科 Dioscoreaceae	薯蓣属 Dioscorea	全区各地
714	槟榔 Areca catechu L.	棕榈科 Arecaceae	槟榔属 Areca	南宁、防城港
715	桄榔 Arenga westerhoutii Griff.	棕榈科 Arecaceae	桄榔属 Arenga	龙州、隆安、田林
716	短穗鱼尾葵 Caryota mitis Lour.	棕榈科 Arecaceae	鱼尾葵属 Caryota	广西东部、南部、西北部、西南部
717	鱼尾葵 Caryota ochlandra Blume ex Martius	棕榈科 Arecaceae	鱼尾葵属 Caryota	除广西东北部外，几乎遍布全区
718	椰子 Cocos nucifera L.	棕榈科 Arecaceae	椰子属 Cocos	广西南部、西南部
719	棕榈 Trachycarpus fortunei (Hook.) H. Wendl.	棕榈科 Arecaceae	棕榈属 Trachycarpus	全区各地
720	花叶开唇兰 Anoectochilus roxburghii (Wall.) Lindl.	兰科 Orchidaceae	开唇兰属 Anoectochilus	阳朔、武鸣、桂平、防城港、融水、蒙山等
721	白及 Bletilla striata (Thunb. ex Murray) Rchb. F.	兰科 Orchidaceae	白及属 Bletilla Rchb.	桂林、融水、玉林、隆林、环江、那坡等
722	石斛 Dendrobium nobile Lindl.	兰科 Orchidaceae	石斛属 Dendrobium	兴安、乐业、金秀、田林、百色等
723	铁皮石斛 Dendrobium officinale Kimura et Migo	兰科 Orchidaceae	石斛属 Dendrobium	桂林、隆林、东兰、宜州、西林等
724	天麻 Gastrodia elata Bl.	兰科 Orchidaceae	天麻属 Gastrodia	资源、隆林、罗城、融水、环江等
725	浆果薹草 Carex baccans Nees	莎草科 Cyperaceae	薹草属 Carex	全区各地
726	荸荠 Eleocharis dulcis (H. L. Burman) Trinius ex Henschel	莎草科 Cyperaceae	荸荠属 Eleocharis	全区各地

续表

序号	物种	科	属	地理分布
727	薏苡 *Coix lacryma-jobi* L.	禾本科 Poaceae	薏苡属 *Coix*	全区各地
728	薏米 *Coix lacryma-jobi* var. *ma-yuen*（Romanet du Caillaud）Stapf	禾本科 Poaceae	薏苡属 *Coix*	全区各地
729	亚香茅 *Cymbopogon nardus*（L.）Rendle	禾本科 Poaceae	香茅属 *Cymbopogon*	广西南部
730	牛筋草 *Eleusine indica*（L.）Gaertn.	禾本科 Poaceae	穇属 *Eleusine*	全区各地
731	白茅 *Imperata cylindrica*（L.）Beauv.	禾本科 Poaceae	白茅属 *Imperata*	桂林、南宁、钦州、昭平、金秀、柳城等
732	大白茅 *Imperata cylindrica* var. *major*（Nees）C. E. Hubbard	禾本科 Poaceae	白茅属 *Imperata*	隆林、隆安
733	淡竹叶 *Lophatherum gracile* Brongn.	禾本科 Poaceae	淡竹叶属 *Lophatherum*	桂林、龙州、临桂、金秀、永福等
734	心叶稷 *Panicum notatum* Retz.	禾本科 Poaceae	黍属 *Panicum*	隆林、百色、罗城、隆林
735	圆果雀稗 *Paspalum scrobiculatum* var. *orbiculare*（G. Forst.）Hack.	禾本科 Poaceae	雀稗属 *Paspalum*	桂林、隆林、龙州、兴安、金秀等
736	芦苇 *Phragmites australis*（Cav.）Trin. ex Steud.	禾本科 Poaceae	芦苇属 *Phragmites*	全区各地
737	筒轴茅 *Rottboellia cochinchinensis*（Lour.）Clayton	禾本科 Poaceae	筒轴茅属 *Rottboellia*	凌云、临桂、河池、百色
738	斑茅 *Saccharum arundinaceum* Retz.	禾本科 Poaceae	甘蔗属 *Saccharum*	桂林、百色、崇左、贺州、容县、金秀等
739	棕叶狗尾草 *Setaria palmifolia*（Koen.）Stapf	禾本科 Poaceae	狗尾草属 *Setaria*	临桂、百色、梧州、龙州、藤县等
740	皱叶狗尾草 *Setaria plicata*（Lam.）T. Cooke	禾本科 Poaceae	狗尾草属 *Setaria*	隆林、靖西、凤山、凌云、金秀等
741	棕叶芦 *Thysanolaena latifolia*（Roxburgh ex Hornemann）Honda	禾本科 Poaceae	棕叶芦属 *Thysanolaena*	柳州、罗城、龙州、隆林、上林

参考文献

[1] 敖礼林，敖艳，周元，等.吴茱萸丰产高效栽培关键技术 [J].科学种养，2020（2）：21-24.

[2] 敖礼林.芝麻丰产高效栽培关键技术 [J].科学种养，2019（5）：22-24.

[3] 鲍丙芳.苦丁茶栽培及加工技术 [J].宁夏农林科技，2012，53（8）：38-39.

[4] 邴帅，郑晓文，刘政，等.黄精繁殖及栽培技术的研究进展 [J].中国医药导报，2018，15（29）：35-38.

[5] 蔡雪梅.桃树优质高产栽培管理技术 [J].乡村科技，2019（35）：77-78.

[6] 曹健康，方乐金.大叶冬青资源的开发利用与发展前景 [J].资源开发与市场，2008（2）：157-159.

[7] 曹世超，周继能.杜英栽培方法探讨 [J].绿色科技，2018（21）：117-118.

[8] 常春雷，安亚喃，宋丹丹.乌饭树栽培技术与应用 [J].现代农村科技，2012（6）：39.

[9] 常永辉，李波.木瓜栽培技术 [J].河北农业，2018（2）：48-49.

[10] 陈斌.三叶木通栽培及应用 [J].中国花卉园艺，2016（4）：44-45.

[11] 陈超男，陈珍，王利平.掌叶覆盆子繁殖与栽培管理研究概述 [J].台州学院学报，2014，36（6）：32-37.

[12] 陈海云，宁德鲁，李勇杰，等.草果丰产栽培技术 [J].林业科技开发，2012，26（6）：105-107.

[13] 陈惠宗.山地余甘丰产栽培技术 [J].东南园艺，2015，3（1）：72-73.

[14] 陈建萍，王文贵，钱荣志，等.猕猴桃高产栽培技术研究 [J].种子科技，2020，38（2）：61，64.

[15] 陈俊锦，陈乃明，何贵整，等.石油菜扦插繁殖技术 [J].现代园艺，2016（23）：66.

[16] 陈龙舟，刘付月清，林思诚，等.益智的基本特性及丰产栽培技术分析 [J].南方农业，2018，12（15）：27，29.

[17] 陈明龙.剑叶耳草的化学成分及抗肿瘤活性研究 [D].杭州：浙江工商大学，2018.

[18] 陈向东.林下春砂仁的种植技术及产量提高的试验研究 [J].绿色科技，2017（3）：140-142.

[19] 陈燕燕，李晓男，周江韬，等.小果蔷薇果实的化学成分研究 [J].辽宁中医杂志，

2016，43（2）：357-359.

[20] 陈玉婷，王嘉怡，许贵红，等.构树的繁殖技术及应用价值研究[J].中国园艺文摘，2017，33（5）：97-98.

[21] 成群.茯苓人工栽培技术[J].陕西农业科学，2018，64（6）：99-100.

[22] 程岩，范春楠，郑金萍.轮叶党参林下栽植关键技术探讨[J].北方园艺，2015（15）：148-150.

[23] 崔立勇，佟庆，张忠，等.刺五加苗木繁殖方法[J].林业科技情报，2014，46（4）：30-31.

[24] 崔长伟，叶秋红，李洋，等.山葡萄栽培研究进展[J].北方园艺，2015（18）：194-199.

[25] 代兴波，李琴，喻国胜.铁皮石斛种苗繁育及栽培技术[J].湖北林业科技，2018，47（1）：22-24，41.

[26] 邓帮勇，刘赞，胡立志，等.当归无公害栽培技术[J].四川林勘设计，2020（3）：89-94.

[27] 邓送银，廖双源.全州县金槐高产栽培技术浅析[J].南方园艺，2016，27（2）：54-57.

[28] 邓云贵.铁皮石斛种苗繁育及栽培技术[J].农业与技术，2018，38（24）：145.

[29] 董青松，闫志刚，白隆华，等.土茯苓组织培养研究[J].中药材，2014，37（1）：5-9.

[30] 杜晓云.药食兼用蒲公英高产高效栽培技术[J].现代农业，2020（2）：64-65.

[31] 范承彪.罗汉果标准化种植技术[J].广西园艺，2008（1）：52-53.

[32] 费健，王奎玲，刘庆超，等.水苦荬的组织培养与快速繁殖[J].植物生理学通讯，2009，45（12）：1209.

[33] 冯蕾.木香薷栽培技术及病虫害防治[J].现代农村科技，2018（9）：39-40.

[34] 冯占亭.栀子育苗及主要栽培技术[J].现代园艺，2018（5）：67-69.

[35] 符策，韦雪英，冯兰.赤苍藤人工栽培技术初探[J].农业研究与应用，2016（1）：33-34，38.

[36] 高宏茂，林兴娥，丁哲利，等.海南台湾青枣高效栽培管理技术[J].园艺与种苗，2019，39（10）：24-25.

[37] 高加凡，刘克冠，邵宗山，等.盈江县杂交桑丰产栽培技术[J].云南农业科技，2020（3）：33-34.

[38] 高军霞.金银花优良品种及其优质高产栽培技术 [J].乡村科技，2019（13）：90-91.

[39] 高新成，杨晓明.荠菜的特征特性及仿野生栽培技术 [J].现代农业科技，2017（5）：83-84.

[40] 龚福保，梁小敏.药用植物吴茱萸生物学特性及栽培技术 [J].南方农业，2008（3）：30-32.

[41] 龚玉莲，柯少娥，李瑜丹，等.狗肝菜的组织培养和快速繁殖 [J].植物生理学通讯，2005（4）：489.

[42] 广西生物多样性保护战略与行动计划编制工作领导小组.广西生物多样性保护战略研究 [M].北京：中国环境出版社，2016.

[43] 桂杰，林茜，许娟，等.黄精栽培技术及相关研究 [J].南方农业，2019，13（11）：38-39，45.

[44] 郭文场，周淑荣，刘佳贺.山柰的栽培管理与利用 [J].特种经济动植物，2019，22（2）：36-39.

[45] 韩磊，杨兴芳，丁雪珍，等.野菊的扩繁技术研究 [J].北方园艺，2010（21）：97-99.

[46] 韩丽，郭顺星，常明昌.药用植物墨旱莲的组织培养研究 [J].中国药学杂志，2007，42（2）：94-98.

[47] 贺红，张燕玲，吴立蓉，等.积雪草离体培养和快速繁殖方法探讨 [J].广州中医药大学学报，2007（3）：241-243.

[48] 黑育荣，彭修娟，杨新杰.松花粉的有效成分及药理活性研究进展 [J].农产品加工，2019（17）：95-96，99.

[49] 胡璇，陈志坚.圆叶决明栽培技术及其应用价值 [J].热带农业科学，2018，38（10）：18-22.

[50] 黄峰，何铣扬，赵大宣.山黄皮苗木繁育技术 [J].广西园艺，2005，16（5）：45-46.

[51] 黄寿祥.马齿苋的特征特性及栽培技术 [J].现代农业科技，2015（8）：106.

[52] 贾明良，方荷芳，李同建，等.三叶木通愈伤诱导及分化研究 [J].中国农业科技导报，2020，22（3）：181-187.

[53] 江年琼，谢碧霞，何业华，等.三白草的组织培养 [J].中药材，2001（12）：855-856.

[54] 姜树忠.中药材玉竹无公害栽培技术 [J].辽宁林业科技，2019（4）：75-76.

[55] 蒋德惠，李正银，黄勇.青花椒良种"鲁青1号"的选育及栽培技术[J].温带林业研究，2019，2（4）：54-57.

[56] 蒋东安，万军，陈安全，等.无花果无性繁殖研究进展[J].四川林业科技，2014，35（1）：40-43.

[57] 金彦文.野苋菜的人工栽培技术[J].河北农业科技，2002（1）：9.

[58] 赖文安.广西肉桂高效栽培技术[J].农技服务，2008，25（11）：122，127.

[59] 兰丽薇，李新.草本花卉马齿苋及其栽培技术[J].现代园艺，2017（1）：33.

[60] 雷加容，余金龙，罗红蓉，等.麦冬组培与快速繁殖技术研究[J].西南农业学报，2005（3）：368-369.

[61] 雷晓莉，马改娥.花椒优质高产种植技术的应用[J].现代园艺，2019（22）：25-26.

[62] 李进琪.胡椒栽培技术探讨[J].农业开发与装备，2019（8）：157.

[63] 李静，孙雪林，陈少容，等.山银花繁殖技术研究进展[J].广西农学报，2014，29（4）：40-43，55.

[64] 李静，肖诗明，巩发永.凉山州有机苦荞麦生产技术要点[J].江苏农业科学，2012，40（9）：107-108.

[65] 李星，吴凤莲，余彬情，等.黔东南州山地鱼腥草绿色栽培技术[J].现代农业科技，2019（18）：60，64.

[66] 李品汉.绞股蓝及其人工栽培技术[J].科学种养，2016（6）：19-21.

[67] 李巧智，王孟文，王景震，等.菊花栽培与管理技术[J].现代农村科技，2019（5）：34.

[68] 李思长.鸡足葡萄愈伤组织诱导及黄酮类化合物分析研究[D].长沙：湖南农业大学，2010.

[69] 李卫东，刘淑琴，黄光昱，等.藤茶高产标准化栽培技术研究[J].湖北农业科学，2019，58（14）：97-100.

[70] 李艳丽，徐金芳，樊静民.薄荷高产栽培技术[J].农村科技，2015（4）：57-58.

[71] 李玉昌，李桂芝.薏苡繁殖及栽培技术[J].中国林副特产，2005（2）：29-30.

[72] 李玉霞，钱关泽，李凡海.台湾林檎研究进展[J].农业科技与装备，2015（7）：27-29.

[73] 李裕荣，文林宏，陈之林，等.贵州佛手瓜无公害栽培技术[J].农技服务，2020，37（2）：30-33，36.

[74] 李肇锋，黄碧华，周俊新，等.多花山竹子组培初代培养技术研究[J].农学学报，2017，7（12）：92-96.

[75] 梁明勤，郭群鹏，陈世昌，等.菜用香椿组培快繁技术研究[J].园艺与种苗，2016（3）：58-61.

[76] 梁子宁，赖开平，朱意麟，等.五月艾种子发芽特性研究[J].安徽农业科学，2010，38（24）：13034-13036，13044.

[77] 林贵贤，秦立红，贺震旦，等.黄牛木属植物的化学成分与生物活性研究进展[J].天然产物研究与开发，2008，20（6）：1114-1124.

[78] 刘杰，陈广州.罗平小黄姜优质高产栽培技术[J].中国农技推广，2020，36（4）：42-43.

[79] 刘群.药用植物益母草规范高产栽培技术[J].现代农业，2009（12）：6.

[80] 刘侠，阚玉文，孟庆贵，等.紫苏栽培管理技术[J].现代农村科技，2019（1）：21.

[81] 刘国华，蒋为民，钱银震.香港四照花的播种繁殖技术[J].园艺与种苗，2020，40（7）：32-33.

[82] 刘加建，陈铸洪，郭吓忠，等.砂仁叶果两用高效节本栽培技术[J].安徽农学通报，2017，23（21）：102-103.

[83] 刘佳贺，郭文场，刘东宝，等.芫荽的栽培管理、贮藏与食用[J].特种经济动植物，2017，20（11）：48-51.

[84] 刘健锋.山楂丰产栽培管理[J].特种经济动植物，2018，21（10）：46-47.

[85] 刘金荣.白茅根的化学成分、药理作用及临床应用[J].山东中医杂志，2014，33（12）：1021-1024.

[86] 刘连海，代色平，贺漫媚.桃金娘繁殖与栽培技术初探[J].广东林业科技，2013，29（2）：49-52.

[87] 刘南祥.毛花猕猴桃的栽培与管理[J].中国园艺文摘，2014，30（1）：191-192.

[88] 刘胜洪，黄碧珠.多花山竹子（*Garcinia multiflora* Champ）的繁殖研究[J].中国农学通报，2004（6）：93-95.

[89] 刘宵宵，简美玲，毛润乾.夏枯草药材栽培技术研究进展[J].东北农业大学学报，2012，43（3）：134-138.

[90] 刘晓明.砂仁高产栽培技术探讨[J].南方农业，2019，13（9）：33-35.

[91] 刘志良.浙南山区苦荬菜及其栽培技术[J].长江蔬菜，2011（21）：5.

[92] 龙佰添，陈晓菲，吴齐仟.藤茶驯化栽培技术初报[J].福建农业，2015（4）：73.

[93] 卢郅凯，洪溢，金栋，等.白及的综合利用价值及繁殖栽培技术探讨 [J].南方农业，2019，13（28）：10-13.

[94] 罗朝荣."闽苓 A5"高产栽培与管理技术 [J].东南园艺，2019，7（3）：33-35.

[95] 罗存贞，赵江萍，杨晓霞，等.保山 3 号余甘子优良无性系的选育与栽培技术 [J].林业调查规划，2019，44（5）：108-111.

[96] 罗林会，邱宁宏，王勤，等.野茼蒿栽培技术 [J].特种经济动植物，2006（7）：23.

[97] 罗兴忠，张俊，封海东，等.房县虎杖及其高产栽培技术研究初探 [J].现代园艺，2020，43（13）：66-67.

[98] 罗勇.葛根实用栽培技术及开发利用前景 [J].南方农业，2015，9（27）：16-19.

[99] 骆鹰，李常健，于静，等.积雪草的组织培养与快速繁殖试验 [J].湖北农业科学，2012，51（10）：2132-2134.

[100] 吕爱田.红枣树栽培以及病虫害防治技术 [J].农业开发与装备，2019（10）：213-214.

[101] 吕传海.桃树栽培技术及病害防治措施分析 [J].农家参谋，2019（19）：76.

[102] 吕大瑛，阙朝田，张兴长.蕺菜的人工栽培 [J].特种经济动植物，2010，13（8）：42.

[103] 马建烈.厚朴栽培及采收加工技术 [J].特种经济动植物，2016，19（3）：34-36.

[104] 马原松，姚晓惠，尚泓泉.车前草的生物学特性及开发利用 [J].农业科技通讯，2006（9）：29.

[105] 梅晓青，林伟群.刀豆栽培技术 [J].上海蔬菜，2002（4）：21-22.

[106] 孟进.桃树栽培技术及病虫害防治 [J].农业开发与装备，2020（2）：232-233.

[107] 莫先荣.八角丰产栽培技术探讨 [J].南方农业，2020，14（5）：11-12.

[108] 母昌权.山药的栽培技术 [J].农村实用技术，2019（9）：30，40.

[109] 欧阳蒲月，李亚萍，莫小路.广藿香资源调查、研究进展与发展趋势 [J].大众科技，2019，21（8）：55-57.

[110] 裴正录.党参高产优质栽培技术 [J].农民致富之友，2019（8）：64.

[111] 彭金环，张美珍，于元杰.轮叶党参叶片的组织培养研究 [J].特产研究，2010（1）：29-34.

[112] 彭康，胡新喜，秦玉芝，等.生姜组织培养快速繁殖技术研究 [J].湖南农业科学，

2019（11）：1-5.

[113]普玉明.长蕊甜菜栽培技术初探[J].热带农业科技，2014，37（2）：40-42，46.

[114]齐明明，李紫薇，阎秀峰，等.龙牙楤木繁育技术与药理活性成分的研究进展[J].林业科学，2015，51（12）：96-102.

[115]钱云，张云江，赵国祥.云南河口山地龙眼栽培技术[J].热带农业科技，2018，41（1）：18-21.

[116]乔峰，王敬民，李敬华，等.无花果实生苗繁育试验[J].中国南方果树，2019，48（2）：130-131，137.

[117]乔盼，拓星星.山药栽培技术要点及病害防治[J].现代农业，2020（3）：24-25.

[118]秦洪波，王新桂，郭伦发，等.罗汉果组培苗高产栽培技术研究[J].福建农业学报，2019，34（2）：198-203.

[119]邱丁莲，张跃康.车前草的资源利用及栽培技术[J].农业科技通讯，2016（11）：229-231.

[120]邱桂芝.浅谈根用芥菜的绿色栽培以及种植技术[J].农村实用技术，2020（2）：45-46.

[121]容路生，王英哲，肖井雷，等.朝鲜淫羊藿的繁殖技术研究进展[J].特种经济动植物，2020，23（3）：19-20，32.

[122]邵美妮，李天来，徐树军.野生佳蔬牛尾菜及其栽培技术[J].北方园艺，2007（10）：105-106.

[123]沈宁，邹兵，孙昕，等.鳢肠嫩茎快速繁殖体系建立的研究[J].农业与技术，2010，30（5）：26-29.

[124]沈植国，刘云宏，王玮娜，等.金银花栽培关键技术[J].河南林业科技，2019，39（4）：48-51.

[125]施洪.守宫木人工栽培技术[J].中国蔬菜，2003（5）：58.

[126]史华平，王计平.紫苏组织培养与快速繁殖[J].山西农业大学学报（自然科学版），2011，31（6）：498-501.

[127]史艳财，邹蓉，孔德鑫，等.吴茱萸扦插繁殖技术研究[J].北方园艺，2012（2）：181-183.

[128]苏菲，黄作喜.金线莲繁殖及栽培技术研究进展[J].安徽农学通报，2020，26（14）：32-35.

[129] 孙春青，曹淑华.决明子的栽培技术 [J].时珍国药研究，1997（2）：89.

[130] 孙强.杜仲的繁育及栽培管理技术 [J].现代农业科技，2018（16）：76-77.

[131] 孙振营.特菜香椿栽培管理技术 [J].吉林蔬菜，2020（2）：2.

[132] 覃海宁，刘演.广西植物名录 [M].北京：科学出版社，2010.

[133] 覃艳.野生蔬菜一点红的保健功能及栽培技术 [J].现代农业科技，2013（13）：104，108.

[134] 谭超.秦巴山区三叶木通植株繁殖及栽培技术 [J].农业与技术，2016，36（18）：183.

[135] 谭澍，韩玉萍，徐小燕，等.鱼腥草绿色健康高效栽培技术 [J].长江蔬菜，2019（3）：22-24.

[136] 滕雪梅.菜药兼用植物大蓟的栽培技术 [J].北京农业，2010（4）：17.

[137] 童正仙，陆寿忠，吕萍.乌饭树嫁接高丛越桔技术研究 [J].中国南方果树，2007，36（6）：88-89.

[138] 王宝清，王培学.药用植物金樱子栽培技术 [J].中国林副特产，2011（6）：58-59.

[139] 王宝庆，郭鑫磊，刘莹，等.白簕化学成分及其药理活性研究进展 [J].北方园艺，2018（13）：162-168.

[140] 王朝霞.珍稀树种枳椇的生态习性及繁殖栽培与利用 [J].黑龙江农业科学，2008（5）：105-107.

[141] 王德立，甘炳春.巴戟天插穗质量与扦插繁殖关键技术研究 [J].海南师范大学学报（自然科学版），2016，29（2）：169-172.

[142] 王放银.石香薷的研究现状及其应用前景展望 [J].饲料工业，2005（22）：21-24.

[143] 王飞，尹铁民.益母草规范栽培技术 [J].河北农业，2015（11）：12-13.

[144] 王国生.芦苇高产栽培技术 [J].现代农业科技，2007（9）：30-31.

[145] 王华君.安徽水芹发展现状及栽培技术 [J].安徽农学通报，2019，25（11）：56，84.

[146] 王若森，张忠林，高金辉，等.山葡萄组培苗与扦插苗的生长差异初报 [J].林业科技，2010，35（1）：68-70.

[147] 王珊，杨立勇，赵曲溪.益母草新品种宣和益母草 1 号的选育及栽培技术 [J].贵州农业科学，2019，47（12）：99-101.

[148]王生进，张运锋.腾冲市披针叶杜英发展前景分析 [J].现代农业科技，2016
　　（20）：125，127.

[149]王世宽.功能型野生蔬菜——鼠曲草的开发利用 [J].北方园艺，2006（2）：
　　74-75.

[150]王田利.薄荷栽培技术 [J].农村百事通，2020（10）：38-39.

[151]王同军.树芽香椿栽培管理技术 [J].科学种养，2020（5）：33-35.

[152]王文凤，李春立，张林平，等.无花果栽培及利用的研究进展 [J].河北林果研究，
　　1997（4）：93-99.

[153]王晓霞.长白楤木播种育苗与栽培技术 [J].吉林林业科技，2017，46（1）：
　　42，45.

[154]王一民.紫萁人工栽培技术 [J].北京农业，2002（4）：14.

[155]王永奇，宋明明，周辉，等.黄杞属植物的研究概况 [J].大连大学学报，
　　2012，33（6）：81-85.

[156]王玉芳.野生水蕨菜栽培技术 [J].广西园艺，2008（6）：55，57.

[157]王玉霞.苣荬菜人工露地栽培技术 [J].北方园艺，2012（18）：82-83.

[158]王跃兵，霍昌亮.皱皮木瓜高产栽培技术 [J].河北果树，2010（2）：28-31.

[159]王志民.桔梗种植关键技术 [J].江西农业，2019（8）：13.

[160]王子威，何中声，刘金福.黄花倒水莲栽培及利用研究综述 [J].中国野生植物
　　资源，2016，35（4）：48-52.

[161]王自布，莫国秀，罗会兰，等.菊花不同外植体组培快繁及其再生体系的研究 [J].
　　北方园艺，2015（18）：106-109.

[162]韦荣昌，覃芳，郑虚，等.罗汉果无公害栽培技术 [J].热带农业科学，
　　2020，40（2）：26-30.

[163]韦树根，马小军，柯芳，等.天冬新品种药园天冬2号的选育与栽培技术 [J].
　　作物杂志，2011（4）：107-108.

[164]韦棠山，陈元生，杨得坡，等.石山地区猫豆生态生物学特点与优质高产栽培
　　技术 [J].亚太传统医药，2006（12）：68-71.

[165]韦毅刚.广西本土植物及其濒危状况 [M].北京：中国林业出版社，2019.

[166]卫锡锦，庞富强，何茂金，等.巴戟天的高产栽培技术研究 [J].中药材，
　　1992（9）：3-6.

[167]魏德生，张恩让，高爱琴，等.葛根扦插繁殖试验研究初报 [J].现代中药研究
　　与实践，2011，25（1）：3-5.

[168] 温秀凤，林春兰，林立，等.探析肉桂的生物学特性与科学栽植技术 [J].中国园艺文摘，2018，34（3）：177-178.

[169] 文庆，舒毕琼，丁野，等.金银花与山银花的资源分布和种植技术发展概况 [J].中国药业，2018，27（2）：1-5.

[170] 吴开芬，李汝凯，胡伟民.高良姜规范化种植技术探讨 [J].南方农业，2017，11（30）：5-6.

[171] 吴松成.薜荔的开发利用及栽培技术 [J].中国野生植物资源，2001（2）：51-52.

[172] 吴宇，袁灿，刘绪，等.白及育苗栽培关键技术研究进展 [J].现代中药研究与实践，2018，32（6）：79-83.

[173] 吴智涛.冷饭团特性及其栽培技术 [J].中国园艺文摘，2012，28（6）：190-192.

[174] 吴祖强，曾武，华列，等.益智种子繁殖育苗技术 [J].林业科技通讯，2016（3）：37-38.

[175] 武怀庆.酸枣栽培技术及病虫害防治 [J].农业技术与装备，2014（9）：62-63.

[176] 武姝，刘昕.刺五加苗木繁殖方法及栽培管理 [J].特种经济动植物，2012，15（5）：33-34.

[177] 萧洪东，聂磊，徐玉钗.草果组织培养快速繁殖育苗研究 [J].中国野生植物资源，2006（3）：61-63.

[178] 谢明娟.铁皮石斛无公害设施栽培技术探讨 [J].绿色科技，2019（3）：114-115.

[179] 谢荣勤.闽西北桑葚高产高效栽培技术 [J].现代农业研究，2020，26（3）：122-123.

[180] 谢英，谢冰莹，廖莉莉，等.山奈的组织培养及植株再生研究 [J].现代中药研究与实践，2009，23（4）：28-30.

[181] 谢远程，徐志豪，周晓琴，等.乌饭树扦插繁殖技术研究 [J].林业实用技术，2006（7）：5-7.

[182] 熊朝勇，陈霞.药食同源野生蔬菜小根蒜研究进展 [J].现代食品，2019（20）：103-105.

[183] 徐安书.涪陵区豆腐柴规范化种植技术研究 [J].重庆工贸职业技术学院学报，2020，16（2）：13-19.

[184] 徐雪荣.高良姜规范化种植技术 [J].中国热带农业，2014（6）：66-68.

[185]许晶,韦建杏,李连珠,等.伯乐树种子育苗及扦插技术试验研究[J].现代园艺,2019(5):13-15.

[186]许良政,廖富林,赖万年.野生蔬菜守宫木及其栽培技术[J].北方园艺,2006(3):76-78.

[187]薛亚红,杨哲.厚朴丰产栽培技术[J].现代农业科技,2018(20):159,162.

[188]闫京训.何首乌高产栽培技术[J].农业与技术,2018,38(7):109-110.

[189]杨斌峰.佛手瓜育苗方法及丰产栽培技术探讨[J].农家参谋,2020(5):58.

[190]杨超本.鳞尾木人工育苗技术与仿生栽培试验[J].林业调查规划,2008(4):133-135.

[191]杨超本.鳞尾木育苗及栽培技术研究[J].林业调查规划,2008(1):116-118.

[192]杨国凤.无公害生姜高产栽培技术[J].农家参谋,2020(1):83.

[193]杨红飞,刘萍.党参高效栽培管理技术[J].农民致富之友,2014(6):174.

[194]杨建梅.当归规范化种植及主要病虫害防治技术[J].南方农机,2018,49(24):84.

[195]杨明君.王朝晖.湘北地区野生蒲公英栽培繁殖与利用[J].农业科技通讯,2010(4):165-167.

[196]杨晓琼,袁建民,赵琼玲,等.余甘子新品种"盈玉"的品种特性及其栽培技术要点[J].热带农业科学,2019,39(8):11-17.

[197]杨薪钰,代奥,王梓夷,等.野生保健蔬菜益母草的栽培技术[J].农业与技术,2018,38(24):137.

[198]杨秀淦,王洪峰.构树繁殖与栽培技术[J].热带林业,2012,40(1):18-21.

[199]叶帮民,许远平,叶邦志,等.杜英的主要特性与繁殖技术[J].内蒙古农业科技,2012(1):98.

[200]叶碧颜,张宜勇,何伟珍.南药狗肝菜的研究进展[J].中国实用医药,2011,6(20):235-237.

[201]叶才华,晏小霞,王祝年.桃金娘开发利用与栽培管理技术[J].热带农业科学,2015,35(1):22-25.

[202]叶加贵.革命菜人工集约化栽培种植技术[J].上海农业科技,2016(2):72-73.

[203] 叶景丰，范俊岗.玉竹栽培技术及其药食用价值 [J].中国林副特产，2015（6）：51-53.

[204] 叶彤.山杜英的形态特征及栽培技术探究 [J].乡村科技，2019（11）：76-77.

[205] 殷红清，向极钎，杨永康，等.董叶碎米荠野生转家种栽培技术 [J].南方农业，2018，12（20）：25-26.

[206] 游彩云，黄红兰，梅拥军.赣南木通科植物资源及栽培利用研究 [J].南方林业科学，2018，46（1）：22-24.

[207] 余信，何美云，路登宇，等.食用百合高效生态栽培技术 [J].农业技术与装备，2020（3）：145-146.

[208] 曾红.金樱子不同繁殖技术的研究 [D].娄底：湖南人文科技学院，2016.

[209] 曾文丹，陆柳英，谢向誉，等.何首乌繁殖技术研究进展 [J].中国热带农业，2016（3）：66-68，65.

[210] 曾武.益智分株繁殖育苗技术 [J].中国林副特产，2015（5）：49-50.

[211] 翟学昌，宋墩福，彭丽，等.乡土树种多花山竹子育苗技术 [J].林业实用技术，2011（9）：34.

[212] 张洪梅.药用植物淫羊藿栽培技术 [J].现代农业，2009（8）：6.

[213] 张健夫，赵忠伟.酸枣组织培养及快繁的研究 [J].长春大学学报，2012，22（12）：1512-1514，1531.

[214] 张林梅.杜仲育苗栽培技术 [J].防护林科技，2018（1）：94-95.

[215] 张世宇，张木海，杨恩情，等.香橼栽培技术 [J].云南农业科技，2018（2）：29-31.

[216] 张寿文，刘贤旺，胡生福，等.江香薷生长发育特性及其栽培技术研究 [J].江西农业大学学报，2004，26（3）：468-470.

[217] 张晓菲，杨佳明，商旭文，等.辽宁地区萱草栽培技术及景观应用 [J].园艺与种苗，2019（11）：11-12.

[218] 张彦妮，陈立新，付艳丽.夏枯草（*Prunella vulgaris*）组织培养和快速繁殖 [J].分子植物育种，2007（3）：384-388.

[219] 张云.生姜绿色优质栽培技术 [J].上海蔬菜，2020（1）：37-38.

[220] 赵凤琼.龙须菜高产栽培技术推广应用 [J].南方农业，2017，11（9）：10-11.

[221] 赵恒军.辽东山地轮叶党参栽培技术 [J].吉林林业科技，2016，45（5）：57-58.

[222]赵云，黄智群，谢斌，等.礼泉花椒优质高效栽培技术[J].农业与技术，2020，40（5）：84-85，103.

[223]郑善艺.天冬高产栽培技术要点分析[J].农业与技术，2018，38（4）：111-112.

[224]郑树芳，王文林，覃振师，等.山黄皮栽培技术规程[J].南方园艺，2019，30（6）：29-30.

[225]郑晓宁，张瀚文，赵桂.辽宁地区玉竹栽培技术要点[J].特种经济动植物，2015，18（6）：30-32.

[226]郑修完.黄栀子花果两用栽培技术[J].现代农业科技，2019（13）：79-80.

[227]钟爱清，罗辉.药用大蓟栽培技术[J].福建农业科技，2017（4）：33-34.

[228]钟瑞洁."新发中秋花"萱草离体快速繁殖技术研究[D].长沙：湖南农业大学，2018.

[229]周道宏.金边阔叶麦冬的生产价值及分株繁殖栽培技术[J].现代农业科技，2019（9）：127-128.

[230]周淑荣，郭文场.落葵食疗价值及栽培管理要点[J].特种经济动植物，2019，22（1）：46-49.

[231]周希双.北方特产荠菜栽培技术[J].中国园艺文摘，2013，29（1）：160，170.

[232]周宵，张良波，彭映辉，等.三叶木通良种选育及繁殖技术展望[J].分子植物育种，2021，19（5）：1-8.

[233]周雄祥，魏玉翔.无公害紫苏栽培技术[J].长江蔬菜，2017（3）：42-44.

[234]朱宏雷.侧柏种子繁殖及栽培方法[J].农民致富之友，2015（1）：29.

[235]朱杰.海南龙眼高产栽培技术及病虫害防治[J].农家参谋，2020（12）：80.

[236]朱时祥.金樱子及其栽培技术[J].农村百事通，2012（24）：39，81.

[237]朱树国，李梅.苦荞麦的栽培技术及其开发利用[J].种子科技，2019，37（2）：55，57.

[238]朱文彬.菊花高效栽培技术[J].农业与技术，2019，39（21）：137-138，178.

[239]朱小龙，胡慧.桐城水芹的生产技术[J].上海蔬菜，2020（2）：19-20.